Cai
dian
Jiushui Zhishi

# 菜点酒水知识
## （第4版）

贺正柏◎主编

北京·旅游教育出版社

# 编委会名单

主　编：贺正柏
副主编：栾鹤龙　金　敏　殷　剑

# 序

近年来，随着我国经济的繁荣发展，饭店业和餐饮业也取得了蓬勃的发展。截至 2016 年第四季度，我国的星级饭店已有 12 213 家，经济型饭店和特色主题饭店也异军突起，饭店的发展呈现出百花齐放的繁荣景象。

本书是为了培养饭店业所需的职业经理人、点菜师而编写的教材，知识准确、实用性强、通俗易懂，便于读者掌握和学习。本书与其他同类型教材相比，具有以下特点：

（1）在书在结构体系上进行了大胆的尝试，对中国菜和外国菜以及菜点开发与创新，有自己独到的见解。

（2）对重要专业术语、菜点酒水名称均配有英文注解，便于读者学习。全书英文校对由成都职业技术学院黄玫老师完成。

（3）本书作者既具有丰富的烹饪实践经验，又有从事多年的餐饮教学工作经历，因此，本书理论联系实际，对学生的实践具有较强的指导作用。

（4）本书配有相关课件，便于教学。需要者请与旅游教育出版社发行部联系相关下载事宜。

我们期待本书的出版，能更好地为广大的饭店从业者及旅游专业的师生服务。

编　者

2017 年 5 月

# 目 录

# 第一章

# 烹饪概述

**知识要点**

1. 了解什么是烹饪及烹饪内容。

2. 了解烹饪原料。

3. 了解烹饪技术。

4. 掌握菜品的命名。

5. 掌握筵席菜点设计。

## 第一节　烹饪的意义

### 一、烹饪的概念

烹饪的本义是加热食物使之成熟,一般专指菜肴和饭食。具体而言,烹饪是人类为满足生理和心理需求,将可食性的物质原料,通过适当方法加工成菜肴、主食和小吃等成品的活动。

烹饪包括以下几个含义:

首先,烹饪是具有一定艺术性的技术。其艺术性自然渗透到食品原料加工过程中,和技术水乳般融合在一起。

其次,烹饪包括对烹饪原料的认识、选择和组织设计;烹饪方法的应用;菜品、菜肴、食品的制作;饮食生活的组织;烹饪效果的体现等全过程。

第三,烹饪技术包括多种技术手段,并且以一定的技术设备为条件。

第四,烹饪技术的直接目的和客观作用是满足人们不断变化的生理和心理需求。

### 二、烹饪的基本内容

烹饪是人类的一种创造活动,其基本内容是利用可食用的原料生产制作菜肴、主食、小吃和点心。

**（一）菜肴**

菜肴是以动物性原料和植物性原料等为主料烹制的。菜肴按加工类别分为冷菜、热菜、大菜、小菜等。按消费类别分为家常菜、市肆菜、官府菜、宫廷菜、寺观菜等。其本质属性体现在色、香、味、形、器、质、养等方面。

**（二）主食**

主食是中国膳食中供给人体所需主要能量的正餐食品，如米饭、馒头等。由于地理和历史等原因，我国大部分地区以粮食制品为主食，以肉类、蔬菜制品为副食。不同地区的主食各有特点，如长江以南多以大米制品为主食，如米饭、粉团等；长江以北则以小麦、玉米制品为主食，如馒头、窝头等。

**（三）小吃、点心**

小吃、点心是用于早点、夜宵、茶食或筵席间的点缀食品，如油条、汤圆、糕点等。它以量少、精致而有别于主食和菜肴。

**三、烹饪的作用**

**（一）促进人类步入文明**

人类用火熟食，摆脱了生吞活剥的野蛮生活方式，从根本上与其他动物区别开来，步入了文明社会。随着烹饪方法由简到繁，由粗到精的演变，饮食生活逐步由果腹充饥升级为生理和心理综合的美感享受。

**（二）改善人类的饮食生活**

烹饪技术丰富了食物的美感属性，提高了食物的营养价值，创造出了适口、悦目、养生、保健的美食，极大地改善了人类的饮食生活。

**（三）繁荣社会经济**

烹饪技艺是一种社会生产力，它把食品制作成风味菜点，使其具备了商品属性，从而促进了餐饮市场的形成和繁荣，为社会化服务增添了活力，在社会经济发展中产生了较大的推动力。

**（四）有益于人们的社会交往**

随着人类社会不断发展，交际性的社会活动日益增多，无论是亲朋间走访看望、婚庆嫁娶，还是社会团体、企事业单位、国内和国际间的友好往来，都需要适当的饮食招待以表达主人对客人的一份热情。精湛的烹饪技艺是保证食品质量的重要因素，它为人们的社会交往增添了色彩。

**四、烹饪要素**

烹饪是一种复杂而有规律的物质运动形式。它在选料与组配、刀工与造型、施水与调味、加热与烹制等环节上既各有所本，又互相依存，有着特殊的原理与法则。

**（一）原料**

**1.主料**

主料是烹饪的物质基础,也是烹饪诸要素的核心。

**2.调味品**

调味品可赋予菜品特殊的风味。味是菜品质量中最主要的指标,也是饮食审美的基本要求。欲使呈味物质进入原料,须解决一系列技术难题,其间变化甚多,而且不易把握。厨师水平的高低多以调味准否来衡量,故而它在烹饪中有定性定质的作用。

**（二）工具**

**1.刀**

刀的主要作用是切削。不同的刀法和刀口,不仅可以美化菜品,还影响原料成熟的快慢。通过刀工,分割出烹饪所需要的原料,起到进一步选料的作用。无论生切、熟切,都是烹调工艺流程中的重要环节。

**2.炉**

炉是烹饪的必需设备,不同的炉灶适用于不同的烹调技法。炉灶设计科学与否,对菜品质量有直接影响。炉灶不能得心应手,厨师的技艺就难以正常发挥。"工欲善其事,必先利其器",炉灶亦然。

**3.火**

火能够直接使原料发生由生到熟的质变,在烹饪中至关重要。烹的实质,就是用火。如何用火,大有讲究。由于火的变化"精妙微纤",故不同的火候可形成不同的技法,制出不同风味和质地的菜品。

**4.器**

器主要指炊具,它既是传热的媒介,又是制菜的工具。不同的炊具有不同的效用,可以形成不同的技法。

**（三）水**

水是烹饪中的辅助物,几乎每道工序都不可缺少。它可以传热、导味,也可保护营养素,还能约制菜品的外观与口感。

**（四）方法**

方法即技法,如生烹(含理化反应、微生物发酵、味料渗透)、熟烹(含火烹、水烹、汽烹、油烹、矿物质烹、混合烹)。技法既是工序,又是技巧,还是规程,更是上述要素有机的结合。不同的技法可制出不同的菜肴,这也是地方风味的成因之一。

# 第二节　烹饪原料

烹饪原料是整个烹饪活动的基础,烹饪产品的生产过程中,烹饪原料具有重要的作用。原料的选择是烹调中的第一道工序,是确保菜肴质量的前提,原料品质的优劣、合理,不仅影响菜品的色、香、味、形,还会影响到菜品的成本控制和人们的身体健康。

## 一、中餐原料

我国的烹饪原料总数达万种以上。稻麦豆薯、干鲜果蔬、畜禽鸟兽、鱼鳖虾蟹、蛋奶菌藻、本草花卉,乃至昆虫野菜都可选做烹饪原料。

### (一)中餐原料分类

**1.根据烹饪原料的作用分类**

**(1)主配料**

主配料是构成菜点主体的烹饪原料,绝大部分品种既可做主料又可做配料,难以截然划分,故概称为主配料。主配料又可分为天然性主配料和加工性主配料两类。

**(2)调味料**

在烹饪过程中用于调和菜点口味的原料统称为调味料,又称调味品。调味料包括咸味、甜味、酸味、辣味、香味、鲜味等。

**(3)佐助料**

在烹饪过程中对菜点的色、香、味、形和质感产生帮助或促成作用的烹饪原料统称为佐助料。主要品种有水、油脂、淀粉及各种食物添加剂。

**2.根据原料本身的性质分类**

**(1)植物性原料**

植物性原料是指植物中可被人类作为烹饪原料的一切植物体,主要有粮食、果品、蔬菜三大类。

**(2)动物性原料**

动物性原料主要指动物中可被人类作为烹饪原料使用的一切动物及其附属产品,包括畜禽、水产、蛋奶、野味及虫类。

**(3)矿物性原料**

矿物性原料是指某些被人类用作烹饪原料的地质矿物制取物,如食盐、纯碱、明矾等。

**(4)人工合成原料**

人工合成原料是指一些化学物质通过人工合成被用于烹饪的原料,如合成香精、合成色素等。

3.根据原料加工与否分类

这种原料可分为鲜活原料、干货原料、复制品原料等。

**(二)中餐原料主要品种**

1.家禽类

家禽类原料是指人工饲养的鸟类动物,主要有鸡、鸭、鹅、鹌鹑、肉鸽、火鸡等。

2.家畜类

家畜类原料通常指人工饲养的哺乳动物,是人类肉食的主要来源。家畜种类很多,如猪、牛、羊、驴、马、骡、狗、兔、骆驼等。

3.畜禽制品

畜禽制品分腌制品、脱水制品、灌肠制品和其他制品(烟熏制品、烘烤制品、酱卤制品、罐装制品)四大类,主要品种有火腿、腊肉、香肠、香肚、肉松等。

4.水产品

水产品是产于江河湖海的各种可食性原料的统称,主要有鱼类、虾蟹类、软体类和其他水产类。

5.蔬菜类

蔬菜是新鲜植物的根、茎、叶、花等可供食用的一类烹饪原料。

6.干货制品

干货制品是由各种动植物鲜活原料经过脱水加工而成的一类烹饪原料,主要有海味类干货(如鱼翅、海参);陆生类干货(用各种畜、禽、野味、蔬菜等鲜活原料干制品而成,多数属于山珍,品种很多,其中驼峰、驼蹄、板鸭、哈士蟆油、香菇、猴头菇、竹荪、冬虫夏草等较名贵)。

7.调味品

调味品是在烹饪过程中用于调味的原料的统称,如酱油、盐、味精、醋、蚝油等。

**二、西餐原料**

**(一)家禽**

根据肉色,家禽可分为两类:深色肉类和浅色肉类,深色肉类包括鸭、鸽子、珍珠鸡、鹅等;浅色肉类又叫白肉类,包括雏鸡、童子鸡、阉鸡、公鸡、火鸡、母鸡等。

**(二)畜肉**

家畜肉在西餐中占有很重要的地位,是烹调的肉类原料的主要来源。西餐中使用的家畜肉主要有牛、猪、羊等,其中牛肉的使用量最大。家畜肉适应多种烹调方法,可制作各式各样的美味佳肴,还可加工成各种肉制品。

## （三）奶制品

西餐的显著特点是奶制品使用广泛。无论在菜肴、西点，还是在汤中，都奶香馥郁。西式菜点较多地使用奶制品的主要原因是欧美各国畜牧业十分发达，奶牛饲养量大，牛奶的产量高。欧美人均年消费牛奶量居世界第一。

## （四）野味

野味是西餐的重要组成部分。大多数野味都在冬季食用，原因是冬天的野味肉质比较鲜嫩。目前，发达的科技使不少野味品种都能人工饲养，一年四季均有供货。常用的品种有野山羊、野兔、獐、野猪、野鸡、松鸡、鹧鸪、鹌鹑、野鸽、斑鸠等。

## （五）鸡蛋

鸡蛋在西式烹饪中是不可缺少的材料。虽然在西餐烹饪中，鸡蛋一般不作为主料，但在早餐和西点制作中，鸡蛋是不可替代的主要原料。

在美国，根据蛋白质在蛋壳内部体积的比例和蛋黄的坚固度，将鸡蛋分为特级（AA）、一级（A）、二级（B）和三级（C）。特级蛋的蛋白质体积最大，其蛋黄也最坚硬，因此，它适用于煎、水泡等任何方法。一级蛋适用于快煮。二级蛋不适用以上方法，可作他用。

## （六）水产品

鱼类在西餐中属于主菜，用量较大，但鱼类水分多，容易变质，因此，对鱼类的选择甚为重要。西餐鱼类选择的标准是：鱼目必须明亮、圆鼓、不下陷；鱼鳃须呈鲜红色；鱼身须硬实并有弹性；鱼鳞应平滑、湿润、丰满；表皮应附新鲜黏液；气味须新鲜。

## （七）蔬菜

蔬菜在西餐烹饪中使用非常广泛，西餐中常用的蔬菜有以下几种。

**1.茎菜类**

茎菜类是指以肥大的茎部作为食用的蔬菜。常见的茎菜类有莴苣、苤蓝、紫菜苔、土豆、芋头等。

**2.果菜类**

果菜类是指以果实和种子作为食用的蔬菜，按照果菜的特点，又可分为茄果、瓜类和荚果三大类。如番茄、茄子、辣椒、黄瓜、北瓜、冬瓜、菜瓜、西葫芦、南瓜、大豆荚、刀豆、扁豆、豇豆、嫩蚕豆、嫩豌豆等。

**3.叶菜类**

叶菜类是指以肥嫩菜叶及叶柄作为食用的蔬菜。常见的叶菜有小白菜、油菜、菠菜、苋菜、荠菜、雪里红、瓢儿菜、红球叶菜、大白菜、甘蓝、大葱、韭菜、青蒜、芹菜、芫荽、茴香菜、豌豆苗等。

**4.根菜类**

根菜类是指以肥大根部作为食用的蔬菜，常见的根茎有萝卜、胡萝卜、蔓菁、山药等。

**5.花菜类**

花菜类是指以菜的花部作为食用的蔬菜。花菜的种类不多,常见的有黄花菜、花椰菜等。花菜类的食用特点是特别鲜嫩。

**6.食用菌类**

食用菌类是以无毒菌类的子实体作为食用的蔬菜,如蘑菇、黑木耳、白木耳等。

### 三、新潮原料

随着经济的发展,一方面,交通条件的改善,烹饪原料的地域性局限大大减弱,不少国外烹饪原料纷纷进入国内,走上百姓的餐桌;另一方面,科学技术和生产工艺的进步,不断有烹饪原料新品种被开发、培育出来。很多原料营养丰富、风味独特,一进入市场便为烹饪行家和消费者接受,因而涌现出许多特色菜肴。目前较为新潮的烹饪原料有:

#### (一)水果类

水果是人们生活中不可或缺的一种食物,也是人类饮食结构中的一个重要组成部分。近年来,餐饮市场对水果的需求,无论是品种还是数量都有较大的拓展,且成为餐饮的时尚选择。除了常见的水果品种外,又有不少水果加入了烹制的行列,如蛇果、杧果、木瓜、猕猴桃、椰子、甘蔗、柠檬、火龙果、红毛丹等。菜肴制作甜、咸均有,主、辅皆可。有的水果与燕窝、哈士蟆油、鱼翅等高档原料相匹配,具有其他原料无法企及的效果。

#### (二)蔬菜类

**1.洋菜**

洋菜是从国外引进的质地优良的蔬菜新品种的总称。这些品种与国内一般蔬菜相比,风味独特、色调别致、营养丰富,不少品种还寓药于食,具有一定的药用保健功效。

根菜类有牛蒡、根芹菜、婆罗门参等;茄果类有樱桃番茄、五彩甜椒、香艳茄等;绿叶类有西芹、洋菠菜、大叶芫荽、橘红心白菜等;甘蓝类有紫甘蓝、羽衣甘蓝、孢子甘蓝、西兰花等;瓜菜类有小南瓜、厚皮甜瓜、西葫芦、切根黄瓜等;多年生洋菜有辣根、黄秋葵、芦笋、玉米笋等。

**2.野菜**

野菜即野生蔬菜,主要包括某些森林、海洋、荒野、湖滩植物的根、茎、叶、果、花和菌藻类原料。随着饮食回归自然理念的掀起,野生蔬菜越发受人青睐。由于野生蔬菜生长于山野、荒郊、水荡,全凭天然生长,少污染,无残毒,食之对人体无任何不良作用,因而成为纯天然的绿色食品。最受欢迎的是被人们称为"森林蔬菜"和"海洋蔬菜"的野生品种。

森林蔬菜是国内外时兴的热门货,它生长于山区、森林、田野,无环境污染,营养丰富,且具有较高的医疗保健作用。常见的有苜蓿、荠菜、马兰头、马齿苋、鱼腥草、蒲公英、蒌蒿、蕨菜等。

海洋蔬菜将成为21世纪的健康食品。海洋蔬菜即常见的海带、紫菜、裙带菜等海藻。海藻含人体必需的营养物质,由于光合作用,海藻把海洋里的种种无机物转化为有机物,因此海藻内含有陆生蔬菜中所没有的植物化合物,对人体十分有益,尤其是对困扰现代人的许多疾病具有良好的防治作用。常见的海洋蔬菜有海带、鹅掌菜、裙带菜、苔菜、石花菜、麒麟菜、鹿角菜、石莼等。

**3.特菜**

特菜即特种蔬菜,是20世纪80年代开始出现的各种新型蔬菜的总称。特菜包括异地引进的种类和品种,由观赏、药用转为食用的种类及由某种蔬菜类新扩展的种类等。特菜有明显的时间性、区域性和创新性,近年来受到生产者、消费者和烹饪专业人员越来越多的重视。

特菜品种繁多,琳琅满目。白菜类有奶白菜、小白菜、京水菜、叶盖菜等;绿叶菜类有生菜、油麦菜、珍珠菜、人参菜等;根茎菜类有天绿香、何首乌、菊芋、百合等;瓜果类有香瓜茄、四棱豆、节瓜等;水生类蔬菜有蒲菜、西洋菜、海菜花、莼菜等。

近年来"特菜"的种植、选用、烹制又有了新的变化,出现了彩色蔬菜。彩色蔬菜是指传统蔬菜中许多颜色特殊的品种,如甜椒中的青、红两色;七彩甜椒又有橙、红、黄、紫、深绿、浅绿、宝石绿七色;番茄由大红而变成宝石红、樱桃红、黄、金黄、绿,还有一种番茄表皮有红、黄、绿宽条纹相间的色彩;花菜中的紫、绿、黄色等。

袖珍蔬菜是指传统蔬菜中那些小巧玲珑的品种。袖珍蔬菜以美观可爱、食用方便、营养丰富为特色。它既包括了一些传统蔬菜改良后的新品种,也有科研人员新近培育的稀特品种。袖珍蔬菜主要品种有袖珍黄瓜、袖珍番茄、袖珍白菜、袖珍甘蓝、袖珍茄子、袖珍辣椒、袖珍南瓜、袖珍冬瓜等。

种芽蔬菜是指各种作物的种子生成细芽供食用的蔬菜。此类蔬菜无公害、规模化,培育方式灵活,风味别致。种芽蔬菜分两类:一类为种芽,另一类为体芽。种芽菜有黄豆芽、绿豆芽、蚕豆芽、花生芽、芝麻芽、萝卜芽、苜蓿芽、豌豆苗、谷芽、荞麦芽等;体芽菜有枸杞头、竹笋、芦笋、龙芽槐木、佛手瓜茎梢、菊花脑、花椒芽等。

**(三)花卉类**

古人以花入肴,不仅取其色艳、香清和味美,还因它有健康保健、祛病延年之功。自然界许多花卉都可以食用,兰花色泽淡雅、清香鲜爽,是原味去腻、淡味提香的理想配料;梅花花质细嫩,多入羹肴,以存其色香味;梨花清香甜淡,入菜时多以之点缀佳肴;榆钱烹饪后色泽或金黄或碧绿,气味香甜绵软而浓郁扑鼻,不失时鲜风味;夜来香花香蒸腾四溢,入菜沁人脾胃。

欧美、日本等地食花已很流行,并出现了食用花研究会、花料理教室,还生产了不同品种的鲜花食品罐头。中餐用花做菜的方法也多种多样,糖渍、盐腌、水烫、入炒、炖汤、油炸、做馅、冷拌、热焓等均可。

### (四)菌菇类

食用菌分为野生菌和栽培菌两大类。野生菌由于多种原因已很少在市场上见到,产地也很少采集,目前市场供应的绝大部分是经人工栽培的菌菇。传统食用的香菇、蘑菇、草菇、银耳、黑木耳等早已人工栽培,连一些珍贵的食用菌,如竹荪、松茸蘑、猴头菇、虫草、灵芝等也开始人工栽培。近年又出现了不少菌菇新品种,如白灵菇、杏鲍菇、滑子菇、茶树菇、鸡腿菇、珊瑚菌、珍珠菌、龙眼菌等。一些高档的菌菇原料,如羊肚菌、牛肝菌、松茸、花菇、鸡腿菇等也进入了菜谱。食用菌原料在几乎所有中菜烹制方法中都能应用,可做冷菜、热菜,也可进汤菜、点心。

### (五)粮食类

米、面粉、杂粮制品等粮食类原料,通常用来制作主食,有些菜肴偶尔用到也多为挂糊、拍粉。随着当今营养观念的逐步普及和菜点制作技术的不断融合,粮食类也开始为许多菜肴所利用,并逐渐流行起一种新的菜点结合制作美味佳肴的模式。

粮食原料作主料入菜,一般采用两种形式。一是运用菜肴加工手段和烹调方法,将米、粉或其他制品直接做菜,传统的风味菜肴有桃花泛、虾仁锅巴、麻糖锅炸等。二是将加工成型的面点制品,改变其原有加热方式,借助菜肴的烹调方法,再加以一定辅料,制成菜肴,如由淮安传统名食馓子改良而成的三鲜茶馓,还有响铃鸡片、八宝卷煎饼等。三是利用粮食原料的特殊性能和口感,作为辅助原料大量出现在菜谱上,如中国名菜北京烤鸭,吃时用薄饼卷裹;香酥鸭子跟荷叶夹配合;干烧鳜鱼镶面是在烧鳜鱼盘中镶上制熟的面条,鱼面相配风味独特。

除稻米、小麦外,玉米、豆类、薯类等粮食类原料,也纷纷进入厨房,并创制了大量富有特色的菜肴。黑米、燕麦、荞麦、大豆、赤豆、绿豆等原料,因其所含特殊营养成分和独特风味,也不断为菜肴所选用。

### (六)人造原料类

**1. 人造花生**

人造花生用小麦胚芽、大豆蛋白、氢化大豆油、花生香精、食用色素等加工而成。在烹饪中适用于炸、拔丝等方法。

**2. 人造大米**

人造大米是以玉米粉、氨基酸、矿物质和维生素等成分加工而成的一种制品,营养全面。

**3. 人造植物肉**

人造植物肉是以大豆蛋白为主要原料加工而成的高蛋白食品,食之有似肉的感觉,味醇香,适宜于烧、烩、蒸、拌等方法。

4.人造火腿

人造火腿由40%的面粉和豆粉混匀后加水、植物油、植物蛋白、香料、调味品、果胶等加工而成,其色、香、味均不逊于火腿,烹饪用途同于火腿。

5.人造虾

人造虾由小米、大豆、玉米、蚕豆、芝麻等按一定比例混合,经浸泡、煮沸、加压、加热后接种根霉发酵,直到物料被菌丝填满,然后粉碎,杀菌消毒,制成虾状外形,再放入虾味佐料、蛋白质、麸酸钠等配合的汁液中浸泡,捞出冷冻包装而成。使用时需解冻,烹制中略加些红黄色素,其色味能与真虾相比。

6.人造鱼子

人造鱼子由蛋白质、玉米油、鱼肝油、卵磷脂、鱼汁、食盐、明胶等原料经特殊工艺加工而成,其色泽与味感和天然鲟鱼子相同。

7.人造蜇皮

人工蜇皮以猪肉皮为主要原料,经特殊工艺加工而成,食用方式与天然海蜇相同。此外,还有人造蟹肉、人造肉皮、人造鱼翅等。

### 四、烹饪原料的鉴别

烹饪原料的鉴别就是利用感官鉴定、理化鉴定、生物鉴定等方法对原料的品质、卫生状况进行检验,并根据原料的品种、部位、固有品质、产地、上市季节等性质做出综合的评价,从而挑选出品质优良的原料,使其更加适合食用和烹调的要求。烹饪活动的最终目的是为了保持人们的身体健康,因此烹饪原料的选择要在保证具有可食性、安全性的基础上还要给人以美的感受,愉悦人们的精神。

1.选择烹饪原料应含有合理的营养物质,具有较高的营养价值

不同的烹饪原料其所含营养物质的种类和数量不同,除了极少数调、辅原料(如糖精、色素)不含营养物质外,绝大多数烹饪原料或多或少地都含有糖类、蛋白质、脂类、维生素、矿物质和水这六大类营养素中的一种或几种,比如谷类则含糖类较多,蔬菜水果含维生素较多。在烹调过程中我们可以通过对不同品种、不同数量原料的选择和配组,使原料间的营养互相补充,最大限度地提高烹饪产品的营养价值,从而满足人体健康的正常需求,达到平衡膳食、合理营养的目的。

2.原料的选择应能够保证烹饪产品具有良好的色、香、味、形、质

烹饪原料的口感和口味直接影响到成品的质量,有的原料具有一定的营养价值,但因纤维组织较粗,质感老韧,无法咀嚼,或本身污秽、变质等,都不宜作为烹饪原料。烹饪产品是可食用产品,因此烹饪原料的选择除了保证可食性外,还要具有良好的感官性状,具有诱人的色、香、味、形,从而激发人们的食欲;具有完整的形态、鲜艳的色泽。另外,在原料的选择上,还要很好地掌握原料的品种、部位及上市季节、原料的成熟度、原料的新鲜度。因为不同的品种或同一品种的不同部位,其

品质特点是不一样的,它们所能提供的感官性能和风味特色有很大的差别,从而影响烹饪产品的质量和风味。如:鲁菜在制作"滑炒肉丝"时要选用猪里脊肉才能符合菜肴的质量特点,而川菜在制作"鱼香肉丝"时则要选用七分瘦三分肥的五花肉才能保其风味特色。

3.原料的选择应保证食用安全、卫生的原则

烹饪原料的选择,一定要保证食用安全、卫生。有些原料感官性状好但本身含有毒素(如含有毒素的鱼类、菌类)或受化学毒素污染、微生物侵染而变质的原料都不能选用,以防发生食物中毒。

# 第三节　烹饪技术

## 一、中餐烹调技术

### (一)冷菜制作技术

冷菜是菜肴中一个重要的而颇具特性的种类,其制作技术是烹调技术中一个重要的组成部分。冷菜在筵席中具有先声夺人,突出显示筵席规模与水平的地位和作用。冷菜常用的制作方法有以下几种。

1.拌

拌是指将能生食的原料或熟制晾凉的原料加工切配成较小的丝、丁、片、块等形状,再用调味料直接调拌成菜的烹调方法。拌按选料和菜品特点分生拌、熟拌、生熟拌三种。

拌制的菜肴用料广泛,如熟料多用烧鸭、五香鸡、海蜇、鱿鱼、猪肚等;生料则多用莴笋、黄瓜、胡萝卜、番茄以及水果等。拌菜的调味料主要用精盐、醋、酱油、香油,也可根据不同口味需要加入白糖、味精、蒜泥、姜末、葱花、花椒油、辣椒油、芥末等。拌菜的口味有糖醋味、酸辣味、麻辣味、蒜泥味、姜汁味、红油味、怪味等。

拌菜具有香脆嫩、清凉爽口、味型多样等特点。

2.炝

炝是将加工成丝、片、条、块等形状的小型原料,以滑油或沸水打焯,以花椒、辣椒、精盐为主要调料调拌成菜的一种烹调方法。炝菜均得加热成熟,根据菜品需要,选择滑油炝或焯水的方式使原料断生。

炝菜的原料一般有莲菜、芹菜、冬笋、芦笋、茭白、豌豆、海米、鸡肉、鱼肉、虾仁等。炝菜常用的调味品有精盐、味精、姜丝、花椒油、胡椒粉、花椒面。

炝菜成品具有脆嫩、鲜咸、醇香、色泽鲜艳等特点。

### 3.酱

酱是指将经腌制或焯水后的原料,放入酱汤中,先用旺火烧沸,再用小火煮至熟烂的一种烹调方法。

具体制法是将经过初步加工的原料,用盐(或酱油)腌制或焯水,放入用酱油、精盐、料酒、白糖、味精、香料等调制的酱汤(制作酱汤的香料主要有花椒、八角、桂皮、草果、丁香、小茴香、甘草、砂仁、豆蔻、白芷、陈皮等,保存使用的酱汤称为"老汤")中,用旺火烧沸撇去浮沫,小火煮熟,制成酱制品捞出,再取部分酱汤用微火熬浓汤汁,浇在酱制品表面,或将煮熟的酱制品浸泡在原酱汤中。适用于酱的原料大多是鸡、鸭、鹅、猪、牛、羊及其内脏。

酱制的菜肴具有酥烂味厚、浓郁咸香的特点。

### 4.卤

卤是将原料放入调好的卤水中,用小火煮至成熟,再用原汁浸渍入味的一种烹调方法。卤的原料大多是鸡、鸭、鹅、猪、牛、羊及其内脏、豆制品、禽蛋类等。

制作卤菜主要是靠调制卤水(又称卤汤)。卤水使用的时间越长,卤制的原料越多,质量越佳,被称为"老卤"。卤水所用的调味料有精盐、白糖、料酒、葱、姜、八角、桂皮、砂仁、花椒、草果、小茴香、三奈、丁香等。由于菜肴不同,卤汤调味料投入也不一样,其中将放酱油的卤水称为红卤水,制品油润红亮;不放酱油的卤水称为白卤水,成品白色或本色。

卤制品的特点是质地软熟酥烂、香鲜醇厚滋润。

### 5.酥

酥是指将原料和经熟处理的半成品,按顺序排列放入锅内,加入醋和糖等调味料,用慢火长时间焖至骨酥味浓的烹调方法。酥以原料的骨质酥软为标准。可以酥制的原料有鲜鱼、肉、海带、白菜、藕等。酥制的重要工艺在于调制汤汁,使原料酥烂的调料是醋,所以掌握好醋的用法是做好酥菜的关键。

酥制品的特点是菜肴骨质酥软,味鲜咸带酸微甜,略有汤汁。

### 6.爆

爆是指将原料炸成半成品,加调料和汤,用小火加热、收尽汤汁的一种烹调方法,使用的原料有鸡、鸭、鱼、虾、猪肉、牛肉、排骨、兔肉、豆制品等。原料的形状以丝、片、丁、块、段等为主。

爆制品具有质地酥软、甘香滋润的特点,口味有咸甜味、五香味、麻辣味、糖醋味、茄汁味、咸鲜味等。

### 7.熏

熏是指将经加工处理后的半成品,放进加入了糖、茶叶、米类、甘蔗皮及香料的熏锅中,在加热过程中,利用熏料散发的烟香熏制成菜的烹调方法。熏主要适用于动物性原料及豆制品。

熏制品色泽美观,甘香浓郁,并有特殊的烟香味。

**8.冻**

冻是将富含胶质的原料,放入水锅中熬或蒸制,使其胶质溶于水中,经冷却使原料凝结成一定形态的一种烹调方法。制冻的原料主要有猪肉皮、冻粉、食用明胶、猪肘子、猪爪、猪耳、羊羔、鸡、虾、鱼等。

冻制品的特点是:色彩美观、柔嫩滑润、口鲜味醇。由于制品均具有清澈透亮的特点,故冻菜又有"水晶"的美誉。

**(二)热菜制作技术**

热菜是食用原料经加工改刀后,通过各种传热方法,经合理调味与恰当的火候烹制出的菜肴,食用时具备符合就餐者生理要求的热度。热菜常用的制作方法有:

**1.炸**

炸是以油为传热介质,将加工处理的原料投入热油锅中炸至成熟的一种烹调方法。炸的技法以旺火、大油量、无汁为主要特点。

炸制的菜肴香、酥、脆、嫩。在食用菜肴时,配调味料(椒盐、番茄汁等)蘸食,补充或增加菜肴滋味。

**2.炒**

炒是以铁锅和油为传热介质,将切配后的小型原料放入小量油锅中,用旺火快速翻拌成熟的一种烹调方法。适用于炒的有家禽、家畜、蛋类、河鲜、海鲜、各种植物原料等。

炒的操作一般要求旺火速成,特点是口味鲜美,以咸鲜为主,也有酸、辣、甜或其他口味。菜肴质地滑嫩(或脆爽)。炒的方法较多,常见和常用的有滑炒、煸炒、干炒、软炒等。

**3.爆**

爆是以高温油作为传热介质,主料改刀后用七至八成热油滑熟倒出,炝锅后倒回主料淋上事先兑好的芡汁,快速翻炒成菜的烹调方法。

爆制的菜肴具有形状美观、脆嫩爽口、紧汁亮油等特点。爆适合具有脆嫩质地的动物性原料,如腰子、肚仁、鱿鱼、鸡肫、虾、海螺等。这些原料在烹制前一般要剞花刀,不仅使菜肴的形状美观,而且能在短时间内使原料迅速成熟,保证了菜肴嫩的程度。

**4.熘**

熘是以油或水为传热介质,将加工切配好的原料加热成熟,然后调制芡汁浇淋于原料上或将原料投入芡汁锅中熘制入味的一种方法。按操作方法分为脆熘、滑熘、软熘三种。

脆熘又称烧熘、焦熘或炸熘,是以油为传热介质,将原料改刀挂糊处理后,用旺火热油炸至香脆成熟,再用兑好的芡汁熘制成菜的方法,特点是外焦里嫩,一般以甜酸口味较为常见。例如,糖醋鲤鱼、松鼠黄鱼、糖醋菠萝咕噜肉。

滑熘又称鲜熘,是将切配成形的原料,经上浆处理,用温油划散成熟,再用调配好的芡汁熘制成菜的方法。滑熘的菜肴具有滑嫩鲜香的特点。例如,滑熘鸡片、香滑鲈鱼球、鲜熘鸡丝。

软熘是以水为传热介质,将质地软嫩的原料改刀后,经过水煮或蒸,再浇上调制好的芡汁熘制成菜的方法。软熘具有口味清淡、质感软糯的特点。例如,西湖醋鱼、五缕吉鱼、软熘鱼扇。

**5.烧**

烧是将加工处理好的原料经煸炒、油炸或焯水等初步熟处理后,加适量的汤汁和调味品,慢火加热至原料入味熟烂的一种烹调方法。

烧的菜肴,具有芡汁浓而宽、原料软嫩或熟烂等特点。

**6.扒**

扒是将初步熟处理的原料按要求整齐地推入锅内,加汤汁和调味品,用小火加热入味,勾芡后装盘的一种烹调方法。

扒制的菜品具有整齐美观、汁浓料烂的特点。例如,鸡腿扒海参、白扒鱼肚、扒肘子。

**7.炖**

炖是将经过加工处理的大块或整菜原料,经焯水处理放入炖锅或其他陶瓷器皿中,加多量汤水,加热至熟烂的烹调方法。

炖制的菜品具有汤较多、原汁原味、形态完整、软熟酥烂的特点。例如,清炖甲鱼、清炖鸡等。

**8.焖**

焖是将经过初步熟处理的原料置于汤汁中,调味后加盖用小火加热成熟并收汁至浓稠成菜的烹调方法。

焖制的菜品具有形状完整、不碎不裂、汁浓味厚、酥烂鲜醇的特点。焖按菜肴色泽分为红焖、黄焖两种;按所使用的调味料特点又有酱焖、油焖、沙茶酱焖等。

**9.烩**

烩是以水为传热介质,将多种小型原料,经初步熟处理后放入锅中,加入鲜汤,调味加热成熟,用湿淀粉勾芡,使汤、料融为一体的烹调方法。

烩制的菜品是半汤半菜,原料多样,以鲜咸味为主,汤醇味厚,原料鲜香嫩糯。例如,烩乌鱼蛋、豹狸烩三蛇、瑶柱三丝羹。

**10.氽**

氽是以水为传热介质,将加工后的原料放入沸汤中烫熟,带汤一起食用的烹调方法。

氽适用于质地脆嫩、无骨形小原料,是制作汤菜常用的方法之一,具有汤清、味鲜、原料细嫩爽口等特点。例如,汆鱼丸、口蘑汆双脆、龙井汆鸡丝等。

**11. 涮**

涮是用火锅将汤烧沸,把形小质嫩的原料放入汤内烫熟,随即蘸料食用的烹调方法。

涮具有原料生鲜、蘸料多样、锅热汤滚、自涮自食等特点。例如,涮羊肉、涮海鲜、菊花火锅等。

**12. 蒸**

蒸是以蒸汽传热,使经过加工、调味的原料成熟或熟烂入味的一种烹调方法。蒸制菜肴的工具有蒸箱、蒸笼、蒸锅。

蒸类的菜品具有湿润鲜香、原汁原味、质地鲜嫩或酥烂、形状完整等特点。蒸制的菜肴按加工方法和成菜特点分清蒸、粉蒸两种。

**13. 烤**

烤是指将原料腌制或加工成半成品以后,放入烤炉,利用辐射热烤至原料成熟的一种烹调方法。

烤制的菜品具有色泽鲜艳、皮脆肉嫩、香味浓郁等特点。

**(三)中餐味型**

**1. 家常味型**

家常味型属大众味型,咸鲜味辣,略有醋香,使用郫县豆瓣或泡红辣椒,用酱油调制而成不同风味,需要时可加白糖或甜面酱、料酒、豆豉、葱、姜、蒜苗调味。

**2. 麻辣味型**

麻辣味型比一般的辣味菜多了麻味的口感,主要是花椒的麻味加入红辣椒或辣椒油的辣味,集菜品又麻又辣的味型。

**3. 胡辣味型**

胡辣味型香辣微麻,回味略甜,热菜回味时带酸甜。调料有干红辣椒、花椒粒、酱油、醋、白糖、葱、姜、蒜等。胡辣味主要来自于红辣椒和花椒。

**4. 鱼香味型**

根据传统烹调鱼的调味方法,大量利用葱、姜、蒜的辛香,加上红辣椒的辣味(原是用来去鱼腥的)。葱、姜、红辣椒均需切成末以热油爆香,加入酱油、糖、醋调成料汁制作各种肉类、豆制品、蔬菜,香味浓郁,咸、甜、酸、辣兼备。

**5. 酸辣味型**

酸辣味型咸鲜味浓,以盐、醋、胡椒粉、料酒、味精、酸味为主体,辣味辅助。

**6. 姜汁味型**

姜汁味型咸辛微辣,调料是姜汁、醋、盐、料酒、香油、味精,以咸味为基础,可根据菜肴的要求和风味酌情加入少许豆瓣,但不能影响姜醋味。

**7.陈皮味型**

陈皮味香,麻辣味厚,略有微甜,用于凉菜。调料构成为陈皮、干辣椒、花椒、白糖、醪糟汁、盐、糖、葱、姜、蒜、红油、味精等。

**8.蒜泥味型**

蒜泥味蒜香浓郁,咸鲜微辣,用于凉菜。调味构成为蒜泥、复制酱油、红油,现场制菜,现场调制。

**9.椒盐味型**

椒盐味鲜咸微麻,生盐炒干水分出香味,主要调料为花椒。

**10.芥末味型**

芥末味型酸醇咸鲜,芥末冲辣,辛辣鲜香。调料构成为盐、白酱油、醋、芥末或者芥末糊膏、味精、香油。调制时酱油要少,否则影响菜肴的色泽。

**11.怪味型**

怪味型咸、甜、麻辣、酸、鲜、香,各味兼而有之,注重协调,用于凉菜。调料是盐、酱油、白糖、花椒面、料酒、醋、味精、香油、芝麻酱、熟芝麻等。

**12.咸鲜味型**

咸鲜味型咸鲜清香,以盐、味精调制而成。

**13.红油味型**

红油味型香辣鲜咸,回味略甜。调料有红油、酱油、白糖、味精,调制时辣味要轻。

**14.椒麻味型**

椒麻味型鲜香,味咸,清鲜。调料由盐、花椒粒、葱叶、味精、香油、凉鸡汤制成。

**15.麻酱味型**

麻酱味型芝麻酱香,鲜咸醇正。调料由芝麻酱、盐、香油、味精、鸡汤调制而成。

**16.荔枝味型**

荔枝味型咸鲜味浓,回味酸甜,用于热菜,以盐、醋、白糖、葱、姜、蒜、味精调制而成。调制时以咸味为基础,才能体现出酸甜味,醋应多,姜、葱、蒜只取清香味道,用量不宜过多。

**17.糖醋味型**

糖醋味型糖醋味浓,回味甜鲜,用于冷、热菜。调料由葱、姜、蒜、料酒、糖、醋调制而成,制作冷菜时不放葱、姜、蒜,甜味浓的菜不放味精。

**18.咸甜味型**

咸甜味型咸、甜并重,兼有鲜香,用于热菜调料。调料以盐、白糖、胡椒粉、料酒、葱、姜、味精为主,根据需要可适当加入冰糖、糖、五香粉、花椒、香油等。

### 二、西餐烹调技术

#### (一)煎

煎是将原料加工成型后加入调料使之入味,再投入油量少(一般浸没一半原料)、油温较高(一般为七八成热)的油锅中加热成熟的一种烹调方法。煎可分为清煎、软煎等。如葡式煎鱼、煎小牛肉、意式煎醉猪排等。

#### (二)炸

炸是将原料加工成型后调味,再对原料进行挂糊后投入油量多(一般应完全浸没原料)、油温高(七八成热)的油锅中加热成熟的一种烹调方法。炸可分为清炸、面包粉炸、面糊炸等。如炸鱼条、炸鸡腿、炸黄油鸡卷等。

#### (三)炒

炒是将加工成丝、丁、片的小型原料,投入油量少的油锅中急速翻拌使原料在较短时间内成熟的一种烹调方法。在炒制过程中一般不加汤汁,所以炒制类菜肴具有脆嫩鲜香的特点。如俄式牛肉丝、炒猪肉丝等。

#### (四)串烧

串烧是将加工成片、块、段状的原料加调料腌渍入味后,用金属扦穿起来放在敞开式炭火炉上直接烤炙成熟的一种烹调方法。串烧类菜肴具有外焦里嫩、色泽红褐、香味独特的特点。如羊肉串、杂肉串、牛里脊串、海鲜串等。

#### (五)煮

煮是将原料放入能充分浸没原料的清水或清汤中,用旺火烧沸,改用中小火煮熟原料的一种烹调方法。煮制菜肴具有清淡爽口的特点,同时也保留了原料本身的鲜味和营养。如煮鱼鸡蛋沙司、煮牛胸蔬菜、柏林式煮猪肉酸白菜等。

#### (六)焖

焖是将原料初步热加工(一般为过油和着色)后放入焖锅,加入少量沸水或沸汤(一般浸没原料的 $1/2 \sim 2/3$),用微火长时间加热使原料成熟的一种烹调方法。焖制成熟的菜肴所剩汤汁较少,具有嫩软酥烂、滋味醇厚的特点。如干果焖羊肉、意式焖牛肉、乡村式焖松鸡、苹果焖猪排等。

#### (七)铁扒

铁扒是将加工成形的原料加调料腌渍后放在扒炉上加热至规定的成熟度的一种烹调方法。扒制菜肴宜选用质地鲜嫩的原料,具有香味明显、汁多鲜嫩的特点。如西冷牛排、铁扒里脊、铁扒比目鱼等。

#### (八)烩

烩是将原料经初步热加工后加入浓汤汁(沙司)和调料,用先旺后小的火力使原料成熟的一种烹调方法。烩制菜肴具有口味浓郁、色泽艳丽的特点。如蜜桃烩鸡、薯烩羊肉、辣根烩牛舌、咖喱鸡等。

### (九) 烤

烤是将原料初步加工成型后,加调味品腌渍使之入味,再放入烤炉或烤箱加热至上色的一种烹调方法。如烤火鸡、烤牛外脊、橙汁烤鸭、比萨饼等。

### (十) 焗

焗是指将各种经初步加工基本成熟的原料,放入耐热容器内,加调味沙司后放入烤箱加热的一种烹调方法。菜肴因带有沙司,所以具有质地鲜嫩、口味浓郁的特点。如焗蜗牛、焗小牛肉卷、焗羊排、丁香焗火腿、海鲜焗通心粉等。

## 三、特殊烹调技术

### (一) 石烹

石烹是利用石块、石板传递热量的烹饪方法。

**1. 石板烧**

石板烧的炊具是石板。这种石板选用优质花岗石,经过裁切、减薄、磨光,制成约25厘米见方的石块,厨房在预热加工时,先用电炉将石板烧至300℃左右,趁热放在一只铁盘内,石板面上涂些芝麻油,即可上桌供客人食用。

石板烧制成的菜品特色鲜明,皮脆肉嫩,色艳味鲜,质感自行掌控,调味因人而异。

**2. 桑拿石烹**

桑拿石烹是利用大小相等的小型鹅卵石,洗净后放入烤盘中,投入烤箱,待烤烫后,取出用铲子盛入耐高温的玻璃器皿(或木质器皿)中,然后投入生的原料,浇入兑好的卤汁,盖上盖,烧烫的卵石遇到原料和卤汁,发出吱吱啦啦的响声,浓浓的蒸汽喷涌而出,犹如洗桑拿浴一样。待生料烫熟,料汁入味,菜肴即可食用,口感鲜爽滑嫩。

### (二) 铁板烧

铁板烧又称铁板烤,是一种特殊的烹制方法。具体操作有两种:一种是将原料经滑油或爆制后,或将原料用竹扦或铁扦穿插起来,先经热油炸制,再放入加热的小铁板上,将卤汁浇在原料上,加盖保温,以热气蒸腾成菜;还有一种为大铁板烧,将加工后的原料放在特制的大铁板上,边煎烧边调味,用手铲拨动、翻拌而成菜。

### (三) 干锅

干锅菜是用无耳平底锅(俗称干锅),半煎半煮烹制原料,或者事先将菜肴烹制完毕或将近完毕时放入锅中,最后收干成菜的烹饪技法。干锅菜的原料选择较广泛,原料可以上浆,也可选鲜嫩的块状料。烹调时要加入洋葱、大葱、芫荽或其他香料来提味,并要添入少许高汤,用大火烧至汤干后即成。

### (四) 泥烤

泥烤是将加工好的原料腌渍,用荷叶等包上,再均匀裹上一层黏质黄泥,埋入烧红的炭火中(或放入烤炉内)进行加热成熟的技法。

**(五)烟熏**

烟熏是将原料置于密封的容器中,利用燃料不完全燃烧所生成的烟和热量使原料成熟,并带有浓郁烟味的技法。烟熏多用于动物性原料,也可用于豆制品和蔬菜。原料可整熏,也可切成条、块状熏制。根据熏制设备来划分,有缸熏(炉熏)、锅熏(封闭熏)、室熏(房熏);根据熏料来划分,有锯末熏、松柏熏、茶叶熏、糖熏、米熏、樟叶熏、甘蔗渣熏、混合料熏等。

### 四、无明火烹调技术

无明火烹调法指运用电磁、微波等产生的热能,使食物原料受热成熟的方法。这些热能的产生,无明显的火焰,故称无明火加热法。

**(一)微波加热法**

利用微波烹调菜品是近几年来国内较为流行和普及的一种方法。微波烹调法和其他烹调方法有所不同,微波加热食物是里、外同时进行的,加热时间很短。

**(二)电磁加热法**

电磁加热是利用电磁感应加热来烹制食物的,它是一种安全、高效、环保的无明火加热方式。电磁加热的主要用具是电磁灶。酒店厨房的电磁灶形体较大,且有不同功能,如电磁炒炉、电磁汤炉等。

**(三)电能加热法**

电能是一种清洁卫生的烹制热源,烹制食物已很普遍,它主要将电能转换为热能,使菜肴烹制成熟。

# 第四节 菜品命名

### 一、菜品命名的基本原则

菜品命名,就是人们给菜品确定一个名称便于大家识别记忆。菜品的名称还具有艺术性和文化内涵。所以,在给菜品命名时必须遵循一定的原则,使所定菜品既便于记忆,又能反映出菜品的主体特色,同时还能给人以美的享受。

**(一)名副其实**

菜品的命名要以菜品的主体特色为依据,要结合实际,认真研究菜品的原料构成、刀工成型、烹调技法、成品特点、盛装器皿以及其他因素,确定出便于识别记忆的、名副其实的菜名,使之能充分反映菜品的特色和全貌。菜品的命名要防止哗众取宠、故弄玄虚的错误做法。

**(二)简明扼要**

菜品的名称要做到通俗易懂,简明扼要,力戒文字冗长。中国菜名绝大多数为

3～5个字。菜名简明扼要,其目的是为了便于记忆。若字数太多,读起来费劲,记忆也较难,很容易混淆。

### (三)雅致得体

烹饪是文化,是艺术,从菜名的名称上也可以反映出来。如推沙望月、掌上明珠、诗礼银杏、带子上朝、乌龙戏珠等。在借用诗句给菜品命名时,应避免牵强附会、滥用辞藻的做法,更不可庸俗无聊,一定要力求雅致得体,朴素大方,给人以美好的联想。

## 二、菜名命名的一般规律

菜品的命名没有统一的规定。人们在长期的实践中对菜品的命名形成了一定的规律,主要表现在以下两个方面。

### (一)先创菜品,再命名

先将菜品创制出来后再根据菜品的原料、形态及口味等方面的特点来命名。采用此类方法命名,应使菜品名称与内容大体相同,能基本体现菜品的构成内容或者能突出某一方面的特征。

### (二)先构思菜名,再创造菜品

这类命名方法的步骤与前一种相反,即先起一个雅致的菜名,然后按照菜名进行研制。研制时要从选料、切配、烹调、定型等系列工艺综合考虑,使创制的菜品与名称相符。此类方法主要用于某些特殊的、在特定条件下能突出某一方面特征的菜品(如具有重大意义的事件、活动等,其饮食应突出反映这方面的内容)。

## 三、菜品命名的方法

### (一)写实性命名法

写实性命名法又称一般命名法,就是菜名如实反映菜肴的原料辅料、烹调方法、色香味形及菜肴的原产地或创造人等情况,使人一看菜名,就能了解菜肴的概貌及其特点。

#### 1.烹饪方法结合主料命名

这种命名方法最为普遍,便于记忆和掌握,顾客从菜名中即可知道菜品的主要用料。它重点反映出烹饪方法,对一些烹饪方法有特色的菜品更为适宜。命名时一般烹饪法在前,主料在后。如白切鸡、清蒸鲩鱼、拔丝莲子、清炸赤鳞鱼等。

#### 2.调味品或调味方法结合主料命名

此种命名方法主要是突出菜品的口味或调味品,适用于调味有特色的菜肴,一般在主料前冠以味型或调味品。如糖醋鱼、红油鸡、咖喱鸡块、鱼香肉丝、麻辣腰花、果汁鱼脯等。

3.根据辅料结合主料命名

这种命名方法主要是以菜品所用特殊辅料和主料为依据来命名,特点是明确地表达菜品的原料构成情况,反映菜品的用料特点,主要适合于那些辅料有特色口味的菜品。如金钩菜心、海米牙白、松子豆腐、糯米羊肉、韭黄鸡丝等。

4.根据菜品特殊的形、色结合主料命名

这种命名方法主要是以菜品某一突出的形态和色彩加上主料命名,多适用于花色菜,菜名要求形象生动,雅致得体,具有一定艺术性。命名时一般要将形、色放在主料前面。如:翡翠虾仁、葫芦鸭子、蝴蝶鱿鱼、双色鱼丸、芙蓉鱼片等。也有个别的菜品名称相反,主料在前,如鸡豆花。

5.主料辅料结合烹饪方法命名

这种命名方法以菜品所用主料、辅料和烹调方法相结合进行命名,从名称中即可反映出菜品的原料构成及烹调全貌,使人们对菜品有比较全面的了解,是一种常见的命名方法。命名时一般辅料在前,烹调方法居中,主料在后。如韭菜炒鸡丝、百果煲老鸭、大葱烧海参、莲子炖鸡等。

6.烹调方法结合原料某方面的特征命名

这种命名方法以菜品的烹调方法和所用原料某一方面的特征相结合进行命名。命名时要突出烹调方法及菜品原料的数量、形态、色泽、性质等方面的特征,做到名副其实,耐人寻味。如油爆双脆、扒三白、清蒸麒麟鱼。

7.发源地或创始人结合主料命名

这种命名方法以菜品的发源地或创始人与主料结合进行命名,主要用于一些既有创造性(其发源地或创始人出处明白),又具有较浓的地域或个人色彩的菜品。如大良炒牛奶、麻婆豆腐、宫保鸡丁等。这些菜品大都有其历史沿革或掌故逸闻,并为人们所接受。

8.特殊器皿结合主料命名

这种命名方法以菜品所用的特殊器皿与主料相结合进行命名。这类器皿既可作为盛器,又可作为炊具,具有其特殊性。命名时一般器皿在前,主料在后,也有将器皿放在后面,以便于记忆,读起来顺口为原则。如沙锅鱼翅、汽锅鸡、铁板虾仁等。

**(二)寓意性命名法**

这种命名方法又称花色艺术菜命名法,是借用文学手段,采取比拟、象征、借代、想象和讽喻的手法为菜肴命名,具有投其所好、寄予深情、引人入胜的特点,不仅悦人耳目,还可吟咏玩味,陶冶情操,此类菜名多用于名贵菜肴。

1.表达吉祥祝愿的菜名

(1)表达祝愿主题

全家福(炒杂拌)、龙凤呈祥(鸡球炒明虾球)、鸿运当头(红烧大鱼头)、祝君进步(竹笋炒猪天梯)、鱼跃龙门(姜葱焗鲤鱼)、发财多福(发菜豆腐)。

（2）表达情趣主题

雪夜桃花(茄汁虾球)、乌龙吐珠(鸽蛋红扒海参)、游龙戏凤(海参炖鸡)、百鸟归巢(丝状菜物造巢形盛放禽类菜肴)、万紫千红(什锦炒火鸭丝)。

（3）表达祝寿主题

松鹤延年(象形冷拼)、福如东海(冬菇炖水鱼)、麻姑献寿(寿桃配芝麻香菇)、八仙贺寿(炒八珍)、神龟千岁(灵芝炖乌龟)。

（4）表达婚庆主题

鸳鸯戏水(冷拼造型或汤菜上浮蛋)、百年好合(莲子炖百合)、鱼水合欢(鸡丝烩鱼唇)、桃花好运(核桃夜香花炒鸡丁)。

（5）表达欢迎主题

孔雀开屏(冷拼造型)、春色满园(什锦虾仁扒鸡蓉菜心)、鹿鸣贺嘉宾(炻里脊丝与烧鸡热拼)。

（6）表达送行主题

一帆风顺(菠萝雕刻船形拼什锦鲜果)、鹏程万里(烧乳鸽配鱼肚、鱼翅、鹌鹑蛋)、竹报平安(鸡球扒竹荪)、满载而归(竹或木船形器皿盛装三色虾仁拼吉利鱼脯)。

**2.根据象形会意起的菜名**

葡萄鱼(双味鱼丁拼葡萄形)、狮子头(清炖蟹粉大肉丸)、彩蝶迎春(冷拼造型)、金鸡报晓(冷拼造型)、松子鱼(鱼处理成松果形状,脆熘法制成)、菊花鱼(鱼肉切成菊花花刀,脆熘法制成)。

**3.根据历史典故与传说起的菜名**

西施浣纱(上汤余酿竹荪羹,根据历史典故而制)、佛跳墙(海味、珍禽酒坛煨制菜,传说"坛启荤香飘四邻,佛闻弃禅跳墙来")、黄葵伴雪梅(宫廷菜,根据民间故事而制)、鸿门宴会(蟹黄燕窝,根据楚汉相争历史典故制成)、鱼龙变化(双味鱼,根据黄河鲤鱼跳龙门的说法而制)、舌战群儒(榆耳川鸭朘,根据三国故事而制)、三顾隆中(鸡球、虾球、肾球扒白菜胆,根据三国故事而制)。

**4.影射历史上政治斗争,含讽喻意义的菜名**

油炸烩(油条)、红娘自配(宫廷菜)。

**5.赋予原料美称而定的菜名**

对烹饪原料赋予美称形容其形状或色泽,使原料显得高贵和具有美感。如烹饪中常称鸡为凤,虾或蛇为龙;蟹黄常称牡丹、红粉、珊瑚;狗肉称香肉;鹌鹑蛋、虾仁丸则称龙珠或明珠;肾球称红梅;鱼肚称棉花。根据以上原料制作的菜肴有龙虎斗(烩蛇肉猫肉)、花开并蒂(汤泡肚球、肾球)、炻虎尾(炻鳝鱼尾)、百鸟朝凤(煨全鸟拼凤尾虾造型的小鸟)、凤穿牡丹(蟹黄扒鸡球)。

6.根据同音、谐音寓意的菜名

发财好市(发菜蚝豉)、富贵有余(炒麦穗鱿鱼,有余与鱿鱼相谐音)、天长地久(鳝鱼烩韭黄,鳝鱼又称长鱼,久与"韭"相谐音)、龙凤大会(烩鸡丝蛇肉,回与烩同音)、海面扬波(海参鸡皮菠菜,海参代表海,波与菠同音)。

# 第五节　筵席菜肴

## 一、筵席菜点

### (一)筵席菜点组成

中式筵席菜一般包括冷菜、热炒菜、大菜(包括汤)、甜菜(包括甜汤)、点心、水果六大类。它们的上台顺序也是先冷后热,点心可夹在热炒和大菜中间上,大菜之后是汤,最后上水果。甜菜一般归属于热炒菜,而汤也可以同时是大菜。

1.冷菜

用于筵席上的冷菜,可用什锦盘或四个单盘、四双拼、四三拼,也可采用一个花色冷盘,再配上四个、六个或八个小冷盘(围碟)。

2.热炒菜

热炒菜一般要求采用滑炒、煸炒、干炒、炸、熘、爆、烧等多种烹调方法烹制,以达到菜肴的口味和外形多样化的要求。筵席中,一般安排5个到8个热炒菜。

3.大菜

大菜由整只、整块、整条的原料烹制而成,或是原料比较名贵,装在大盘上席的菜肴。它一般采用烧、烤、蒸、炸、脆熘、炖、焖、熟炒、叉烧、汆等多种烹调方法烹制。传统筵席为体现档次,一般安排4个到6个大菜,而现在的筵席一般在2个到4个。为了突出某个大菜的分量,也可提前在热炒菜前上,称为头菜。

4.甜菜

甜菜一般采用蜜汁、拔丝、煸炒、冷冻、蒸等多种烹调方法烹制而成,多数是趁热上席。在夏令季节也有供冷食的。

5.点心

在筵席中常用的点心有糕、团、面、粉、包、饺等,采用的种类与成品的档次取决于筵席规格的高低。高级筵席须制成各种花色点心。点心一般安排2道至4道。

6.水果

筵席除了上述五种菜点外还有水果,高级筵席常将水果拼成水果拼盘。

### (二)筵席菜点结构

在配制筵席时应注意冷盘、热炒、大菜、点心、甜菜的成本在整个筵席成本中的比重,以保持整桌筵席中各类菜肴质量的均衡。大菜是整桌筵席的灵魂,最能体现筵席的档次,应该占一半以上成本;热炒是筵席的脸面,应丰富多彩,所占成本次之;冷菜是开胃品,数量不多,再次之。因此筵席较为合理的成本价格分配如下:

一般筵席:冷盘约占 10%,热炒约占 40%,大菜与点心约占 50%。

中等筵席:冷盘约占 15%,热炒约占 30%,大菜与点心约占 55%。

高级筵席:冷盘约占 10%,热炒约占 30%,大菜与点心约占 60%。

## 二、筵席菜单

### (一)紧扣主题

筵席都有主题,婚礼、生日、洗尘、送别等。设计的菜单应尽量体现主题。

**1.菜单设计**

菜单不仅仅是筵席的节目单,它更能体现文化品位。高规格的筵席,菜单应请专业人员专门设计。从用什么材质到款式、色彩、造型等都要讲究,甚至可以设计成工艺品、纪念品。常见的菜单有长方形、扇形、圆形、卷轴等,除各种纸质材料外,还有丝绢、塑料、瓷盘、照片等。

**2.菜单内容**

菜名可多用颂词,将菜肴色、香、味、形特色尽可能在菜名里反映出来。比如婚宴,可以安排鸳鸯戏水花色冷盘;欢迎宴,用熊猫造型,甚至可将主宾的名字、单位等在菜点里反映出来。

### (二)注重客人饮食习惯及口味特点

筵席上,客人来自四面八方。制定菜单应先征求主人意见,了解宾客的国籍、民族、宗教、职业、年龄、性别、体质、嗜好、忌讳等,并依此灵活掌握,确定品种,重点保证主宾,同时兼顾其他宾客。如日本人不喜欢荷花,但对豆腐及蔬菜则非常喜欢,因此在制作花色菜肴时就应避免使用荷花,在配菜时应多加考虑豆腐和蔬菜类菜肴。再有,参加筵席的宾客有各式各样的心理需求,有的注重经济实惠,有的注重环境因素和餐厅档次,有的注重餐馆独特的美味佳肴,有的想体验一下筵席文化氛围。宾客对筵席的心理需求也是筵席组配时应考虑的一个方面。

### (三)体现饭店菜品特色

筵席是推销、介绍饭店的最好机会,因为客人来自四面八方。在筵席中安排饭店的特色名菜,既能体现饭店厨师的高超手艺,也能反映出饭店的独特个性。

### (四)注重菜肴的季节性

筵席菜肴要根据季节的变化,更换菜肴的内容,特别应注意配备各种时令菜,甚至是新开发的原料为筵席生色。烹调方法也要与季节相适应。如寒冷的冬季,筵席中配些富含脂肪、蛋白质的菜肴,着重用红烧、红焖、火锅、菊花锅等色深而口味浓厚的烹饪方法;夏天则宜用清蒸、烩、冻和白汁等口味清淡的烹饪方法。菜肴中应控制脂肪的含量。

### （五）保证菜肴的质量

保证菜肴的质量要从主料、辅料的搭配上进行掌握。筵席规格高的,多用高档原料,突出主料,不用或少用辅料。筵席规格较低的,在菜肴中要配上一定数量的辅料,以降低成本。应本着粗菜细做、细菜精做的原则,高档的筵席原料质优,低档的筵席原料质粗。这里讲的质粗,并非质量差,是指菜肴制作工序比较简单,原料价格比较低。由于筵席价格受到原料价格、工艺水平和毛利率大小等因素的制约,所以应对以上因素进行全面平衡,做到钱多能改善,钱少能吃饭,并且能使客人吃得好、吃得饱。

### （六）控制菜肴数量

筵席菜肴的数量是指组配菜肴的总数和每盘菜肴的分量。筵席菜肴的数量与筵席的档次和宾客的性质有直接的关系,一桌筵席应以每人平均能吃到 500 克左右净料为原则。菜肴的个数因筵席规格的高低,安排 12 个至 20 个左右。菜肴个数少的筵席,每个菜肴的分量要足些;而个数多的筵席,每个菜肴的分量可以相对少些。

### （七）注意菜肴色、香、味、形、器的配合

为了使整桌筵席显得丰富多彩,不仅要注意菜肴的口味多样化,还要注意菜肴的图案美和色彩美。在冷盘中可配置孔雀等各种花色冷盘;热炒和大菜可制成松鼠、芙蓉等象征性的花色菜,并将配料加工成柳叶形、蝴蝶形、兔形等形状。另外,在热炒和大菜的盘边进行围边也是增加美观的一种方法。规格要求高的筵席往往需要摆设各种食品雕刻,如花、鸟、禽、兽、楼、台、亭、阁等,以提高整桌筵席的艺术性。

### （八）合理的营养搭配

筵席菜肴的组配要注意菜肴的营养搭配。应当尽量做到满足人体的生理需要。而这种营养成分的科学搭配,就是通过合理配菜来保证的。为此,在组配时,必须了解各种烹饪营养知识,掌握合理营养的原则,提倡"两高三低",即高蛋白、高维生素、低热量、低脂肪、低盐。因此,筵席配菜时最基本的要求就是菜肴的原料应多样化,且应该按照每种原料所含营养素的种类和数量来进行合理选择和科学搭配。只有运用多种原料来配菜,才有可能配出营养成分比较全面平衡的筵席。

**本章小结**

　　烹饪包含饮食生产、饮食消费以及与之相关的各种文化因素,是人类饮食生产的一项专门的技术;是人类为了满足生理需要和心理需要,把可食原料用适当的方法加工成食用成品的过程。

　　烹饪离不开烹饪原料。烹饪原料主要包括动物性原料、植物性原料、矿物性原料、人工合成原料等,根据不同的原料进行菜品的配制,利用合理的烹饪技术制作菜品,是菜品制作过程中的一个重要环节。而筵席菜肴的设计,又是烹饪技术性和艺术性的综合体现。

**思考与练习**

1.烹饪的作用有哪些?

2.烹饪有哪些要素?

3.烹饪原料分几大类? 举例说明。

4.菜品有几种命名方法? 举例说明。

5.冷菜有几种烹饪方法? 举例说明。

6.筵席菜肴设计有哪些要求?


**知识卡**

**1.为什么要尽量缩短烹调时间**

烹调时间的长短,掌握得准确与否,对菜肴的质量影响极大。烹调的时间短,菜肴不能完全成熟入味,并且会出现里生外熟的夹生现象,不利于杀菌消毒,甚至无法食用。烹调时间过长,菜肴会失去鲜嫩的风味和应具的色泽,形状散碎;同时,大大破坏了菜肴的营养成分,使质地变得焦煳软烂,浪费原料。所以,要尽量缩短烹调时间,准确掌握出勺时机,保证菜肴的质量。

**2.为什么要给菜肴取名**

菜肴的命名,一般都具有高度的概括性,能确切地表现某一道菜肴的原料、烹调方法及其风味特色,言简意赅,顾名而见形神。菜肴有了一个名副其实的名称,可以相互区别,便于记忆、宣传、学习和掌握。如果菜肴没有名称或不熟悉菜肴的名称,就无法开列菜单、正确配菜和烹制,更无法体现菜肴的风味和特色。所以,每道菜肴都要起一个名副其实、寓意深远、贴切的名称。

**3.烹饪原料的选择方法**

烹饪原料选择是菜肴加工和烹调的第一个环节。优质原料是佳肴的基础。选料工作包括两个方面:选择优质卫生的食品原料和按照菜肴的质量需求选料。选料时,应对原料进行感官检查和物理检查。包括对原料颜色、气味、包装、弹性、硬度及质量的检查。通过这些检查,确定原料的新鲜度和质量情况。不同的菜肴对食品原料的部位和性质有不同的要求。例如,鱼类有很多品种,但是,这些种类不一定都适用清蒸的方法;而鲥鱼、鲇鱼、鲩鱼都适用这种方法。又如,家畜有前腿、后腿、通脊等部位之分,各部位的肉质嫩度不同。因此,不同菜肴对畜肉和禽肉部位的需求也不同。

（1）畜肉禽肉的选择

畜肉禽肉必须经过卫生检疫合格后，盖有卫生检疫合格章才可作为食品原料。新鲜的猪肉通常为淡红色。新鲜的牛肉呈红色或暗红色，肌肉结实并夹带有少量脂肪，小牛肉为淡红色。羊肉呈淡红色，纤维细而软，带有少量脂肪。新鲜的禽肉呈清淡的黄褐色，肌肉结实，有光泽。在畜肉和禽肉的选择中，对部位的选择非常重要，尤其是畜肉的部位，这关系着菜肴的质量和成本。

①猪肉

猪肉通常分为三大部位，它们是前腿部位、腹背部位、后腿部位。

前腿部位分为上脑、颈肉、夹心肉、前蹄膀和前脚爪。上脑位于背部靠近颈处，在扇面骨之上。此部位肉质嫩，瘦肉中含有少量的肥肉，适用于炸、熘、炒等方法。颈肉称血脖，肉质差，肥瘦不分，多用于制馅。夹心肉位于上脑下面，肉质较老，筋和膜多，吸水力强，该部位适用酱、焖和炖等方法；带骨头的夹心肉常用来制作烧排骨。例如椒盐排骨等菜肴。前蹄膀又名前腱子，在前腿扇形骨上，瘦肉多，皮厚筋多，胶质丰富，适用于烧、煮、酱等方法。前脚爪以皮、筋和骨头为主，适于煮汤、红烧等方法。

腹背部位包括脊背、中方、胸脯。脊背又名通脊，位于脊柱骨下与脊柱骨平行的一条肉，肉质细嫩，结缔组织少，适于熘、炒、爆、烤等烹调方法。位于脊背肉下方的是整个胸肋的大部分，肥瘦相间，呈五花三层状，称作肋条肉。中方的上部肉质坚实，质量较好，下部肉质较差。中方肉适用于我国一些传统菜肴。例如，作为扒肉条、米粉肉等菜肴的原料。肚囊，位于猪腹下部。该部位肉质差，多为泡状组织，不易煮烂。

后腿部位包括臀尖、坐臀、弹子肉、外挡肉和后脚爪、里脊等。臀尖位于尾根骨下面的瘦肉，肉质细嫩，适月于爆、炒、熘等方法。坐臀位于臀尖肉下部，肉质较老，结缔组织多，适用于焖、煮、烧等方法。弹子肉位于坐臀下面且仅靠中方肉，肉质较嫩，适用于爆、炒等方法。外挡肉位于臀尖下面，肉质较嫩，适用于爆、炒等方法。后蹄膀又名后腱子，肉质坚实，适用于炖、煮等方法。后脚爪与前脚爪相似，适用于煮汤、炖、酱等。里脊在腰的后半部，是全身最细嫩的部分，体积很小。该部位适于爆、炒、熘等方法。

②牛肉

牛的肌体构造和肌肉分布情况与猪肉基本相同,也分为三个部位,前腿部位、腹背部位和后腿部位。

前腿部位包括上脑、前腿肉、颈肉、前腱子。上脑位于脊背前部,肉质肥嫩,用于烤、炒、制馅等;前腿肉位于上脑下部,颈肉下部,肉质较老,适于红烧、煮、酱等方法;颈肉即脖子肉,肉质较差,肌肉纹理混乱,适用于红烧、制汤等;前腱子位于前腿下面,肉质较老,筋多,适于红烧、酱、煮等方法。

腹背部位包括牛排、肋条和胸脯。牛排位于脊背部,紧靠上脑。其纤维质地斜而短,肉质厚阔肥嫩,适用于烤、爆、炒等方法;里脊位于脊背后部,肉质细嫩,适用于烤、爆、炒等方法;肋条位于胸部肋骨处,肥瘦肉均匀,适用红烧、扒、焖、烧等方法。胸脯位于腹部,肉质较薄,以肥肉为主,附有白筋,适用于焖、烧、制汤等。

后腿部位包括米龙、里子盖、外子盖。米龙位于牛尾根部,前接牛排,相当于猪的臀尖。肉质细嫩,表面有肥肉,适于炸、熘、炒、烤等方法;里子盖位于米龙下部,肉质细嫩,没有肥膘,适于爆、炒等方法;外子盖位于里子盖外部,用途与米龙、里子盖相同;后腱子位于子盖的下部,肉质较老,适用于酱、烧、焖等方法。

③羊肉

羊肉也分为三个部位:前腿部位、腹背部位和后腿部位。

前腿部位包括颈肉和前腿肉。颈肉肉质较老,夹有细筋,适用于红烧、煮、炖等方法;前腿肉位于颈后部,包括前胸和前腱子上部,肉质脆,夹有筋,适于红烧、炖、扒等方法。

腹背部位包括脊背、肋条和胸脯。脊背又名扁担肉,包括脊背肉和里脊肉,呈长条形,肉纤维长而嫩,用于涮、烧、炒、爆等方法。肋条位于肋骨外部,肉质松软,肥瘦相间,适用于涮、烧、扒等方法;胸脯位于前胸,肉质肥多瘦少,适用于烧、烤、制馅等。

后腿部位包括后腿肉和后腱子,比前腿肉多而嫩。它的用途较多。后腿肉适用于爆、炒、烤、炸等方法。后腱子位于后腿肉下部,肉质较老,肉中夹筋,适用于酱、烧、焖等方法。

④禽肉的选择

禽肉可分为:胸肉和腿肉。胸肉是禽肉中最嫩的部位,它适用于中餐的爆、炒等方法;腿肉的肉质较老,适用于烧、扒、炖等方法。

（2）水产品的选择

水产品指各种海水水产品和淡水水产品,包括各种鱼、虾和蟹等。新鲜的鱼,鱼鳃色泽鲜红或粉红,鳃盖紧闭,鱼眼澄清而透明,鱼鳞完整,有光泽,鱼肉有弹性;新鲜的虾外形完整,有弯曲度,虾皮青绿色或青白色,肉质结实;新鲜的蟹,腿肉粗壮、结实,外壳呈青色,有光泽。

海水鱼类:中餐常用的海水鱼有比目鱼、大黄鱼、小黄鱼、平鱼、鲈鱼、海鳗、鲨鱼、鱿鱼、墨鱼、鲍鱼等。海水鱼的鱼刺少,肉鲜美。比目鱼、大黄鱼、小黄鱼、平鱼、鲈鱼等适用于中餐的烧、蒸、炸、煎、炖、熬、熘、烤等方法。其中,体形较大的鱼还可以切成段,片成片,或切成花形后再烹调。海鳗不仅适用于多种烹调方法,它的肉还常被搅成肉泥,制作鱼丸。鱿鱼和墨鱼最适于切成丝或花形,制成各种爆炒或冷拌的菜肴。鲍鱼不仅可以制作各种中餐菜肴,还是制作中餐汤类的原料。鲨鱼不仅鱼肉可以食用,它的鱼翅还是中餐宴会的著名原料。

海水虾蟹类:海虾和海蟹是中餐常选用的食品原料。海虾和海蟹肉质鲜美,适用于多种烹调方法。例如,烧、烹、蒸、炸、煮等。虾肉和蟹肉还常与其他原料搭配在一起制作成许多菜肴。牡蛎简称蚝,适用于烧菜和制汤。海螺的肉质鲜美,片成片,可以制作爆炒类的菜肴。

淡水水产品:淡水水产品包括淡水鱼和淡水虾蟹。淡水鱼包括鲤鱼、鲫鱼、鲢鱼、草鱼、桂鱼、鲥鱼、银鱼、刀鱼、大马哈鱼等。淡水鱼的特点是味鲜美,肉质细嫩。但是,除了银鱼外,其他品种鱼刺较多。鲤鱼、鲫鱼、鲢鱼、草鱼、桂鱼、鲥鱼、大马哈鱼适用于多种烹调方法。例如,蒸、烧、炖等。刀鱼适用于炸和烹等方法。银鱼刺很少,适用于软炸和红烧等。淡水虾蟹包括青虾、草虾和螃蟹。青虾的虾仁可通过熠炒等方法制成优质的菜肴,草虾体形较小,可以油炸;河蟹可通过油炸或清蒸制成菜肴。

（3）蔬菜的选择

菜肴常用的蔬菜有大白菜、小白菜、卷心菜、菠菜、芹菜、油菜、空心菜、莴笋、茭白、豌豆苗、萝卜、辣椒、番茄、四季豆、黄瓜、冬瓜、藕、土豆等。蔬菜可以通过多种烹调方法制成菜肴。蔬菜的选择应挑选水分充足,颜色鲜艳,表面饱满并有光泽的。

（4）干货原料的选择

　　干货原料指经过加工和干制的水产品和植物产品及畜肉产品。常用的中餐干货原料有鱼翅、鱼皮、鱼唇、鱼胫、鱼信、鱼骨、海参、鱿鱼、鲍鱼、干贝、海蜇、淡菜、燕窝、紫菜、海带、玉兰片、干春笋、黄花菜、木耳、莲子和蹄筋等。干爽、整齐、均匀、完整、无虫蛀、无杂质的干货原料是符合质量标准的食品。

# 第二章

# 中国菜

**知识要点**

1.了解中国菜的发展简史。

2.了解中国菜流派。

3.了解四大菜系历史、构成、烹饪原料。

4.掌握中国菜的特点。

5.掌握四大菜系的特点及代表菜。

6.掌握中国主要地方菜的代表菜。

7.掌握宴席面点配制。

## 第一节　中国菜概述

### 一、中国菜简史

中国菜又称中餐,是世界华人习惯食用的菜肴和点心的总称。中餐由开胃菜(通常称冷菜)、主菜(通常称热菜)和面点(通常称小吃)构成。

根据考证,中餐的发展有着悠久的历史。我国古人在1万年前已开始使用陶制餐具和调味品(盐、酒和酱)。从黄河中游地区出土的谷物、工具和家畜骨头等显示,公元前6000年至公元前5600年,该地区已开始饲养家畜和农耕。根据浙江省余姚市河姆渡遗址的考古发现,公元前5000年至前3400年该地区已经种植水稻,采集并栽培菱、枣、桃和薏米并饲养家畜。从西安市的半坡遗址、山西省芮城县王村遗址、河南省洛阳王湾遗址等发现,公元前5000年至前3000年黄河中游地区已使用石斧、石锄和石铲等农具,种植粟、芥菜和白菜等蔬菜。从浙江省嘉兴市马家浜遗址发现,公元前4300年至前3200年该地区已种植水稻,饲养水牛。从浙江省杭州市的余杭的良渚遗址发现,公元前3100年至前2200年该地区已种植水稻,并采集和种植花生、胡麻、蚕豆、菱、瓜、桃和枣等农作物。先秦时期,我国自夏代以后进入青铜器时代,生产力有了很大的发展。根据记载和考古材料发现,当时的青铜厨具主要包括鼎、鬲、镬和釜等。这一时期，农业、畜牧业、狩猎和渔业都有了很大的发展，为中餐的发展提供了丰富的动物和植物食品原料。根据商代的甲骨文和《诗经》中的记载，当时人们已种植谷物。包括禾、粟、麦、稻和粱等。人们在烹调中普遍使用蔬菜。包括韭、芹和笋等。在畜肉和禽肉原料中包括猪、牛、羊、马和鸡等。同时，普遍使用多种河鱼为原料。不仅如此，人们在烹调中已经普遍使用动物的油脂、盐、蜂蜜、葱、花椒和桂皮等作为调味品。当时，人们重视食品原料的初加工，讲究切配技术。从而，加速了中餐烹调方法的创新。人们已经掌握了多种烹调技法，包括煮、煎、炸、烤、炙、蒸、煨、焖和烧。根据吕不韦等撰写的《吕氏春秋·本味》(约前292—约前235年)记载，"调和之事，必以甘、酸、苦、辛、咸"。其含义是，菜肴味道的调和，一定要注意咸、酸、苦、辣、甜的合理配合。由于烹调技法的提高，先秦时代中餐筵席的菜肴道数和品种已初具规模。

从陕西省宝鸡市的茹家庄西周墓的考古中发现，公元前1046年至前771年，人们已将煤作为能源用于食品的烹调。根据考古，夏朝的宫廷已有专管膳食的职务(庖正)，建立了膳食管理组织并有明确的分工，初步建立了一些有关宴会的管理制度和用餐制度。秦汉魏晋及南北朝时期，从公元前221年秦王嬴政吞并六国，至公元589年隋朝灭陈朝统一南北止，共810年，这一时期是我国封建社会的早期，农业、手工业、商业有很大的发展，外交事务日益频繁。张骞通西域后，引进新的蔬菜品种，包括茄子、大蒜、西瓜、扁豆和刀豆等。这一时期，豆制品，包括豆腐干、腐竹和豆腐乳等在中餐得到广泛应用。与此同时，各种水果和植物油也开始用于烹调，厨房的食品制作根据专业技术进行分工。从江陵凤凰山167号墓出土物品发现了装有菜子油的瓦罐，显示汉代已使用植物油进行烹调。东汉后期，发酵法用于制饼，面团发酵技术也日趋成熟。约公元534年，北魏贾思勰撰写的《齐民要术》记载了酱黄瓜、豉酱和咸蛋等腌渍食品并叙述了古菜谱、古代烹调方法和调味品。《齐民要术》"作饼酵法"不仅介绍了酸浆的制作方法，还介绍了夏冬两季的不同比例。这一时期，铁鼎和铁釜广泛用于烹调，烹调灶已经与现在农村使用的土灶很相似。在食器中，以竹子、木头或铜为原料的箸(筷子)、漆器和陶器普遍地得到使用。秦汉以后，一些由木制的餐饮器具逐渐取代青铜制品，在餐饮器具中占据了一定的地位。根据《齐民要术》记载，在南北朝时期，由于农作物的发展，食品原料非常丰富。小麦、水稻和其他谷类、蔬菜和鱼类的种类明显增多，葱姜蒜酒醋和各种调味酱普遍作为调味品。中餐讲究菜肴的火候与调味，出现了菜肴的风味：中原风味、荆楚风味、淮扬风味、巴蜀风味和吴地风味等。此外，有关饮食文化和中餐烹饪的专著也不断地出现。例如《食经》等。隋唐时期即从公元589年隋朝统一天下至1368年元朝灭亡，共779年。这一时期是中餐发展史上的黄金时期。隋唐时期，从西域和南洋引进了新蔬菜品种的种子，包括菠菜、莴苣、胡萝卜、丝瓜和菜豆等。这一时期，由于食品原料和烹调器具的发展，中餐烹调工艺有了很大的进步，并走向精细化。热菜的工艺逐渐快速发展。当时,中餐冷菜的制作技术发展很快,出现了雕刻冷拼,冷菜工艺不断创新。此外,在原料的选择、设备的使用、原料的初加工等方面不断完善,开始强调菜肴的色、香、味、形。唐代,中餐菜肴风味不断发展,不少餐馆推出了"胡食"、"北食"、"南食"、"川味"、"素食"等菜系。当时的北食指我国河南、山东及黄河流域菜系,南食指江苏和浙江等长江流域菜系,川味指巴蜀和云贵等地区菜系,素食指寺院菜系。南宋时期,大量人才的南流,将北方的科学、文化和技术带到了南方,也推动了江南餐饮业的发展。根据记载,宋代的餐饮市场相当繁荣,各类餐馆开始细分为酒店、酒楼、茶馆、馒头铺、酪店、饼店等。宋代的酒楼为了招徕顾客,开始讲究店堂的设施和物品的陈设,门面结成彩棚或用彩画装饰并实施细致和周到的餐饮服务。根据记载,顾客到酒店入座后,先端上一杯茶,安排服务员为顾客服务等。公元713年至公元741年,唐代的《本草拾遗》中记载了湖南菜"东安子鸡"的烹调方法。1080年至1084年期间,由沈括编著的《梦溪笔谈》记载了当时将芝麻油用于中餐烹调。明清时期,即从1368年明朝建立至1911年辛亥革命为止,共543年。这一时期,中餐的食品原料充裕,烹调方法继承周、秦、汉、唐和宋朝的优秀工艺特点,融入满人的餐饮特色,宴会形式多种多样,呈现出不同的主题宴会。中餐烹饪理论硕果累累,出现了著名的烹饪评论家——李渔和袁枚。明代宋诩著的《宋氏养生部》对中餐1300个菜品结合养生学进行了论述。1531年玉米传到我国的广西地区,距离哥伦布发现美洲不到40年。1590年玉米传入山东,此后山东逐渐开始大量栽培。根据记载,明代出现了中餐的五大菜系:扬州菜系、苏州菜系、浙江菜系、福建菜系和广东菜系。根据《宋氏养生部》和《明宫史》记载,当时的中餐非常注重刀工技术和配菜技巧。1742年随着农业和手工业的发展,城市商贸的繁荣,中餐无论在烹调工艺方面,还是在烹调方法方面都得到了长足的发展,菜肴的品种和质量不断提高。1792年由清代著名学者袁枚编著的《随园食单》,共计5万字,对中餐烹调原理和各种菜点进行了评述,其中收集了我国各地风味菜肴案例326个,书中还对菜肴的选料、加工、切配、烹调及菜肴的色、香、味、形、器及餐饮服务程序做了非常详细的论述。这一时期,由满菜和汉菜组成的满汉全席,是中国历史上最著名的筵席之一,也是清代最高级的国宴。菜单中,满菜多以面点为主,汉菜融合了我国南方与北方著名的特色菜肴,满汉全席包括菜肴108道。其中南菜54道、北菜54道、点心44道。

## 二、中国菜流派

不同的地理环境、不同的民族、不同的生活习惯,形成了各地自然的乡土风格。实际上,由于地理、气候、物产和习俗的不同,不同地区人们的食品制作和口味特点存在着很大差别。

### (一)海滨风味

中国有着漫长的海岸线,丰富的海洋资源,为沿海人民提供了极其丰富的饮食宝藏。沿海的居民"靠海吃海",从小到大,海鲜食品一直伴随着他们,作为一年四季食用和待客的常菜。各种各样的海产品,例如螺、蟹、虾、鲍、扇贝、牡蛎、海胆和各种鱼都习以为常。每当捕鱼汛期一到,沿海渔民便扯起风帆,千船竞发。海产原料丰富,食法也多种多样,水煮、烧烤、煎扒、串烧、涮烫、爆炒等,不一而足。

东部沿海的江浙地区,临河依海、气候温和,沿海地区海岸线漫长而曲折,浅海滩辽阔而优良,优越的地理条件,蕴藏着富饶的海产珍味。沿海滩涂与群岛鱼、虾、螺、蚌、蛤、蛏等海产佳品常年不绝。在江浙沿海,产量最多的应属小黄鱼,沿海村民称之为"黄花鱼",鱼汛适值气温渐高的季节,因而海滨渔民往往将捕获的大量黄花鱼晒成鱼干,切成鱼块,用糯米酒腌制起来,作为一年四季改善生活的佳肴,也是待客的常菜。

### (二)山乡风味

我国有逶迤的崇山峻岭。全国从南到北,高山众多,山野之中,无奇不有。小者如山鸡、斑鸠、野兔、蛇、蛙等,都是举手可得的家常便菜之原料。

东北山地大小兴安岭、长白山一带,有丰富的山珍野味,如长白山人参、猴头蘑、黑木耳、飞龙等;云南、四川的山地,各种动植物丰富多彩,松茸、竹荪、虫草、天麻等特色原料为当地的饮食与烹饪谱写了新的篇章。

安徽山地较多,山区水质清澈且含矿物质较多。山区的人们喜用自制的豆酱、酱油等有色调味品烹调,用木炭烧炖沙锅类,菜肴形成了微火慢制,菜肴质地酥烂、汤汁色浓口重的特点。坠地即碎的问政山春笋,笋壳黄中泛红,肉白而细,质地脆嫩微甜,是笋中之珍品;山中还盛产菇身肥厚、菇面长裂红纹的菇中上品——花菇。这些都是当地山民的特色饮食。

湖南湘西山区的崇山峻岭中,山民擅长制作山珍野味、烟熏腊肉和各种腌肉。由于山区的自然气候特点,山民口味侧重于咸香酸辣,独具山乡风味特色。山珍野味有寒菌、板栗、野鸡、斑鸠等。山区的腌肉方法也十分特殊,有拌玉米粉腌制肉类的,大多腌后腊制。辣味菜及熏、腊制品成为其主要烹调特征。

山野之间,除了飞禽走兽一类的荤菜,还有满山遍野生长着的野菜,尤其是菌类植物,如野生的蘑菇、木耳等也成为山民做菜的好原料。

### (三)平原湖区风味

我国内地,广阔无垠的平原上种植着各种农作物;江河纵横,湖泊遍布,盛产各种水产鱼类。由于各地所处地理位置的差异,形成了各自的风味特色。

江河湖泊之中,鱼类和其他各类的水鲜,常为当地桌上的佳肴,如田螺、虾、蚌、蟹等。此外,菱、藕、莲子等也是水乡人所钟爱之物。

鱼米之乡江浙一带,常年时蔬不断,鱼虾现捕现食,水道成网,各种鱼类以及著名的芹蔬、蒌蒿、菊花脑、茭儿菜、马兰头、金针菜、白果等,为江浙地区的乡土风味菜奠定了优越的物质基础。浙江地区平原广阔,土地肥沃,粮油禽畜物产丰富,金华火腿、西湖莼菜、绍兴麻鸭、黄岩蜜橘、安吉竹鸡等都是著名的特产,使浙江乡土菜独领风骚。

湖南洞庭湖区,饮食菜肴以烹制河鲜和家禽、家畜见长,擅用炖、烧、腊的技法,常用火锅上桌。著名的蒸钵炖鱼,菜肴色泽红润而汁浓,此外还有腊味小炒。

在黄河下游的大片冲积平原上,沃野千里,棉油禽畜、时蔬瓜果,种类多、品质好。在山东西北部广阔的平原上,山东花生、胶州大白菜、章丘大葱、仓山大蒜、莱芜生姜、莱阳梨等,为当地乡土烹饪提供了取之不尽的物质资源。

### (四)草原牧区风味

广阔无垠的大草原,滋养着北部和西北部的广大人民,这里牛羊成群、骏马奔驰。当地人民以肉类、奶类为主要食品。如蒙古族、哈萨克族、裕固族等民族,自古以来就从事狩猎和畜牧业,生活在辽阔的草原上,逐水草而居,肉食、奶食是不可缺少的食品。

蒙古族主要食牛肉、羊肉,其次是山羊肉和驼肉。吃法一般为手抓肉,但也烤羊肉、炖羊肉、涮火锅,而宴席则摆全羊席。

草原牧区人爱吃肉、爱喝奶,这是当地人的饮食特点。随着时代的发展,蒙古族人民在饮食上开始注意烹调技艺和品种的多样化,但食肉、喝奶的地域民族特色却仍然保留,在草原人民的文化生活中起着重要的作用。

哈萨克族的马奶酒,被誉为草原上的营养酒;蒙古族的奶茶,被草原人认为是健身饮料;藏族的酸奶子和奶渣等均为别具特色的奶食品。如今,草原牧区的烹调方法主要是烤(火烤、叉烤、悬烤、炙烤等)和煮。

草原牧区的人民在长期生活实践中创造出的烹饪方法和带有民族风味的食品,迄今仍然受到广大牧民的喜爱和欢迎,并且得到其他民族的赞赏和仿效。

### (五)清真风味

清真风味,是指信奉伊斯兰教民族所制作的菜品总称。在我国有回族、维吾尔族、哈萨克族、乌孜别克族、塔吉克族、塔塔尔族、东乡族、保安族、撒拉族、柯尔克孜族等少数民族信仰伊斯兰教。清真风味是我国菜肴各种风味中的重要组成部分。我国的清真风味由西路(含银川、乌鲁木齐、兰州、西安)北路(含北京、天津、济南、沈阳)南路(含南京、武汉、重庆、广州)三个分支构成。

随着伊斯兰教于公元7世纪中叶传入我国起,清真饮食文化就逐渐在中国大地上传播。据史书记载,唐德宗贞元三年(787)长安(今西安)城里就有阿拉伯人、波斯人等卖清真食品。到了元代,大批阿拉伯、波斯和中亚穆斯林来到中国,使清真饮食在中国各地得到了较大发展,并产生深远的影响。当时的饮食业主要是肉食、糕点之类。清代,北京出现了不少至今颇有名气的清真饭庄、餐馆,如东来顺、烤肉宛、烤肉季等;清末民初,经营包子、饺子、烧饼、麻花等的清真食品的店铺已形成了具有鲜明特色的餐饮行业。

清真菜品的制作遵守伊斯兰教教义,在原料使用方面较严格,禁血生、禁外荤,不吃肮脏、丑恶、可怖和未奉真主之名而屠宰的动物。在选料上南路常以鸡鸭、蔬果、海鲜为原料,西路和北路常以牛羊、粮豆为烹饪原料,烹调方法较精细。清真菜品的制作多为煎、炸、烧、烤、煮、烩等方法;制作工艺精细,菜式多样,口味偏重鲜咸;注重菜品洁净和饮食卫生,忌讳左手接触食品。清真小吃以西北为主,尤以西安、兰州、银川、西宁等最为有名。以植物油和制的酥面、甜点以及包子、饺子、糕饼等面食别具一格,如酥油烧饼、什锦素菜包、牛肉拉面、羊肉泡馍、油香、馓子、果子、馕、麻花等。

### (六)素食风味

素食,泛指蔬食,习惯上称素菜。饮食市场的素食原料,主要有"三菇"、"六耳"、豆制品、面筋、蔬菜和瓜果等。

在中国素食发展史上,佛教曾起着推动的作用。唐宋元明时期,我国经济文化繁荣昌盛,烹调技艺日臻完美,植物油被广泛应用,豆类制品大量增加,素食之风更为兴盛。这一时期的饮食典籍繁多,记载素食制作的菜品不断丰富,并出现了用面粉、芋头等原料制作的素菜。在外形上,素菜以假乱真、以素托荤,如《山家清供》中的素食制作,烹调技术已达到炉火纯青的地步。素食成为我国烹饪体系中的一个重要分支。

清代是素食的黄金时代,宫廷御膳房专门设有"素局",负责皇帝"斋戒"素食。寺院"香积厨"的"释菜"也有了较为显著的改进和提高,出现了一批像北京法源寺、南京栖霞寺、西安卧佛寺、广州庆云寺、镇江金山寺、上海玉佛寺、杭州灵隐寺等烹制"释菜"的著名寺院。各地饮食市场的素餐馆急剧增加,素食品种花样翻新。清末薛宝辰的《素食说略》仅以北京、陕西两地为例,就记述了200多个素食品种。

素食从起源到形成并长久存在,到今天日益兴旺,究其主要原因,不外是素食不仅清淡、时鲜,而且营养丰富、祛病健身。这对人类的繁衍生息以及健康、长寿都具有重要的意义。

### 三、中国菜特点

中华美食体现了中华民族的饮食传统,融会了我国灿烂的文化,集中了全国各民族烹饪技艺的精华。它与世界各国的美食相比,有许多独到之处。

### (一)原料广博

华夏美食遐迩闻名,除了历代烹调师精湛的技艺外,我国丰富的物产资源也是一个重要条件,它为饮食提供了坚实的物质基础。我国是一个海陆兼备的国家,辽阔的疆土、多样的地理环境及多种气候,在烹饪原料上具备了雄厚的物质基础。东西南北各地盛产各种农副产品,绵长的海岸提供了珍奇海鲜,纵横的江河水产富饶,众多的湖泊盛产鱼虾和水生植物,无垠的草原牛羊遍布,巍巍的高山生长山珍野味,茂密的森林盛产野味菌类,坦荡的平原五谷丰登。由于地理环境的不同,中国烹饪具有十分丰富的原料品种,加上复杂的气候差异,使烹饪原料品质各异。寒冽的北土有蛤士蟆、猴头蘑等多种野生珍稀动植物原料,为我国烹饪提供了许多特有的佳肴;酷热的南疆,虫、蛹、蛇、时鲜果品奇特,丰富了菜肴的品种;广阔的东海之滨,盛产贝、螺、鱼、虾、蟹、水产蔬菜,增强了菜肴的时令性;风疾土肥的西域,牛、马、羊、驼质优而负盛名,使菜肴富有质朴浓烈的民族风味;雨量充沛的长江流域,粮油家畜皆得天时地利之优,使菜肴富丽堂皇。优越的地理位置和得天独厚的自然条件,使我国的烹饪特产原料特别富庶而广博。

### (二)风味多样

地域广阔的中华大地,由于各地气候、物产、风俗习惯的差异,自古以来,在饮食上就形成了许多各不相同的风味。我国一向以"南米北面"著称,在口味上又有"南甜北咸东辣西酸"之别。就地方风味而言,有黄河流域的齐鲁风味,长江流域中上游地区的川湘风味,长江中下游地区的江浙风味,岭南珠江流域的粤闽风味,五方杂处的京华风味,各派齐集的上海风味,辽、吉、黑的东北奇馔,桂、云、黔的西南佳肴,中南备美食,西北聚佳味。就民族风味而言,汉族以外,还有蒙古、满、回、藏、苗、壮、傣、黎、哈萨克、维吾尔等少数民族的风味特色,各有佳味名馔,争奇斗艳。

另外,珍馐罗列的宫廷风味、制作考究的官府风味、崇尚形式的商贾风味、清馨淡雅的寺院风味、可口实惠的民间风味等,其等级不同、原料有别、风味各异。它们色彩不一、技法多变、口味迥异、特色分明,构成了我国繁多的风味美食品种,各种美食风味流派汇成一体,又形成了中华民族共同的饮食文明。

### (三)技艺精湛

中国菜品在烹饪制作时对原料的选择、刀工的变化、菜料的配制、调料的运用、火候的把握等方面都有特别的讲究。所选择的原料要求非常精细、考究,力求鲜活,不同的菜品要按不同的要求选用不同的原料;注意品种、季节、产地和原料不同部位的选择;善于根据原料的特点,采用不同的烹法和巧妙的配比组合制成美味佳肴。中国烹饪精湛的刀工古今闻名,厨师们在加工原料时讲究大小、粗细、厚薄一致,以保持原料受热均匀、成熟度一致;我国历代厨师还创造了劈、切、契、斩等刀法,能够根据原料特点和菜肴制作的要求,把原料切成丝、片、条、块、粒、蓉、末,以及麦穗花、荔枝花、蓑衣花等各种形状。

中国菜肴的烹调方法变化多端、精细微妙,并有几十种各不相同的烹调方法,如炸、熘、爆、炒、烹、炖、焖、煨、熸、煎、腌、卤以及拔丝、挂霜、蜜汁等。中国菜肴的口味之多,也是世界上首屈一指的。中国各地方都有自己独特而可口的调味味型,如为人们所喜爱的咸鲜味、咸甜味、辣咸味、麻辣味、酸甜味、香辣味以及鱼香味、怪味等。另外,在火候上,根据原料的不同性质和菜肴的需要,灵活掌握火候,并运用不同的火力和加热时间的长短,使菜肴达到鲜、嫩、酥、脆等效果,并根据时令、环境、对象的外在变化,因人、因事、因物而异。高超的烹饪技艺为中国饮食的魅力与影响奠定了坚实的基础。

### (四)四季有别

一年四季,按季节而饮食,这是中国美食的主要特征,也是中华民族的饮食传统。我国春、夏、秋、冬四季分明,各种食物原料因时迭出。

自古以来,我国一直遵循调味、配菜的季节性,冬则味醇浓厚,夏则清淡凉爽,还特别注意按节令安排菜单。就水产原料说,春尝刀(鱼),夏尝鲥(鱼),秋尝蟹,冬尝鲫(鱼)。各种蔬菜更是四时更替,人们掌握原料的生长规律,不同季节运用不同的蔬菜,讲究适时而食。

中华民族还特别注重四时八节的传统饮食习俗。诸如春节包饺子(北方),正月十五吃元宵,端午节裹粽子,中秋尝月饼,重阳品花糕等,这些节令性的食品,一直沿袭至今。

### (五)讲究美感

中华美食不仅技术精湛,而且自古以来就讲究菜肴的美感。注意食物、菜肴的色、香、味、形、器的协调一致。对菜肴的色彩、造型、盛器都有一定的要求,要遵循一定的美的规律。食品色、形的外观美与营养、味道等质地美的统一,这也是客观的需要。我国菜品讲究美感,表现在多方面。厨师们利用自己的聪明才智、艺术修养,通过自己丰富的想象,塑造出各种各样的形状和配制多种多样的色调。中国的象形菜独树一帜,"刀下生花"别具一格;食品雕刻栩栩如生,拼摆堆砌,镶醉卷模,各显其姿;色彩鲜明,主次分明,构图别致,味美可口,达到了"观之者动容,味之者动性"的美妙的艺术境地。厨师的作品,不但使菜肴达到色、香、味、形等美的统一,而且给人以精神和物质高度统一的特殊享受。

### (六)注重情趣

我国饮食注重情趣,不仅对饭菜点心的色、香、味、形、器和质量、营养有严格的要求,而且在菜肴的命名、品味的方式、时空的选择、进餐的节奏、娱乐的穿插等方面都有一定雅致的要求。

中国菜肴的名称有千变万化、避免雷同、雅俗共赏的特点。菜肴名称除根据主料、辅料、调料及烹调方法的写实命名外,还有大量的根据历史典故、神话传说、名人食趣、菜肴形象着意渲染和引人入胜的寓意命名。诸如:全家福、将军过桥、狮子头、叫花鸡、龙凤呈祥、鸿门宴、东坡肉、贵妃鸡、松鼠鳜鱼、金鸡报晓等,立意新颖,情趣盎然。

### (七)食医结合

由古及今,我国广大人民常利用现有的食物原料防病治病,城镇、乡村到处都有药食兼用的动植物,它们的根、茎、叶、花、果、皮、肉、骨、脂、脏按一定比例组合,在烹调中稍加利用,就既可满足食欲、滋补身体,又能疗疾强身、颐养天年。结合许多常见病和慢性病,根据食物的寒、热、温、凉四性和辛、甘、酸、苦、咸五味的性味特点,民间有采用饮食疗法的习惯。唐代的名医孙思邈说过:"夫为医者,当须先晓病源,知其所犯,以食治之,食疗不愈,然后命药。"以后历代的名医对食疗多有论述。这说明我国古代很早就重视饮食的治疗,有关食疗结合的内容极其丰富,我国都早有记载可以借鉴,而且近代又有了很大的发展。

### 四、中国菜分类

#### (一)民族菜

我国是个多民族国家,各民族均有独特的饮食风尚和知名食品。其中,有的在本民族聚居区内流传,有的被其他民族移植借鉴。民族菜风味浓郁,选料、调制自成一格,菜品奇异丰盛,宴客质朴真诚。如维吾尔族抓饭、朝鲜族冷面、傣族虫菜、苗族酸菜鱼全席,都不同凡响。

#### (二)宫廷菜

各朝历代君王深知健康长寿的重要,"食饮必稽于本草";从夏至清,各朝都设有食官和御膳,专门调配帝后饮食。御厨利用王室的优越条件,取精用宏,精烹细做。这就使宫廷菜能够世代相续,成为中菜的骄子。宫廷菜用料考究,调理精细,造型艳美,定名规范,几乎全系精品,筵宴规格高,掌故趣闻多,在食坛上备享殊荣。

#### (三)官府菜

官府菜又称"公馆菜",多以乡土风味为旗帜,注重摄生,讲求精洁,工艺上常有独到之处,不少家传美馔遐迩闻名。山东孔府菜、北京谭(宗俊)家菜、河南梁(启超)家菜、湖北东坡(苏轼)菜、川黔宫保(丁宝桢)菜、安徽李公(鸿章)菜、湖南组庵(谭延闿)菜、东北帅府(张作霖)菜,都是其中的佼佼者,至今仍有魅力。

#### (四)市肆菜

市肆菜根植于广阔的饮食市场,由创造精神最强的肆厨制作。它广取宫廷菜、官府菜、商贾菜、民族菜、寺观菜、民间菜、食疗菜、祭祀菜和外来菜之精华,腾挪变化,锐意创新,故而流派众多,特色鲜明,很有生气。市肆菜还注意分档划类,因时而变,名食玉点多,节令美馔多,颇受食客欢迎。此外,市肆菜为了能在激烈的市场竞争中立足,还很强调吐故纳新,努力迎合时代的饮食潮流。

#### (五)寺观菜

寺观菜又名素菜、斋菜或香食,有近2000年的发展历史,系中菜的特异分支。我国的膳食结构自古便是谷蔬为主;佛教传入和道教兴起后,善男信女甚多,大多数佛门弟子不嗜荤腥,饮食崇奉清素,久之便酝酿而成斋食。素菜有寺观素菜、民间素菜、宫廷素菜和市肆素菜,其用料多系三菇、六耳、果蔬和谷豆制品,调味清淡,素净香滑,具有保健功效,在国内外评价甚高。

### (六)民间菜

民间菜是中菜的基础,产生于平民家庭,数量很大,档次偏低,多由主妇操持。民间菜又分两种:一是三餐必备的家常菜,注意实惠;二是逢年过节的宴享菜,讲求丰盛。它们都重视原料的综合利用和饭菜的营养调配,制作简易,味美适口,并且不同人家有不同的祖传菜品,宗族气息浓烈。内中的精品也在餐馆供应,以家常风味取胜。

### (七)外来菜

外来菜(主要是以日本、印度、韩国为代表的东洋菜和以法国、俄罗斯、意大利为代表的西洋菜,以及独树一帜的土耳其清真菜)在中华落户,大都需要经过改造,在工艺与成品方面与纯粹的外来菜不尽相同。

# 第二节 四大菜系

中国是一个餐饮文化大国,长期以来在某一地区由于地理环境、气候物产、文化传统以及民族习俗等因素的影响,形成有一定亲缘承袭关系、菜点风味相近,知名度较高,并为部分群众喜爱的地方风味著名流派简称菜系。其中尤以四川菜系、山东菜系、江苏菜系、广东菜系最为有名,并称为"四大菜系"。

## 一、四川菜系

### (一)四川菜概述

川菜十分古老,秦汉已经发端。公元前3世纪末叶,秦始皇统一中国后,大量中原移民将烹饪技艺带入巴蜀,原有的巴蜀民间佳肴和饮食习俗精华与之融会,逐步形成了一套独特的川菜烹饪技术。到唐宋,川菜已发展为中国的一大菜系。明代,辣椒传入中国,清代时在四川人们已惯于食用,川菜味型增加,菜品愈加丰富,烹调技艺日趋完善。抗战时期,各大菜系名厨大师云集"陪都"重庆,更使川菜得以博采众家之长,兼收并蓄,从而达到炉火纯青的境地。

川菜作为一种文化现象,其底蕴十分深厚。历代名人及名作,在涉及巴蜀风物人情时,往往离不了饮食。东晋常璩《华阳国志》将巴蜀饮食归结为"尚滋味"、"好辛香"。唐代杜甫则以"蜀酒浓无敌,江鱼美可求"的诗句高度概括、赞美巴蜀美酒佳肴。抗战时期,著名人士郭沫若、阳翰笙、陈白尘、戈宝权、凤子等常聚于餐馆,品尝"五香牛肉"、"清炖牛肉"、"油炸牛肉"、"水晶包子"等川菜川点,郭沫若还乘兴为餐馆题写"星临轩"招牌,留下了一段名人与川菜的佳话。

### (二)烹饪原料

四川素有"天府之国"之称,烹饪原料多而广。牛、羊、猪、狗、鸡、鸭、鹅、兔取之不尽,笋、韭、芹、藕、菠、蕹四季常青,淡水鱼有江团、岩鲤、雅鱼、长江鲟,此外还有干杂品,如通江、万源出产的银耳,宜宾、乐山、涪陵、凉山等地出产的竹荪,青川、广元等地出产的黑木耳,宜宾、万县、涪陵、达川等地出产的香菇以及魔芋等,均为佼佼者。石耳、地耳、绿菜、鱼腥草、马齿苋这些生长在田边地头、深山河谷中的野菜之品,也成为做川菜的好材料。还有冬虫夏草、川贝母、川杜仲、天麻,亦被作为养生食疗的烹饪原料。自贡井盐、内江白糖、阆中保宁醋、中坝酱油、郫县豆瓣、清溪花椒、永川豆豉、涪陵榨菜、叙府芽菜、南充冬菜、新繁泡菜、忠州豆腐乳、温江独头蒜、北碚莴姜、成都二荆条海椒等,都是品质优异的调味品。

### (三)菜系组成

四川菜主要由成都地方风味菜、重庆地方风味菜和川南地方风味菜构成。

**1.成都菜**

成都菜以成都和乐山菜为主。成都菜就像竹林小院门前潺溪,有一种小家碧玉之美。成都人生活喜欢雅致,吃菜也讲究正宗,菜品从选料、切片、配料、火候都无比地讲究。成都菜的口味特点是味重。无论哪道菜,均偏咸或偏辣。代表菜有麻婆豆腐、回锅肉、宫保鸡丁、盐烧白、粉蒸肉、夫妻肺片、蚂蚁上树、灯影牛肉、蒜泥白肉、樟茶鸭子、白油豆腐、鱼香肉丝、泉水豆花、盐煎肉、干煸鳝片、东坡墨鱼、清蒸江团等。

**2.重庆菜**

重庆菜以重庆和达州菜为主。重庆菜就像重庆的地理一样,有一种气吞万象之势。重庆人喜欢刺激,吃客不墨守成规,当厨的就不爱去照菜谱做菜,因此常常风行各种新式菜。而这些新式菜一般都是由江湖厨师创造出来的,俗称"江湖菜"。代表菜有酸菜鱼、毛血旺、口水鸡、干菜炖烧系列(多以干豇豆为主),水煮肉片和水煮鱼为代表的水煮系列,辣子鸡、辣子田螺和辣子肥肠为代表的辣子系列,泉水鸡、烧鸡公、芋儿鸡和啤酒鸭为代表的干烧系列,泡椒鸡杂、泡椒鱿鱼和泡椒兔为代表的泡椒系列,干锅排骨和香辣虾为代表干锅系列等。

**3.川南地方风味菜**

又称盐帮菜,以自贡和内江菜为主;其特点是大气、怪异、高端(其原因是盐商)。在盐帮菜的嬗变和演进中,积淀了一大批知名菜品,人见人爱,其中一些菜品更不胫而走,纳入了川菜大系,摆上了异地餐桌,盐帮菜的代表菜有火鞭子牛肉、富顺豆花、火爆黄喉、冷吃兔、芙蓉乌鱼片、冲菜等。

### (四)风味特点

四川菜享有"一菜一格"、"百菜百味"的称誉,其基本味有麻、辣、甜、咸、酸五味。

四川菜很重视味的变化,既有浓淡之分,又有轻重之别。四川菜中"味"的变化很多,常因用餐对象不同,因人而异;也可根据季节,因时而异。如冬、春季气候寒冷,味要十分;在夏、秋两季,气候燥热,味要降三分,称为"降调"。但有些四川菜为保证菜品的传统特色,从不降调,如重庆的毛肚火锅,吃了会"冬天一身汗,夏天一身水",尽管如此,夏天供应如常,不变味,不离宗,人们称之为"以热攻热"。还有驰名中外的"麻婆豆腐",又麻又辣又烫,一年四季从不降调。为了发挥食品原料固有的鲜味,如蔬菜的清香、脆嫩,蛋肉类和鱼虾的细嫩、鲜滑,烹饪方法要因物而异,以保持口感。在准备宴会时,要求精心组织安排好适当的菜单,做到一桌菜中几个味型厚薄兼备,高低相间,起伏变化。四川菜最突出的特点是其调味中的辩证法,口味浓淡有致,该浓则浓,该淡则淡,浓中有淡,淡中有浓,浓而不腻,淡而不薄。因此,四川菜一方面以味多、味厚、味浓而著称;另一方面,又以清鲜淡雅见长,使吃过四川菜的人,久久不能忘怀,赞美不绝。

四川菜的主要味别有麻辣、鱼香、家常、怪味、酸辣、糖醋、胡辣、椒麻、荔枝、甜香等。其中,鱼香味、家常味、怪味是四川厨师独创的三大味。

### (五)代表菜

**1.宫保鸡丁**

简介:"宫保鸡丁"又称"宫爆鸡丁",是四川的传统名菜之一,现已流传全国。相传,因为受到清代一位四川总督丁宝桢(官名宫保)所喜食,故名。丁宝桢讲究饮食,在山东任内,曾调用名厨数十名之多。到四川任总督之后,随带家厨多人。丁府请客时经常有"爆鸡丁"一菜,鲜香味美,受到客人的赞美,但客人回家后如法烹制,总不成功,于是被吃过的人传颂为宫保鸡丁。

方法:爆。

原料:嫩鸡肉丁、油氽花生米、白糖、醋、酱油、味精、肉汤、湿淀粉、花椒、姜、蒜、葱末、盐、料酒。

特点:鸡肉鲜嫩,花生脆香,辣而爽口。

**2.麻婆豆腐**

简介:"麻婆豆腐"是四川著名的特色菜。相传清代同治年间,四川成都北门外万福桥边有一家小饭店,女店主陈某善于烹制菜肴,她用豆腐、牛肉末、辣椒、花椒、豆瓣酱等烧制的豆腐,麻辣鲜香,味美可口,十分受人欢迎。当时此菜没有正式名称,因陈脸上有麻子,人们便称为"麻婆豆腐",从此名扬全国。

原料:豆腐、牛肉、青蒜、郫县豆瓣、辣椒面、花椒面、豆豉、酱油、料酒、精盐、味精、姜末、水豆粉、清油、清汤。

方法:烧。

特点:色泽淡黄,豆腐软嫩而有光泽,其味麻、辣、酥、香、嫩、鲜、烫,豆腐表面盖有一层淡红色的辣椒油,可保持豆腐内的热度不会很快散失,趁热吃滋味更佳,花椒面香辣扑鼻。数九寒冬时节,更是取暖解寒的美味佳肴。

**3.夫妻肺片**

简介:20世纪30年代,有郭朝华、张正田夫妻二人,以制售麻辣牛肉肺片为业,两人从提篮叫卖、摆摊招客到设店经营。他们所售肺片实为牛头皮、牛心、牛舌、牛肚、牛肉,并不用肺。夫妻肺片注重选料,制作精细,调味考究,深受群众喜爱。为区别于其他肺片,便以"夫妻肺片"称之。

原料:牛肉、牛舌、牛头皮、牛心、牛肚、香料(八角、三奈、大茴香、小茴香、草果、桂皮、丁香、生姜等)、盐、红油辣椒、花椒面、芝麻、熟花生米、豆油、味精、芹菜。

方法:拌。

特点:夫妻肺片片大而薄,细嫩入味,麻辣鲜香。

### 4.毛肚火锅

简介:火锅是中国的传统饮食方式,起源于民间,历史悠久。今日火锅的容器、制法和调味等,虽然已经历了上千年的演变,但一个共同点未变,即用火烧锅,以水(汤)导热,涮煮食物。这种烹调方法早在商周时期就已经出现。

火锅,真正有记载的是宋代。宋人林洪在其《山家清供》中提到吃火锅之事,即其所称的"拨霞供",谈到他游五夷山,访师道,在雪地里得一兔子,无厨师烹制。师云:"山间只用薄批、酒酱、椒料活(浸油)之。以风炉安桌上,用水半铫(半吊子),候汤响一杯后(等汤开后),各分以箸,令自夹入汤摆(涮)熟,啖(吃)之,乃随意各以汁供(各人随意蘸食)。"从吃法上看,它类似现在的"涮兔肉火锅"。

直到明清,火锅才真正兴盛起来,清烹饪理论家袁枚《随园食单》中已有记载。当时除民间食用火锅外,从规模、设备、场面来看,以清皇室的宫廷火锅为最气派。清帝王的冬季食单上写有:野味火锅、羊肉火锅、生肉火锅、菊花火锅等。锅具形式已有双环方形火锅、蛋丸鱼圆火锅、分隔圆形火锅等。清乾隆四十八年(1783)正月初十,乾隆皇帝办了530桌宫廷火锅,其盛况可谓中国火锅之最,详情《清代档案史料丛编》有载。1796年,清嘉庆皇帝登基时,曾摆"千叟宴",所用火锅达1550个,其规模堪称登峰造极,令人惊叹!

四川火锅发源于重庆。四川作家李劼人在其所著的《风土什志》中写道:"吃水牛毛肚的火锅,则发源于重庆对岸的江北。"经过饮食界的不断改进,色、香、味独具特色。"毛肚火锅"已经成为重庆最著名的风味小吃之一。

原料:牛毛肚、牛肝、牛腰、黄牛背柳肉、牛脊髓、鲜菜、牛油、豆瓣、姜末、辣椒、花椒、料酒、豆豉、醪糟汁、精盐。

方法:煮。

特点:味重麻辣,汤浓而鲜,四季皆宜。

### 5.灯影牛肉

简介:"灯影牛肉",是四川达县名扬海内外的风味佳馔,因片薄如蝉翼,棕红闪亮,灯照透明,酷似"皮影戏"中的皮影(达县称"皮影"为"灯影"),遂名。

清光绪二十二年(1896),原籍梁平县的酿酒兼经营腌卤制品的商人刘仲贵来达县谋生,出售片厚质软的五香牛肉,生意清淡。刘仲贵经过日夜摸索,改进制作工艺,终于研制出一种新的牛肉片制作方法。以肉质细嫩的黄牛为原料,将"腰里"、"红板"等部位的精肉切成大张薄片,拌以丁香、八角等多种香料腌制,然后平铺在筲箕背上,用暗火烘烤,再以麻油浸泡,做成的这种牛肉,片薄、色鲜、味美、酥脆。刘仲贵又独具匠心,将牛肉片用细绳一张张穿起,挂在店前,权充"广告"。来往客商见了甚觉稀奇,取一片品尝,香酥可口,味美无渣,赞叹不绝,于是声誉大振,遐迩闻名。

原料:牛后腿的腱子肉、绍酒、辣椒粉、花椒粉、白糖、味精、五香粉等。

方法:烘、蒸、炸、拌。

特点:色泽红亮,麻辣干香,回味无穷,因其肉片薄能透影而得名。

6.樟茶鸭子

简介:樟茶鸭子为四川名菜,选用樟树叶、茶叶为熏料使鸭子变得更加美味可口。由于制法复杂、工艺考究、用料独特,这一传统菜肴延续至今,成为川菜中的一道当家菜,素有四川烤鸭之美称。

樟茶鸭子是取整只的净公鸭,先用花椒、精盐浸渍四小时,然后放沸水锅内烫皮定型,再用樟树叶、花茶、柏树枝、锯末熏至鸭皮成深黄色,取出后,鸭皮抹上用醪糟汁、绍酒、胡椒粉、味精和成的调味汁,上屉蒸两小时取出,晾凉,切成条码在盘内即可。

原料:肥公鸭、盐、绍酒、花椒粉、胡椒粉、醪糟汁等。

方法:熏、蒸、炸。

特点:"樟茶鸭子"属熏鸭的一种,要经过腌、熏、蒸、炸等工序,制作考究,要求严格,成菜色泽金红,外酥里嫩,带有樟木和茶叶的特殊香味,是四川著名菜肴之一。

7.回锅肉

简介:四川菜以擅烹猪肉享誉中外,其中尤以"回锅肉"为代表。"回锅肉"号称"川菜第一菜",旧有"过门香"之称,由产于巴蜀盆地的农家土猪与川西平原栽种的香蒜苗合烹而成,香气浓郁,四处飘溢,令对门邻居垂涎欲滴。由于其制作方法简便,原料易购,故川人多以此菜待客,既循"待客无肉不恭"之中华饮食传统,又展主人之厨艺。

原料:连皮猪后腿肉、红头蒜苗等。

方法:煮、炒。

特点:色红绿相衬,香味浓郁,味微辣回香。

**二、山东菜系**

**(一)山东菜概述**

山东是中国饮食文化的发祥地之一,我国先民在这块富饶的土地上创造了灿烂的古代文明,烹饪及烹饪文化也随之发展起来。山东烹饪是我国饮食文化和烹饪技艺的重要渊源,占据着特殊的地位。早在春秋战国时期,山东菜的雏形已初步形成。春秋时期孔子就提出了"食不厌精,脍不厌细"的饮食观,并在烹调的火候、调味、饮食卫生、饮食礼仪诸方面提出主张,奠定了山东菜系的理论基础。到了汉代,山东烹饪技艺已有相当水平,从出土的画像石上可以看出从原料选择、宰杀、洗涤、切割、烤炙、蒸煮各方面分工精细、操作熟练的情景,充分展示了当时烹饪的全过程以及饮宴场面。到了北魏时期,贾思勰在《齐民要术》中对黄河中下游地区的饮食生活及烹饪技术作了较为全面的总结和概括,对鲁菜菜系的最终形成和发展产生了非常积极的影响。历经以后隋、唐、宋、金各代的提高和发展,山东菜已经成为我国整个北方菜的代表,并对整个北方烹饪界影响极大。到元、明、清时期,山东菜进入了全盛时期,大量的鲁菜菜品和烹饪技艺进入宫廷,成为御用膳食的支柱,成为菜品制作最为精细华贵的代表。发展到现代,在继承传统技艺的基础上,广大烹饪爱好者和专业厨师,博取全国烹饪众长,不断改良丰富鲁菜,将鲁菜推向了鼎盛时期。

### (二)烹饪原料

山东东部属半岛地区,海产品丰富,海参、鲍鱼、海螺、对虾、真鲷、鱼翅、黄花鱼、扇贝、牡蛎、海蜇等都是特产。山东南面的微山湖地区淡水产品也很有特色,黄河鲤鱼、鳜鱼、甲鱼、青虾都是山东常用的烹饪原料。山东中部以出产禽畜产品而闻名,如鲁西南肉牛,菏泽青山羊、寿光鸡、麻鸭等。山东各地的植物原料,如大明湖的蒲菜、茭白,章丘大葱,莱芜姜,苍山大蒜,胶东大白菜,烟台苹果,莱阳梨,青州银瓜等都为山东烹饪提供了极好的原料基础。

### (三)菜系构成

山东菜主要由济南菜、胶东菜、济宁菜构成。

#### 1.济南菜

济南菜,泛指以山东省会济南为代表的山东中部地区的地方风味菜。济南是山东省的政治、经济和文化中心,地处水陆要冲,南依泰山,北临黄河,原材料丰富,烹饪技艺融各家之长,菜品造型精美,做工精细,是山东菜的主体构成部分。济南菜选料广泛而精致,口味讲究清香、滑嫩、味醇,有"一菜一味、百菜不重"之称。济南菜善于制汤,以汤作为百味之源,是菜品风味的关键。其代表菜有:双色鱿鱼卷、奶汤蒲菜、清汤蒸菜、拔丝苹果等。

#### 2.胶东菜

胶东菜又称福山菜,是指胶东半岛沿海地区,以青岛、烟台为代表的地方风味菜。胶东菜以烹制海鲜及海产品为主,突出原料本身风味,口味注重清淡、鲜嫩,成品注重造型,擅长突出主料特征的海味筵席,如全鱼席、鱼翅席、小鲜席、海蟹席等。

### 3.济宁菜

济宁菜又称为曲阜菜,是以"孔府菜"著称的地方菜。济宁为东鲁故地,是孔孟故里,有着丰富的历史文化渊源,其菜品虽然制法上同济南菜相当,但文化风味更加浓重。久负盛名的"孔府菜"用料考究,重于烹调火候,烹调过程严格,调和讲究营养养生。制成品软烂香醇,原汁原味,成菜华贵大方,是目前较为上档次的菜品。

### (四)风味特点

山东菜风味多以咸鲜为主,善于保持原料纯正的风味,多以原料自有风味为调味基础。无论是爆、炒、烧、熘,还是炸、烤、蒸、扒都用葱来调味和佐食,葱之香味已成为山东菜的最好风味。除此之外,山东菜也善于运用各种汤汁来调味。以汤之味来辅佐原料,也运用海产原料的原味,突出本味。随着烹饪的发展,山东菜逐步使用和形成了五香、酸辣、椒盐、糖醋、麻酱等其他复合味味型,使山东菜口味更有变化,个性特征更好。山东民间生食葱蒜、大葱蘸酱的民俗也在部分菜品中得到很好的表现,形成山东菜的一大特色。

### (五)代表菜

#### 1.九转大肠

简介:九转大肠是在清光绪年间由山东省济南市九华楼所创制。

九华楼是个老字号,以经营猪下水而闻名。老板杜某人是个大商人,他对"九"字特别喜爱,所开的几间店铺,都是以"九"字打头命名,九华楼就是其中之一。这位杜老板讲究饮食,不惜重金礼聘厨师名手主厨。过去猪下水根本无法上席,杜老板却要九华楼专在猪下水上面下大功夫,对肚、肠、腰等进行研究,终于创制出一些别具风味的猪下水佳肴,其中尤以红烧大肠为顾客所欣赏、赞誉。

一次,杜老板在酒楼大宴宾客,席间有一文人为了取悦主人,故意将红烧大肠改称为九转大肠,并加以解释:道家炼丹经过多次方能成功,所谓"九转金丹"能令人延年益寿,甚至起死回生。从此,九转大肠之名广泛流传,成为风靡一时的山东名菜。

原料:熟大肠、酱油、清汤、肉桂粉、胡椒粉、熟油、白糖、醋、料酒、砂仁粉、芫荽、精盐、花椒。

方法:烧。

特点:色泽红润,质地软嫩,兼有酸、甜、香、辣、咸五味,鲜香味美,非常适口。

#### 2.德州扒鸡

简介:"德州扒鸡"历史悠久,名噪海内外。20世纪初,德州经营烧鸡者如雨后春笋,名店众多,相互竞争,皆在质量上下功夫。始有"宝兰斋"店主侯宝庆,悉心研究,在烧鸡、卤鸡和酱鸡的基础上,根据扒肘子、扒牛肉的烹调方法,开创了扒鸡的生产工艺。至1911年,老字号"德顺斋"的烧鸡铺掌柜韩世功等人,对传统的工艺与配方进行改进,加入了健脾开胃的几味中药,且总结了侯宝庆制作烧鸡、扒鸡的经验,采取炸、熏、卤、烧的方法,结合当地口味,又兼顾南甜、北咸的习俗,经过多次试制,终于生产出"五香脱骨扒鸡"。他们制作的扒鸡炸得匀,焖得烂,香气足,且能久存不变质,很快在市场上打开销路,使这一名食风行大江南北。

原料:鸡、口蘑、姜、酱油、精盐、花生油、五香料(由丁香、砂仁、草果、白芷、大茴香组成),饴糖少许。

方法:扒。

特点:色泽红润,肉质肥嫩,香气扑鼻,味道鲜美,深受广大顾客欢迎。

3.锅烧肘子

简介:锅烧肘子是山东传统名菜,在"锅烧肉"的基础上演变而来。"锅烧肉"早在元代的古籍中就有记述,后逐渐改用猪肘子肉制作,须经煮、蒸、炸多道工序,两次改刀,是一道热菜。

原料:去骨带皮猪前肘等。

方法:炸。

特点:色泽金黄,外酥里嫩,干香味鲜,肥而不腻,上席时外带葱段、甜面酱、花椒盐等调料以荷叶饼卷食,则又是一番风味。

4.火爆燎肉

简介:火爆燎肉是山东名菜,用猪肉片在热油沸腾时形成的火苗中爆燎而成。其烹制方法称为"火爆"或"火燎",此法需旺火热油,锅内油料引燃,火苗升起后投入主料,迅速爆炒,观其景、品其味,别有情趣。

原料:猪臀尖肉。

方法:爆。

特点:成菜颜色紫红,香嫩味美,略带燎焦味,用大葱白、甜面酱佐食,风味尤美。

5.氽西施舌

简介:氽西施舌是山东名菜,用西施舌氽制而成。西施舌为软体动物门蛤蜊科动物,其壳呈三角形,薄而光滑,壳顶淡紫色,宛如少女红润的面颊;其形似舌,肉质细嫩,洁白如玉,味道鲜美,故以我国春秋时美女西施命名。山东日照市沿海一带出产西施舌,在唐代已为入馔的海味上品。

原料:西施舌、冬笋片、菠菜心、芫荽末、精盐、绍酒、胡椒粉、清汤。

方法:氽。

特点:西施舌嫩爽,汤清而味咸鲜微辣。

6.原壳鲍鱼

简介:原壳鲍鱼是山东名菜,用鲜鲍鱼肉配偏口鱼肉、火腿、冬笋等烩制而成。鲍鱼为海产腹足纲软体动物,山东长岛、胶南一带产量较多。

原料:带壳鲜鲍鱼、偏口鱼肉、火腿肉、净冬笋、熟青豆等。

方法:烩。

特点:保持了鲍鱼原形,肉质细嫩,色白透明,味咸鲜。

**7.炸鸳鸯嘎渣**

简介:山东济宁名菜。它以鸡蛋为主料制成,一面黄、一面红,两面紧贴,似鸳鸯并肩,故而得名。此菜由济宁名店鸿远楼名厨尹凤瑞创制,鸿远楼原名"会景楼",清代开业,1911年改建后更名为"鸿远楼"。此菜为甜菜。

原料:鸡蛋黄、鸡蛋、湿淀粉、面粉、山楂糕、桂花酱、白糖、花生油。

方法:炸。

特点:成菜着色鲜艳,黄红相间,质地软嫩,酸甜可口,多用于喜庆婚宴。

**8.锅㷮豆腐**

简介:锅㷮豆腐是山东地方传统菜肴。此菜是取用锅㷮烹调方法制成,故称"锅㷮豆腐",该菜营养丰富,是很受食客欢迎的大众化菜肴。

原料:水豆腐、猪肉馅、芫荽、精盐、味精、酱油、花椒面、面粉、姜、色拉油、葱、鸡汤、鸡蛋。

方法:锅㷮。

特点:色泽金黄,柔软鲜嫩,滋味清香;荤素搭配,营养丰富。

### 三、江苏菜系

#### (一)江苏菜概述

江苏烹饪历史悠久,秦汉以前长江下游地区的饮食主要是"饭稻羹鱼",《楚辞·天问》记有"彭铿斟雉帝何飨"之句,即名厨彭铿所制之野鸡羹,供帝尧所食,深得尧的赏识,封其建立大彭国,即今彭城徐州。隋唐两宋以来,金陵、扬州等地繁荣的市场促进了江苏烹饪的发展。如北宋《清异录》记有隋炀帝将扬州大筑宫苑定为行都。江苏所产的糟蟹、糖蟹为贡品,并将蟹壳表面揩拭干净,用金纸剪成的龙凤花密密地粘贴在上面。扬州用碧绿的竹筒或菊之幼苗,将鲫鱼肉、鲤鱼籽缠裹成的"缕子脍",苏州用鱼鲊之片拼合成牡丹状的著名花色菜品"玲珑牡丹鲊"等都说明在唐宋江苏已有制作复杂、色泽鲜艳、造型美观的工艺菜品了。明清时代江苏内河交通发达,船宴盛行,南京、苏州、扬州皆有船宴。清代江苏烹饪技法日益精细,菜肴品种大为丰富,风味特色已经形成,在全国的影响越来越大。清人徐珂所辑《清稗类钞》中记有"肴馔之各有特色者,如京师、山东、四川、广东、福建、江宁、苏州、镇江、扬州、淮安"。这里举的十处,有五处为江苏名城。

#### (二)烹饪原料

江南是鱼米之乡,时令水鲜、蔬菜四季常熟,镇江鲥鱼,两淮鳝鱼,太湖银鱼,南通刀鱼,连云港的海蟹、沙光鱼,阳澄湖的大闸蟹等。桂花盛开时江苏独有的斑鱼纷纷上市,中外驰名的南通狼山鸡,高邮鸭,如皋的火腿,泰兴的猪,南京的矮脚黄清菜,苏州的鸭血糯,泰州的豆制品,以及遍布水乡的鹅、鸭、茭白、藕、菱、芡实等。相传汉淮南王刘安发明豆腐,南北朝时用面筋制作菜肴,此外还有笋、蕈等素食原料。丰富的烹饪原料为江苏烹饪的发展提供了良好的物质基础。

### (三)菜系构成

江苏菜系大致分为淮扬风味、金陵风味、苏锡风味和徐海风味四大流派。

**1.淮扬菜**

淮扬菜以两淮(淮安、淮阴)、扬州为中心,南起镇江,北至洪泽湖,东含里下河及沿海一带。主体以大运河为主干的这一地区,水产发达,江河湖海出产甚丰,菜肴以清淡见长,味合南北,是江苏菜风味特色最浓的主体部分。

**2.金陵菜**

金陵菜,又称京苏菜,指以南京为中心的地方风味菜。南京古为六朝金粉之地,今为江南地区的政治、经济中心,饮食市场自古繁荣。南京菜兼顾四方之优,适应八方之需,口味醇正,滋味平和,香醇适口,特别是烤鸭最为著名,是南京鸭肴的代表。另外,美人肝、松鼠鱼、凤尾虾、清炖鸡孚等也非常有名。

**3.苏锡菜**

苏锡菜以苏州、无锡为中心,包括太湖、阳澄湖、蠡湖地区的地方风味菜。苏锡菜甜味较重,咸味收口,浓油赤酱,近代逐渐趋向清新爽淡,善于表现原料本味。其代表有:碧螺虾仁、雪花蟹斗、莼菜掂鳜鱼、梁脆膳、太湖银鱼、天下第一菜、叫花鸡、松鼠鳜鱼、常州的糟扣肉、昆山的虾仁拉丝蛋、无锡的肉骨头等。

**4.徐海菜**

徐海菜指徐州沿陇海线向东延伸至连云港一带的地方风味菜。徐海菜用海产为原料的较多,以咸鲜为主,风味兼备,风格淳朴,注重实惠。其代表菜有霸王别姬、彭城鱼丸、沛公狗肉、羊方藏鱼、红烧沙光鱼、烧乌花等。

### (四)风味特点

清鲜平和是江苏菜最根本的基调。江鲜、河鲜、海鲜、湖鲜、鲜蔬、鲜瓜果、鲜畜禽肉,都突出主料本味,特别注重原料固有的新鲜及鲜味。动物性原料多用活料,以求突出鲜活的本味。调味时主要用盐,以促使原料中的鲜味物质表现出来,但不能以盐之咸而压原料本味,部分菜肴少量加入白糖调味,以求甘鲜滋味,显得更为平和醇正,也常用香醋、芝麻油、糟油、红曲、椒盐、糖醋、醇酒、姜、葱等特色调料,使成菜在清鲜之中显得醇香多变。对于味薄的原料,多用特制调料或虾等鲜香味重的调料来赋味,增强原料鲜香风味。江苏菜也注重原料的荤素组合,合理配料,通过原料间的组配表现原料固有的醇正风味,突出原料清鲜之特色。

### (五)代表菜

**1.水晶肴蹄**

简介:"水晶肴肉"又名"镇江肴肉",亦叫"水晶肴蹄",是驰名中外的镇江名菜。

相传300多年前,镇江有一家夫妻酒店。一天店主买回四只猪蹄膀,准备过几天再食用,因天热怕变质,便用盐腌制,但他误把妻子为父亲做鞭炮所买的一包硝当做了精盐。直到第二天妻子找硝准备做鞭炮时才发觉,连忙揭开腌缸一看,只见蹄子不但肉质未变,反而肉板结实,色泽红润,蹄皮呈白色。为了去除硝的味道,他一连用清水浸泡了多次,再经开水锅中焯水,用清水漂洗,接着入锅加葱、姜、花椒、桂皮、茴香、清水焖煮。店主夫妇本想用高温煮熟解其毒味,没想到一个多钟头后锅中却散发出一股极为诱人的香味。"八仙"之一的张果老恰巧路过此地,也被香味吸引止步。于是他变成一个白发老人来到小酒店门口敲门。店门一开,香味立刻飘到街上。众人前来询问,店主妻子一边捞出猪蹄,一边实话对大家说:"这蹄膀错放了硝,不能吃。"但那位白发老人把四只猪蹄全部买下,并当即在店里吃了起来。由于滋味极佳,越吃越香,结果一连吃了三只半才罢休。店主和在场的人把剩下的半只蹄膀一尝,都觉得滋味异常鲜美。此后,该店就用此法制作"硝肉",不久就远近闻名。后来店主考虑到"硝肉"二字不雅,方才改为"肴肉"。从此,"肴肉"一直名扬中外。

原料:猪蹄膀、绍酒、硝水、花椒、精盐、明矾、生姜丝、葱、姜末、八角、镇江醋。

方法:腌、焖。

特点:肉色鲜红,皮白明亮,肉冻犹如水晶透明,肉质香酥,回味隽永。佐以镇江香醋和发丝般姜丝,别具风味。

2.扬州狮子头

简介:狮子头是淮扬菜中俗称的"三大头"之一,北方称"肉丸子",扬州话说是"大赞肉"。

据传唐代郇国公韦陟宴客,当"葵花肉"这道菜端上来时,只见那巨大的肉团子做成葵花心般精美绝伦,有如雄狮之头。宾客们趁机劝酒道:"郇国公半生戎马,战功彪炳,应佩狮子帅印。"韦陟高兴地举酒杯一饮而尽说:"为纪念今日盛会,'葵花肉'不如改名'狮子头'。"从此扬州就添了"狮子头"这道名菜。扬州狮子头选用肥瘦各半的净猪肋条肉,考究的在秋冬季还加上蟹黄、蟹肉、虾子等配料。因为大肉丸制成后,表面一层的肥肉末已大体溶化或半溶化了,而瘦肉末则相对显得凸起,给人以毛毛糙糙之感,于是,形象化地称之为狮子头。

原料:五花肉、豆腐、生姜、料酒、芡粉、松仁、香芹、笋尖、荸荠、姜等。

方法:炖。

特点:色彩淡雅、香气诱人、鲜嫩异常。由于火功到家,用汤匙舀食,汤味鲜美,入口而化,肥而不腻;衬底的菜心,也酥烂而味鲜。

3.叫花童鸡

简介:传说有一个叫花子,流落到常熟一个村子里,那天正逢大年,他躺在破庙里,腹内饥饿且天气寒冷,看到人家都在杀鸡杀猪,准备过年,他好不凄然,想到外乞食,又怕人家忌讳。突然,他见到一只母鸡出来觅食,便将其捉住,匆匆地走到山野荒郊处宰杀母鸡,把鸡头拧断,放出鸡血,并从鸡肋下挖个洞,掏出内脏,用一小撮盐擦擦鸡膛,用水调稀黄泥,把鸡糊成泥团,用火石取火,点燃树枝枯叶,然后把鸡放到火上烤,火烤完了,他又找一些干草,焖在火上,火上罩了一块破缸片。因为劳累,他倒地便睡。一觉醒来,他忙拨开火灰,余烬还未灭,泥团子已烤得有了细缝,往地上一摔,泥连鸡毛一齐脱落,顿时鸡香四溢,让他美美地饱餐了一顿。在叫花子吃鸡的时候,恰被路过的一家饭店的掌柜看见,觉得香气扑鼻,便向叫花子讨食,并向叫花子讨教制作方法。掌柜回店以后,便如法炮制,招徕顾客,并命名为"叫花子鸡",从此名扬天下。

原料:嫩母鸡、瘦猪肉丁、猪网油、玻璃纸、虾仁、熟猪油、水发香菇丁、熟火腿丁、酒坛泥、酱油。

方法:烤。

特点:鸡肉酥嫩、香气袭人。

4.梁溪脆鳝

简介:梁溪脆鳝又名无锡脆鳝,由整条熟鳝肉炸制而成。无锡面点店用脆鳝做面浇头已有百余年历史,后来饭馆酒楼多将脆鳝用作冷菜。由于香脂可口,脆鳝名声日盛,且因便于携带,又成为馈赠亲友的佳品。

原料:宿大鳝鱼、姜丝、绍酒、精盐、酱油、白糖、葱末、姜末、芝麻油。

方法:炸。

特点:此菜交叉架空似宝塔形,乌光油亮呈深褐色,鳝肉松脆香酥,卤汁甜中带咸。

5.文思豆腐

简介:文思豆腐是淮扬地区一款传统名菜,它始于清代,至今已有近300年的历史。传说在清乾隆年间,扬州梅花岭右侧天宁寺有一位名叫文思的和尚,善于制各式豆腐菜肴。特别是用嫩豆腐、金针菜、木耳等原料制作的豆腐汤,滋味异常鲜美,前往烧香拜佛的佛门居士都喜欢品尝此汤,在扬州地区很有名气。清代李斗《扬州画舫录》记载:"天宁寺西园下院也……僧文思居之。文思字熙甫,工诗,善识人,有鉴虚、惠明之风,一时多贤寓公皆与之友,又善为豆腐羹、甜浆粥。至今效其法者,谓之文思豆腐。"所以,文思豆腐一直流传至今。

原料:豆腐、熟鸡脯肉、水发冬菇、熟火腿、精盐、味精、鸡清汤、熟青菜叶、熟冬笋。

方法:汆。

特点:色泽美观,豆腐白嫩,刀工精细,入口即化,汤味鲜美。

### 6.扬州三套鸭

简介:三套鸭是淮扬传统名菜,此菜用家鸭、野鸭、菜鸽分别整料除骨,入开水中焯后洗净。将野鸭、鸽子入沸水烫洗一次,取出后把鸽子由野鸭出骨口处套入野鸭腹中,再放入冬菇、火腿片、笋片,然后将"怀胎"的野鸭套入肥鸭腹中,又放入冬菇、火腿片、笋片,再将鸭子入沸水锅煮烫一次。

沙锅内垫上竹垫,鸭胸脯朝下放在竹垫上,放入葱、姜、料酒,加满水,盖上盘子一只,用旺火煮开,再移至微火炖3小时,把鸭子翻身,去竹垫,投入余下的冬菇、火腿、笋片,再焖半小时,加盐,去姜、葱即成。

原料:家鸭、野鸭、菜鸽、笋片、火腿片、冬菇、料酒、盐、葱节、姜。

方法:炖。

特点:肉质酥烂,形态完整。上桌时,以大砂锅盛装,食用时,由外向内,家鸭之肥嫩,野鸭之鲜香,菜鸽之鲜嫩,越吃越鲜,越吃越嫩。多作为高档筵席的头菜。

## 四、广东菜系(粤菜)

### (一)广东菜概述

广东地区饮食文化在新石器时代前已具雏形,杂食之风盛行。在三国至南北朝的300多年中,中原地区战乱频繁,汉族人大量南迁,使广东腹地得到开发。唐代,在中原饮食文化的影响下,粤菜烹饪发生了质的变革。据唐昭宗时曾任文稿司马的刘恂所著《岭表录异》记载,当时广东菜所用的调料已很丰富,并能根据原料的质地,恰如其分地运用多种烹饪技法,因此,菜肴品种颇多,风味独特。唐代已形成生食之风,依此法拌食的鱼生,一直沿用上千年,当今广东顺德的鱼生菜已非常著名和流行。唐代时对一些粗腥之物,先用碱腌制,既去其腥,又可使之松软爽脆,再以其他料同烹,能去异增烹,清爽悦目,清香味醇。此法已沿用至今,目前广东菜的"先姜葱滚煨、后烹调"的技巧正是这种风格的表现。

唐代以后,演变为五代十国,中原又一次连续战乱,民不聊生,中原文士又大批南迁,南汉主刘岩广招南下贤士,粤菜再一次受到中原饮食文化的影响。至宋代,广州地区的名肴美点明显增多,而且不少品种一直留传至今。高怿《如意居解颐》载:"岭南地暖,好食馄饨,往往稍暄。"如今,广州以谐音云吞称之,与面条同煮,叫云吞面,是脍炙人口的美食。

明清时代,珠江和韩江两个三角洲逐渐开发成为商品农业的鱼米之乡,各地都出现了一批作物不同但又相互依赖的专业化农业区域,与之相适应的手工业和城镇逐步形成。这些城镇空前繁荣,民众讲究饮食之风大盛,民间食谱丰富多彩,烹调技术日臻精良。其中著名的有佛山的柱侯名菜,顺德的凤城食谱,潮汕的海产佳肴。与此同时,京津、扬州、金陵、姑苏的烹饪文化及食谱也不断传来,广州、佛山、汕头、惠州等地逐渐成为各帮名食荟萃之地。鸦片战争以后,广州成为中国对外贸易最为发达的地区,欧美各国的传教士和商人纷纷前来,西餐及外来餐料相继传入,餐饮行业空前繁荣。此时,"食在广州"进入全盛时期,形成了很多影响全广东地区的名菜名店。

20世纪80年代中国改革开放以后,在贯彻"对外开放,对内搞活"政策的作用下,在珠江三角洲地区经济发展的影响下,广东引进了很多香港地区餐饮业的精华,将作为世界美食之都香港的一切烹饪原料、烹饪方法、烹饪调味,以及经营管理理念,全面引入到广东菜之中,形成红极一时的"港式粤菜"、"新派粤菜"。广东成为中国餐饮最为发达的地区,广东菜很多新理念迅速传遍全国,对全国烹饪行业影响最大。随着社会主义市场经济的不断发展,粤菜必将更加尽善尽美,为再现"食在广州"的盛誉增加光彩。

**(二)烹饪原料**

广东物产极为丰富,粤菜所用的蔬菜、水果、家禽家畜、水产鱼虾达数千种。著名的有龙虾、海螺、明虾、石斑、鳜鱼、鳝鱼、鲟龙、鲈鱼、鲢鱼。外地不用的鼠、猫、狗、山间野味,以及蚕蛹、蜂蛹、禾虫、田螺、田鸡、蝗虫等奇异原料,也都是广东菜上佳之选。广东菜在原料的选用上充分认识和利用原料的物性,因时间、因品种、因气候的不同,适时合理用料,并形成很多季节性的美食。

**(三)菜系构成**

广东菜由广州菜、潮州菜、东江菜三部分构成。

1.广州菜

广州菜,泛指以广州市为代表的珠江三角洲地区的地方风味菜。它是广东菜的主要构成部分,是传统粤菜的代表。其特点为:选料多样,配菜变化大,菜品众多。质地上讲求鲜、嫩、爽、滑。口味追求原料本味,以清淡为主,但冬季由于用各种酱料调味,味又偏浓醇。烹饪技法众多,以小炒见长。代表菜有白切鸡、白灼虾、蛇羹、油泡虾仁、红烧大裙翅、清蒸海鲜、焗酿禾花雀、虾子扒婆参等。

2.潮州菜

潮州菜,泛指广东东南沿海与福建相邻地区,以潮州、汕头地区为代表的地方风味菜。潮州菜吸收了西菜特色,风味自成一格,是目前广东菜发展最为良好的部分,以海鲜为其所长。其特点为:以烹制海鲜为主,以甜菜、汤羹菜最为著名;讲求原料鲜活生猛,现宰现烹,刀工精细,配料精致,装饰精美;善于追求原料固有本味,以清鲜为主,但又讲究因料跟碟,酱料众多。其代表菜有烧雁鹅、潮州卤水、护国菜、甜皱炒肉、豆酱焗鸡、炊鸳鸯膏蟹等。

3.东江菜

东江菜,也称为客家菜,泛指广东东部山区客家人聚居的东江流域地区的地方风味菜。其特点为:原料多选用家禽、家畜、豆制品,水产品极少使用,因有"无鸡不香、无肉不鲜、无肘不浓"之说;菜式主料突出,量多,形大,成菜古朴,无过多装饰;

质地上力求酥烂香浓,口味偏咸,油重;多用较长时间的烹调,砂锅菜品众多。代表菜品有盐焗鸡、香酥鸭、东江豆腐煲、爽口牛肉丸、梅菜扣肉、海参酥丸等。

### (四)风味特点

广东菜有浓厚的南国风味,菜肴讲究鲜、爽、嫩、滑,夏秋清淡,冬春浓郁,善于保持原料固有的本味。

广东特殊的地理及气候特征,决定了粤菜的口味要求清淡、爽滑。对肉食向来追求其鲜,讲究即宰即烹;火候要求也甚为严格,以刚熟为度。

广东菜在烹调过程中所用调味料基础为油、盐、酱油、味精、白糖、料酒、姜、葱、蒜、鲜椒之类,以保持原料本味突出。但随着广东菜的发展,也引用了世界各地很多新的调味料,并高度复制成各种酱汁,使广东菜风味迅速增多,味的变化更为广泛。广东菜虽然没有味型一说,但风味的复杂及变化众多是引起菜品风味众多的原因,广东菜的风味也因此变得更为复杂,其调味的技法也影响了中国其他地方风味菜,各种新潮酱汁不断涌现。

广东菜夏秋清淡,冬春浓郁。夏秋季菜式均具有清、爽、滑的特色。寒冷的冬春季节是滋补身体的好时令,此时的广东菜崇尚滋补,经较长时间煲、炖的菜式众多。

### (五)代表菜

#### 1.豹狸烩三蛇

简介:"豹狸烩三蛇",又名"龙虎凤大烩"、"龙虎斗"。以蛇制作菜肴在广东已有2000多年历史。汉《淮南子》就有"越人得蚺蛇以为上肴"的记载。宋《萍州可谈》亦称"广东食蛇,市中鬻(指卖)蛇羹"。龙虎斗,据传始于清同治年间。当时出生于广东韶关的江孔殷,在京为官,曾品尝过各种名菜佳肴,珍馐异味。他晚年辞官回到家乡后,着意研究烹饪。一年,他做70岁大寿时,为了拿出一道新菜给亲友尝鲜,便尝试用蛇和猫制成菜肴,蛇为龙,猫为虎,因两者相遇必斗,故又名"龙虎斗"。后来又加了鸡,其味更佳。此菜自此一举成名,并改称为"龙虎凤大烩",而盛名于世。现在人们仍习惯称它为"龙虎斗"。

原料:眼镜蛇、金环蛇、豹狸肉、老母鸡、生鸡丝等。

方法:炒。

特点:成菜汤汁稀稠,肉质绝嫩,滋味极鲜。

#### 2.白云猪手

简介:"白云猪手"是广东的一道名菜。相传古时,白云山上有一座寺院。一天,主持该院的长老下山化缘去了,寺中一个小和尚趁机弄来一只猪手,想尝尝它的滋味。在山门外,他找了一个瓦坛子,便就地垒灶烧煮,猪手刚熟,长老化缘归来。小和尚怕被长老看见,触犯佛戒,就慌忙将猪手丢在山下的溪水中。第二天,有个樵夫上山打柴,路过山溪,发现了这只猪手,就将其捡回家中,用糖、盐、醋等调味后食用,其皮脆肉爽、酸甜适口。不久,炮制猪手之法便在当地流传开来。因它起源于白云山麓,所以后人称它为"白云猪手"。现在广州的"白云猪手"制作较精细,已将原来的土法烹制改为烧刮、斩小、水煮、泡浸、腌渍五道工序制作,最考究的"白云猪手",是用白云山上的九龙泉水泡浸的。

原料:猪前后脚、白醋、精盐、白糖、五柳料。

方法:煮。

特点:骨肉易离,皮爽肉滑,不肥不腻,酸甜可口。

### 3.五彩酿猪肚

简介:"五彩酿猪肚"是广东一道借鉴外来菜品经过改进而成的名菜。"酿猪肚"是传统名菜。元末明初苏州人韩奕的《易牙遗意》中有记:"酿肚子,用猪肚一个,治净,酿入石莲肉。洗净苦皮,十分净白,糯米淘净,与莲肉对半,实装肚子内,用线扎紧,煮熟,压实……""五彩酿猪肚"沿用此法,但改进了馅料,成为一道味道更甘美、色彩更斑斓的佳肴。

原料:猪肚、咸鸭蛋黄、去壳皮蛋、瘦猪肉、猪皮、熟瘦火腿、芫荽等。

方法:卤。

特点:五彩缤纷,色泽和谐艳丽,造型整齐美观,滋味甘美爽嫩,冷冻食用,别有一番风味。

### 4.开煲狗肉

简介:广东人特别爱好吃狗肉,他们用这样一句话来赞美自己所喜好的狗肉的浓香美味:"狗肉滚三滚,神仙企唔稳(企唔稳就是站不稳)。"意思是神仙也为狗肉的浓香美味所陶醉。广东人好吃狗肉,除因为其味美香浓外,还相信狗肉营养丰富,有安五脏、补血脉、益气、补胃、壮阳、暖腰膝等功效。

原料:光狗、生菜、塘蒿、菠菜、汤水等。

方法:炖。

特点:香气馥郁,酱味浓厚,边滚边吃,食趣十足,是冬令佳品。

### 5.油泡雪衣

简介:"雪衣"即爽肚片,取猪肚最厚部位——猪肚蒂铲去内衣后斜刀切片而得。由于该部位十分爽脆,故称爽肚。又由于其色泽洁白,所以又叫"雪衣"。油泡雪衣主料虽取自猪肚,但由于其口感爽脆,色泽高雅,因而常常用于高档筵席的热荤菜。

原料:猪肚蒂等。

方法:油泡。

特点:菜品色泽洁白,点缀几段青葱与姜花,十分高雅,芡汁均匀油亮,口感鲜爽脆嫩,味道可口,食而不厌。

**6.糖醋咕噜肉**

简介:"糖醋咕噜肉"又名"古老肉",是广东尽人皆知的一道传统名菜。此菜始于清代。当时广州的许多外国人都非常喜欢食用中国菜,尤其喜欢吃"糖醋排骨",但是他们不习惯吃带骨的排骨,于是广东厨师便改排骨为五花肉,用原方法烹制成菜。此菜因不需吐骨,咀嚼后可咕噜一下便吞咽下去,所以就被形象地称为"咕噜肉"。由于此菜历史很长,故又有人称它为"古老肉"。

原料:去皮五花肉、熟笋肉等。

方法:炸、熘。

特点:菜品色泽大红,滋味香脆,酸甜可口,略带微辣,芡汁紧裹油亮。

**7.干炸虾枣**

简介:干炸虾枣是潮汕传统名菜,虾枣可作其他菜的配菜,也可单独成菜。干炸虾枣是一道独立成菜的热菜。

原料:虾肉、肥肉、韭黄、荸荠、鸡蛋液、火腿蓉、芫荽、酸黄瓜等。

方法:炸。

特点:菜品色泽金黄,配以芫荽,色彩和谐,虾枣甘香鲜美,入口香爽酥脆。

**8.香滑鲈鱼球**

简介:香滑鲈鱼球是一道广东传统名菜。所谓鲈鱼球就是将鲈鱼肉铲去皮后切成的长方块。鲈鱼是一种高档原料,它的味道鲜美,口感爽滑。但它亦有一个缺点,过熟即散成一小片一小片,形如蒜末,故鲈鱼肉又有"蒜子肉"之称。鲈鱼肉的这个缺点对厨师的烹调技术提出极高要求,鱼球上碟时只可烹成九成半熟,加上盖送到客人桌上时鱼球刚好熟。

原料:鲈鱼肉、姜花、葱段、精盐、绍酒、清汤、胡椒粉、芝麻油、湿淀粉、猪油、味精、白糖。

方法:油泡。

特点:鱼球洁白,芡匀油亮,点缀姜,备觉高雅,鱼球爽滑,味道清鲜,味芡紧裹,不溷不稠。

# 第三节　其他菜系

## 一、安徽菜

### (一)安徽菜概述

安徽菜,又称"徽菜",泛指安徽省及其附近地区的地方风味菜,是我国著名的地方菜之一。安徽菜历史悠久,善烹山珍野味,讲究食补,技艺多样,兼有南北方口味,适宜面广,是中国烹饪文化宝库中的一颗明珠。

安徽菜起源于世界闻名的旅游胜地黄山之麓——徽州，原是徽州山区的地方风味。在东晋、南宋时期，由于徽商的崛起，这种地方风味逐渐进入市肆，特别是明代晚期和清代乾隆年间，是徽菜的黄金时代。徽菜随徽商流传到苏、浙、闽、沪、鄂以及长江中下游各地，哪里有徽商，哪里就有徽菜馆。明清时期，徽菜在武汉、扬州迅速发展，那时传入扬州的徽州圆子、徽州饼、大刀切面，至今仍盛行不衰，促进了徽菜与淮扬菜的大交流。鸦片战争后，屯溪成为皖南山区土特产的集散地，徽商由新安江南下经浙江转到上海及沿江各地，徽菜在屯溪和沿江一带得到进一步发展。徽菜的影响遍及大半个中国，成为自成一体的著名地方风味菜。

**（二）烹饪原料**

安徽地处华东腹地，气候温和，雨量适中，四季分明，物产丰富。皖南山区和大别山区盛产竹笋、香菇、木耳、板栗、甲鱼、石鸡、桃花鳜、果子狸等山珍野味。沿江、沿淮、巢湖一带是我国淡水鱼的重要产区，水产资源极其丰富。辽阔的淮北平原，肥沃的江淮、江南地区是我国农业主产区，著名的鱼米之乡。安徽当地的地产是徽菜取之不尽、用之不竭的源泉，也造就了安徽菜就地取材，就地加工，选料严谨，保持原料新鲜、本味突出的用料特征。

**（三）菜系构成**

安徽菜主要由皖南、沿江、沿淮三种地方风味构成。

1.皖南菜

皖南菜以徽州地方菜肴为主体，是传统安徽菜的渊源和主流。皖南菜擅长烧、炖这类长时间加热的烹调方法，讲究菜肴火候，善用火腿佐味，很多菜肴都是用木炭火单炖、单煤，原锅上桌，有很古朴的乡村风味。其代表菜有红烧头尾、黄山炖鸽、清炖马蹄鳖、腌鲜鳜鱼等。

2.沿江菜

沿江菜指以芜湖、安庆、巢湖地区为代表的风味菜。沿江菜善烹河鲜、家禽，擅长清蒸、红烧和烟熏技艺，善用糖来调味。成菜味较醇厚，刀工、造型较好。其代表菜有毛蜂熏鲥鱼、清香砂焐鸡、无为熏鸭等。

3.沿淮菜

沿淮菜主要盛行于宿县、阜阳等地。沿淮菜擅长烧、炸、熘等烹调方法，善用芫荽、辣椒来调味调色。成菜质朴，咸鲜爽口。其代表菜有符离集烧鸡、葡萄鱼、香炸琵琶虾等。

**（四）风味特点**

安徽菜的主体风味基本上以咸鲜为主，味咸中微有甜味，整体风味比较醇和浓厚，善于表现原料的自然风味。徽州地方菜肴喜欢用火腿佐味，以冰糖调味提鲜，以突出原料原汁原味和咸鲜风味，放糖基本不表现甜味。沿江地区善用糖调味，形成以甜为主的各式风味特色，有咸鲜微甜、浓甜微咸、糖醋、咸鲜酸甜、辣味酸甜等多种风格。淮北则很少以糖调味,突出咸、鲜、辣的风格,善用芫荽、辣椒、生姜等辛香料调味。

**(五)代表菜**

**1.清炖马蹄鳖**

简介:清炖马蹄鳖,又名"火腿炖甲鱼",为安徽菜中古老的传统名菜。皖南山高背阴,溪水清澈,所产甲鱼腹色清白,肉嫩胶浓,食之无泥腥味。当地曾流传一首称赞它的民歌:"水清见沙地,腹白无淤泥,肉月背隆起,大小似马蹄。"据《徽州府志》记载,在南宋时期,用"沙地马蹄鳖"、"雪天牛尾狸"烹制的菜肴,成为歙味的代表。据传,当时上至宋高宗,下至地方官员,都曾品尝此菜。明、清时期,一些知名人士也纷纷慕名前往徽州府品尝"马蹄鳖",因而此菜驰名全国,成为安徽特有的一道传统名菜。

原料:甲鱼、火腿骨、火腿肉、葱节、姜片、冰糖、熟猪油、精盐、绍酒、白胡椒粉、鸡清汤。

方法:炖。

特点:汤汁清醇,肉质酥烂,裙边滑润,肥鲜浓香。

**2.奶汁肥王鱼**

简介:"淮河八百里,横贯豫皖苏;欲得肥王鱼,唯有峡山口。"肥王鱼又名"淮王鱼",也叫"回王鱼",是全国极为少见的鱼种,产于安徽凤台县境内峡山口一带的水域里。肥王鱼外形奇特,体呈扁圆,形如纺锤,黄亮、肥壮、光滑、无鳞,肉质细嫩,历来被当做鱼中上品,居淮河鱼类之冠。食其肉如豆腐一样细嫩,饮其汤如香菇鸡汤一样鲜美,闻其味如雅舍幽兰一样清香。据《凤台县志》记载,西汉时该地曾将肥王鱼献给淮南王刘安,他十分爱吃肥王鱼,每宴必备此菜。后来安徽蚌埠、合肥等地菜馆均用奶汁鸡汤烹制,故称"奶汁肥王鱼",成为一道名菜,并驰名中外。

原料:肥王鱼、瘦猪肉、芫荽、大葱白段、姜片、精盐、白胡椒粉、鸡汤、熟猪油。

方法:煮。

特点:汤浓似奶,鱼肉肥嫩细腻,味道极鲜。

**3.腌鲜鳜鱼**

简介:腌鲜鳜鱼,又名屯溪"臭鳜鱼"。屯溪本是一无名小镇,1840年以后,上海成为我国对外贸易的港口,安徽山区把原经江西转运出口的特产,改由经新安江至杭州转上海出口。这样屯溪便成了本省商品集散中心,每年重阳节后长江名产鳜鱼上市,便将鱼挑运到屯溪出售。从望江一带到屯溪,约有七八天路程,为防止鳜鱼在路上变质,便在行前将鱼置于木桶中,一层鱼洒一层淡盐水,途中住宿时,将鱼翻动一下,这样运到屯溪,鳜鱼不变质,鳃色仍红,散发出一种异味,但只要经厨师热油锅一煎,小火煨烧后,则鲜味透骨,特别鲜美。这样,屯溪"臭鳜鱼"便出了名,所以当地又称之为"腌鲜鳜鱼",至今已有100多年历史。

原料：净鲜鳜鱼、姜末、青蒜段、白糖、湿淀粉、绍酒、酱油、熟猪油等。

方法：腌、煨。

特点：色泽淡黄，鱼肉嫩白，鲜味浓厚，香而入味。

**4.李鸿章杂烩**

简介：李鸿章杂烩，又名李公杂碎。此菜始于清代末期。据传，清末时显官李鸿章出访欧美，在美国的中国菜馆宴请美国公使时，曾食用烩燕窝一菜。因杂以鸡丝和火腿共煮，故谓之"杂碎"，因而此菜闻名于世。《清朝野史大观》记载了李鸿章出使时，"在美思中国饮食，嘱唐人埠之酒食店进馔数次。西人问其名，华人难于具对，统之名曰杂碎，自此杂碎之名大噪"。杂碎，为安徽方言，即杂烩。因李鸿章为安徽人，所以"李鸿章杂碎"，便成为安徽名菜。

原料：鸡肉、海参、熟白鸡肉、鱼肉、熟火腿、油发鱼肚、鱿鱼、水发腐竹、干贝、冬菇、玉兰片等。

方法：煮。

特点：用料多样，质地软熟，鲜味浓厚，鲜咸适口。

**5.夹心虾糕**

简介：夹心虾糕是安徽巢湖地区喜庆筵席上的珍品，系选用我国五大淡水湖之一的巢湖特产白米虾，取其熟后不红的特点，制成洁白鲜嫩的虾泥，间以绿色菜汁配制的翡翠虾泥层，以旺火蒸制而成，工艺精湛，火候独到。

原料：虾仁、猪肥膘肉、绿菜叶、鸡蛋清、精盐、鸡汤、熟猪油、味精、绍酒、香醋、干淀粉。

方法：蒸。

特点：素雅悦目，鲜软可口，以香醋佐食，别有风味。


**二、湖南菜**

**（一）湖南菜概述**

湖南菜，简称"湘菜"，是泛指我国中南地区，以湖南省为中心的地方风味菜。湖南菜是以辣味著称的地方菜，有内陆烹饪的风格，近几年发展很快，突出菜品的乡土和家常风味。

湖南位于我国中南地区、气候温和，四季分明，雨水充足，日照较好，是我国重要的农、牧、渔发展均衡的地区，自然物产极其丰富，是富足的"鱼米之乡"，"湖广熟，天下足"的民谚更是广为人知。其丰富的物产为烹饪提供了大量优质的水产、蔬菜、家畜、家禽。

湖南菜的制作历史悠久、丰富。早在战国时期，爱国诗人屈原在他的名篇《招魂》里就述说了当时湖南有很多种珍馐美味。后来在长沙马王堆发现了我国迄今为止最早（汉代）的菜单，其中记录了103种名菜品和九类烹调方法，当今湖南的许多名菜和烹调技艺,都可以从这里追溯到渊源。六朝以后,湖南烹饪随统治者和士大夫的重视而丰富和活跃了起来。明清时期,湖南烹饪发展到了黄金阶段,五口通商,海禁大开,商旅云集,市场繁荣,茶楼酒馆遍及全省,湘菜的风格初步形成,出现了多种烹饪流派。到了民国时期,湘菜以其独有的风姿驰名国内。新中国成立以后,特别是20世纪90年代,湘菜更在全国流传开来,其特有风格的几大类菜,在各大菜系中都得到应用和发展,湖南菜已成为中国地方风味的重要组成部分。

### (二)烹饪原料

湖南是鱼米之乡,物产丰富,可供烹调的原材料取之不尽。比较著名的物产有:洞庭鲫鱼、金龟、银鱼、白鳝、水鱼、鳅鱼等淡水湖产;家畜家禽有猪、牛、羊、狗、鸡、鸭、鹅、鹌鹑;植物类有寒菌、冬笋、魔芋、蘑菇、凤尾菌、黄花以及特色的调味品红干椒、永丰辣酱、湘潭子油姜、济阳豆豉等。这些都为湘菜的繁荣提供了物质基础。

湘菜对原料的加工,体现在选料多样而精细,刀法讲究,配菜组合变化大,造型美观,使制成菜品色、形、味俱美,令人叹为观止。

### (三)菜系构成

湖南菜分为湘江流域、洞庭湖区和湘西山区三种地方风味。它们各自相对独立,有很大的风味差异。

#### 1.湘江流域地区的风味菜

主要指湘中南地区,以长沙、湘潭、衡阳为中心,以长沙为代表的地方风味菜,是传统湖南菜的代表。其特点是选料上乘,广泛而精细,制成品繁多;在质地上讲求粑软酥烂,擅长较长时间加热的烹调方法;在口味上讲求原料的鲜香;在技法上以煨、炖、蒸、腌腊、炒为主。比较著名的菜品有腊味合蒸、清炖牛肉、红煨鲍鱼、酱汁肘子、麻辣子鸡、红烧肉等。

#### 2.洞庭湖区的风味菜

主要指洞庭湖地区,以常德、益阳、岳阳等地为中心的地方风味菜。菜肴以湖鲜、水禽、野味为主,多采用煮、烧、腊的烹调技法,色泽较浓重,芡多油厚,咸味较重,有辣味风格。煮菜喜欢用火锅上桌,民间则用蒸钵置泥炉上炖煮,俗称"蒸钵炉子",都是边煮、边下料、边吃,极有火锅风味。烧菜有红烧甲鱼、冬笋野鸭等水产风味的名菜。蒸菜有冰糖湘莲、荷叶软蒸鱼等以当地特产原料为代表的菜品,清淡宜人。另外,腊鱼、腊野鸭也非常著名。

#### 3.湘西山区的风味菜

指以吉首、怀化、大庸为中心的湖南西部山区的地方风味菜。湘西菜擅长制作山珍野味和各种腌腊制品,有浓厚的乡土风味,口味则以咸、酸、辣为主调,味较浓厚醇香。用山区特产寒菌、冬笋、板栗制作的红烧寒菌、油辣冬笋、板栗菜心,都能给食者带来健康、清新、脆嫩香甜的饮食风格。湘西酸肉为湘西土家族的风味菜,以肉腌制后爆炒制成,香辣宜人。红烧狗肉以特制的瓦钵为器,小火慢煨制成,开坛飘香,入口软嫩,这些都是湘西最有特色的代表名菜。

### (四)风味特点

品种繁多、口味复杂的众多调味品,经湘菜烹饪大师在烹调过程中的变化组合,形成了以味浓、色重、清鲜兼备,以酸辣、咸为主体风格的众多的麻辣味、椒盐味、胡椒味、陈皮味、咸辣味、咸酸味、五香味、咸鲜味等味型。特别是酸辣味别具风味特色。

### (五)代表菜

**1.东安子鸡**

简介:东安子鸡,因用子母鸡烹制,故名。此菜始于唐代。据传唐玄宗开元年间,湖南东安县城有一家小饭店,一天晚上来了几位商客,要求做几道鲜美的菜肴。当时店里菜已卖完,店家便捉来两只活鸡,宰杀洗净,切块,加葱、姜、蒜、辣椒等烹制。香味扑鼻,吃口鲜嫩,几位商人吃后非常满意,便到处夸小店菜香,于是此菜逐渐出名。东安知县开始不信,便亲自到该店品尝,觉得确实名不虚传,便称它为"东安子鸡"。这款菜从唐代流传至今,已有1000多年历史,成为湖南最著名的菜肴之一。

原料:嫩母鸡、姜、干红辣椒、清汤、黄醋、湿淀粉、绍酒、味精、葱、熟猪油、香油。

方法:烧。

特点:菜色呈红白绿黄,鸡肉肥嫩,味道酸辣鲜香。

**2.酸辣狗肉**

简介:酸辣狗肉是湖南名菜。湖南人喜食狗肉,擅烹多种狗肉菜肴,如酸菜狗肉、红煨狗肉、红烧全狗等。民国时期的湖南督军谭延闿(字组阉,系清末翰林)曾写了一首颂扬狗肉宴的打油诗:"老夫今日狗宴开,不料请君个个来,上菜碗从头顶落,提壶酒向耳边筛。"谭氏设狗肉宴"个个来",可见人们对狗肉的喜爱。

原料:鲜狗肉、泡菜、冬笋、小红辣椒、青蒜、芫荽、干红椒。

方法:煨。

特点:色泽红亮,汤叶稠浓,肉质软烂,滋味咸鲜酸辣,香气浓郁。

**3.走油豆豉扣肉**

简介:走油豆豉扣肉是湖南传统名菜。它以猪五花肉为主料,经煮、炸,配浏阳豆豉等调料制作而成。著名的浏阳"一品香"窝心豆豉色亮、味浓、香足,享誉国内外。经炸制后的扣肉,表皮皱起一道道棕红色斑纹,故又有"虎皮扣肉"之称。

原料:带皮五花猪肉、浏阳豆豉。

方法:煮、炸、蒸。

特点:色泽红亮,香味浓郁,肥而不腻,软烂鲜美。

4.组庵鱼翅

简介:组庵鱼翅是湖南组庵派传统名菜之一。此菜是湖南督军谭延闿的家宴名菜,系其私人厨师曹敬臣所创,因制法、风味独特,在湖南颇负盛名,成为高级宴会上的常备佳肴。

原料:水发鱼翅、干贝、肥母鸡肉、猪肘肉等。

方法:扒。

特点:软糯,柔滑,醇香,味鲜。

5.芙蓉鲫鱼

简介:芙蓉鲫鱼是湖南名菜。此菜以荷包鲫鱼为主料,配以胜似芙蓉的鸡蛋清同蒸而成。洞庭湖区所盛产的荷包鲫鱼肥胖丰腴,形似荷包,质地细嫩,甜润鲜美,是鱼类中的上品。

原料:鲜鲫鱼、鸡蛋清、熟瘦火腿等。

方法:蒸。

特点:色泽鲜艳,味道鲜美,质地柔软,入口即化。

## 三、上海菜

### (一)上海菜概述

上海菜又称“海派菜”,泛指当今上海地区的风味菜,是中国菜系的重要组成部分。上海菜是随着上海这个城市的演变而发展起来的,既受到全国各地风味菜肴的影响,又带有浓郁的上海本地风味,具有多样性、传统性和变化性等综合特征。上海菜具有适应面广,善于创新开拓,风味多变,时代味浓的整体风格。

### (二)烹饪原料

上海地处我国海岸线的中心点,是长江的入海口,腹地广阔平坦,土壤肥沃,物产丰富。这里有四季连绵不断的时鲜蔬菜,大量海产如鱼、虾、蟹、贝、螺,淡水所产的鱼虾以及畜禽等,是中国自然出产最为丰富的地区。加之上海还有来自中国各地、世界各地的各种原料和调味品,这些充沛的物产资源为上海各风味菜提供了物质保障,形成了选料多样、善用新料、富于变化的原料特征。

### (三)菜系构成

上海菜可分为海派江南风味、海派四川风味、海派北京风味、海派广东风味、海派西菜和功德林素菜六大组成部分。每一组成部分既保留了原来地方风味的饮食精华,又不完全等同于各地方风味,有似曾相识又不尽相同的效果。其源于传统而又创新变革的气息,使各地方风味在上海这块饮食大舞台上共存共荣,构成了上海风味菜。

上海菜各构成部分都各自依托属于自己风味的著名餐厅、酒楼、饭店和酒店,各自保留特色经营,形成共同繁荣的景象。著名老店有上海老板店、新雅粤菜馆、红房子西餐、老正兴菜馆、老四川饭店、功德林素食处等。

### (四)风味特点

上海地处温带地区,气候温暖,饮食习俗比较讲究清淡的本味,也善于调味,突出表现原料真味。基于上海菜品荟萃全国及世界各地风味这一大特色,这些外来菜既有相互融合、逐步同化的一面,又有表现原有的独特风味的一面,使上海菜风味多变,品种繁多,融合百味。总体上讲上海菜仍以清淡味为主,口味平和,味感层次丰富,有辣、酸、甜、香等复合的各种风味,质感分明,菜品个性特色浓厚,适宜不同口味食客的需求。

### (五)代表菜

#### 1.大闸蟹

简介:吃蟹赏菊是人生一大乐事,古人咏蟹的诗多得不可胜数。唐人诗云:"味尤堪荐酒,香美最宜橙,壳薄胭脂染,膏腴琥珀凝。"《红楼梦》第三十八回"藕香榭食蟹"写得多么热闹,林黛玉的诗写得尤好:"铁甲长戈死未忘,堆盘色相喜先尝。蟹封嫩玉双双满,壳凸红脂块块香。多肉更怜卿八足,助情谁劝我千觞?对兹佳品酬佳节,桂指清风菊带霜。"清高风雅之气,溢于言表。

我国江河湖海均产蟹,但以江苏省阳澄湖清水大闸蟹最为闻名,青背白肚,金爪黄毛。每年阴历秋冬之季,蟹最肥美,清蒸后红壳白肚,膏脂肥满。但蟹性寒,胃弱者不宜多食,一般吃两只就可以了。食蟹宜独味,不再吃其他菜肴,但必佐以生姜、醋,或适量饮热黄酒。活蟹久贮时,要用细绳扎紧实,使勿动,用湿蒲包装之置阴暗处,可以经久不死,但不宜放水中。

原料:大闸蟹等。

方法:蒸。

特点:青背,蟹壳成青泥色,平滑而有光泽;白肚,贴泥的脐腹甲壳,晶莹洁白,无墨色斑点;黄毛,蟹腿的毛长呈黄色,根根挺拔;金爪,蟹爪金黄,坚实有力。蟹一般每只重200克左右,肉质细腻且营养丰富。

#### 2.植物四宝

简介:植物四宝为上海风味菜,是用四种不相同的植物原料配制烹调而成。它采用花菇、草菇、蘑菇、冬笋尖等原料,含大量维生素和蛋白质,是一味食补佳肴。此菜分锅操作,各有其味。以香油花菇、蚝油草菇、奶油蘑菇和鸡油冬笋尖各占一隅,配以嫩绿的菜心围边,互相媲美。

原料:水发花菇、水发蘑菇、水发草菇、鲜冬笋嫩尖或鲜春笋嫩尖、小菜心等。

方法:熟炒。

特点:风味各异,味美异常;光亮,排列整齐,卤汁紧。

## 四、北京菜

### （一）北京菜概述

北京菜也称"京菜"，是泛指目前北京地区的地方风味菜，是中国地方菜之一。北京菜可以认为是中国地方菜中最为复杂的一种。它融合了山东菜、清真菜、宫廷菜、官府菜之味，并旁及全国各地方风味。

北京是历史悠久的古都，先后有众多朝代建都于此，这就形成了多民族聚居北京、五方杂处的历史状况。如明永乐皇帝迁都北京，大批南方官员北上，南方的很多菜肴也随之传入，著名的北京烤鸭就是来自金陵（南京）片皮鸭；清代，满族人的一些古朴烹调方法也传入北京，现今北京人喜爱的涮羊肉就是从东北满族人的"原野火锅"演变而来。这些众多的外来风味传入以后，由于年代久远，在操作和口味方面又有了发展和变化，并深入到人们的日常生活之中，就成了当地的北京菜。

### （二）烹饪原料

由于北京本地出产不多，北京菜的用料多广收博取，充分使用来自全国各地及世界各地优良的烹饪原料及高档原料。东北的熊掌、鹿筋、哈士蟆，海南及东南亚的鱼翅、燕窝，渤海的海参、对虾，日本的鲍鱼，白洋淀的淡水鱼鲜，张家口的羊肉，四川的猪肉，江南的时令鲜蔬……都是北京菜的首选。这些优良的外地原料，经过历代厨师的广泛利用，精心烹制，更为丰富多彩，菜式品种众多。

### （三）菜系构成

#### 1.山东风味菜

北京的山东菜汁少清淡、醇厚不腻、咸鲜脆嫩的特色易为北京人接受。以后大量山东风味菜馆层出不穷，历经数百年的山东菜馆，在烹调方法和调味技术不断改进，并创新了很多名菜。这些名菜已与原来传统的山东菜有明显区别，成为北京菜体系中最大的组成部分。

#### 2.宫廷菜和官府菜

宫廷菜和官府菜的烹调技艺及菜品逐步流入民间，对北京菜的组成及形成也起了极大的作用。在清代，宫廷御膳房和北京一些官府中的菜肴通过各种渠道流传到民间。其用料考究，做工精细，讲究色香味形的高度和谐，本味突出，味道醇鲜，成菜高贵典雅，用具独特的个性特征，逐渐成为北京菜最有特色的代表。

#### 3.清真菜

清真菜也是北京菜的重要组成部分。自元以来，北京人受各少数民族的影响，喜食羊肉。乾隆年间就有著名的全羊席，即利用羊的各个部位，利用多种烹调技法和用多种风味调制成众多的羊肉佳肴。这种融合不同菜肴制作精华的烹调技艺逐步被回族人民所继承，并在北京开设了以烹羊为主的清真餐馆。直到现在，清真菜仍是回汉等各族人民喜爱的佳肴。

除此之外,北京还有很多风味名菜来自中国各地,这些菜传入北京以后,在原料、配伍、制作方法上融合变通,成为适合北京人口味的新风味菜。

**(四)风味特点**

北京菜总体上讲求味厚、汁浓、肉烂、汤肥,也兼收全国各地的一些地方风味,像酥、辣、甜、酸也常使用。但随着人们对口味和营养需求的提高,北京菜整体上开始向清、香、鲜、嫩、脆的口味转化,讲究菜品的外观色形的搭配,营养素的平衡,火候的精确,口味的多变。

**(五)代表菜**

**1.北京烤鸭**

简介:北京烤鸭是誉满全球的名肴,也是我国烹调艺术中的瑰宝。来到北京的中外来宾,一般都要到"全聚德烤鸭店"吃上一顿美味的烤鸭。

相传,烤鸭之美,系源于名贵品种的北京鸭,它是当今世界最优质的一种肉食鸭。据说,这一特种纯白京鸭的饲养,约起源于1000年前,是因辽金元之历代帝王游猎,偶获此纯白野鸭种,后为游猎而养,一直延续下来,才得此优良纯种,并培育成现今之名贵的肉食鸭种——填鸭。填鸭即用填喂方法育肥的一种白鸭。北京鸭曾在百年以前传至欧美,经繁育一鸣惊人。因而,作为优质品种的北京鸭,成为世界名贵鸭种来源已久。关于烤鸭的形成,早在南北朝时期,《食珍录》中即有"炙鸭"的记载。南宋时,"炙鸭"已为临安(杭州)"市食"中的名品。其时烤鸭不但已成为民间美味,同时也是士大夫家中的珍馐。后来,据《元史》记载,元破临安后,元将伯颜曾将临安城里的百工技艺迁至大都(北京),由此,烤鸭技术就传到北京,烤鸭便成为元宫御膳奇珍之一。随着朝代的更替,烤鸭亦成为明、清宫廷的美味。明代时,烤鸭还是宫中元宵节必备的佳肴。据说清代的乾隆皇帝和慈禧太后,都特别爱吃烤鸭,于是正式命名为"北京烤鸭"。后来,北京烤鸭随着社会的发展,并逐步由皇宫传到民间。

新中国成立后,北京烤鸭的声誉与日俱增,更加闻名世界。据说周总理生前十分欣赏和关注这一名菜,他曾29次到北京"全聚德"烤鸭店视察工作,宴请外宾,品尝烤鸭。为了适应社会发展需要,而今"全聚德"烤鸭店,烤制操作已更加现代化。

原料:北京填鸭、酱、葱段等。

方法:烤。

特点:汁液丰富,气味芳香,易于消化,营养丰富。

**2.涮羊肉**

简介:涮羊肉是北京传统名菜,又称"羊肉火锅"。涮羊肉历史悠久,公元17世纪,清代宫廷冬季膳单上就有关于羊肉火锅的记载。据清代徐珂《清稗类钞》载:"(京师)人民无分教内教外,均以涮羊肉为快。"清咸丰四年(1854),北京前门外肉市的正阳楼开业,这是第一家出售涮羊肉的汉民馆。民国初年,北京东来顺羊肉馆用重金把正阳楼切肉师傅请去,专营涮羊肉,从选料到加工均做了改进,因而声名大振,赢得了"涮肉何处嫩,首推东来顺"的赞誉。

原料:羊肉、白菜头、水发细粉丝、糖蒜等。

方法:涮。

特点:选料精致,调料多样,肉片薄匀,鲜嫩醇香。

3.烤肉

简介:烤肉是北京传统名菜,它以羊肉或牛肉片为主料,配以大葱、芫荽和调料,自烤自食。烤是最古老的烹饪方法之一。北京最负盛名的两家烤肉店是位于宣武门内大街(现已迁至南礼士路)的"烤肉宛"和什刹海北岸的"烤肉季",两店一南一北,素有"南宛北季"之称。两店分别经营烤牛肉和烤羊肉,因烤肉质嫩味鲜香浓而深受人们喜爱。

原料:羊肉、牛肉、大葱、芫荽。

方法:烤。

特点:选料严格,肉嫩味香,自烤自食,佐以美酒,风味独特。

4.抓炒鱼片

简介:抓炒鱼片是北京传统名菜。相传,有一次慈禧太后用膳时,觉得有一盘金黄油亮的炒鱼片十分可口,便把御厨王玉山叫到跟前,问是什么菜。这道菜本无名,王急中生智,回答是"抓炒鱼片"。后来,此菜成为御膳常备菜肴。

原料:鳜鱼肉、酱油、醋、白糖、味精、绍酒、湿淀粉、葱末、姜末、熟猪油、花生油。

方法:熘。

特点:鱼片金黄,无骨无刺,具酸甜咸鲜味。

5.炒鳝糊

简介:炒鳝糊是北京玉华台饭庄的风味名菜。该店开业于1921年,所经营的菜肴有两个特点:一是鲜、嫩、香、爽,汁醇味正;二是讲究应时当令。每到夏秋时节,其所制作的"全鳝席"很受欢迎,"炒鳝糊"便是代表菜之一。

原料:活鳝鱼、冬笋丝、火腿丝、芫荽段、精盐、酱油、醋、味精、白糖、绍酒、湿淀粉、蒜末、葱段、姜块、鸡汤、熟猪油。

方法:炒。

特点:色泽油润红亮,鳝肉柔软滑嫩,咸鲜微酸,略带蒜香,下饭佐酒均宜。

## 五、云南菜

### (一)云南菜概述

云南省简称滇。这里是滇族部落的生息之地,从公元前279年,楚国大将庄蹻进入滇池,建立了滇国开始,至今发展近2300年。云南与四川、贵州、广西、西藏相邻,地形极为复杂,大体上西北部是高山深谷的横断山区,东部和南部是云贵高原。

全省大部分地域属于低纬高原气候,四季如春,有动物王国和植物王国的美誉。

云南菜系简称"滇菜"。云南得天独厚的条件为云南菜系提供了丰富的食品原料。云南菜选料广泛,口味以鲜嫩清香、酸辣适中为特色,讲究菜肴的原汁原味。在滇菜的烹调技法中,可分为汉族的蒸、炸、熘、卤和炖及少数民族的烤、腌和煽等方法,具有浓郁的地方风味。著名的菜肴有汽锅鸡、大理砂锅鱼、五香乳鸽、鸡翅羊肚菌、烤羊腿和竹筒鸡等。

### (二)烹饪原料

云南地处云贵高原,山脉绵亘,平坝与江河湖泊镶嵌其间,形成多姿多彩的地理风貌和干湿分明的立体气候,极有利于动植物的发展。云南得天独厚的地理位置,为烹饪供给了丰硕的原料。云南素有"植物王国"、"动物王国"、"喷香料王国"和"药材之乡"、"花木之乡"的美称。据不完全统计,全省有鱼类366种、两栖类动物92种、爬行类动物143种、鸟类782种、兽类274种,野生食用菌200多种,野生花果蔬菜更是品种繁多。

### (三)菜系构成

云南菜由三个地方特色菜构成。

滇东北地区:因接近内地,交通较为便利,与中原交往较多,与四川接壤,其烹调、口味与川菜相似。昭通地域和东川市在清代以前交替归四川、云南管辖,该地域因与四川、贵州交壤,与四川交往较多,其烹饪体例和口味受川菜影响较深。云南今世名厨罗富贵、解德坤、彭正芳均属昭通人,所烹制的汤爆肚、酥红豆、竹荪、罗汉笋、云腿、牛干巴等均属这一地域名菜。

滇西和滇西南地区:因与西藏毗邻以及与缅甸、老挝接壤,少数民族较多,其烹调特色受藏族、回族、寺院菜影响,各少数民族菜点是主体。如回族的壮牛肉汤、冷片、凉鸡、腊鹅;傣族以调料做馅的喷香茅草鸡;白族的乳扇、洱海鱼虾、素菜;彝族的乳饼、火烧猪;纳西族和藏族的暖锅;壮族的野味、三七;普米族、怒族的醉鸡。这些具有民族特色的菜肴,各有所长,形成了当地的传统菜。

滇南地区:气候温和,雨量充沛,自然资源丰富,是云南菜点的本体。如过桥米线、汽锅鸡、鸡丝草芽、菠萝鸡片、石屏豆腐以及杞麓湖、星云湖、抚仙湖、异龙湖的鱼类,玉溪的鳝鱼、泥鳅、蔬菜,开远的甜蕌甲等,均源于这一地域。

### (四)风味特点

选料广、风味多,以烹制山珍、水鲜见长。其口味特点是鲜嫩、清香回甜,酸辣适中,偏酸辣微麻,讲究本味和原汁原味,酥脆、糯、重油醇厚,熟而不烂,嫩而不生,点缀得当,造型逼真。

### (五)代表菜

#### 1.汽锅鸡

简介:汽锅鸡是云南的名菜之一,分三七汽锅鸡,虫草汽锅鸡,天麻汽锅鸡。早在 2000 多年前就在滇南民间流传。滇南地区建水县所产陶器历史悠久,式样古朴、特殊。当地人利用建水陶,独出心裁地研制出特殊的中心有嘴的蒸锅,名曰"汽锅"。烹饪时在汽锅下放一盛满水的汤锅,然后把鸡块放入汽锅内,纯由蒸汽将鸡蒸熟。昆明南部建水出产的紫陶汽锅,采用当地的红、黄、青、紫、白五色陶土制成,具有"色如紫铜,声如磬鸣,光洁如镜,永不褪色"的特点。

原料:鸡等。

方法:蒸。

特点:汽锅鸡特殊的烹制方法,鸡肉细嫩、汤汁鲜美、原汁原味、富于营养,在国内外均享盛誉。此菜汤汁为蒸汽凝成,保持了原汁原味,肉嫩香,汤清鲜,深得食者赞誉。汽锅鸡中配加云南特产的名贵药材"三七"、"虫草"、"天麻"等,使鸡汤更加味美鲜甜,既增加了营养和医疗作用,又别具风味,发挥了汽锅鸡营养丰富、滋补强身的优点。

### 2.过桥米线

简介:云南过桥米线已有 100 多年的历史。享誉海内外,成为滇南的一道著名小吃。关于过桥米线的来历有两种说法。

说法一:相传,清朝时滇南蒙自县城外有一湖心小岛,一个秀才到岛上读书,秀才贤惠勤劳的娘子常常弄了他爱吃的米线送去给他当饭,但等出门到了岛上时,米线已不热。后来一次偶然送鸡汤的时候,秀才娘子发现鸡汤上覆盖着厚厚的那层鸡油有如锅盖一样,可以让汤保持温度,如果把佐料和米线等吃时再放,还能更加爽口。于是她先把肥鸡、筒子骨等熟好清汤,上覆厚厚鸡油;米线在家烫好,而不少配料切得薄薄的到岛上后用滚油烫熟,之后加入米线,鲜香滑爽。此法一经传开,人们纷纷仿效,因为到岛上要过一座桥,也为纪念这位贤妻,后世就把它叫做"过桥米线"。

说法二:传说蒙自县城的南湖风景优美,常有文墨客攻书读诗于此。有位杨秀才,经常去湖心亭内攻读,其妻每天将饭菜送往该处。秀才读书刻苦,往往学而忘食,以致常食冷饭凉菜,身体日渐不支。其妻焦虑心疼,思虑之余把家中母鸡杀了,用砂锅炖熟,给他送去。待她再去收碗筷时,看见送去的食物原封未动,丈夫仍如痴如呆在一旁看书。只好将饭菜取回重热,当她拿砂锅时却发现还烫乎乎的,揭开盖子,原来汤表面覆盖着一层鸡油、加之陶土器皿传热不快,把热量封存在汤内。以后其妻就用此法保温,另将一些米线、蔬菜、肉片放在热鸡汤中烫熟,趁热给丈夫食用。后来不少都仿效她的这种创新烹制,烹调出来的米线确实鲜美可口,由于杨秀才从家到湖心亭要经过一座小桥,大家就把这种吃法称之"过桥米线"。

2008 年,过桥米线已经列入昆明市重要的非物质文化遗产,这是昆明市首个列入非物质文化遗产的经济类项目。

原料:米线、汤、肉片等。

方法:氽。

特点:汤烫味美,肉片鲜嫩,口味清香,别具风味。

过桥米线,以用料考究、制作精细、吃法特殊、营养丰富而深受群众喜爱。汤用肥鸡、猪筒子骨等熬制,以清澈透亮为佳;肉片用鸡脯、猪里脊、肝、腰花、鲜鱼、火腿、鱿鱼等切成薄片,摆入碟内;米线则以细白、有韧性者为好;佐料用豌豆尖、黄芽韭菜、嫩菠菜、白菜心等用沸用略烫,切为四厘米的长段;再加上葱花、豆芽、豆腐皮、玉兰片等。吃时用高深的瓷大碗一只,放入味精、胡椒面、熟鸡油,然后将滚开的鸡、肉汤舀入碗内,汤烫油厚,碗中不冒一丝热气,汤端上桌后,切忌急着品尝,以防被汤烫伤嘴唇和舌尖,先将各种肉片氽入汤中,轻轻搅动就可烫熟;再将米线放入汤内;然后放入各种蔬菜和香菜,再根据各人爱好,加入辣椒油、芝麻油、精盐等佐料便可食用。碗中红、白、黄、绿各种佐料、食物交相辉映,滋味鲜美,使人胃口大开。

# 第四节　地方风味菜

## 一、少数民族菜

### (一)苗族菜

简介:在菜肴口味上,各地的苗族同胞略有差异。贵州的苗民喜食腌制品,湘西的苗民爱食酸,云南的苗民嗜麻辣,其共同点是口感比较浓,而且原料野味较多,如麂、鹿,还有蚯蚓、竹鼠、飞蚂蚁等。

方法:腌、煮、焖、烧、炖、烤等。

特色菜:瓦罐焖狗肉、清汤狗肉、红烧竹鼠、油炸飞蚂蚁、炖全嘎嘎、酢鱼、辣骨汤、腌蚯蚓、蒸糯米肠、乌米饭、糯米粑。

### (二)布依族菜

简介:布依人讲究饮食卫生,不食生。烹调选料极为宽泛,青苔、竹虫、蝌蚪等皆为美味;口味酸、辣、麻香、脆,最擅腌制。菜点新鲜、素雅、朴实、爽口。

方法:烧、炸、煮、爆、冻。

特色菜:青苔冻肉、软炸沙巴虫、炸竹虫、香椿蝌蚪儿、糯米穿肠、酸味芭蕉树芯、芝麻油团粑、糍粑等。

### (三)侗族菜

简介:侗家食酸几乎到了无菜不酸的地步,而且是无菜不腌。所有酸菜都要拌以豆豉和生姜,其味是酸中带辣、咸。他们的酸菜很特殊,如酸鱼经腌制后放入大缸中以巨石压紧,密封并埋入土中,起码三年后取食,香味很浓。

方法:腌、炸、烧、烟熏、煮、氽等。

特色菜:酸肉、酸鱼、酸虾子、酸蚯蚓、酸糯米饭、烟熏鱼、白水煮鱼、辣椒鱼、拖茨炸鱼等。

### (四)瑶族菜

简介:瑶族主要分布在广西、湖南、云南、广东等省区,是中国南方的一个山地民族,隋唐以来就生活在五岭山区,故有"五岭无山不有瑶"之称。瑶族人口味麻辣、咸鲜,喜香甜。

方法:焖、煮、烤、腌等。

特色菜:鸟鲊、肉鲊、清肠脆肚、酸菜蒸鲫鱼、五色花糯米饭、干笋焖鸡等。

### (五)白族菜

简介:白族聚居云南大理,以牛奶加工成的乳扇、鹤庆火腿、水平腊鹅和弥渡卷蹄等都是白族的菜肴主料;口味喜辣、酸、甜、凉、麻。白族善于腌制火腿、香肠、弓鱼、猪肝鲊、油鸡枞、螺蛳酱等。白族有整套的宴席菜,大致分为素席、果酒席和荤席三大类。

方法:腌、煮、炸、蒸、炖、冻、拌、烩、酿等。

特色菜:砂锅鱼、乳扇、大理饵缘、冻鱼、凉拌螺肉、炸仙人花、牛奶煮弓鱼、荞糕、糖煮饵麸等。

### (六)哈尼族菜

简介:哈尼人常用的菜肴原料除青菜、萝卜外,还有鱼、虾、泥鳅、黄鳝、蚂蚱、蜂蛹、竹蛆、石蹦、麂子、蛇等。擅腌咸菜,尤以做豆豉出名,并能以花卉入馔,颇具特色。口味鲜、酸、辣、香、咸。

方法:腌、煮、炸、蒸、炖、炒等。

特色菜:紫花拼盘、油炸蜂子、生炸竹蛆、五香芭蕉花、清汤橄榄鱼、石蹦炖蛋、酸笋炒麂肉、煮蛇丸子、酸虾、豆腐丸等。

### (七)傣族菜

简介:傣族主要分布在云南德宏、西双版纳、耿马、孟连及新平、元江、金平等30余个州、市、县。傣族烹调方法受佛教寺院和汉族菜肴影响较深,常用原料除鱼、猪肉、牛、鸡、螺、蔬菜外,还有青苔、蚂蚁、酸笋、狗肉、蜂蛹、牛屎虫蛋、竹蛆、大蛐蛐、竹虫、棕色蛆等。

方法:煮、烘、烤、腌、拌、舂、炖等。

特色菜:牛撒撇、鲊什锦、鱼剁参、酸肉、香芳草烧鸡、刺猬酸肉、酸笋焖鸡、田鸡干巴、青苔松、三味蚂蚁蛋、香竹饭、炸麻脆、象耳粑粑等。

### (八)拉祜族菜

简介:拉祜族主要分布在云南澜沧江东西两岸的思茅和临沧两地区。散居的拉祜族在西盟、耿马、景东、景谷、镇流、墨江等地。拉祜族的主食有大米、包谷、荞等,大米是清晨现舂现食,日食两餐。蔬菜有青菜、萝卜、芋头、薯类、豆类、瓜类、竹笋、辣椒、葱、韭菜、姜等,野菜种类也很多。拉祜族喜欢吃辣椒和烤肉,善于腌制食品,如腌豆豉、卤腐、酸笋、酸菜等,口味鲜、香、麻辣。

方法:烤、腌、煮、蒸。

特色菜:血鲊、群星托月、烤牛肉、烤麂子、烤野猪、鸡肉稀饭、猪肉团子、竹筒饭、竹筒烤肉、辣椒蒸肉。

### 二、满汉全席

#### (一)简介

满汉全席是我国历史上著名的筵席之一,兴于清代,由满菜、满点和汉菜组成,也是清朝最高级的筵席。满汉全席既有宫廷菜肴之特色,又有地方风味之精华,菜点精美,礼仪讲究,形成了引人注目的独特风格。

满汉全席原是官场中举办宴会时满族人和汉族人合坐的一种全席。清朝在未入关前,饮食并不讲究,但在入关统一中国后,看到了汉族文化的发达,感到了中原的菜肴烹制香醇精美,使他们的饮食习惯有了转变。满族官员不断被汉族官员邀请赴宴,尝到了汉族厨师烹制的美味佳肴。满族的王公大臣也时常回请或赐宴,大家常借此机会比富贵、比阔气,相互探听生活习惯和饮食特色,交流烹调技艺,对满汉全席的形成起了推动的作用。满汉全席上菜一般为108种,分三天吃完,一次宴席分为三个阶段,每一阶段所有的家具和餐具均进行更换,作为"段"的标志。第一段喝软酒,吃软菜,即喝绍兴黄酒,吃酒菜;第二段喝硬酒,吃肥菜,即吃白酒和肥腻的菜;第三段喝汤,吃面饭、点心。

#### (二)特点

满汉全席取材广泛,用料精细,山珍海味无所不包,烹饪技艺精湛,富有地方特色,突出满族菜点特殊风味,烧烤、火锅、涮锅几乎是不可缺少的菜点,同时又展示了汉族烹调的特色,扒、炸、炒、熘、烧等兼备。

满汉全席有宫内和宫外之别。宫内专供皇帝、皇后等享用,皇亲贵族、宰相、功臣才有资格参加宫内朝廷的满汉全席。宫外的满汉全席用于朝廷科考的封疆大吏中,入席时,要控制排列座次,顶戴朝珠,公服入席。

#### (三)程序

1.到奉

客人到达宴会厅后,先送上毛巾净面,随后送上香茗(茶盅不大,要上好绿茶),接着便以四色精美点心和银丝细面奉客。

2.茗叙

吃罢"到奉",便开始"茗叙"。沏上好茶,奉上瓜杏手碟(即瓜子、杏仁对镶在碟里,供随时用手取食),这时,客人可以弈棋、吟诗、作画,或随意清谈。

与此同时,酒席的台面已经摆好。四生果(即鲜橙、甜柑、柚子、苹果)、四京果

(即红瓜子、炒杏仁、荔枝干、糖莲子)、四看果(即用木瓜或沙葛雕成如甜橙、杨桃、苹果、雪梨等鲜果形象)被摆放在台面上(由于当时的运输和冷藏条件,时令鲜果无法在冬季或春节使用,所以制成看的形状作摆设)。入座后,先将鲜果削皮献上,随四冷荤吃酒,继上四热荤,酒过三巡后,上大菜鱼翅。至此,撤去碟碗,献毛巾。然后上第二度的双拼、热荤,饮酒行令。稍歇,又献一次毛巾,接着又上第三度、第四度,酒尽兴后,再上第五度饭菜、粥汤。食毕,上一个精致的小银盘,盛着牙签、槟榔等,供客选用。再上一遍洗脸水(叫做"槟水"),至此宴席宴告结束。

3.入席

清朝时,当时的席面用方桌,每方坐两人,下方空出不坐,以便看戏,共坐 6 人。以后才改成圆桌坐 10 人或 12 人。由于满汉全席菜看众多,一餐之间,是吃不完和吃不下的。所以也有分为全日,以早、中、晚进行,或分为两日,有的到三日,才能终席。

### 三、谭家菜

#### (一)简介

谭家菜出自清末官僚谭宗浚家中,流传至今,已有百余年历史了。

谭宗浚字叔裕,广东南海人。谭宗浚在同治十三年(1874)考中了榜眼。以后入翰林,督学四川,又充任江南副考官,稳步跨进了清朝的官僚阶层。

谭宗浚一生酷爱珍馐佳味。从他在翰林院中做京官的时候起,便热衷于在同僚中相互宴请,以满足口腹之欲。当时,"饮宴在京官生活中几无虚日,每月有一半以上都饮宴"。谭宗浚在宴请同僚时,总要亲自安排,将家中看馔整治得精美适口,常常赢得同僚们的赞扬。因此,在当时京官的小圈子中,谭家菜便颇具名声。

#### (二)特点

谭家菜具有与众不同的特点:

(1)甜咸适口,南北均宜。在我国,饮食界素有"南甜北咸"之说。谭家菜在烹调中往往是糖、盐各半,以甜提鲜,以咸提香,做出的菜口味适中,鲜美可口,无论南方人、北方人都爱吃。

(2)讲究原汁本味。烹制谭家菜很少用花椒一类的香料炝锅,也很少在菜做成后,再撒放胡椒面一类的调料。吃谭家菜,讲究吃鸡就品鸡味,吃鱼就尝鱼鲜,绝不能用其他异味、怪味来干扰菜看的本味。在焖菜时,绝对不能续汤或兑汁。谭家菜的这些独特之处,曾大受老食客的击节赞赏,以至于心醉神往,趋之若鹜。

(3)火候足、下料猛。谭家菜在烹调上的特点是火候足,下料狠,菜看软烂,易于消化。谭家菜是家庭菜,讲究慢火细做,因此,在谭家菜中采用较多的烹饪方法是烧、烩、焖、蒸、扒、煎、烤,以及羹汤等,而绝少爆炒类的菜看,也不讲究抖勺、翻勺等技术。

谭家菜有近200种佳肴,其海味菜最有名。制作素菜、甜菜、冷菜以及各类点心等也很拿手。例如:汤鲜味美的蚝油鲍鱼、新颖别致的柴把鸭子、脆嫩香鲜的罗汉大虾、清淡适口的银耳素烩等,都是极具特色、别具一格的佳肴。谭家菜的点心麻蓉包色白皮软,馅甜而香,入嘴即化,非常适口;酥合子肉馅鲜美、酥皮松脆,色、香、味、形俱佳。

### (三)特色菜

谭家菜中最驰名的是燕翅席。吃燕翅席有一定的仪式。客人进门,先在客厅小坐,上茶水和干果。待人到齐后,步入餐室,围桌坐定,一桌十人。先上六个酒菜,如叉烧肉、红烧鸭肝、蒜蓉干贝、五香鱼、软炸鸡、烤香肠等。这些酒菜一般都是热上。与此同时,顶好的绍兴黄酒也烫热端上,供客人们交杯换盏。

酒喝到二成,上头道大菜黄焖鱼翅。这道菜鱼翅软烂味厚,金黄发亮,浓鲜不腻,吃罢口中余味悠长。

第二道大菜为清汤燕菜。在上清汤燕菜前,会有人给每个客人送上一小杯温水请你漱口。因为这道菜鲜美醇酽,净口后,方能更好地体味其妙处。

接着上来的是鲍鱼,或红烧、或蚝油,汤鲜味美,妙不可言。但盘中的原汁汤浆仅够每人一匙之饮,食者每以少为憾,引动其必要再来的念头。这道菜亦可用熊掌代之。

第四道菜为扒大乌参。参有尺许长,三斤重,软烂糯滑,汁浓味厚,鲜美适口。

第五道菜上鸡,如草菇蒸鸡之类。

第六道为二素菜,如银耳素烩、虾子茭白、鲜猴头等。

第七道菜上鱼,如清蒸鳜鱼。

第八道菜为鸭子,如黄酒焖鸭、干贝酥鸭、葵花鸭、柴把鸭等。

第九道上汤,如清汤哈士蟆、银耳汤、珍珠汤等。所谓珍珠汤,是用刚刚吐穗、二寸来长的玉米做成的汤。此汤有一股淡淡的甜味,清鲜解腻,非常适口。

最后一道菜为甜菜,如杏仁茶、核桃酪等,随上麻蓉包、酥合子两样甜咸点心。至此,谭家菜燕翅席便结束。上热毛巾揩面后,众人起座到客厅,又上四干果、四鲜果。一人一盅云南普洱茶或安溪铁观音,茶香馥郁,醇厚爽口,饮后回甘留香。

曾有人在吃了谭家菜的燕翅席后,发出过"人类饮食文明,到此为一顶峰"的赞叹。

# 第五节 中式面点

## 一、中式面点概述

中餐面点经历了数千年的发展,各民族和各地区运用各种食品原料,使用不同的制作工艺,形成了世界上著名的中餐面点。

　　中餐面点的发展有着悠久历史,人们在发掘西安半坡遗址时,发现了装有碳化谷子的陶罐。根据研究,远在五六千年以前的新石器时代,我们的祖先就学会了粮食作物的栽培和种植。因此,为中餐面点的发展奠定了坚实的基础。秦汉时期,是我国农业形成时期,也是中餐面点生产与消费结构的确立时期。随着牛耕的出现和铁农具的使用,农业生产力取得了空前的提高,大片草地被开发为耕地,谷物栽培与种植面积不断增加。这一时期五谷的概念已成为对粮食的统称。在《汉书》和《后汉书》中都记载了当朝对人们种植麦子的推广活动。由于发明了用于粉碎谷物的石臼和杵,人们逐渐掌握了磨粉技术。当时种植的麦类包括小麦、大麦、元麦和清麦等,以小麦为主。小麦磨成粉称作麦粉,用麦粉制成的面食,称作饼。由于当时社会生产力的发展,使经济和餐饮需求不断变化和发展,从而促使了面点制作专业化。从秦汉时期的著作《急就篇》中记载的"饼饵麦饭甘豆羹"中发现,当时面点已有多个种类。包括饼饵(扁圆形的面食)、蒸饼(馒头)、胡饼(芝麻蒸饼)等。秦汉时期的馒头生产,说明人们已掌握了面团发酵技术并通过发酵方法制成质地蓬松的面点。由于发酵技术的应用,对当时面点品种的开发和生产的发展产生了推动作用。到了唐朝,由于社会经济的繁荣和对外交流,人们消费水平普遍提高,面点的品种和口味更加丰富多彩。当时,麦子的种植不断扩大。根据《旧唐书》记载,南方的稻米每年以百万担数量调往北方。面点生产中不仅使用了水调面团技术,而且广泛地采用发酵面团制作各种面点。在当时的面点中,品种有胡饼、烧饼、蒸饼、槌子和馄饨。唐宋时期,面点原料不仅包括谷物和面粉等主要原料,而且使用乳、蛋和其他调味品。面点熟制方法已经采用了炸、烤、蒸和煮等方法。这一时期,中式面点制作已经专业化,市场上形成了具有一定规模的专业作坊。这些作坊可以生产风味各异的特色面点,生意十分兴隆。当时,还出现了不同形式的中餐厅和酒楼,制作和销售面点。此外,茶肆的出现,使顾客可以边喝茶、边享用点心。元代蒙古族的饮食习惯传入中原,使汉族面点同蒙古族面点互相融合。中式面点的原材料中,增加了牛肉、羊肉,牛奶和奶酪,使元代面点的口味和形式更加丰富。明清时期,特别是清代,社会生产力不断发展,面点品种和制作技术不断升华,各地著名小吃和风味点心有千种之多,出现了佐以面点的宴席。不同地区和不同民族都有其独特风味的小吃和风味点心。例如,北京"都一处"的烧麦、天津"狗不理"包子、西安的"羊肉泡馍"、四川的担担面和赖汤圆、沈阳的老边饺子、山西的刀削面、江苏的过桥面、云南的过桥米线等。

　　当今,中餐面点汇集了我国各地的中餐和西餐面点文化,集中了各民族面点的特色,其品种和质量持续发展,博得了各国人们的赞誉。

### 二、宴席面点

#### （一）宴席面点设计

宴席面点要适应宴席的级别和围绕宴席的主题来设计。宴席的级别一般划分为高、中、普通三级。宴席中的菜肴也相应分高、中、普通三个档次。对于面点级别来说，可以从用料价值的高低、馅心的粗精、成形的繁简几方面来划分。高级面点用料精良，制作精细，造型精巧别致，风味独特；中级面点用料较高级，口味醇正，成型精巧；普通面点用料普通，制作一般，具有简单造型。面点要适应宴席的级别，才能与宴席上的菜肴质量相匹配，达到整体协调一致。

宴席面点的安排要围绕宴席的形式、内容来组合，同时做到与宴席其他内容合拍。如做成"欢迎"字样的点心，以表达对亲朋好友的欢迎；用"寿桃"烘托祝寿的席面气氛；根据客人的饮食特点配置点心等。总之，要以食客为中心，使席面造型生动，使席点配合贴切、自然。

#### （二）宴席面点配备

面点配备要适应宴席菜肴的口味，并应具有口味多样的特色。面点口味的变化，是通过馅心种类的变换表现出来的。宴席中不论安排几道点心，都要做到咸味菜带咸点，甜味菜带甜点。

在掌握面点的口味方面，要注意变换馅心及造型，以使席面上面点不至于出现过于单调的现象。例如：同是咸味的"馅子"，有猪肉、三鲜、鱼肉、虾肉等；变换造型则形成各种蒸饺、酥饺、粉饺等。再如酥点，用甜馅较多，变化成形技法，可使配席面点多彩多姿，如眉毛酥、百合酥、海棠酥、兰花酥等。

在确定用某一味的馅心时，要考虑原料的时令情况，把握"物以稀为贵"的食者心理，如冬季宴席配点，咸馅里放点韭黄，会使宾客齿唇留香，回味无穷。

确定宴席面点的馅心首先要立足本味，发挥原料的特质，取料要新鲜、卫生。要精细加工，使咸馅鲜嫩、多卤，甜馅细腻、香甜。其次要突出风味，在传统面点的风格上大胆引进糖醋、麻辣、鱼香、咖喱、蚝油、椒麻等复合味，使点心在宴席中更加为宾客所青睐。

要突出时令季节特色。宴席有春、夏、秋、冬之别，菜肴如此，面点亦然。面点的季节性问题应从两方面考虑，即与举办宴席的季节相适应，与这一季节里生物生长周期规律相协调。

春季气候变暖，人们喜爱不浓不淡的食品，配席面点可上"春卷"、"荠菜包子"等；同时，春季也正是早期植物芬芳吐艳的季节，可以配此以"杏花"、"梨花"、"桃花"命名的具有自然风采的面点。

夏季正值酷暑炎热，味觉自然有些变化。这时配的面点既要有消暑、清凉之作用，如"如意凉卷"等，又要有体现季节特色的面点，如"荷花酥"、"鲜花饼"、"绿豆糕"等。

秋季菊黄蟹肥,气候温转凉,可配"菊花酥"、"葵花合子"等,寓意收获,唤起食客无限的秋思和遐想。

冬季气候寒冷,且是梅花傲霜斗雪之季,可配"梅花饺"、"雪花酥"等具有象征意义的面点,以起到烘托宴席气氛的作用。

面点与我国民风食俗有很大关系,如果宴席的日期与我国某个民间节日临近,面点也要做相应安排。如春季正赶上端午节前,可用各种粽子制品配席。春节可配食年糕、春卷;元宵节可配食汤圆、元宵;清明节可配食青团等;中秋节配食月饼,等等。

"全席"宴的配点要求风格统一。全席,古代称之为"屠龙之技",系指用一种主要原料制成的全套花点,诸如鸡、鸭、鹅、鱼、猪、牛、羊、菌、藕、笋、薯、芋等做主料均可成全席,作为这种性质宴席的配点,要多从营养学角度考虑。

### 三、历史名点

#### (一)北京名点

**1.炒疙瘩**

简介:炒疙瘩的创始人是北京和平门外原广福馆的穆氏母女。后来前门外恩元居饭馆仿照广福馆的制法,从1930年起开始出售炒疙瘩。从穆氏创制供应起,至今已有70多年历史,经恩元居逐步改进,炒疙瘩更加精美好吃。

方法:用冷水面团摘成大于黄豆的疙瘩煮熟,与荤素原料一起炒制而成。

**2.肉末烧饼**

简介:肉末烧饼源于北海公园仿膳饭庄,是一种清宫廷风味的配套小吃,早在20世纪20年代便已驰誉京城。肉末烧饼之出名,与清末慈禧太后有关。有一次她做梦吃烧饼,事有凑巧,次日早膳,御厨呈上的就是肉末烧饼。慈禧一见大为喜悦,认为给她圆了发梦,当即把做烧饼的厨师赵永寿召来,赐给他一只尾翎,并赏赐纹银20两。从此肉末烧饼成了慈禧钟情的小吃,自此流传至今。

方法:用现炒的猪肉末填入现烧的马蹄烧饼中而成。

**3.墩饽饽**

简介:饽饽是北京方言,指馒头和糕点之类圆食品,源于清代。著名的满族糕点即称饽饽,糕点铺也称饽饽铺。墩饽饽就是状如圆墩的饽饽,源自满族糕点,后演变成北京著名的点心。

方法:用面粉和成面团,发酵后加糖,揿成饼状,微火烙烤而成。

**4.水乌他**

简介:"乌他"一词为满语,即酥酪。原北京奶茶铺出售的乌他,有水、奶之分。清末富察敦崇的《燕京岁时记》中记称:"水乌他,以酥酪为之,于天气极寒时,乘夜造出,洁白如霜,食口中有如嚼雪,真北方之奇味也,其制有梅花、方胜诸式、以匣盛之。"奶乌他与水乌他的制法大致相同,只是将奶换成凉水,但其味稍逊于奶乌他。

方法:用奶油提炼成黄油后加糖和香料调制而成。

**5.小窝头**

简介:小窝头是北京北海仿膳饭庄的特色点心,颜色金黄闪光,小巧玲珑,味道香甜,质地细腻,制作精细。

据民间传说,小窝头是清宫御膳房厨师创制。1900年八国联军侵占北京时,慈禧仓皇出逃,在去西安的路途中,一天腹饿,随从向其进献民间窝窝头,她吃得津津有味。以后慈禧返回北京后,命御膳房做窝窝头。御膳房厨师不敢用民间窝头给她吃,只好仿照民间窝头制法,把玉米、黄豆磨后细筛,提取精细黄粉,再加白糖、桂花,做成小形窝头,蒸制而成,味道香甜可口如栗子面,慈禧吃后很是高兴。由此小窝头就成了慈禧食谱上的甜点。

方法:用玉米、黄豆磨成粉,加水、白糖、桂花拌匀,蒸制而成。

**6.豌豆黄和芸豆卷**

简介:豌豆黄和芸豆卷原是民间小吃,后引进宫廷,慈禧特别喜欢吃,御膳房也专门有制作这种点心的厨师。

方法:将豌豆或芸豆蒸熟,揉成泥,加糖经炒、拌而后成形。

**7.烧麦**

简介:烧麦又称烧卖,历史渊源已久,早在元代已有文字记载,清初已很风行。清人杨米人《都门竹枝词》曾列举了许多风行京都的名肴佳馔,其中就列有"烧麦",称:"稍麦馄饨列满盘。"稍麦,即今日之烧麦。

方法:用面团摘剂儿擀成皮,包馅心,收口成荷叶,经蒸制而成。

**(二)天津名点**

**1.芝兰斋糕干**

简介:芝兰斋糕干始于1928年,创始人费效曾在沈庄子大街以芝兰斋字号出售糕干。这种食品物美价廉,农历正月间食者最多,芝兰斋糕干与天津杨村糕干之区别,是后者不带馅,本色本味,前者则在制作过程中辅以豆沙、白糖、菠萝等多种馅心,上撒松子仁、瓜子仁、核桃仁、青红丝等多样辅料。

方法:用小站稻米、糯米磨粉,平铺入笼内,中间夹多种馅料蒸制而成。

**2.石头门坎素包**

简介:门坎素包始于清代,由天津专营素食的真素园经营,向以选料多样、清素不腻、制作讲究、物美价廉著称,深受广大群众喜爱。该店临近海河,为防止洪水泛滥,店外以石头筑起一道矮堤,形似门坎,市人便将该店制作的这种包子称为"石头门坎素包"。

方法:用发酵面包以绿豆芽、油面筋、木耳、黄花菜、白香干、粉皮等调匀的馅心,经蒸制而成。

**3.狗不理包子**

简介:狗不理包子始于清朝末年。高贵反在南运河三岔口开设包子摊,因其苦心琢磨,不断实践,创出和水馅、半发面等方法,使包子独具特色。其乳名狗不理不胫而走,而铺面字号德聚号反不为人知。

方法:用发酵面包猪肉等馅料蒸制而成。

**(三)上海名点**

**1.小绍兴鸡粥**

简介:小绍兴鸡粥源于20世纪40年代中期。当时绍兴籍的章氏兄妹二人,在上海街头设摊卖鸡粥,人称"小绍兴鸡粥",久之摸索出整套生产经验。他们采用鸡汁原汤烧煮成粥,与白斩鸡配食。

方法:用制白斩鸡的汤汁加上好粳米熬制而成。

**2.生煎馒头**

简介:上海将包子称为馒头,此品实为生煎包子。原为茶楼、老虎灶(开水店)兼营品种。

方法:用半发酵面团,包鲜美肉馅心,经煎蒸而成。

**3.绿豆芽蒸拌冷面**

简介:上海市场供应的冷面,大都是将面条煮熟后,用冷水冲凉而成。1952年四如春点心店采取将面条先蒸后煮,再用冷风吹晾的办法加工成冷面,既符合卫生要求,又使面质硬韧滑爽,颇受顾客欢迎。目前各式浇头的蒸拌冷面,已成为上海街头到处可见的夏令小吃。

方法:用生面条经蒸、煮、晾凉,以酱油、醋、芝麻酱等调料和焯过的绿豆芽拌制而成。

**(四)江苏名点**

**1.四喜汤团**

简介:四喜汤团是南京夫子庙挂糊糕团店的特色小吃。四喜汤团以不同的色、形、料、馅和有幸福发达的口彩而受吃客欢迎。

四喜汤团的"四喜"源自民间流传的四喜诗"久旱逢甘雨,他乡遇故知,洞房花烛夜,金榜题名时"而创制,这种汤团在新春和元宵节更为走红。根据南京民俗传统,正月初一清早要吃汤团,届时四喜汤团成为争购目标,更添节日气氛。

方法:用水磨糯米粉制成剂,分别包四种不同馅心,煮制而成。

**2.枫镇大面**

简介:枫镇,是苏州著名旅游胜地寒山寺之所在地,本名枫桥镇。枫镇大面是夏令季节的苏州名点,始创于太平天国年间,已有近150年历史。

方法:用鱼肉汤煮面条,加各种调料、熟肉块而成。

3.锅盖面

简介:江苏镇江有三怪:大锅小锅盖,肴蹄不当菜,香醋放不坏。这三怪都与吃有关。其中第一怪就是指的锅盖面。按当地传统习俗,顾客来店吃面时,多自带各种荤素菜品,如猪里脊肉、猪肝、牛肉、鸡蛋、鲜笋、青蒜、川芎、小青菜等。在吃面时,将这些荤素菜放进大锅内烫或煮熟,捞出加在面上。由于多种荤素鲜味融于面汤,煮出的面条不粘连,不散乱,不生不烂,而且面汤不混浊。

方法:用特制的汤汁煮面条而成。

4.黄桥烧饼

简介:黄桥烧饼首创于江苏泰兴县黄桥镇,因而得名。1939年抗日战争时期,新四军东进开辟抗日根据地,在黄桥之战中,黄桥人民日夜做饼慰劳新四军。当时流传着一首民歌:"黄桥烧饼黄又黄,黄黄烧饼慰劳忙,烧饼要用热火烤,军队要把百姓帮;同志们呀吃个饱,多打胜仗多缴枪……"从此黄桥烧饼更加出名,成为著名的食品。

方法:用水面团和油酥面团制成饼坯,包火腿丁或甜馅心,撒芝麻,烤制而成。

## (五)江浙名点

1.清明艾饺

简介:据《清嘉录》卷三三月注云:"江浙一带清明节前后,用其他带鲜绿色之可食汁水和面。"说明此习俗由来已久。

方法:用艾汁和面,白糖麻屑做馅,经蒸制而成。其色翠绿,味道清香,是江浙民间清明节传统时令食品。

2.葱包桧儿

简介:葱包桧儿已有800多年历史,南宋时杭州人为了纪念岳飞,表示对奸臣秦桧的鄙视和憎恨,用面粉制成条状放入油锅里炸,意喻油炸秦桧,即历史上流传的"油炸桧"(今油条的古名)。葱包桧儿是将薄饼(春卷皮子)卷油条、葱、抹甜面酱、辣酱烤后食用。现为杭州著名早点。

方法:用春卷皮子包裹油条和青葱经烘烤而成。

3.杭州猫耳朵

简介:猫耳朵是面条的一种类型,因其形状小巧玲珑似猫的耳朵,故得此名。相传清乾隆皇帝巡视江南时,多次来杭州,并在外微服私访,一次乘坐渔翁小舟,游山玩水,中午船刚靠岸,突然下起大雨,渔翁请客人入船舱避雨。这时雨仍旧下个不止,乾隆又饥又饿,向老翁提出:"我是北方人,爱吃面条,是否给做碗面吃?"渔翁说:"我们江南人吃大米,船上没有做面条的面杖,做不成面条。"这时渔翁的孙女与心爱的小花猫卧在床上,她听后灵机一动说:"没有擀面杖用手捻。"于是她动手和面,将面搓成长条,揪成小面疙瘩,用大拇指在手心中一个个捻成小窝窝,煮熟后,浇上鱼虾卤汁,面美汤鲜,爽滑可口。乾隆问:"小姑娘,这叫什么面?"小姑娘说:"猫耳朵。"乾隆回京后,念念不忘吃过的猫耳朵,于是下了一道圣旨将小姑娘召入御膳房,专做"猫耳朵"供宫内人们享用。猫耳朵从此在杭州民间流传开来,并由著名老店"知味观"挂牌供应。

方法:用面团揉搓,摘剂儿捏成猫耳朵状,入鲜汤中煮制而成。

**4.喉口馒头**

简介:喉口馒头,又称喉口馒首,它始创于百余年前的太平天国时期,当是创始人王阿德携带一家老小避难绍兴,在望江楼关帝庙附近路亭内经营喉口馒头,携带方便很受欢迎。喉口馒头在清末民初时兴旺起来。

方法:用温水发酵面团摘剂儿,包猪肉馅经蒸制而成。

**(六)江西名点**

**1.石头街麻花**

简介:石头街麻花是南昌市石头街上"品香斋"麻花店制作的小吃。它源于清末,距今已有百余年。此店由徐氏夫妻所设,由于制作的麻花精细好吃,小小店铺逐渐发达起来,以后从偏狭小巷搬到中山路闹市地段,所制麻花仍保持其特色。故店址虽换,"石头街麻花"的叫法却依然不改。

方法:用面粉加鸡蛋黄、砂糖、发酵粉,温水调和揉成面团,摘剂儿拧成麻花,经炸制而成。

**2.信丰萝卜饺**

简介:信丰位于江西省南部,邻广东省。萝卜饺是该县传统地方小吃。

方法:用薯粉擀皮包猪肉、鱼肉、白萝卜蓉等馅料蒸制而成。

**3.清汤泡糕**

简介:清汤泡糕的历史悠久。据传乾隆皇帝下江南巡视景德镇时,发现有一食店经营清汤泡糕,吃后称绝叫好,并为该店写下"金春馆"的招牌。此后,清汤泡糕的名声不胫而走。

方法:用糯米粉加白糖蒸熟成糕,再放入清汤中泡制而成。

**(七)安徽名点**

**1.小红头**

简介:小红头,安徽庐江名小吃,又称油糖烧卖,因顶部点有红点而得名。庐江位于安徽巢县、舒城、霍山以南。相传,小红头约创于清乾隆年间。时原籍安徽庐江县沙虎山人的清军名将吴铰轩奉命出征,随带家乡厨师,经常命其制作家乡风味点心、小吃,其中"小红头"很受吴赏识。以后厨师回乡在县城开设了一家饭店,继续做小红头。光绪年间,"小红头"被点为"贡品"。

方法:用温水和面团摘剂儿擀皮包甜馅心,捏成烧卖状经蒸制而成。

**2.狗肉包子**

简介:狗肉是冬令佳肴,蚌埠一带群众有喜食狗肉的习惯,当地个体经营户为迎合民俗,常年经营狗肉食品,而蚌埠市经营的狗肉包子,更具特色,得到顾客好评。

方法:用发酵面团,摘剂儿擀皮包狗肉馅,经蒸制而成。

### (八)山东名点

**1.状元饺**

简介:状元饺约兴盛于清末,最初是从沿海的烟台餐饮业开始的,以后传到省内各大城市,多以海味货为馅料,十分名贵。每500克面粉包120个小饺,形如小元宝状。

方法:用冷水和摘剂儿擀皮,包猪肉、海参、干贝、蒲菜等调和的馅心,经煮制而成。

**2.水煎包**

简介:水煎包是山东著名的小食品,食用面广,从省内到省外都有制作与经营。其历史悠久,但已无从考证初始年代。水煎包成熟后既有发酵面蒸成的包子的特点,又具备底面煎烙成熟后出现的底壳酥脆的香味。馅料有荤有素,荤的用猪、羊肉配少许青菜,素馅则与一般素包相同。

方法:用发酵面擀皮包入荤、素馅心经油煎而成。

**3.黄米红枣粽**

简介:粽子是中国端午节节食,现在国内外华人都在延续这一食俗。古代粽子又名角黍。《清稗类钞》载:"以箬叶裹糯米,煮熟之,形如三角。古用黏黍,故谓之角黍。其中所实之物火腿、鲜猪肉者味咸,莲子夹沙者味甜。"从此项解释看,已近乎现代状况,实则粽子之制法南北有别。山东长期就是以黍(黄米、黏性)为裹粽之主料,用大红枣或白糖为甜馅。使用糯米包粽是清末民初开始的。所以黄小米红枣长久,至今广大农村仍保留此习俗。除端午节外,日常也多有生产,成为日常点心小吃品。

方法:黄米与红枣用粽叶包裹后煮熟而成。

**4.便宜坊锅贴**

简介:便宜坊锅贴由济南便宜坊经营,闻名于世。"便宜坊"在明代、清代时,南京、北京都有,特别是北京,延续已有三四百年,至今仍是京都名店。《中国名餐馆》载:北京"便宜坊"创办于明永乐十四年(1416),嘉靖年间,被严嵩陷害致死的兵部员外郎杨继盛,曾为便宜坊题写作牌匾。明代名将戚继光也曾为便宜坊留下过墨迹。到了清末,以便宜坊为店号者已达八九家之多。不过北京的便宜坊声望以经营烤鸭而闻名。济南便宜坊大概是借北京便宜坊的名气,约建于20世纪20年代,其规模仅能算是一个小型饭店,经营小炒菜,用于下酒,又以锅贴为专营名吃,吸引顾客。

便宜坊锅贴主要有两种,一是三鲜馅,二是猪肉馅,这些主料再配些时蔬、鲜蔬、如春韭、夏蒲(菜)、冬菘(白菜)之类。

方法:用温水面团擀皮,包素三鲜馅,经油煎而成。

5.周村酥烧饼

简介:周村酥烧饼源于山东淄博市周村,成品有酥脆薄之特点,故名。

清末随着胶济铁路的通车,山东周村的商业随之繁荣,饮食业也发展得很快。当时,"聚合斋"烧饼店店主郭云在做烧饼时,偶尔发现饼上面的鼓起部分芝麻多,薄而酥脆,就潜心试做。后经其子郭海亭改进,烧饼质量进一步提高,于是周村烧饼声名大振。

方法:用面粉加盐、水,揉面团,摘剂儿,搓成饼坯,蘸芝麻,烤制而成。

## (九)广东名点

### 1.粉果

简介:粉果历史悠久,据屈大均《广东新语》记述广州饮食习俗称:"以白米浸至半月,入白粳饭其中,乃舂为份,以猪油润之,鲜明而薄以为外,茶蘸露、竹脂(笋)、肉粒、鹅膏满其中以为内,一名曰粉角。"到20世纪二三十年代,各酒楼、茶楼争创名点招徕客人,茶香室的女点心师娥姐,所创粉果独占鳌头,人们称之为娥姐粉果。40年代茶香室歇业,娥姐的传人转至大同酒楼、茶肆,都将其作茶点供应,成为羊城美点之一。

方法:用澄面加生粉做皮,裹以猪肉、虾仁馅,炸制而成。

### 2.叉烧包

简介:叉烧包是由北方肉类包子改进而成的,特点是选用低筋面粉为面团主料,发酵后加发酵粉和碳酸氢铵催发,并加白糖调味。这样做成的面团膨胀快速而大,面筋网络较少,粉浆较多,更显得绵软而具弹性,味略甜,适合南方人口味,被称为"南方包皮",可以做成各种原料为馅心的甜咸味包子。其传统名品除叉烧包外,还有滑鸡包、生肉包、纯正莲蓉包等。

方法:用带甜味的发酵面团包叉烧肉馅蒸制而成。

### 3.皮蛋酥

简介:皮蛋酥是由传统点心"顶酥饼"演变而来。清代顾仲《养小录》记有:"顶酥,生面,水七分,油三分,和稍硬,是为外层(硬则入炉时皮能顶起一层,过软则黏不发松)。生面,每斤入糖四两,油和,不用水,是为内层。擀须开折,须多遍层多,中实果馅。"现在广东将这种面团做点心面皮,统称为水油酥面,可制作多种酥食点心,只是用料及比例不同而已。

方法:用水油面团包油酥面团,擀皮,包皮蛋、糖姜、莲蓉馅,烤制而成。

### 4.广式月饼

简介:广式月饼是中国月饼的一大类型,盛行于中国南方及东南亚各国的华侨聚居地,因首创于广东而得名。

方法:用糖浆面做皮,包入各种干果或猪油、叉烧、蛋黄等馅,烘制而成。

### (十)湖北名点

**1.东坡饼**

简介:东坡饼为湖北鄂州市地方传统风味名点。相传北宋元丰二年(1097)十二月,著名文学家苏轼因"乌台诗案"被贬为黄州团练副史,以文官武用,有职无权。他初居黄州南宁惠院时,常闭门谢客,饮酒浇愁。后乔避黄州东坡,自号"东坡居士"。由于多次"左迁",政治上失意,这时,黄州赤壁和口子城西山,便成了苏轼消愁解闷的世外桃源。当年除常往赤壁游憩以外,他还常与友人泛舟南渡,游览西山观赏菩萨泉,吟诗作对,曾与西山灵泉寺长老交往甚密,并结成莫逆之交。而寺僧得知苏轼喜食油炙酥爽食品,遂汲取"菩萨泉"之水烹茗,并调制上好麦面,以香油煎饼款待。苏轼食后大为赞赏,喜曰:"尔后复来,仍以此饼饷吾为幸!"从此,每访必食之,后经苏轼与寺僧一起设计,研制成一种异常酥脆独具特色的"千层饼"。由于饼薄如纸,落口消融,具有香、甜、脆的特点,加上人们对苏东坡的敬慕,遂将此饼誉为"东坡饼"。

方法:用上等面粉配以鸡蛋清及盐、糖等经油氽而成。

**2.太师饼**

简介:太师饼又名"活油酥饼"、"一品点心",是湖北荆门市的传统佳点。其饼酥层清晰,白中透黄,泡松香甜,原为古代皇家内廷御用偌茶、消夜的常备名点。

相传南宋时,理学家陆九渊任荆门知军,深受朝中太师器重。陆九渊每次进京,太师常邀其至府邸品茶,探讨理学,出京时又馈赠内廷膳点,让陆带回荆门,分赠同僚,其中,尤以茶花点心最为名贵,陆亦特别喜爱,便给它改名为"太师饼",以志不忘太师深情。从此"太师饼"在荆门广为流传,至今不衰。

方法:用面粉、熟猪肉糅合成皮面与酥面制剂,包糖馅,经炸或烤制而成。

**3.橘子锅魁**

简介:橘子锅魁,亦名金刚刺。是今楚北广水市(原应山县)的地方传统风味,迄今已有300多年历史。据史料载:明朝崇祯十六年(1643)春,李自成农民起义军由襄阳出发,克钟祥,攻安陆,势如破竹,随后很快占领了应山县城。据传,起义军进城安定后,为了继续北上南下进军。新派任的应山县令陈帝道,便发动民众日夜为起义军赶制行军干粮,顿时,全城热火朝天,各种米、面制品的干粮,很快集结起来。经过检查评比,发现有一种以慢火烤制的面制干点,因配有糖和橘皮末,吃起来既有似橘子的香甜味,成品又干燥无水分,便于储存携带,而被誉为军用干粮之魁。自此,这种食品的制法便在应山全城传开,并取名为"橘子锅魁",一直沿传至今。

橘子锅魁这一独特新颖的传统名食,在《应山地方志》中也有记载:"锅魁,以精面,橘饼,白糖等原料糅合,用白炭精工炕制而成。"其形味佳美,便于储存携带,为待客和馈赠亲友及旅游食用之佳品。

方法:用面粉加白糖、橘饼末糅合成剂,制成形似骨牌块饼坯,经烤制而成。

4.四季美汤包

简介:四季美汤包为武汉市著名美点。据传,早在清末民初时期,汉口回龙寺和长胜街一带,曾出现了许多临街黏食摊,经营小笼汤包,颇受食者喜爱。1927年,"四季美"汤包馆开业,店名之意是四季都有美味供应。后专门供应由被誉为"汤包大王"的现特级厨师钟生楚潜心研制的汤包。他吸取历代名师经验,并结合本地人的口味,在配料和制作技巧上加以改进,成为四季美特有的小笼汤包。以"自然肥"发面,使汤包不吸汤,不梗牙,风味独特,脍炙人口。清人林兰痴赋《汤包》诗,称赞那汤包的美妙:"到口难吞味易尝,团团一个最包藏。外强不必中干鄙,执热须防手探汤。"诗中描写了汤包内藏热汤,"到口难吞",且易烫手的特点。因此,初食汤包者,切勿性急,要先咬破包皮吸取汤汁,然后再吃包子。

现在,四季美汤包馆在继承传统的鲜肉包基础上,还先后创制了虾仁、蟹黄、鸡蓉、香菇、什锦等10多种汤包,均受到了食客欢迎。

方法:用发酵面团制剂儿,擀成边薄中厚的圆皮,包胶质肉馅,经蒸制而成。

## (十一)四川名点

1.韩包子

简介:韩包子由著名厨师韩映斗创制,初见于1914年。此品一经问世,即成为当时成都"玉隆园"的当家品种。后其子韩文华继承父业,严格选料,精心制作,生意日益兴隆,并改店名为"韩包子",而沿袭至今。

方法:用发酵面团加糖、猪油擀成皮,包肉馅,经蒸制而成。以鲜汤佐食。

2.龙眼包子

简介:龙眼包子创制于20世纪40年代初。成都市厨师廖永通博采浙江小笼汤包及川味包子之长,用50克面粉制作10个包子,成品小而圆,粉红色的肉馅微露,形似龙眼,故名。又因创始人的胡子长在黑痣上,故又有"痣胡子龙眼包子"的戏称。主人就顺水推舟,以"痣胡子包子店"作店名,发展至今。

方法:用猪油、白糖与发酵面团制皮,包猪肉馅,经蒸制而成。

3.钟水饺

简介:钟水饺因其调味重用红油,故又称"红油水饺"。相传此点创于1893年,由名叫钟燮森的小贩经营。因其原址在成都荔枝巷,故而又有荔枝巷红油水饺之称。

方法:用上好白粉调成冷水面团,制皮,包用多种调味料拌成的猪肉馅,以特制汤汁煮制而成。

4.龙抄手

简介:抄手是四川对馄饨的称呼。

方法:用鸡蛋与面粉拌和制皮,包猪肉馅,煮熟,配鲜汤而成。

**5.鸡汁锅贴**

简介:鸡汁锅贴因用鸡汁制馅,故名。此品以经营锅贴炖鸡汁为主的"丘二馆"最为著名。因其选料认真,制作精细,进餐时配以炖鸡汁同吃,风味特佳,深受顾客欢迎。

方法:用烫面团摘剂儿,擀皮,包拌有鸡汁的猪肉馅,呈豆角形,加油和水焖煎而成。

**6.担担面**

简介:相传担担面于1841年由陈包包始创于自贡市,因最初是挑担沿街叫卖而得名。目前,重庆、自贡等地仍保持原来的素面风味,以叙府芽菜为主要配料,面条用手工擀制,滑爽利口,有浓郁的芽菜清香味。成都则在原来素面的基础上,加猪肉末制成酥臊子。担担面常作为宴点上席。

方法:用煮熟的面条加特制的臊子和鲜汤而成。

**(十二)云南名点**

**1.破酥包子**

简介:破酥包子在昆明流传最广,具有独特风味,是常年应市面上的风味点心,亦是端午节必食的节日食品。

清光绪二十九年(1903),玉溪人赖八师傅在昆明翠湖公园大门附近开设"少白楼",专门制作和出售破酥包子。据传,有一小孩天生好动,在吃包子时手舞足蹈,稍不留心,包子摔落地上,立刻破碎,于是人们称这种包子为破酥包子。从此,破酥包子誉满昆明,民国以来盛传全省。

方法:用大酵面做皮,包以甜或咸味馅,经蒸制而成。

**2.酥油千层饼**

简介:酥油是云南滇西北高原藏民日常的主要饮食原料。汉族点心师区本运用这一原料,创制了酥油千层饼。

方法:用酥油和面烤制而成。

**(十三)湖南名点**

**1.社饭**

简介:社饭多见于湘西少数民族地区、湘西南地区。原是祭祀时的主要食品,宋代已广为流行,《东京梦华录》中曾有记载。如今,社饭已不仅作祭祀用,平时家庭也常制作食用,特别是每年清明节前后,西南地区少数民族都喜欢采撷鲜嫩的水蒿菜,配上各种原料制成社饭,或祭供祖先,或相互赠送,或招待客人。

方法:用米、野菜、野葱、腊肉蒸制而成。

**2.虾饼**

简介:虾饼源于岳阳,民间利用洞庭湖一带出产的淡水鲜虾为原料,制成此种小吃。

方法:用鲜虾拌面糊油炸而成。

3.火宫殿臭豆腐

简介:火宫殿臭豆腐已有百年以上历史,因在长沙火宫殿制作经营,故名。清《湖南商事习惯报告书》在描述长沙小吃盛况时,就有对臭豆腐的记载。火宫殿制作的油炸臭豆腐,独具特色,久负盛名。

方法:用水豆腐发酵经油炸而成。

**(十四)少数民族点心**

1.回族名点

(1)奶油回饼

简介:用酵面团再次发酵,加花椒水、奶粉、盐、糖,经烤制而成。

据传,早年昆明"合香楼"有一位面包师把面团搓好后让其发酵,时至下午方才想起忘了放鸡蛋。后经李清祥师傅指点,将酵面团加小苏打揉匀,再入烤炉烤,终于使原来变酸发黑的面团,变成了洁白的烤饼,视之如雪,尝之味美。师傅们商议后说:"这饼既是发面返回而成的,就叫它'回饼'吧。"从此,奶油回饼正式问世。

方法:奶油回饼是将奶油化开与花椒油、糖粉、奶粉、盐、发酵剂与第一次发酵的面团合拌均匀后,再同酵面搓揉均匀,揪剂儿制成生坯,入炉烘烤至熟即成。

特点:成品光泽亮丽,泡松柔软,甜中回咸,清香可口。

(2)干巴月饼

简介:用油酥面团擀皮包牛干巴馅,经烘烤而成。

干巴月饼的出现,是云南汉族和回族饮食文化交流的结果。云南回民过中秋节,用腌制的上好牛肉为馅,制成月饼。因他们称腌制的牛肉为牛干巴,故名。

云南回族有饲养黄牛、腌制牛干巴的专长。每年寒露前后,家家户户都要用上等牛肉腌制成牛干巴。回民糕点师就将它引入点心做馅,制成月饼。

方法:除馅料中加牛干巴外,其他如和面、配料、烘制等与回族其他月饼制法相似。

特点:风味浓郁,皮酥松,馅咸香。

2.朝鲜族名点

(1)朝鲜打糕

简介:用传统打糕工具,将糯米饭打制成糕,裹豆面蘸糖或盐而成。

方法:打糕是将净糯米用清水浸泡10小时以上,捞出沥干,上笼用大火蒸至软硬合适时取出,放在砧板上,用木槌边打边翻,越匀越好,以看不见饭粒为宜。然后把打成的糕切成适当的小块,外面裹上一层豆沙或熟豆面即成。喜甜食者,可蘸白糖,喜咸食者可佐精盐。

特点:打糕较一般黏糕更加黏润可口,味道清香凉爽,是朝鲜族民间膳食中的佳品。

（2）冷面

简介：用荞麦、淀粉加沸水揉面团，擀面条煮熟，冷却，再加浇头、调料拌制而成。

方法：冷面是将荞面、淀粉按一定比例混合，用沸水烫成稍硬的面团，加碱后揉匀，制成面条，放入沸水锅内煮，煮熟后用冷开水过凉。将已过凉的面条加辣白菜等及四五片熟肉，浇上蒜辣酱（用蒜泥、干辣椒面和水搅成糊状酱），放水果片、鸡蛋丝，最后浇上凉牛肉汤，撒熟芝麻、味精，淋上麻油即成。

特点：冷面冷辣爽口，清香醇厚。

3.维吾尔族点心

（1）馕

简介：用玉米或面粉加淡盐水、酵面，制成面团，擀制成坯，经烤制而成。

馕字源于波斯语。这种食品最早流行于阿拉伯半岛、土耳其和中亚、西亚各国，随伊斯兰教传入新疆，维吾尔族先称其为"艾买克"，后才称为馕。据《唐书》记载，居住在新疆叶尼塞河流域的柯尔克孜人，早在唐朝以前就食用一种面食饼饵。新疆吐鲁番阿斯塔娜唐墓出土的物品中就有馕，距今已有 1200 多年。

方法：馕是用面粉或玉米粉，加淡盐水、酵面揉成面团，烫过，做成圆形饼坯，一面用木模压上简单的图案，再将饼坯底面蘸盐水贴入馕坑壁上，烤制而成。

特点：水分少，久储不坏，适宜于沙漠长途旅行时食用。

（2）薄皮包子

简介：用冷水面团擀皮包羊肉馅，蒸制而成。食用时一般与片馕或素抓饭同食，先将片馕上笼蒸软，再把包子放馕上。吃抓饭时，则将包子放抓饭上。

方法：用面粉和成面团，下剂儿，擀成薄皮。将羊肉丁、洋葱末、胡椒粉和适量盐水拌制成馅。面皮包馅心后捏成鸡冠形，上笼用大火蒸 20 分钟至熟即成。

特点：成品皮薄馅香、味浓。

4.藏族点心

（1）糌粑酥油茶

简介：将青稞炒香，磨成面，和以酥油茶汁，用手指捏团而成。

糌粑和酥油茶是云南迪庆藏族的两道名食，因食用配套，故往往连在一起。糌粑是藏语，意为青稞炒面；酥油则用牦牛乳提炼而成。酥油茶是藏族人民每天不可缺少的饮料，《中甸县志稿》载："藏胞一见酥油茶，其胸中已有悦乐，若一入口，则其辛苦忧郁恐怖疑惑完全冰解，如饮我佛甘露焉。"由此可见酥油茶与高原藏胞的生活关系是何等密切。

方法：制糌粑。青稞炒香，磨面与酥油茶汁拌和捏成团。制酥油。用牦牛乳去奶渣，使油脂凝固成饼状。打酥油茶。取特制酥油筒，先放焙香舂成泥的核桃、芝麻、麻籽和酥油、盐、蛋泡,再冲入来自滇西南的沱茶或砖茶冲泡成的热茶水,上下来回提打木塞(酥油筒的主要配件),打至水乳交融浑然一体即成。

特点:糌粑奶香味浓郁,以佐糌粑进食。

(2)巴乍磨古

简介:用面粉与鸡蛋、盐和成面团,搓成扁圆形煮熟,加酥油、奶渣、辣椒油而成。

巴乍磨古是藏语,意即麦面汤圆,是当地藏民"生活美满"的代名词。如熟人相遇,一方问:"今天吃什么?"笑答:"巴乍磨古!"即"吃最好的"。

方法:盐、野生香草粉和成团,搓成扁圆形。水煮沸,加液化酥油、奶渣、红糖、五香粉、辣椒油。麦面圆子入沸水锅,煮熟,盛入碗中,加汤即成。

特点:素香盈口,甜辣交融,风味独特。

5.白族点心

大面糕

简介:云南洱海地区白族中秋节的特制糕点,以发酵面团蒸制而成。吃了大面糕寓意生活甜蜜、合家团圆。

制作大面糕,一要讲究用当年采伐的新竹劈篾编制蒸屉,用新麦秆编制锅盖。如果家中有新进门的媳妇,进门第一年中秋的大面糕就得由新媳妇操办,所以,姑娘出嫁前就得学好这门手艺。总之,做大面糕的人和炊具必须色色俱新,才能象征全家兴旺发达。二要讲究做出的大面糕具备大、香、美的特色。大,就是将糕做得越大越好。一般每只重达 5 公斤左右,直径为 50 厘米,中间厚四周薄,最厚处约 17 厘米,形如反扣的铁锅。香,就是大面糕的原料(如芝麻、松子仁、苏子、瓜子仁、核桃仁)都应翻炒焙香,再用玫瑰花、猪油、细沙拌匀成焦香、果香、花香交融的馅心。美,就是要将大面糕的表面层装点得五彩缤纷、绚丽夺目,如以青豆、红枣等摆成"合家团圆"、"人寿月圆"等吉语颂词和鱼虫花草的精致图案。

方法:将兑碱揉匀的发酵面团擀成中间厚、四周薄的大圆饼,待蒸锅蒸汽上蹿时放上圆饼,将馅均匀地摊在饼上,再覆盖同样大的一层圆饼,再摊一层馅,覆一层圆饼,共叠三层,盖上盖,用旺火蒸熟,最上一层表面镶嵌彩字和图案即成。

特点:大面糕食用时,糕用线勒分块,不用刀切,以求吉利。如此糕由新媳妇制作,吃时还要由家人评定所做大面糕是否洁白、光亮、平滑无裂口,以衡量新媳妇的手艺。

**本章小结**

　　中国菜的特点是选料严格,刀工精细,讲究拼配,调味多变,注意火候,要求烹制出来的菜有色、香、味、形俱佳。中国菜是由多种地方菜、少数民族菜、宫廷菜、官府菜、寺院菜和各地名特小吃组成的。它们的具体烹调技术和菜点风味又各具特色。正是这些多姿多彩的地方菜,构成了博大精深的中国烹饪艺术。而在众多的地方风味流派中,四川菜、山东菜、江苏菜、广东菜最为著名,影响最大,特色鲜明。其他地方的风味菜都可以看成这四大菜系的分支。

**思考与练习**

1.中国菜的主要特点是什么?

2.四大菜系由哪四个地方菜构成? 各有什么特点?

3.我国少数民族菜的主要特点是什么?

4.如何编制宴席面点单?

5.北京菜由哪几部分构成? 其风味特点是什么?

**知识卡**

**1.为什么猪肉不宜长时间浸泡水内**

　　很多人喜欢把买回来的新鲜猪肉(或切制成块)放在盆里,用冷水或热水长时间的浸泡、漂洗,以求干净。经这样处理的肉看上去虽然又白又嫩,但会使猪肉失去很多营养成分,鲜味淡薄,风味降低。这是因为猪肉的肌肉组织和脂肪组织里含有丰富的蛋白质。猪肉蛋白质可分为肌溶蛋白和肌凝蛋白两种,肌溶蛋白极易溶于水。当猪肉置于热水中浸泡时,大量肌溶蛋白就会溶解到水里。同时,在肌溶蛋白里还含有肌酸、谷氨酸等各种鲜味成分。这些物质被浸出后,会严重地影响猪肉的味道,浸泡的时间越长,损失的就越多。另外,猪肉经浸泡后,纤维组织膨胀,含水分较多,也不便于切配。因此,猪肉不宜用冷水或热水长时间浸泡。如果猪肉确系被污染,应先用干净的粗布擦拭干净,然后用冷水快速洗干净,即可切配烹调。

**2.为什么蔬菜要先洗后切**

　　蔬菜中所含的维生素,大多都是水溶性的,如维生素B、C等。如果先切后洗会造成很多维生素和无机盐从刀口处溶解流失。此外,切碎的蔬菜细胞要吸水膨胀,烹制时会造成汤汁过多,并且蔬菜上的细菌、污垢也不易洗净,不利于杀菌消毒。所以,蔬菜要先洗后切。

### 3.什么是流行旺菜

所谓流行旺菜,多数可溯源到各地传统名菜,经创新改进、取精补拙,遂成为当今各菜系的代表之作、各餐饮机构的特色名菜、名店招牌菜等。其中大成者甚至在全国所有城市大行其道、久盛不衰。其强大生命力主要来源于菜品自身的独到之处,或风味独特、或鲜美可口、或以独家秘方取胜、或以名优原料入馔、或以精良制作体现等。

# 第三章

# 外国菜

**知识要点**

1.了解西餐的组成及分类。

2.了解法国菜的历史、烹饪原料及特点。

3.了解俄罗斯菜的特点及代表菜。

4.了解意大利菜的特点及代表菜。

5.了解日本菜、印度菜、清真菜的特点。

6.掌握西餐进餐礼仪。

7.掌握西餐饮食习俗。

## 第一节　西餐概述

### 一、西餐概念

西餐也称为"西式大菜",是由特定的地理位置决定的。"西"是西方的意思,习惯上指西欧国家。"餐"就是饮食。人们通常所说的西餐不仅包括西欧国家的饮食菜肴,同时还包括东欧各国、美洲、大洋洲、中东、中亚、南亚次大陆及非洲等国的饮食。西餐不论在饭店、在家庭均实行严格的分食制,上菜顺序和上菜方法都有一定的规程。在大多数欧美国家,套餐的组成和顺序为:开胃菜、汤、主菜、甜品。而在法国,套餐的顺序略有变化。其顺序为:汤、开胃菜、主菜、甜品。

### 二、西餐菜式

#### (一)开胃菜

开胃菜也可称为头盆、头道,但不能简单地称之为冷盆,因有些热菜如蜗牛、肉串等也作为头盆供应,据说,欧洲从前的西餐正餐是从汤开始(法国现仍以汤作为头道菜),而现在把开胃菜安排在汤前面供应,其目的是为了促进食欲。

开胃菜的形成可能是受俄国宴会形式的影响。俄国在宴会的宾客没有到齐前,先到的客人都被安排在其他房间品尝餐前酒和小吃、点心,这些食品渐渐地形成了一个类别,称之为开胃菜。现在几乎所有西餐厅都提供开胃菜,客人一入座就提供。但开胃菜不是主菜,即使将其省略对正餐菜肴的完整性以及搭配的合理性也无妨碍。

### (二)汤

西餐上汤的目的,并不是要人们吃饱,而是要起到润喉、开胃的作用,为吃后面的正餐做准备。因此,西餐的汤在制作和服务上都遵循少而精的原则。

西餐汤有两大类,即浓汤和清汤。浓汤的汤汁较稠,味道浓郁。清汤是肉类等煮制出的汤,味道清鲜。清汤又可分为热清汤和冷清汤两种。西餐汤通常的品种有:即清汤、奶油汤、蔬菜汤、菜泥汤。汤的名称一般根据所使用的主要原料和配料或汤的原产地地名、人名等来确定。

西餐汤风味别致,花色多样,具代表性的汤有:

(1)法国洋葱汤:在清汤里加入洋葱、奶酪等焗制的浓汤,是法国南部地区的名汤。

(2)法国海鲜汤:是法国南部普罗邦地区的名汤。

(3)蛤肉汤:加入蛤肉煮出的奶油浓汤,是美国具有代表性的名汤。

(4)意大利蔬菜汤:加入面条、奶酪的茄汁浓汤,是意大利名汤。

(5)罗宋汤:加入牛肉、蔬菜、酸奶油等煮出的浓汤,是俄式名汤。

### (三)主菜

主菜的内容较为广泛,它实际包括了水产类菜肴、畜肉类菜肴、禽肉类菜肴(野味)及蔬菜菜肴(即蔬菜色拉)。

**1.水产类菜肴**

水产类菜肴的品种很多,其原料来自淡水鱼类、海水鱼类、贝壳类及软体动物类。其他原料如甲鱼、食用蜗牛、食用蛙等,一般也都归水产类。通常人们把水产类菜肴与蛋品、面条、酥合菜等统称为小盆菜。常用水产类菜肴的烹调方法有煮、蒸、煎、炸、烤、焗、铁扒、烟熏等。所配的调味汁有鞑靼汁、荷兰汁、莫内汁、大主都汁、美国汁、水手鱼汁等。

**2.畜肉类菜肴**

畜肉类菜肴的原料取自于牛、猪、羊、牛仔(小牛)等各个部位的肉。其中最受欧美人欢迎、最有代表性的菜肴应数牛排。牛排或牛肉按肉的部位可制成许多品种,常用的名菜有沙浪牛排、天蓬牛排、薄牛排、汉堡牛排、匈牙利烩牛肉等。其他如猪肉菜肴、羊肉菜肴、牛仔菜肴等品种也很多。肉菜常用的烹调方法有烤、煎、铁扒等。

**3.禽肉类菜肴**

禽肉类菜肴的原料取自于鸡、鸭、鹅,通常将野味菜肴也归入禽肉类。禽肉类菜肴最有代表性的当推鸡菜。以鸡为主料的菜肴可以说花样繁多。野味菜过去在冬季食用。现在有许多野味是人工饲养的,一年四季都有货源。常用的野味有山鸡、木鸡、竹鸡、斑鸠、鹌鹑、鸽子、火鸡、珍珠鸡、鹧鸪、獐、鹿肉、兔肉等。适用于禽类的烹调方法较多,主要调味汁有黄色肉少司、咖喱少司、奶油少司等。

**4.蔬菜类菜肴(蔬菜色拉)**

色拉是英文 salad 的译音,原意为冷拌菜。色拉的品种很多,大致可分为荤色拉(如鸡肉色拉、虾仁色拉等)和素色拉两类。荤色拉通常作为头盆菜上,而素色拉(各种冷拌的生食蔬菜)通常安排在主菜后上,或与主菜同时提供,这是西餐讲究营养的一个例证。因为大部分肉菜属酸性食物,蔬菜大多属碱性食物,色拉与主菜同时食用可以保持人体营养平衡。

生蔬菜色拉一般用生菜、芦笋、番茄、黄瓜、卷心菜、洋葱、玉米粒、嫩玉米笋、球形甘蓝等新鲜蔬菜制作。为了突出色拉的风味,有时要在色拉中配用各种带香味或咸味的原料,主要是将蒜泥、欧芹、酸黄瓜、腌橄榄、酸豆、咸凤尾鱼等处理成圈、丝丁、片、末等状拌入。色拉配用的调味汁有酸味和油性两种。酸味来自柠檬汁、酸黄瓜、果醋等,油性来自橄榄油或色拉油。主要的调味汁有法国汁、千岛汁、色拉酱等。

**(四)甜品**

主菜后的甜品一般有各种甜点心、冰激凌和水果点心。甜品可分为冷、热两种;冷的有冰激凌、冷布丁、冻糕及冻点心等;热的有布丁、苏夫来、酥点、薄煎饼等。甜品是正餐后的食品,量不能过多,而以美丽的造型引人入胜。因此甜品不仅应味美,还应注重装饰。装饰原料常用水果、巧克力、鲜奶油等。

虽然奶酪不属于甜品,但人们通常把酪归于甜品类。奶酪是西餐中不可缺少的食物。古代欧洲谚语说:"没有奶酪的佳肴犹如缺少一只眼睛的美人。"上席时通常将奶酪切成薄片或小块,供客人用手拿着吃。

### 三、西餐特点

#### (一)西餐原料特点

西餐原料中的奶制品很多,失去奶制品将使西餐失去特色。西餐中的畜肉以牛肉为主,然后是羊肉和猪肉。西餐常以大块食品为原料,如牛排、鱼排和鸡排等。欧美人用餐时使用刀叉,以便将大块菜肴切成小块后食用。由于欧美人常将蔬菜和海鲜生吃,如生蚝和三文鱼、沙拉和沙拉酱等。因此,西餐原料必须是非常新鲜的。

#### (二)西餐生产特点

西餐有多种制作工艺,其菜肴品种很丰富。其生产特点是突出菜肴中的主料特点,讲究菜肴造型、颜色、味道和营养。在生产过程中,选料很精细,对食品原料质量和规格有严格的要求。例如,畜肉中的筋和皮一定要剔净,鱼的头尾和皮骨等全部去掉。西餐生产,讲究调味。例如,烹调前的调味,烹调中的调味和烹调后的调味。例如,以扒、烤、煎和炸等方法制成的菜肴,在烹调前多用盐和胡椒粉进行调味;而烩和焖等方法制成的菜肴常在烹调中调味。不仅如此,在许多成熟的菜肴中,烹调后的调味受到人们的青睐。主要表现在少司(热菜调味汁)和各种冷调味汁的制作和使用上。例如沙拉酱。西餐的调味品种类很多,制成一个菜肴常需要多种调料完成。西餐生产讲究运用火候。例如,牛排的火候有三四成熟(Rare)、半熟(Medium)和七八成熟(Well-done);而煮鸡蛋有三分钟(半熟)、五分钟(七至八成熟)和十分钟(全熟)之分。西餐菜肴讲究原料的合理搭配以保持菜肴营养。由于西餐原料的新鲜度对菜肴的质量影响很大。因此,西餐对原料的储存温度、保存时间等要求很严格。

### (三)西餐服务特点

现代西餐采用分食制。菜肴以份(一个人的食用量)为单值,每份菜肴装在个人的餐盘中。西餐服务讲究菜肴服务程序、服务方式,菜肴与餐具的搭配。欧美人对菜肴种类和上菜的次数有着不同的习惯。这些习惯来自不同的年龄、不同的地区、不同的餐饮文化、不同的用餐时间和用餐目的等。传统欧美人吃西餐讲究每餐菜肴的道数(Course)。人们在正餐中常食用三至四道菜;在隆重的宴会,可能食用四道菜或五道菜。早餐和午餐,人们对菜肴道数不讲究,比较随意。现代欧美人,早餐常吃面包(带黄油和果酱),热饮或冷饮,有时加上一些鸡蛋和肉类菜肴。欧美人午餐讲究实惠、实用和节省时间。他们根据自己的需求用餐。一些男士可能食用两道菜或三道菜。包括一道开胃冷菜,一道含有蛋白质和淀粉组成的主菜,一道甜点或水果。而另一些人只食用一个三明治和冷饮。女士午餐可能仅是一个沙拉。自助餐是当代欧美人喜爱的用餐方式,它灵活方便,可以根据顾客需求取菜,是在公共场所最适合人们用餐的形式。

### 四、西餐分类

西餐大致可分为法式、英式、意式、俄式、美式、德式等几种。

法式大餐是西菜之首。法国人一向以善于吃并精于吃而闻名,法式大餐至今仍名列世界西菜之首。

英式西餐则简洁与礼仪并重。英国的饮食烹饪有家庭美肴之称。

意式大餐是西菜始祖。在罗马帝国时代,意大利曾是欧洲的政治、经济、文化中心。虽然后来意大利落后了,但就西餐烹饪来讲,意大利却是始祖,可以与法国、英国相媲美。

美式菜肴营养快捷,是在英国菜的基础上发展起来的,继承了英式菜简单、清淡的特点,口味咸中带甜。美国人一般对辣味不感兴趣,喜欢铁扒类的菜肴,常用水果作为配料与菜肴一起烹制,如菠萝焗火腿、苹果烤鸭。美国人喜欢吃各种新鲜蔬菜和各式水果,对饮食要求并不高,只要求营养、快捷。

俄式大餐是西菜经典。沙皇俄国时代的上层人士非常崇拜法国,贵族不仅以讲法语为荣,而且饮食和烹饪技术也主要学习法国。但经过多年的演变,特别是北欧地带,食物讲究热量高的品种,逐渐形成了自己的烹调特色。

德式菜肴的特点是啤酒加自助。德国人对饮食并不讲究,喜吃水果、奶酪、香肠、酸菜、土豆等,不奢求浮华只讲究实惠营养。是德国人首先发明了自助快餐。德国人喜喝啤酒,每年的慕尼黑啤酒节大约要消耗掉 100 万公升啤酒。

### 五、西餐进餐礼仪

西餐主要在餐具、菜肴、酒水等方面有别于中餐,因此,参加西餐宴会,除了应遵循中餐宴会的基本礼仪之外,还应分别掌握以下几个方面的礼仪知识。

#### (一)餐具使用的礼仪

吃西餐,必须注意餐桌上餐具的排列和置放位置,不可随意乱取乱拿。正规宴会上,每一道食物、菜肴即配一套相应的餐具(刀、叉、匙),并以上菜的先后顺序由外向内排列。进餐时,应先取左右两侧最外边的一套刀叉。每吃完一道菜,将刀叉合拢并排置于碟中,表示此道菜已用完,服务员便会主动上前撤去这套餐具。如尚未用完或暂时停顿,应将刀叉呈八字形左右分架或交叉摆在餐碟上,刀刃向内,意思是告诉服务员,我还没吃完,请不要把餐具拿走。

使用刀叉时,尽量不使其碰撞,以免发出大的声音,更不可挥动刀叉与别人讲话。

#### (二)进餐礼仪

西餐种类繁多,风味各异,因此其上菜的顺序,因不同的菜系、不同的规格而有所差异,但其基本顺序大体相同。

一顿内容齐全的西餐一般有七八道菜,主要由这样几部分构成:

(1)饮料(果汁)、水果或冷盆,又称开胃菜,目的是增进食欲。

(2)汤类(也即头菜)。需用汤匙,此时一般上有黄油、面包。

(3)蔬菜、冷菜或鱼(也称副菜)。可使用垫盘两侧相应的刀叉。

(4)主菜(肉食或熟菜)。肉食主菜一般配有熟蔬菜,此时要用刀叉分切后放餐盘内取食。如有色拉,需要色拉匙、色拉叉等餐具。

(5)餐后食物。一般为甜品(点心)、水果、冰激凌等。最后为咖啡,喝咖啡应使用咖啡匙、长柄匙。

进餐时,除用刀、叉、匙取送食物外,有时还可用手取。如吃鸡、龙虾时,经主人示意,可以用手撕着吃。吃饼干、薯片或小粒水果,可以用手取食。面包则一律手取,注意取自己左手前面的,不可取错。取面包时,左手拿取,右手撕开,再把奶油涂上去,一小块一小块撕着吃。不可用面包蘸汤吃,也不可一整块咬着吃。

喝汤时,切不可以汤盘就口,必须用汤匙舀着喝。姿势是:用左手扶着盘沿,右手用匙舀,不可端盘喝汤,不要发出吱吱的声响,也不可频率太快。如果汤太烫,应待其自然降温后再喝。

吃肉或鱼的时候,要特别小心。用叉按好后,慢慢用刀切,切好后用叉子进食,千万不可用叉子将其整个叉起来,送到嘴里去咬。这类菜盘里一般有些生菜,往往是用于点缀和增加食欲的。

餐桌上的作料通常已经备好。如果距离太远,可以请别人麻烦一下,不能自己站起来伸手去拿。

吃西餐时相互交谈是很正常的现象,但切不可大声喧哗,放声大笑,也不可抽烟,尤其在吃东西时应细嚼慢咽,嘴里不要发出很大的声响,也不能把叉刀伸进嘴里。至于拿着刀叉做手势在别人面前挥舞,更是失礼和缺乏修养的行为。

吃西餐还应注意坐姿。坐姿要正,身体要直,脊背不可紧靠椅背,一般坐于坐椅的四分之三即可。不可伸腿,不能跷起二郎腿,也不要将胳膊肘放到桌面上。

饮酒时,不要把酒杯斟得太满,也不要和别人劝酒(这些都不同于中餐)。如刚吃完油腻食物,最好先擦一下嘴再去喝酒,免得让嘴上的油渍将杯子弄得油乎乎的。干杯时,即使不喝,也应将酒杯在嘴唇边碰一下,以示礼貌。

总之,西餐既重礼仪,又讲规矩,只有认真掌握好,才能在就餐时表现得温文尔雅,颇具风度。

# 第二节　法国菜

## 一、法国菜概述

法国有着悠久的历史和文化,其丰富多彩的菜肴和点心是从古代的宫廷美食发展而来的。法国的各个省份也同时有着各自风格且极具魅力的地方菜肴。法国菜品种的纷繁、调味的丰富、用料的讲究,色彩的配合等,都已达到了很高的程度。古典的法国菜受意大利菜的影响也很深。

在16世纪前后,法国人首先刀、叉、匙、盘并用,西餐的进餐形式日臻完善,并且风靡整个西方。

## 二、法国菜的历史

法国菜是西餐中最有地位的菜,法国也以自己的烹饪技术而自豪,堪称为西方饮食文化的明珠。据说16世纪时,意大利女子凯瑟琳(Catherine)嫁给法皇亨利第二后,把意大利文艺复兴时期盛行起来的牛脏、黑菌(Truffle)(黑菌长于地下,但经过训练的猪,用其嗅觉能发觉,并用猪鼻拱地发掘而得,因之很名贵)、嫩牛排、奶酪的烹饪方法带到了法国,原本讲究饮食的法国人就融会了两国烹饪的优点。法皇路易十四在凡尔赛宫中还经常为他的 300 多名厨师发起烹饪比赛,赛后皇后赏给他的厨师绶带奖,即现今仍流行的 Cordon Bleu 奖。路易十五也崇尚珍馐美味,食不厌精,在这种环境下,名厨辈出,创造了许多名菜。路易十六也是讲究美食的,因此当时厨师已成为一个新兴的职业,甜食也列入菜肴了。路易十六时期,饼干、通心粉、花式糕点和蛋白酥皮等创制出来了,早餐和餐后饮用咖啡已列为常规。之后,又从印度传入了咖喱,从英国传入了烤牛肉,法国菜已十分丰富。

在这期间,曾任英皇乔治四世和俄国沙皇亚历山大一世的首席厨师安东尼·凯莱梅(Antoine Careme)写了一本饮食大字典(*Dictionary of Cuissine*),奠定了古典法国菜式的基础。后来曾被誉为"厨师之王"的奥古斯脱·爱斯柯弗收集了法国新旧菜式,并系统地分门别类,还写了多本烹饪巨著。其中《法国烹饪》(*Le Cuisinier Francai's*)影响很大,流传甚广,并被各国奉为经典。

### 三、法国菜烹饪原料

法国菜选料广泛,无论是稀有名贵或普通寻常的原料,均可入菜,许多脍炙人口的菜肴所取的原料如蜗牛、青蛙、鹅肝、黑蘑菇等在欧美其他国家的菜谱上是极少见到的。蜗牛和蛙腿做成的菜肴,是法国菜中的名菜,许多旅游者甚至为一饱口福而专程前往法国。此外,法国菜中还经常选用各种野味,如鸽子、鹌鹑、斑鸠、鹧鸪、竹鸡、野鸡、野鸭、鹿、獐、野兔、野猪等。法国菜由于选料广泛,品种能按季节调换,规定每个主菜的配菜(蔬菜大多用于配菜)不能少于两种,且要求烹法多样,光是土豆就有几十种做法。法国菜中的一些名菜,并非全用名贵原料做成,有些极普通的原料经过精心调制同样成为名菜,例如,著名的洋葱汤的主料就是洋葱。

### 四、法国菜的风味特点

法国菜的特点是选料广泛,用料新鲜,做工精致,滋味鲜美,讲究色、香、味、形的配合,多用牛肉、蔬菜、禽类、海味和水果,特别是蜗牛、黑菌、蘑菇、芦苇、洋百合、鹅肝和龙虾等,被选为上好原料。法国菜肴烧得比较生,如烧牛肉、烧羊腿,只烧到七八成熟;如吃生牡蛎,喜欢从水里捞出来的活的生牡蛎,揭开盖子而食。水产常用贝壳类和比目类,无鳞类不大常用,一般不吃辣食。调味用酒较重,也很讲究,什么菜用什么酒都有规定,如清汤用葡萄酒,海味用白兰地,火鸡用香槟,水果和甜点用利口酒或白兰地等。

### 五、法国人饮食习俗

餐饮在法国人民生活中占有重要的地位。传统的法国人将用餐看做是休闲和享受。一餐中的菜肴可以表现艺术,甚至是爱情,用餐的人可以提出表扬或建设性的批评等。法国的正餐或宴请通常需要 2~3 个小时的用餐时间。包括 6 道或更多的菜肴:开胃菜、沙拉、主菜、奶酪、甜点和水果;酒水包括果汁、咖啡、开胃酒、餐酒和餐后酒。法国人喜爱与朋友在餐厅一边用餐,一边谈论高兴的事情,特别是谈论有关菜肴的主题。现代法国菜与传统的高卢菜和法国贵族菜比较,更朴实、新鲜并富有创造性和艺术的内涵。法国经过数代人的努力,菜肴和烹调工艺正走向全世界。法国菜肴和烹调方法不仅作为艺术和艺术品受到各国人们的欣赏,而且在法国的经济中起着举足轻重的作用。法国人每天的早餐比较清淡,午餐用餐时间是中午 12 点至下午 2 点。法国人喜爱去咖啡厅用餐,不喜爱快餐,正餐通常在晚 9 点或更晚的时间进行。历史上高卢人将人们日常餐饮看做是政治和社会生活重要的一部分。

### 六、著名的法国菜

#### (一)鹅肝酱(Foie Gras in Aspic)

简介:鹅肝酱是法国著名菜肴之一,它是用特别的饲养方法(经过专门挑选所饲养的鹅,被混合了麦子、玉米、脂肪和盐为主的饲料"填鸭式"的喂养)育肥的鹅,专取其肝,去筋去胆,放在猪油锅里煎,加香料调味,用小火焖熟。冷却后,铰细,再加黄油和鲜奶油调和即成。然后再用明胶溶起,倒入模子里,中间填入鹅肝酱,入冰箱冷冻。吃时,将模子在热水里稍烫,扣在盆子里,即可上席。

鹅肝酱的主要原料有鹅肝、调料、食油、黄油、葱、姜、生抽、味精、胡椒粉、糖、黄酒。烹调方法为炒。

特点:鹅肝酱制作精细,花纹装饰成图案,晶莹透明,犹如水晶球,滋味鲜美,为冷盆菜中的佳品,也可作为其他菜中的配菜。

#### (二)牡蛎杯(Oyster Cocktail)

简介:牡蛎即蛎蝗,是产在近海边的软体动物。制法是将新鲜牡蛎洗净,滤去水分,再用洁白布揾干,将牡蛎放入鸡尾酒杯内,浇上甜辣椒沙司即好。

特点:牡蛎味鲜,是法国人喜爱的海味冷菜之一,但须注意洁净,现吃现做。

#### (三)马令古鸡(Chicken Marengo)

简介:据说,拿破仑在 1800 年马令古战役中击败奥地利后,他的厨师杜纳(Dunand)首创此菜,并精心烹调,以示欢庆,后来此菜成为法国传统名菜。

将嫩鸡切大块,用橄榄油或生菜油爆至金黄色,加番茄酱、蘑菇、洋葱、蒜头、胡椒粉、盐等调味,用小火焖熟,盛盘时将蘑菇、洋葱等放上,浇上原汁,撒上芫荽末,配上炸面包丁(Crouton)即可。

特点:色金黄,味香,鸡肉鲜嫩,略带酸味。

### (四)麦西尼鸡(Chicken Manacini)

简介:麦西尼鸡即奶酪鸡面(Chicken and Noodle au gratin)。它是用整只嫩光鸡,放入烤炉内烤,熟后取出,切成八大块。鸡蛋面条用水氽熟备用,鸡肝、蘑菇、洋葱等用黄油炒过,将鸡块盖在炒面上,摆成整鸡形状,撒上奶酪粉后,再放进烤炉焗黄。上席时,在鸡脚尖端各套一只纸套以作装饰。

特点:金黄色,味极香,面条香软,适用于高级宴会。

### (五)洋葱汤(Onion Soup au gratin)

简介:洋葱汤是法国菜中的名肴,制法简单,但技术含量很高。把洋葱切成丝,用黄油炒黄。在小型焗斗或厚瓷茶杯内盛入牛肉清汤,放入调料和洋葱丝,汤上面撒上奶酪,放入烤炉焗热即成。要做好这道菜,炒好洋葱是关键,洋葱要炒出香气,呈棕黄色,所以说技术含量较高。洋葱汤讲究到口热,因此必须先将汤做好,再盛入瓷罐内焗热,用原罐出菜,不要另换盛器。

特点:深红色,清香可口。

### (六)沙浪牛排(Sirloin Steak)

简介:沙浪牛排有的译称西冷牛排,选牛脊骨两旁的肉,也是牛身体上最好的部分。制法是将沙浪牛排斩去骨(不需要带任何骨头),用刀拍平扁,撒上盐和胡椒粉,刷上生菜油,用铁排炉扒至七成熟即可。扒时注意火力要旺,随时刷上生菜油,以免扒焦。上席时,给每位客人牛排一块,浇上少许黄油,旁边配上做好的土豆条、蘑菇、番茄等蔬菜。

特点:经明火烤炙,肉香四溢,令人垂涎。

### (七)马赛鱼羹(Bouillabaisse)

简介:将鲳鱼、鳜鱼、红洋鱼、鳗鱼肉切块。将蔬菜、香料用黄油炒过后放入烩锅,加清汤和调味便成为马赛羹的汤料。临吃时,将鱼块放入汤内煮数分钟,起锅装盘。可再加入半只煮熟的明虾、数只河虾和蛤蜊。

特点:嫩黄色,味浓软香,多种鱼肉各有鲜味,亦汤亦菜,尤宜热吃。

# 第三节　俄罗斯菜和意大利菜

## 一、俄罗斯菜

### (一)俄罗斯菜概述

俄罗斯(包括苏联时的一些加盟共和国)烹饪不像法国、意大利、西班牙等国有着自己传统的、独特的方式。俄罗斯菜中除了俄罗斯民族传统的菜肴之外,其他的均取自西欧、东欧,乃至亚洲一些国家的菜式,经过长期演变后,成为地道的俄式菜。俄罗斯烹饪在欧美菜系中有着自己独特的地位。

俄罗斯疆域辽阔,其菜式在东欧诸国家中起着领先的、代表性的作用。俄罗斯的宫廷大菜享誉世界,其服务形式至今仍影响着欧美各国。

## (二)俄罗斯菜的风味特点

酸黄瓜、酸奶渣是常用的原料。酸黄瓜可用作配菜,也可以用作冷菜;酸奶渣既作原料(如奶渣饺子),也可作冷菜。

黄油在俄式菜中用得较多,许多菜在烹制完成后,浇上一些黄油,所以菜味比较肥浓。

鱼子酱是俄国菜的名贵冷菜,黑鱼子酱比红鱼子酱更名贵。

肉类以牛、羊、鸡为主,猪肉次之。牛、羊肉常铰成馅做肉饼。高加索的烤羊肉是世界闻名的。野味中的烤山鸡被称为冬季名菜之一。

俄式菜的冷菜特点是鲜生,如生腌鱼、生番茄、生洋葱、酸黄瓜和酸白菜等。

## (三)俄罗斯人饮食习俗

由于俄罗斯地理位置和气候寒冷的原因,俄式菜肴比较油腻、味浓。俄罗斯人习惯于清淡的大陆式早餐,喝汤时常伴随黑面包,喜欢食用黄瓜和西红柿制成的沙拉,喜欢食用鱼类菜肴和油酥点心。主菜常以牛肉、猪肉、羊肉、家禽、水产品为原料,以蔬菜、面条和燕麦食品为配菜。俄罗斯人擅长制作面点和小吃,包括各种煎饼(Blini)、肉排(Kulebyaka)、瓢馅酥点(Rastegai)、奶酪蛋糕(Cheese Cakes)、香料点心(Spice-cakes)等。俄罗斯人喜爱蘑菇菜肴、馅饼、咸猪肉和泡菜。在喜庆的日子,餐桌上受青睐的菜肴是各种炖肉和馅饼。由于俄罗斯是传统文化的国家,人们重视每年的各种节日。俄罗斯传统的基督徒每年有200多天不食肉类菜肴、奶制品和鸡蛋。这样促使了俄罗斯人喜爱蔬菜、蘑菇、水果和水产品。俄罗斯北部是无边的森林,是蘑菇的盛产地,蘑菇菜肴在俄罗斯种类很多。俄罗斯多个地区靠近海洋,有众多江河湖泊,盛产水产品。因此,俄罗斯水产品菜肴丰富。俄罗斯菜系使用多种植物香料和调味品,多数开胃菜放有较多的调味品,使用多种调味酱以增加开胃作用。包括辣根酱(Horserad-ish)、克拉斯普(Kvass)、蒜蓉番茄酱等。

俄罗斯人每日习惯三餐,早餐、午餐和晚餐。俄式早餐比美式早餐更丰富,包括鸡蛋、香肠、冷肉、奶酪、土司片、麦片粥、黄油、咖啡和茶等。午餐称为正餐,是一天最重要的一餐,习惯在下午2点进行。包括开胃菜、汤、主菜和甜点。正餐中,开胃菜非常重要,常包括黑鱼子酱、酸黄瓜、熏鱼和各式蔬菜沙拉。下午5点是俄罗斯人的下午茶时间,人们常食用小甜点、饼干和水果,饮用咖啡或茶。晚上7点或更晚的时间是晚餐。晚餐的菜肴与午餐很接近。通常比午餐简单,只包括开胃菜和主菜。通常,俄罗斯人的宴请或宴会的第一道菜肴常是开胃汤。俄罗斯最早先的汤称为菜粥(Khlebovo,Pokhlyobka),汤中常配有燕麦片。因此,俄式汤具有开胃的特点,讲究原汤的浓度及调味技巧。著名的俄罗斯汤包括酸菜汤(Schi)、罗宋汤(Borsch)、酸黄瓜汤(Sassolnik)、冷克拉斯汤(Okroshka)和什锦汤(Solyanka)。通常,最后一道菜肴是蛋糕、水果或巧克力甜点。

**（四）著名的俄罗斯代表菜**

**1.鱼子酱**

简介:鱼子酱大都以鲟鱼(Sturgeon)卵和鲑鱼(Salmon)卵加工制成,鲟鱼卵是黑色的,称黑鱼子酱。鲑色卵是红色的,称红鱼子酱。它们都适宜生吃,营养丰富,多用于高级宴会中的小吃等。

鱼子酱英文是 Caviar,俄国人称 NKpa。鲟鱼长一般可达 3 米多长,性成熟迟,一般需 10 年左右,分布于欧洲、亚洲和北美洲。鲟鱼子经过加工腌制后是非常珍贵的佳肴。

特点:判断鱼子酱品级的公认标准是吃口好、滋味美、外观好。

鱼子酱可放在淡而不涂黄油的面包或麸皮面包上吃,或放在饼干、吐司上加些柠檬汁吃,也有和洋葱一起吃的。好的黑鱼子酱价格很贵。鱼子酱罐头一旦打开就不能久藏。

在俄罗斯,鱼子酱是非常名贵的菜肴,好的黑鱼子酱只有在高级豪华的宴会上才有供应。

**2.串烤羊肉(Shashlik of Lamb)**

简介:将羊肉切成 3 厘米见方的块,用盐、胡椒粉拌匀,再加切成细末的洋葱头、柠檬汁等放入盛器,移入冰箱,腌 24 小时。然后,用金属钎将羊肉块、青椒块、番茄块相间穿成一串,也可穿上白蘑菇、洋葱块等,在炭火上炙烤,不时刷上生菜油,烤至八成熟,肉心带血汁时,可连扦子上席,由客人手拿扦子享用。

特点:羊肉经炙烤后,香味诱人,肉嫩不腻,别有风味。

**3.罗宋汤(Russian Borscht)**

简介:罗宋汤又叫莫斯科红菜汤(Moscow Borscht)。它是将牛肉、牛骨、洋葱、番茄、蒜蓉、卷心菜等煮成汤后,再加入红菜头(有罐装的)和柠檬汁,使汤呈红色,汤上放酸奶油。注意加红菜头后不可久煮,否则汤色晦暗不美观。

特点:汤热味鲜,牛肉酥嫩,略带酸味,色红味浓。

**4.红烩牛肉(Beef Goulash)**

简介:红烩牛肉又名土豆烧牛肉,是俄罗斯和许多其他国家人民都爱吃的菜肴之一。红烩牛肉是匈牙利菜式,由于加入了匈牙利特有的调料红辣椒粉,故叫匈牙利红烩牛肉(Hungarian Beef Goulash)。现在则改加番茄酱,不爱吃辣的人也很欢迎。

特点:色呈红色,味鲜,肥、糯、香。既可用于点菜,也可用于宴会。

**5.冷鳇鱼(Cold Huso Sturgeon)**

简介:将鳇鱼洗净,对半切两片,放入有胡萝卜、洋葱等香料的开水锅里氽熟,捞出冷却后,放入冰箱。食用时,取出鳇鱼切片装盘上席,同时跟上辣根一盅。

特点:鳇鱼片滋味鲜美,为俄国名贵鱼种,有多种吃法。

6.酸黄瓜(Pickled Cucumber)

简介:酸黄瓜虽是腌制的小食品,但深得俄国人及东欧人的欢迎,不但可作菜肴的主料和配料,还可作为下酒的小菜。

腌制酸黄瓜的方法是选用鲜嫩、个小、无籽的黄瓜,装入小口酒坛子内,同时放入芹菜根、香叶、大蒜头、胡椒子、霍香草等,灌入冷盐水,上面压上石头,不让黄瓜漂浮起来,坛口用油纸包紧,涂上水泥或石膏封口(不要漏气),放在阴凉处,两个月后可以取用。

特点:酸黄瓜味道酸淡清香,脆嫩可口。

7.基辅鸡卷(Chicken Kiev)

简介:基辅鸡卷即黄油鸡卷,是将鸡脯肉切成长条并去皮,将黄油作馅,包在鸡脯肉内,小心包严,滚上面粉,刷上鸡蛋糊,裹上面包粉,用黄油炸透。装盘时,鸡卷底下垫坡形并带渠沟的炸面包托,基辅鸡卷骨把上插纸卷花作装饰,配上炸土豆丝、炒豌豆等蔬菜即成。

特点:颜色金黄,外焦里嫩,香鲜可口,形式美观。

## 二、意大利菜

### (一)意大利菜概述

意大利菜源远流长,闻名世界。这与意大利悠久的历史、灿烂的文化、优越的地理位置、良好的气候、丰饶的物产是分不开的。意大利烹饪堪称西餐之鼻祖,其古典宫廷菜式曾对法国烹饪产生过巨大的影响。意大利烹饪技术注重食物的本质,以原汁原味闻名,在烹调上以炒、煎、炸、红烩、红焖等方法为主,烧烤的菜不多。意大利人喜欢油炸、熏炙的菜。意大利的海鳗被意大利人誉为"第一美味"。

### (二)意大利菜的特点

意大利的烹饪与法国相似,着重于原汁原味,红焖红烩的菜较多,烧烤菜较少,既保守又重传统。

意大利菜的调味品除盐与胡椒外,以番茄汁、橄榄油、红花为主,较少使用其他调味品,一般多直接利用物料本身的鲜味调剂,所以"直接"、"简单"是意大利烹饪的一个主要特点。

意大利大部分临海,海鲜种类很多。意式焗鱼味道很好,制法别致,风行于欧洲各国。意大利的农业生产也很发达,蔬菜、水果丰富。葡萄酒与日常生活有极密切的关系,与橄榄油一样,几乎所有的菜都要用到。意大利乳制品很多,奶酪的用途很广泛,而且种类很多,著名的巴美仙奶酪(Parmesan Cheese)通常磨成粉状,与通心粉及肉类同食。在意大利烹饪中广泛使用,还有用碎牛肉做馅心以大蒜调味制作的香肠,质硬形大,世界闻名,称之为色拉米香肠(Salami)。

### (三)意大利人饮食习俗

意大利人通常每日三餐:早餐、午餐和正餐。早餐很清淡,以浓咖啡为主;午餐包括意大利面条汤、奶酪、冷肉、沙拉和酒水等。正餐比较丰富,包括开胃酒、清汤、意大利烩饭(Risotto)或意大利面条、主菜、蔬菜或沙拉和甜点等。意大利人喜爱各种开胃小菜(Antipasto)、青豆蓉汤(Crema di Piselli)、奶酪比萨饼(Cheese Pizza),烩罗马意大利面(Fettuccine Alfredo)、煽肉酱玉米面布丁(Polanta Pasticciata)和米兰牛排(Costoletta Alla Milanese)等。意大利人正餐或正式宴请包括5道菜肴。除了最北方地区,意大利人首选的菜肴是意大利面条和意大利奶酪烩饭。此外,玉米粥也是意大利人最喜爱的食物。意大利人正餐的第一道菜常以香肠、烤肉或瓤青椒等为开胃菜,配以烤成金黄色的面包片,上面放少量橄榄油和大蒜末。正餐第二道菜常是意大利面条汤。第三道主菜以畜肉或鱼类为主要原料。第四道菜以蔬菜为原料制成;最后的一道菜是水果或奶制品。

### (四)著名的意大利菜

**1.意大利菜汤(Minestrone)**

简介:意大利菜汤是用白扁豆、青豆、洋葱、芹菜等,加蒜蓉、腌肉、马佐林香草粉(Marjoram 或称牛膝草)制得的菜汤,食用时加通心粉和巴美仙奶酪。

特点:汤热味鲜。

**2.奶酪焗通心粉(Macaroni au Gratin)**

简介:将通心粉放入开水锅内余至八成熟,与黄油、奶油和鲜奶调和制成的白沙司拌和,再盛入盘内,撒上奶酪粉,再浇上黄油,移入烤炉焗黄即成。

特点:呈奶油色,味香而肥软。

**3.比萨饼(Pizza)**

简介:将发面擀成圆薄饼,在平底锅内加黄油用中火两面煎黄。另外将番茄、蒜头切碎,放在煎饼上,入焗炉内焗黄,撒上奶酪即成。有的还放上沙丁鱼、大蒜末、蘑菇等。

特点:清香适口,别有风味。比萨饼是意大利的传统煎饼,闻名世界。

# 第四节　其他国家菜

## 一、日本菜

### (一)日本菜的特点

日本菜味道鲜美清淡,保持原味,喜甜而不用香油。主料多用海鲜,其次为牛肉,禽蛋,猪肉较少使用。日本菜加工精细,讲究配色和装饰,更讲究餐具的使用(日本的餐具有独特的形状、色彩,有瓷器的,也有漆器的)。其中具有特殊风格的生食鱼鲜是很有代表性的花式菜点。日本菜是当前世界上颇具风格的菜式之一。由于日本经济迅速发展,生活方式趋向欧美各国,使日本的传统菜掺入了外国做法,形成了现代的日本菜,例如锅类菜中的铁板烧就十分接近西洋菜式。炸菜的风味也接近欧美风格。中国烹调对日本菜也有很大的影响。

日本菜主要的配料和作料有海藻类的海带和紫菜,其用途很广,海带除作主料使用外,常煮作上汤使用。紫菜普遍用于寿司、拌菜、汤菜和面饭类等。酱和酱油均闻名于世,味极鲜美。酱油分为浓味、淡味和重味三种,各有不同用法。酱的种类也很多,常用于烤菜和做酱汤。蔬菜加工中的蒟蒻粉丝是魔芋制成,也属一种常用的配料。松鱼干,日文名"鰹節",俗称"木头鱼",刨成鱼片,可用于拌菜、配菜,尤其用于煮汤,是日本烹调中必不可少的重要材料之一。

日本的进餐形式丰富多彩,有简单而迅速的盖浇饭、煮面、冷面,有经济实惠的"定食",有以冷餐为主的"便当"(即盒饭),有举行茶道前的"怀古料理",有素食的"精进料理",有饭店酒楼风格的"公席料理",有正式宴饮的"本膳料理",有受中国影响的"桌袱料理",有寺院风格的"普茶料理"和地方风格的"四茶料理"等。

### (二)日本菜代表菜

**1.天麸罗**

简介:天麸罗是用面糊裹其他原料炸制的菜,便餐、宴会都适用。天麸罗的烹制方法来源于中国。天麸罗可分为海鲜、蔬菜、家禽三类。用海鲜制作的天麸罗,当以明虾为最高级,还有用墨鱼、鱿鱼、鳗鱼、干贝等做的。用蔬菜制作的天麸罗,主要原料为小茄子、扁豆、青椒、藕等蔬菜。用家禽制作的天麸罗,主要原料为鸡肉。

特点:天麸罗要现吃现炸,吃时蘸"天汁"、萝卜泥、柠檬、盐等。

**2.明虾刺身**

简介:天麸罗生鱼片日语叫"刺身",生鱼片用料有金枪鱼、鲷鱼、鲈鱼和虾或贝类等,其中以金枪鱼、鲷鱼为最高级。明虾刺身是将新鲜明虾用盐水洗净,放入盐水锅中煮1~2分钟,取出后去壳,剔去背肠,将白萝卜切丝,姜擦成泥。上席时,将萝卜丝放在器皿里,上放明虾,再将食用菊花、姜泥等在旁拼摆整齐,配上一小碗酱油。

特点:明虾刺身以现吃现做最好,虾鱼新鲜、味道鲜美。

**3.四喜饭**

简介:四喜饭是用金枪鱼片和墨斗鱼片抹上辣根粉放在用醋汁调料拌匀的饭团上,外裹紫菜切段,再配上黄瓜、红鱼子酱而成。

特点:口味酸中微带甜咸,颜色鲜艳,鱼肉新鲜。

### 二、印度菜

#### (一)印度菜的特点

印度咖喱滋味鲜美特殊,香味芬芳浓郁,独具风格,驰誉世界。

咖喱是用多种香辛植物及其籽研碎混合而成,所以按不同成分可以做成许多不同的咖喱。在加入酸奶和椰子露后即成为湿咖喱。

印度菜几乎都用咖喱作调料,如咖喱鸡、咖喱鱼、咖喱饭等。

多数印度人因宗教信仰关系,不吃牛肉,而食羊肉、鸡肉。还有些人是穆斯林,不吃猪肉。印度人中有许多人是素食者,不吃肉类或鱼类,甚至不吃蛋类或植物中某一部分。

印度菜的烹调方法主要是炸、烤。蔬菜多用茄子、豆类、花菜、蘑菇,调料多用咖喱、杧果酱、红辣椒、洋葱和其他香辛料。

#### (二)印度菜代表菜

1.咖喱鸡(Curry Chicken)

简介:咖喱鸡是将光嫩鸡切块,油煎至呈金黄色,放进烩锅内,再加入咖喱酱或咖喱粉和苹果片即成。

特点:咖喱味很浓。

2.印度式羊肉(Indian Style Mutton)

简介:印度式羊肉是将羊肉切成片,油煎后和香料一起放入烩锅内,加入咖喱烩焖而成。

特点:色泽金黄,咖喱味浓香。

### 三、清真菜

#### (一)清真菜的特点

清真菜是伊斯兰教教徒的饮食。伊斯兰是阿拉伯语回教的译音。伊斯兰教是7世纪初阿拉伯半岛麦加人穆罕默德创立的一种宗教,其信徒又称穆斯林。穆罕默德在创立伊斯兰教时,把猪视为不洁之物。《古兰经》规定了严格的禁食制度,教徒除了戒食猪肉以外,还要戒酒,要吃洁净食物;伊斯兰教食规还规定不得食用甲壳类动物、鳗类及海生哺乳动物。所以猪肉、猪血、猪油、蟹类、蛤类、无鳞鱼等都不能作为清真菜的原料。

世界上约有90个国家有伊斯兰教存在,伊斯兰教教徒大约有10亿人,如阿富汗、伊朗、伊拉克、索马里、土耳其、巴基斯坦、马尔代夫、卡塔尔、印度尼西亚等国,几乎国内人口中95%以上的人都是信仰伊斯兰教的穆斯林。

面粉是阿拉伯人的重要主食,一般用来烤面包或做阿拉伯大饼。大饼香脆可口。有的还加奶油,撒上芝麻,有咸口的,也有甜口的。大米也是阿拉伯人的主食,有加姜黄、豌豆煮成的米饭,还有用红花水、奶油以及类似枸杞的调料制成的米饭,色泽鲜艳,松软可口。副食喜欢吃牛肉、羊肉、鸡肉、鱼以及各种蔬菜。烤肉串是穆斯林喜欢吃的菜肴,顾客围坐在饭店里的烤炉旁,把鲜嫩的牛肉片、羊肉片穿在铁扦子上,边烤边吃,也有人把流油的烤肉和生菜、葱头及西红柿片卷在薄饼里或夹在面包里吃,很有风味。

### (二)清真菜代表菜

**1.烤羊肉**

简介:烤羊肉是选用无骨羊肉,切成 5 厘米见方的块。洋葱切圆片或掰成小块,番茄、青椒一切四,柠檬挤汁,把洋葱、柠檬汁、橄榄油、盐与胡椒粉放入深碗拌和,加进羊肉,腌两小时。将腌好的羊肉块穿在铁钎上,排紧,羊肉四边涂上奶油。番茄块和青椒块相间穿在另一根铁钎上。两串都放在炉火上烤,不时转动,烤至青椒和番茄黄熟,羊肉红熟,整串搁在盘上,再配以洋葱片、番茄片上席。

特点:颜色红、绿相间,有诱人的肉香味。

**2.羊肉莳萝鲜蚕豆饭**

简介:羊肉莳萝鲜蚕豆饭是把羊肉切方块,莳萝切段,洋葱切碎,红花用水湿润,煎锅内放黄油,将洋葱煸炒,再把羊肉煎黄,放入煮锅煮至嫩熟。另用煮锅将大米煮至半熟,放入莳萝和蚕豆、羊肉和洋葱、黄油,直至汤汁收干,蚕豆嫩熟,米饭软糯。上席时,先从锅内舀出一碗饭,加湿润了的红花,拌至米饭呈明黄色,然后将锅内米饭装入盘内,饭上放羊肉,羊肉上又盖上些米饭,米饭上又撒些红花饭,浇上余下的黄油。

特点:米饭软糯,羊肉浓香,色呈明黄,红白相间。

**3.冰冻酸奶黄瓜汤**

简介:冰冻酸奶黄瓜汤是把黄瓜洗净、剖开、去籽、切末,薄荷、莳萝叶切碎。将酸奶放入深碗内,打滑,加黄瓜末、醋精、橄榄油、薄荷叶、莳萝叶和盐拌匀,分装汤盆内,移入冰箱两小时,使其凉透,取出装盆时,也可加上冰块。

特点:冰凉爽口,鲜酸开胃。

**4.樱桃鸡饭**

简介:樱桃鸡饭是把樱桃洗净去核,放入沙司锅内,加糖拌和,煮软熟,选 1 公斤以上的嫩鸡,用橄榄油煎至微黄,放入煮锅。洋葱切片,稍煎,也倒入煮锅,覆在鸡上,加少量水把鸡煮至嫩熟,鸡冷却后,切成六块。大米淘净,煮至半熟。黄油先用一半放入鸡汁煮锅,待溶化,加入半熟的米饭一半,再放入鸡块与樱桃甜汁的一半,然后将余下的米饭、鸡汁和樱桃甜汁全部倒入,直至米饭软熟。另将红花用温水浸湿。上席时,先从锅内盛一碗饭,加余下的已溶化的黄油和浸湿的红花拌匀。再将锅内的一些米饭,在盘内垫底,上放鸡块,又盖上些米饭,并把用红花拌好的米饭撒在最上层,最后将锅底的饭焦刮起,放一小片在盘沿作为装饰。

特点:色彩鲜艳,红、白、黄相间,味甜而酸,饭糯、肉香、有水果味。本菜伊朗人称为 Alo-Balo Polo,为伊朗人在结婚和节日所吃的主菜之一。有时还在菜面上点缀绿白相间的青果仁和杏仁。

**5.手抓羊肉**

简介:手抓羊肉是将羊排剁去脊骨,顺着肋骨改成块,入水洗净后捞出,再放入煮锅内,加水烧沸,再加入葱头块、胡萝卜块、芹菜段、香叶、黑胡椒粒、绍酒、精盐,用小火将羊排煮烂,另取一小碗,将芝麻酱加黄酒、米醋、芝麻油、蒜泥、胡椒粉等调兑,把炖好的羊排骨肉捞入盘内,浇上兑好的汁,撒上芫荽段和葱花,小碗的调味汁和羊排一起上桌,用手抓羊骨柄吃。

特点:软烂适口。

# 第五节　西式面点

## 一、面包

### (一)面包概述

人类从什么时候起开始食用面包,这个问题目前很难得到一个明确的答案。但据历史学家的推断,面包被人类当做主食是在使用了火之后,有了火才可使生的面糊烤成熟的面饼,这种面饼即是最初的面包。加上取火和烘焙方法的改进,发酵经验的不断积累,人们才做出了今天的各种面包。

埃及是世界上最早利用发酵技术做面包的民族。公元前 6000 年时,他们已知将面粉加水、盐和马铃薯拌在一起,放在热的地方发酵,等这种面糊发好后再掺上面粉揉成面团放在泥土做的土窑中去烤。那时人们仅知道发酵的方法,但不知道其原理。直到公元前 17 世纪后人们才发现酵母菌发酵的原理,此后,古老的发酵法才得以改善。

公元前1300 年,埃及将发酵技术传到了地中海地区的巴勒斯坦,公元前1200 年传到希腊。希腊人不但改良了烤炉,而且已开始知道把牛奶、奶油、奶酪、蜂蜜加在面包里,以提高面包的品质。后来,这种制作方法又传到罗马。罗马人进一步改良了烤炉的形状和面包的品质,并把它推广到德国、匈牙利、英国和欧洲各地。

18 世纪末,面包制作开始采用自动式机器操作。第二次世界大战后,出现了新的面包制作方法,称为一贯作业法。面包的发酵法改用液体发酵,从材料搅拌开始,一直到分割、整形、装盘,最后发酵,全部由机器自动操作。面团进炉后烤焙、出炉、冷却、切片、包装,也全部是由机器操作。一贯作业法一直延续到 20 世纪 70 年代。

此后,为了使顾客能吃到更新鲜的面包,出现了半成品制销,即将面包的面团发酵后急速冷冻,各零售店可随时化冻、烘焙,随时都有最新鲜的面包。这种制销方法一直持续至今。

### (二)面包的特点

世界各国的面包一般均采用小麦为原料,但也有不少国家用燕麦或是小麦加燕麦混合制作。面包的种类繁多,因地区、国家而不同。英国面包大都不添加其他辅料,但英国北部地区则喜欢在面包中加牛奶及油脂等,吐司面包也比较普及。美国面包较甜,且喜欢添加牛奶及油脂。法国面包成分较低,烤出的成品是硬脆的。现在,面包已普及到全世界,各国人民根据自己民族的口味特点在面包中添加各种香料、作料、馅料等,使面包的口味变得丰富多彩。

### (三)面包种类

面包的品种不计其数,但按照面包的配方、口味、制作程序等,大致可分为以下几个种类。

#### 1.软式面包

凡用吐司烤盘做出的面包,不管其配方如何都可称为软式面包。此类面包讲究式样漂亮,组织细腻,而且进炉后需要良好的烘焙弹性,故其配方中所吸收的水分要比其他的面包多一些。在搅拌时也必须使面筋充分地扩展,发酵必须适当,否则无法得到良好的软性组织和形状。

#### 2.软式餐包

软式餐包与一般吐司面包和其他硬式面包不同的是,其配方中有较多的糖和油的成分,甚至有些配方中还有蛋的成分。软式餐包的品质较吐司面包更为柔软,且有甜的味道,因为其配方中的糖和油较多,而且面粉中的蛋白质较一般吐司面包低,软式餐包十分柔和可口。

#### 3.硬式面包

硬式面包具有吐司面包所不及的浓馥麦香味道,而且质感稍硬,表皮松脆芳香,而内部组织柔软并具有韧性,故越嚼越香。经常吃硬式面包的人会觉得吐司面包绵软无力、平淡无味。

硬式面包虽被命名为硬式,但实际它的表皮并不是真正的硬,而是脆,内部柔软而带有韧劲。

#### 4.甜面包

甜面包是属于成分较多的一种面包,它的配方内不仅糖的用量较多,使面包口味名副其实,而且油脂和蛋等高级原料用量也较多,所以其品质较之用于主食的吐司面包要高出一筹了。

甜面包的调制方法都是单独整形。先把面团分割成一定的大小,滚圆饧发后再分别包馅,做成不同馅料和花式的甜面包。甜面包在国外多为休息或早餐时的点心。

甜面包一般有道纳子、丹麦甜面包、花生甜面包、椰子面包、美式甜面包等品种。

**5.其他各类面包**

除了以上介绍的几类面包,还有一些面包品种也很有特色,如马铃薯面包、羊角面包、水果面包、葡萄干面包、辫子面包等。

## 二、蛋糕

### （一）蛋糕概述

蛋糕在所有西点品种中,可以说是最受欢迎的一种甜食,它不但具有美观诱人的外表,浓郁芳香的香味,松软可口的质感,更含有丰富的营养成分。蛋糕在假日和庆典时被人作为一种代表性的应时食品,是其他点心所替代不了的。

蛋糕的品种很多,口味以甜为主,主要的原料有面粉、油脂、乳化剂、糖、蛋、牛奶、巧克力、可可粉、干果蜜饯、椰子粉、香料、膨松剂及各种装饰材料。

相比较而言,制作蛋糕比制作面包容易一些,因为蛋糕不如面包那样需要适宜的发酵环境、面团搅拌、发酵时间控制等方面的技术和经验,不需要各种烦琐的制作程序和步骤。

### （二）蛋糕种类

蛋糕根据其使用的原料、搅拌方法和面糊性质的不同一般可分为三大类,即面糊类、乳沫类及戚风类。

**1.面糊类**

面糊类蛋糕所使用的主要原料为面粉、糖、鸡蛋、牛奶等。此类蛋糕含有成分很高的油脂,用以润滑面糊,使之产生柔软组织,并帮助面糊在搅拌过程中所融合的空气膨大,配方中油脂用量如达到面粉量的 60% 以上时,该油脂在搅拌过程中所融合的空气已足够在烤炉中膨胀,但低于面粉量的 60% 时,就需要使用发粉或小苏打来帮助蛋糕膨胀。面粉类蛋糕的品种一般有黄蛋糕、白糕、魔鬼蛋糕、布丁蛋糕、重奶油蛋糕、水果蛋糕等。

**2.乳沫类**

乳沫类蛋糕主要的原料是鸡蛋,其他为面粉、糖及少量奶液等。鸡蛋中的蛋白质含有强韧和变性的性质,在面糊搅拌烘焙过程中使蛋糕膨大,不需要添加发粉之类的助发剂。乳沫蛋糕与面糊蛋糕的最大区别是,它不含任何固体油脂,但有时为了降低蛋糕过大的韧性,在海绵类蛋糕中可添加少量流质的油脂。乳沫类蛋糕根据成分不同又可分为两类。

（1）蛋白类:这类蛋糕全部以蛋白作为蛋糕的基本组织及膨大原料。天使蛋糕即属于蛋白类。

（2）海绵类:这类蛋糕是将全蛋或者蛋黄和全蛋混合作为蛋糕的基本组织和膨大的原料。日常所说的海绵蛋糕即属于此类。

### 3.戚风类

戚风蛋糕是面糊类蛋糕和乳沫蛋糕的综合,两者各用原来的搅拌方法将面糊拌匀或拌发,然后再混合在一起。此类蛋糕最大的特点是组织松软,水分充足,久存而不易干燥,尤其是气味芬芳而口味清淡,不像其他类的蛋糕油腻或过甜,最适合夏令季节食用。

戚风蛋糕最适合制作鲜奶油蛋糕和冰激凌蛋糕,因前者须存放在5℃的环境中,后者须存放低于-18℃的环境中,一般其他蛋糕在这种温度状况下会变硬,失去原有的新鲜度,但戚风蛋糕因其本身含水分较多,而且组织松软,能保持新鲜。此外,水果冻蛋糕、果酱卷、杯子蛋糕、波士顿派等属于戚风类蛋糕。

## 三、酥点

### (一)酥点的概述

酥点是西点中很具特色的一类点心,其主要特点是松酥。人们熟悉的苹果派、柠檬派、拿破仑酥饼等均属于酥点。

### (二)酥点的种类

酥点分为混酥和清酥两大类。

#### 1.混酥

所谓混酥,是把面粉和油脂搅拌后制成面团,其面团只需一次擀薄便切割成形,进炉烘烤,操作方法比较简单,难度也较小。其产品的特点是面皮胀力较小,体积膨胀有限,但是制品具有很好的酥脆性,且整个酥性面皮为粉状或小片状。

混酥的制法适用于各种派,派可分为三种。

(1)双皮派:双皮派是用两片派皮包馅,然后进炉烘焙,例如苹果派。由于包馅的不同,双皮派又有水果派和肉派之分。

(2)单皮派:单皮派是由一层派皮作底,上放各种明馅料,例如蛋挞。单皮派由于馅料不同,派皮烤焙的不同又可分为生派皮生馅料派及熟派皮熟馅料派两种。

(3)油炸派:油炸派多为双皮水果派,但派皮内油脂相对少一些,因油炸时要吸收一部分油脂。

#### 2.清酥

所谓清酥,即通常所说的千层酥,相比较而言,清酥比混酥制作难度要高。一块经过整形后的清酥面团,进炉烘焙时它能胀大到原来体积的8~10倍,这种膨胀的能力是其他所有西点所不能相比的。

## 四、西式面点介绍

### (一)啫喱冻

啫喱冻是用啫喱粉调和牛奶、鸡蛋、水果等冰冻成型制成,其特点是五彩色、嫩滑香甜,宜作中、晚餐点心,冷吃。

常用的啫喱冻有:奶油啫喱冻(Cream Jelly)、咖啡啫喱冻(Coffee Jelly)、奶油草莓啫喱冻(Cream Straw-Berry Jelly)、白粉冻(Blanc Jelly)等。

### (二)冰激凌

冰激凌有双色和三色的,还有各种水果冰激凌。作为西式点心的冰激凌,一般用高脚玻璃杯盛放,并同时用小碟子盛放各种糖面小点心(Petite Fours)一同上席。值得一提的是火烧冰激凌(Baked Alaska),又名焗冰山,是将长方形的一块清蛋糕放入椭圆形的银盘内,蛋糕上放上250克重的一块冰激凌,再将打起的鸡蛋白盖在上面,并用鸡蛋白裱成花纹,撒上糖粉,放入温度较高的焗炉内焗黄。上桌前,将茅台酒或白兰地洒在上面,用火点燃,会产生蓝色火焰,增加了宴会的热烈气氛。

火烧冰激凌的特点是呈奶白色,火焗处微呈焦黄,外热里冷,香甜可口。上菜形式特殊,常作为宴会最后一道菜。

### (三)布丁(Pudding)

布丁是将面粉、黄油、牛奶、糖等调和后,放入小型布丁模子里,上蒸锅蒸熟。上席时,将布丁覆出装玻璃盘,趁热浇上沙司。特点是颜色好看,松糯香滑,可作中、晚餐的点心。

常用的布丁有黄油布丁、黄油双色布丁、德式黄油布丁、瑞典式黄油布丁、巧克力和咖啡黄油布丁,还有各种水果布丁,大都热吃。格司布丁(Custard Pudding)是放入焗炉里焗熟,大都冷吃。

最有特色的是圣诞布丁(Christmas Pudding),即梅子布丁(Plum Pudding),是一年一度圣诞节的节日点心,用料上选,精细操作,配以各种蜜饯、香料、香酒及牛腰油等。这种布丁越蒸质量越好,最好不断地蒸上4~5天,而且久藏不坏。在圣诞节这段时间里,西方几乎天天都吃梅子布丁。梅子布丁实际上没有梅子,所用蜜饯有葡萄干、核桃仁、苹果等,加上白兰地酒、朗姆酒制成。梅子布丁呈紫红色,并用硬沙司挤上同花形图案,形状美观、香糯甜肥。

### (四)沙勿兰(Souffle 法文音译)

沙勿兰的主要调料为各种甜酒、巧克力、水果等。方法是将鸡蛋白打起泡,放入焗斗,移入火内焗熟。特点是呈金黄色,软香松甜,可用于晚餐点心,或供宴会及点菜等,宜热吃。

常用的沙勿兰有蛋黄沙勿兰(Yolk Souffle)、什锦水果沙勿兰(Fruits Souffle)、巧克力沙勿兰(Chocolate Souffle)、香蕉沙勿兰(Banana Souffle)等。

### (五)派(Pie)

派是有馅的酥饼,较大,每盘里的整派可切成8~10小块,可供8~10人用。英国派用深派盅盛放,美国派用浅圆碟。派有甜、咸两种。甜的作点心,多用水果、巧克力、蛋黄、黄油等做馅;咸的当菜用,以猪肉、火腿、鸡肉做馅。派制好后,浇上各种沙司,呈多种色彩,嫩滑香甜,可作中、晚餐点心或茶点。

### (六)沙瑞薄饼(Suzettes Pancake)

沙瑞薄饼是法菜中著名的甜点,它是将面粉、牛奶、鸡蛋和糖调成稀浆,加黄油在平底锅内烙成一圆薄饼,再用柠檬皮、橘汁、砂糖和乔利梳甜酒(Curacao)调汁煮煎而成。食用时,在煮好的薄饼上淋白兰地酒,引火点燃,立即上席。特点是热糯香甜,多数是由厨师制好薄饼,然后由餐厅部经理或领班在餐厅内当众调汁煮煎,增加欢快的气氛。

### (七)烩水果(Stewed Furits)

烩水果是将新鲜水果放入清水锅内,加砂糖、甜酒、香料等烩熟,烩熟后离火冷却。上席时装入高脚玻璃杯内,裱上打起的鲜奶油。特点是颜色呈各种水果的原色,甜嫩滑酸,有酒香,大都作为鸡尾杯、色拉以及各种点心里的配料,也适宜作午餐点心。

常见的烩水果有烩桃子(Stewed Peach)、烩杏子(Stewed Apricot)、烩苹果(Stewed Apple)、烩菠萝(Stewed Pineapple)等。

### (八)煎薄饼(Pan Cakes)

煎薄饼是早、中、晚餐都适用的点心,薄薄的两片油煎饼,主要靠夹在中间的调料调味,调料有果酱、鲜奶油、黄油、水果、甜酒等。

### (九)汉堡包(Hamburger Bun)

先做好汉堡牛排,汉堡牛排是将牛肉绞碎后,加切碎的洋葱、面包粉和蛋黄调匀,加胡椒粉等调味后,做成较厚的牛肉饼,用黄油煎至金黄色。

汉堡包是将汉堡牛排夹于两个烘过的新鲜圆面包中,再加上一些色拉、一块奶酪、一些黄瓜片和一些调味品后即成,是现在风行于世界的美国式流行快餐。特点是供应快速,价格合理,美味可口。

### 本章小结

外国菜又称西餐,是东方国家、地区的人对西方各国菜点及其餐饮文化的统称。西方各国的饮食文化有许多共同之处,如制作方法、制作工具基本相同;西餐礼仪相通,且比较复杂而规范;进餐方式相同,每个人只享用自己盘中的饭菜。在多道菜的情况下,菜肴不同,食用方式各异,餐具也随之改变。但是由于自然条件、历史传统、社会制度的不同,不同国家和地区的人民的风土人情、饮食习惯各有特色,从而出现了风格不同的西餐派系。其中法国西餐、意大利西餐、俄国西餐影响较大,而法国西餐最为有名。另外,日本菜、印度菜、伊斯兰国家的清真菜也自成一体,各有特点。

**思考与练习**

1.西餐由几部分组成？

2.西餐的主要特点是什么？

3.法国菜有哪些代表菜？并叙述其特点。

4.日本菜的特点有哪些？

5.举出五例有名的西点，并说明其特点。

**知识卡**

**1.西餐饮食习俗**

　　饮食习俗在不同国家、不同地区、不同宗教信仰的地方差异极大。

　　英国人每天四餐，即早餐、午餐、午后茶点和晚餐。早餐喝牛奶、麦片粥、煎鸡蛋加煎西红柿；午餐简单随便；晚餐较讲究，用餐时对服饰、座次、用餐方式等都有规定。英国人一般只吃八成饱。口味尚清淡、酥香，不爱吃辣，烹调以烤、煮、蒸、烙为主，喜欢吃烤牛肉、鳗鱼、青鱼等鱼类和虾等也很受欢迎。同时他们喜欢在固定时间喝茶，多半是大清早、每顿饭后、午茶时及临睡前，一次只喝一杯，还爱喝啤酒、葡萄酒等低度酒。

　　美国人一日三餐，早餐一般是果汁、鸡蛋、牛奶、面包，午餐很随便，晚上较丰盛些，最常吃的是牛排和猪排，最典型的饮食是快餐。口味咸中带甜、清淡，烹调以煎、炒、炸、烤为主，不吃蒜、酸辣食品、清蒸食品、红烧食品，忌食动物内脏。爱喝矿泉水、冰水、可口可乐及啤酒、威士忌和白兰地常当茶水喝。每餐比较讲究喝饮料。

　　法国人很讲究吃，口味喜欢肥嫩、鲜美、浓郁，不爱辣味，烹调用料讲究，制作精细，色、香、味、形俱佳。爱吃肉类、水产、家禽、蔬菜及海鲜，喜欢喝浓咖啡，爱喝葡萄酒、苹果酒及白兰地。

　　德国人的早、午餐比较讲究，晚餐比较简单。口味喜酸、甜，不喜欢辛辣和油腻。烹调多为烧、烤、煎、煮和清蒸，喜欢吃猪肉、牛肉、鸡肉、鸭肉、野味等肉食，不太喜欢鱼、虾。平时最喜欢喝啤酒，是世界上消费啤酒最多的国家之一。

　　俄罗斯人的早餐时间与我国相仿，午餐和晚餐则较晚，口味喜浓，油水要足，喜欢酸、甜、微辣味，爱喝由土豆、西红柿、卷心菜制成的"罗宋汤"，爱饮伏特加酒。

**2.为什么河豚鱼不可轻易烹制食用**

　　河豚鱼，又名"辣头鱼"、"气泡鱼"、"廷巴鱼"，异名较多，品种约有 40 余种。鲜河豚鱼除肌肉无毒外，其头、皮、眼、血液、内脏均有剧毒。冬春之季为河豚鱼的产卵期，此时其肉味鲜美绝佳，但鱼体中的毒素亦最多，其中卵巢及肝脏毒素最强，毒性比平时大 10 倍，是一种剧毒鱼类。

鲜河豚鱼肌肉去其毒，可列为烹调上乘原料，被称作"水族三奇味"，有"不吃河豚，焉知鱼味？吃了河豚，百鲜无味"之说。苏东坡也曾说："据其味，真是消得一死。"后世乃有"拼死吃河豚"之谚说。河豚鱼的毒性物质为河豚毒素（即河豚精）和河豚酸，为 300 毫克，一条 350 克重的河豚鱼卵巢和肝脏可毒死数人，可见其毒性之剧。

河豚鱼毒素主要是侵害神经系统，引起知觉麻痹和中枢麻痹。误食河豚鱼一般在食后 30 分钟至 3 小时内即发生中毒。首先腹部不适，口唇发麻，继而呕吐，舌头发硬，语言障碍，面色潮红，上睑下垂，瞳孔缩小，全身麻痹瘫痪，呼吸困难，体温下降，最后昏迷死亡。

河豚鱼的毒素很耐热，一般炖煮方法不能消除。据实验，河豚鱼的毒素在 100℃ 的温度下尚需经 4 小时后才能被破坏。死亡时间较长的河豚鱼，内脏的毒素会逐渐渗入到肉中去，无论怎样处理都难以消除其毒素。所以，对于河豚鱼烹制方法不甚了解，没有实践经验者，不要轻易烹制河豚鱼食用，防止中毒。

# 第四章

# 菜点开发与创新

**知识要点**

1.了解菜品创新的要求。

2.掌握菜品创新的基本原则。

3.掌握菜品创新的方法。

4.掌握现代快餐的特点。

5.掌握药膳的制作与烹调。

## 第一节　菜肴创新

### 一、菜肴创新概述

烹饪技术是在不断发展的。任何一个地方的菜肴都不会一成不变。但是,菜肴始终是按照一定的轨迹向前发展,表现在一些不合理的菜肴的淘汰,一些新的适合消费者需求的菜肴的出现。一方面,烹调技术的发展适合着时代的发展,新技术的应用,新原料的开发;另一方面,餐饮市场也反映人们消费水平的提高和消费习惯的改变。菜肴只有不断创新,餐饮才有生命。因此菜肴创新也成为厨房管理的一项重要内容。

### 二、菜肴创新要求

#### (一)适应市场需求

创新必须研究消费者的价值观念、消费观念的变化趋势,必须了解国际国内菜肴的发展方向,随着人们生活水平的提高,消费者不再喜欢精雕细刻的所谓工夫菜、花色菜,而追求低油、低脂、低糖,多用天然原料,崇尚本味。所以,设计创新的菜肴首先得符合这些要点,在制作上要追求独具特色的方法。

#### (二)视野开阔,广开思路

创新菜肴的前提是既对本地菜肴了如指掌,又对外地乃至外国烹调方法比较熟悉,见多识广才能有启发和创新。要善于思考,善于发掘烹调菜肴中有规律性的东西,找出各种菜肴烹制上的合理性,菜肴色、香、味、形、质等特色的形成原因。这些要烂熟于心,便会有灵感出现,还可巧借领导思路。饭店领导光顾、领略其他饭店餐饮的机会往往多于厨房人员。领导通过交流、比较,对菜肴的走势和可能在本店流行的菜式,可以提出一些思路。因此,注意吸纳领导建议,用于指导菜肴创新,不失为明智之举。

### (三)有自己的特色

创新菜肴应该根植于本菜种,以本菜种传统特色为基础。一个菜肴流传几十年、上百年,其本身一定具有其合理性。创新菜要能够折射出传统菜的影子,在传统菜基础上加以改良创新,切不可标新立异,也不可盲目地将其他菜种的代表名菜占为己有,或是给菜肴起个花哨的名字,而实质上毫无新意。

### (四)合理的营养搭配

传统菜一般强调味质,对营养不够讲究。创新菜应该把是否富有营养作为一项重要内容来考虑和设计。创新菜在原料的搭配上除了色、形、味、质的搭配之外,还得考虑营养素种类是否齐全,所取烹调方法对营养素破坏的程度,如何防止营养成分因烹调而损失。

### (五)易于操作

创新菜点的烹制应简易,尽量减少工时耗费。随着社会的发展,人们发现食品经过繁复的工序、长时间的手工处理或加热处理后,其营养大打折扣。许多几十年甚至几百年以前的菜品,由于与现代社会节奏不相适应,有些已被人们遗弃,有些菜经改良后逐步简化了。

另外,从经营的角度来看,过于繁复的工序也不适应现代经营的需要,费工费时做不出活来,也满足不了顾客时效性的要求。现在的生活节奏加快了,客人在餐厅没有耐心等很长时间;菜品制作速度快,餐厅翻台率高,座次率自然上升。所以,创新菜的制作,一定要考虑到简易省时,这样生产的效率才高。如上海的"糟钵头"、福建的"佛跳墙"、无锡的"酱汁排骨"等,都是经不断改良而满足现代经营需要的。

### (六)引导消费潮流

一个创新菜的问世,有时需要投入很多精力,从构思到试做,再到改进,直到成品,有时要试验许多次。菜品的创新是经营的需要,创新菜也应该与企业经营结合起来,所以,我们衡量一个创新菜主要看其点菜率,顾客食用后的满意程度。如果我们注意到尽量降低成本,减少不必要的浪费,就可以提高经济效益。相反,如果一道创新菜成本很高,卖价很贵,而绝大多数的消费者对此没有需求,它的价值就不能实现;若是降价,则企业会亏本。因此,这个菜就肯定没有生命力。

利用较平常的原料,通过独特的构思,创制出人们乐于享用的菜品。创新菜的精髓不在于原料多么高档,而在于构思的奇巧。如"鱼肉狮子头",用鳜鱼或青鱼肉代替猪肉,食之口感鲜嫩,不肥不腻,清爽味醇。"晶明手敲虾",取大明虾用澄粉敲制使其晶莹发亮,焯水后炒制而成。其原料普通,特色鲜明。所以,创新菜既要考虑生产,又要考虑消费,对企业、对顾客都有益。

### 三、创新菜点的基本类型

选择适当的菜品开发方式是提高自身专业技术创新能力的重要方面。按技术来源,可将菜品开发方式归纳为自创方式和非自创方式两种。其中,自创方式又进一步分为独创方式和模仿方式。非自创方式可以分为联合开发、技术引进等。每种方式又可以根据需要和其他方式相结合。新菜品的开发是指对新菜品的研究、构思、设计、生产和推广,以确保饭店产品品种和质量,进一步满足市场的需要或引导市场的需要。创新菜品主要有三种类型:完全的新菜品、改良的新菜品和仿制的新菜品。

#### (一)完全的新菜品

完全的新菜品是指采用新技术、新原料、新设备等开发出来的创新菜品,在市场上还没有可以与之比较的菜品。这样的菜品虽然具有极强的竞争优势,但开发成本较高,耗费时间较长,而且由于菜品无专利保护,易于模仿,因此,创新菜品的优势难以长久维持。

#### (二)改良的新菜品

改良的新菜品是指在原有菜品的基础上,部分采用新原理、新技术、新原料、新结构,使菜品的色、香、味、形等有重大突破的菜品。改良的新菜品具有投入少、收效快等特点,且方便制作并能快速生产。如新潮苏菜、现代海派菜、新派鲁菜等,以及各类菜点结合菜、中西结合菜、地方菜融合菜品等都属于此类。

### 四、菜肴创新的内容

#### (一)滋味

滋味是菜肴的灵魂,也是菜肴设计首先考虑的要素。滋味包括调味之味和原料本身的性味。要熟悉本地菜种所有的复合味型,再结合外埠菜种的复合味型,看能否相互借鉴。随后研究每一种复合型与各种原料本身性味的配合,采取最佳结合点。比如原料味淡的,当以浓味辅之;原料鲜味足的,就该考虑淡味调料,以充分发挥原料的本质美。此外,还应考虑主辅料之间性味的配合。

#### (二)质地

菜肴的质感也是菜肴的一个很重要的特点,如老、嫩、酥、软、烂、脆、硬、滑、爽、细腻等。菜肴的质感取决于原料本身的质地和烹调加工方法的不同。一般原则是扬烹调方法之长,避原料之短。比如,鲜嫩的原料应尽可能突出其鲜嫩,烹调方法应取加热时间短的;如果原料是老韧的,就应考虑选择延长加热时间的烹制方法,变老韧为酥烂。

### (三)色彩

色彩创新指如何合理、巧妙地利用原料和调料的颜色、外加点缀物的颜色、器皿的颜色,使菜肴的颜色愉人之目。创新的菜肴在主料、味型确定之后,应该考虑如何配色,即如何用调料、配料去衬托主料,或鲜艳或素雅,勿使诸色混杂或灰暗无光。

### (四)外形

一个菜肴不仅要求色彩漂亮、滋味鲜美,同时还要求形状美观。菜肴形状的美观,一方面借助于刀工体现出来,另一方面也可借助于美化加工,如配用叠、穿、排、扎、卷等方法塑形,或是在菜肴制成后加以围边,放置食品雕刻。也可以选用异形盘子,如蟹形盘、桃形盘等盛放菜肴,整体外观漂亮,又能衬托盘中所盛菜肴。

### (五)营养

创新菜要尽可能做到营养丰富,尤其是由主料组成的菜肴,辅料更应该注意从营养角度配合补充主食,如蛋白质的互补,维生素与蛋白质、脂肪的配合等。

### (六)声响

声响往往能给人带来新奇感,又能增添宴会的热烈气氛。锅巴等是利用炸制锅巴与卤汁的温差来赢取"吱啦"声的效果。能够产生温差效应的方法很多,比如烧热的铁板、沸腾的热油、烧红的铁块等,倘能与原料巧妙地结合起来,一定能取得极佳的效果。

### (七)盛器

装盘的方法与盛器的选择同样可以给菜肴以全新的视觉效果。如用竹、木、漆器,用铁板、龙舟、明炉等盛装菜肴,会给客人以丰富多彩、耳目一新的感觉。

## 五、菜肴创新方法

### (一)组合法

任何一个创新菜肴都不是凭空想象而产生的。每一个成功的创新菜肴都有传统菜肴的影子。创新菜以传统菜为基础。我国的烹调方法非常丰富,烹饪原料更是不胜枚举,烹调方法与原料结合就做成了菜肴。两者结合得巧妙合理,就成为名菜,就会流传下去。随着自然资源的开发,烹饪原料越来越多,将这些原料与各种烹调方法结合起来,也许就能成为名菜。比如四川有干烧鲫鱼,因为离海远,川菜海味原料用得较少,上海取其干烧的做法和调料,做成干烧黄鱼、干烧明虾,风味同样诱人。全国各地所用原料和擅长的烹调方法不尽相同,完全可以借鉴组合起来,甚至西餐的许多烹调法也可以与中餐原料结合起来。这样创新菜就会层出不穷。

## （二）改造法

改造法是立足于原有菜肴，在原有菜肴的基础上加以改良。这种改造法是基本保留其风味，在合理性上大大前进一步。比如有的菜肴味道很好，但色彩和造型不佳，就可以通过添加配料、调整调料、改换器皿、细加塑形或用色彩漂亮、外形美观的原料或食品雕刻品加以装饰点缀，还可以重新起个别致典雅的名称。比如菊花鱼是对炸熘鱼块的改造，蛙式黄鱼又是对菊花鱼的改造，这几个菜都是熘菜，改造在外观形态上。广东菜烤鸭与炒鲜奶都是名菜，单独成菜色彩单调，两者一组合，取名为雪衣伴红炉，不仅菜名优美，菜肴的色彩、质感、口味都配合得非常合理。菜心入馔常作配料，但加入一些淡奶之后，做成奶油菜心，不仅色彩素雅，口感丰富，而且大大提高了菜心这种常用原料的档次。

## （三）类比法

由一个菜的烹调方法推及另一种菜乃至一类菜的方法叫类比法。比如瓤菜制法是在一种原料中涂上、夹进、填入另一种或几种原料，随后烹制成熟，假如鲫鱼塞肉是最早的菜的话，那么，八宝鳜鱼、油面筋塞肉等都是经过类比而出的菜肴。江苏菜中有雪塔银耳这道甜菜，湖北创制的峡口明珠汤多少受了雪塔银耳的启发。

## （四）复古法

复古法就是从古籍中找菜谱，将湮没已久的菜谱重新整理，以古代帝王将相专享的菜肴来吸引食客。尽管是复古，仍是创新，因为它丰富了当今的菜肴品种。其制成品自然也与今天的菜肴风味大相径庭，自有其独到之处。现在国内较为知名的有西安仿唐菜、杭州南宋菜、沈阳清宫菜、南京随园菜等，倘由此而启发当今烹调，与今天的烹调方法或原料结合起来，则又能创造出新的菜品。

## （五）采风法

酒家、饭店的菜肴最早来之于民间，是对民间菜肴提炼加工而成的。烹饪技术的发展，饭店与民间走的是不完全相同的路。一般情况是百姓向饭店学菜，但许多流传在民间的美馔佳肴也非常值得饭店里的厨师学习。民间烹饪是个开发不尽的宝藏，关键在于发现、发掘。民间不仅仅包括本地，它应当指全国各地甚至是世界各地。只要厨师多深入民间，动脑筋留心老百姓餐桌上的菜肴，定能有所收获。当然，这不仅仅指对农家菜的照搬，还应包括受某个菜的启发，另创出新风格的菜肴。

## （六）寓意法

寓意法说白了就是给创制的菜肴起个富有诗意的名字，让人在品尝美味的同时，也为菜名所陶醉。菜名要富有诗意，首先菜肴必须有特色，然后对特色再进行深入加工。另有一种情况是菜肴有些来历，或是隐含着一段故事。"红嘴绿鹦哥，金镶白玉板"，将菠菜烧豆腐刻画得极为传神，加上是皇帝的御封，声名大振。"天下第一菜"实为茄汁虾仁锅巴，据说也与乾隆皇帝有关。在听了故事后再品尝天下第一菜，顾客一定会觉得味道非同寻常。厦门的南普陀寺的素斋很出名，而最有名的菜当数"半月沉江"和"推纱望月"。这是郭沫若的大手笔。第一道菜汤中原料排扣成圆形,第二道菜里有似灯纱的"竹荪"。郭沫若抓住特征诗意大发,这两个菜立即化平常为神奇,声名大振。中国的饮食是文化,中国人也很擅长在餐桌上品出文化来。因此,在研制出新的菜肴之后,给它起个好名字是非常重要的,尤其是一些档次较高的菜。当然,菜名寓意应当巧妙、高雅,应该防止故弄玄虚,使人如堕五里雾中不得要领。

## (七)偶然法

偶然法指偶然受到启发产生新的菜肴。据说干烧鲫鱼并非四川的川菜,而是上海的川菜,是上海的川菜厨师烧鱼时犯鸦片瘾,待过完瘾出来,鱼已烧干,急中生智就叫干烧,居然一举成名。叫花鸡则是乞丐的烹调法,居然为厨师所仿做,最终形成一种独特的烹调方法——泥烤。偶然法中有其必然的因素,那就是厨师的基本功绝对过硬,手上有一定的功夫,这样才可能触类旁通。

总而言之,菜肴创新方法并无规律可求,往往是将各种方法综合起来用的,前提是厨师要有丰富的经验和宽广的知识面。

### 六、菜肴创新实例

#### 1.面疙瘩泥鳅

面疙瘩是将面粉调成软子面后,再用筷子拨入沸水锅中煮熟而成的一种面食。这种家常面食的制法,在过去家庭中较为普遍。将这种面食的做法与菜肴制作相结合,使泥鳅的鲜味融入面疙瘩之中,成菜细嫩滑爽,色泽红亮,诱人食欲,粗犷中显其质朴之雅,使人有一种怀旧感。此菜推出后,很快便受到了人们的喜爱,并成为一款具有浓郁川西民间风情的菜肴。

#### 2.荷叶鸡包饺

这道菜是根据传统名菜"鸡包翅"的制作方法改进而成的。将加了胡萝卜汁揉成的红色的面团做成饺子,装入仔母鸡的腹中,再用鲜荷叶将鸡包住,入笼蒸至荷叶的清香味融入菜中即成。此菜的构思较为奇特,巧妙地将饺子与整鸡结合成菜,为这类菜肴中的标新立异者。

#### 3.开门红

一天开始,一月开初,一年开春,公司开业,生意开张,人们都希望这一件事情能办得顺利,这就是大家常说的"开门红"。如今,蓉城的多家餐厅酒楼已经把"开门红"搬上了餐桌,且都当成了筵席的头菜。这道寓意深刻的热菜在带给您美食享受的时候,也给您带来了美好的祝福:一元复始,三阳开泰。

#### 4.早生贵子

这是一款利用"寓意法"创制的甜品菜。"早生贵子"是民间一种祝福语,它利用枣子与桂圆两种原料的谐音而会意传神。在结婚喜宴上,百年好合、富贵金钱、龙凤呈祥与早生贵子一样都是寓意吉祥。这类菜肴的创作，一是根据菜肴制作的特色来寓意命名，二是根据吉祥名称来创作菜肴。其目的只有一个，就是迎合和满足消费者吉祥如意和雅趣的心理需求。

### 5.蜂巢玉米

蜂巢是蜜蜂的栖身之地，是成千上万的蜜蜂经过辛勤劳动构筑而成的。它们大多数建在高树、房梁顶上，人们对它们是敬而远之。眼下烹调师用极普通的原料，巧手将"蜂巢"构筑在锅中，摆放在盘中，却让客人争先恐后，先尝为快。"蜂巢玉米"成菜酥香爽口、甜润不腻，实为一款形、意、味均佳的菜肴。

### 6.春蚕吐丝

"春蚕到死丝方尽，蜡炬成灰泪始干"，人们常常把默默无闻、无私奉献的教师比喻成"春蚕"。本菜正是借此美好的喻义，通过巧妙的构思，把竹荪和鸡糁制成蚕茧状，利用盘中的形意，表达对教师的尊敬和感激之情。此菜一经推出，就成为每年高考后"谢师宴"的必点菜肴。

### 7.跳水兔

"跳水兔"是在跳水泡菜的基础上演变而来的，业界也有将"跳水"称为"洗澡"的，是指将原料浸泡于一种特制的盐水或卤汁中，经过较短时间，即捞出食用。过去在川味凉菜制作中，就常采用这种方法制作一些素菜，如"跳水青笋"、"跳水黄瓜"、"跳水银芽"等。如今，四川的厨师将这种制作素菜的方法用来制作荤菜，可谓匠心独具。本菜采用泡菜辣味汁的方法成菜，不仅麻辣味浓，且具有特殊香味。常见的跳水荤菜除了"跳水兔"外，还有"跳水鸡"、"跳水肫肝"等。

### 8.大刀耳片

据说此菜最早在川南某县的一道名小吃基础上改进而成。按照传统的做法，这种大张而极薄的耳片，是靠厨师精湛的刀工片制而成的，其操作难度很大。但今天聪明的厨师则利用"冻"的方法，将猪耳加入琼脂并重叠压紧，待蒸至琼脂溶化后晾凉。直接用刀切成巴掌大的薄片。用这种方法制成的耳片效果与传统方法相同，但是却极大地提高了工作效率，降低了操作难度。切好的耳片可以拌成各种不同的味型，如红油味、蒜泥味、麻辣味等。而此菜的名称也可以叫"千层耳片"、"层层脆耳"、"巴掌耳片"等。

### 9.爽口老坛子

传统的四川泡菜是将素菜洗净，晾干水汽后直接入盐水中浸泡而成，制作手法上相对简单，一般只有素菜而无荤菜，多作为下饭小菜。爽口老坛子则是根据四川泡菜的特点，进行了一些创新。首先在原料选择上采取荤素结合，荤料先煮熟后再泡入味，并且将泡菜坛作为特殊的餐具直接上桌，以其色泽新鲜、清爽脆嫩、酸辣爽口、开胃健脾等特点成为筵席的凉菜佳品。

### 10.连山回锅肉

四川广汉市附近的连山镇原先只是个不起眼的小地方,但自 10 多年前这里的一家饭店烹制了特大号回锅肉以后,便声名远扬,以至于如今的连山镇几乎就成了回锅肉的代名词。连山回锅肉超乎常规,以奇制胜,将回锅肉这道川味名菜发挥得淋漓尽致。连山回锅肉选取猪的二刀肉,顺长切片,每片长者可达 20 厘米左右。其形粗犷豪放,刀法精湛犀利,加上配料又和一般回锅肉不同,因而吸引了众多食客一食为快。

### 11.桑拿鳜鱼

在营造气氛,以势取胜的菜肴制作中,"石烹"是较为成功的一例。此类菜肴的制作取烤烫的鹅卵石与调制的汤汁、卤汁结合,冷热交加,汤水浇入烧烫的石块,产生蒸汽、雾气,就如同"桑拿浴"。桑拿鳜鱼用锡纸包裹鱼肉,投入烫石中,浇上茶水,一股蒸汽喷薄而出,造势的效果得以充分体现。

### 12.火焰响螺

火焰菜,一般使用酒精燃烧时产生的火焰来烘托菜肴"奇"之气氛,以调动人们的进食情趣。贝壳类菜肴加火焰可起到一种独特的效果,内有壳,外有盘,简单而复杂。此菜取用一大响螺壳作盛菜器皿,盘子里的盐作为沙滩,别具情趣。

### 13.荞麦葱油饼

荞麦,又名棱麦,曾是困难时期普通百姓常食之品。在当今城市人消费的餐桌上,荞麦又成为人们的"钟情之物"。荞麦葱油饼葱香扑鼻、清香可口,已成为早餐和宴会的常备之品。荞麦含有丰富的微量元素及维生素,其中的铬是防治糖尿病的重要元素;所含有的麦芒有降脂及胆固醇的功能,是防治冠心病、高血压的食疗佳品。

### 14.回锅厚皮菜

厚皮菜又称牛皮菜,是一种极普通的烹饪原料,在过去的困难年代里,厚皮菜常被普通百姓当做充饥的食物。其实,厚皮菜只要经过一番精心的加工和烹制,就可以变成一款可口的乡土风味菜肴。回锅厚皮菜便是用炒回锅肉的方法烹制出来的美味佳肴。

### 15.黄金鸡

此菜出自李白"亭上十分绿醑酒,盘中一味黄金鸡"的诗句。林洪《山家清供》对黄金鸡亦有记载:"火寻鸡洗净,用麻油盐水煮,入葱椒,候熟擘钉,以原汁别供,或荐以酒,则白酒初熟,黄鸡正肥之乐得矣。有如新法用炒烹制,非山家不屑为恐非真味也。"说明烹调黄金鸡是颇为讲究技艺的。今日仿制的黄金鸡,采用水氽、油炸、笼蒸等方法,成品除保持色泽金黄外,且是原汁原味,营养特别丰富。

### 16.遍地锦装鳖

这是唐朝韦巨源《烧尾宴食单》中记载的一款佳肴。它是以甲鱼为主料,配以羊油脂和鸭蛋烹制而成。人们知道,羊肉膻,鱼肉腥,将这两种原料合烹是否好吃?
然而,出乎人们的预料,成菜不但没有膻气和腥味,反而鲜香四溢。凡是品尝过此
菜的人,无不为唐代在烹调原料搭配上的匠心独运而啧啧称赞,也为古人以"鱼"、
"羊"两字组成"鲜"字贴切的含义而拍手叫绝。

# 第二节　现代快餐

## 一、快餐概述

### (一)快餐的概念

快餐虽说已为世人所耳熟能详,但迄今对其仍未有统一和确切的定义。对快
餐的界定有好几种说法,值得推崇的有著名物理学家钱学森较早提出的:快餐是厨
房的工业化。它简洁而形象地表述了快餐的本质,以及快餐和传统餐饮的区别。
有的专家还提出:快餐是薄利多销的餐饮形式。目前国内外比较认同的概念是以
快餐的快为中心,认为快餐是一类制售快捷、食用简便的大众餐饮形式。

快餐食品源于传统的餐饮菜品。餐饮菜品的制作有不同的加工方式,即现代
工业化加工方式和传统手工加工方式。传统餐饮主要是按手工方式制作的;快餐
和方便食品则主要是按工业化方式制作的,而后者的工业化程度更高,一般由食品
工厂生产。

快餐食品经从原料加工为成品后,其终端销售形式可有多种,如餐厅销售(快
餐饮食店),即顾客在餐厅享用快餐;亦可以送餐或流动的方式销售给顾客(如盒饭
等);也可以包装化的方式在商店柜台中或超市货架上出售。前两者又属餐饮形式
的快餐,其菜品直接传递到顾客手中,由顾客及时食用;而后者属于方便快餐食品,
其产品不直接传递到顾客手中,由顾客在商场选购。方便快餐食品一般有较长的
保存期,且食用前多要经过简单的加热处理,如快餐方便盒饭、方便粥、方便面等。

目前国内的餐饮快餐主要包括堂食快餐(前店后厨)以及送餐快餐两大类型。
堂食快餐菜品的生产(后厨)与消费(前堂)在同一场所(快餐店);而送餐快餐菜品
的生产与消费在不同场所,由加工点生产的菜品需要投送到顾客个人或团体的就
餐地点。

近年来出现的团膳快餐,广义上可以看做是为团体提供餐饮快餐的总称,包括
为固定团体送餐及快餐公司对单位食堂托管,后者是团膳所指的主要形式。

### (二)快餐的分类

快餐按工业化程度和科技含量可分为传统快餐(如各国的民族风味小吃)和现
代快餐(主要以麦当劳、肯德基炸鸡、汉堡为代表的西式快餐);按经营形式和经营
规模可分为单店快餐和连锁快餐;按菜品地域风格目前在国内可分为西式快餐和

中式快餐;按具体地域(或国家)可分为美式快餐、意式快餐、墨西哥快餐、印式快餐等。一般传统快餐采取单店经营的方式,而像麦当劳、肯德基炸鸡这样的现代西式快餐都采取连锁经营的方式,比单店经营具有更大的优势和经济效益,因而连锁经营的现代快餐无疑是我国快餐业发展的主要方向。

### (三)快餐的特点

快餐的主要特点为:制售快捷、食用便利、质量稳定、服务简便、价格低廉。

## 二、现代西式快餐

### (一)西式快餐发展简史

麦当劳、肯德基炸鸡、汉堡是西式快餐中的佼佼者,作为蜚声全球的国际知名品牌,已成为现代快餐的杰出典范。

现代西式快餐产生于20世纪50年代的美国。第二次世界大战后美国经济的复苏,推动了餐饮业的发展。为了适应人们工作和生活节奏加快,饮食观念与需求改变,一种全新的餐饮形式,即现代快餐在美国餐饮业中崭露头角,很快又以发展分店、连锁经营的形式迅速推广并占领餐饮市场。20世纪60年代是美国快餐业高速发展的时期。快餐在美国国内发展到了顶峰。在美国国内市场竞争激烈且基本饱和的情况下,现代西式快餐开始转向海外市场拓展,并逐渐风靡全球。20世纪80年代末,现代西式快餐纷纷进军中国市场,并取得了骄人的业绩。现代西式快餐的海外拓展无疑对推动全球快餐业的发展,特别是民族快餐业的兴起起到了积极的作用。

### (二)西式快餐的基本特征

现代西式快餐虽然脱胎于传统西式餐饮,但现代科技与工业化赋予了它新的运作形式,经过半个多世纪的发展已积累了一套相当成功的经验。西式快餐所具有的现代快餐的基本特征可归纳为:生产工业化、服务规范化、管理科学化和经营连锁化。

#### 1.生产工业化

生产工业化即厨房工业化,是现代快餐在生产环节即菜品制作方面所具有的特征,也是现代快餐最本质的特征。工业化生产的特点主要体现在以下几方面。

(1)机械化程度高,即多数工序或主要工序使用机器设备。采用机器设备是现代快餐制作的基础,它不仅能降低劳动强度、提高工效、保证供餐快捷,而且能有效地控制菜品质量,使其达到稳定和统一。

(2)每一种菜品从原料到成品的制作过程均遵循一定的工艺流程,即采取流水作业的加工方式。组成工艺流程的每一工序(单元操作)是岗位职能和质量控制的基础。

(3)生产标准化,即原料、半成品和成品均有明确的质量标准;通过生产过程的标准化控制(操作规程)以确保达到上述质量标准。

2.服务规范化

服务规范化包括供餐快捷、服务操作规范以及清洁的就餐环境,这是现代快餐在销售环节所表现出的外在特征。

供餐快捷无疑是快餐最显著的特征,即顾客进店就餐无须久候。目前,有的现代西式快餐还对快捷的时间进行了量化,即制定了供餐快捷的时间标准,如规定顾客从到达柜台至被接待点餐的时间不超过1分钟,而顾客点餐至拿到食物的时间不超过30秒。

服务操作规范是指对接待顾客的程序和语言有明确的要求。

为顾客提供清洁的就餐环境是现代快餐服务规范化的重要内容,且已成为一些世界著名西式快餐与众不同的特色。它们将清洁卫生(包括食品和环境)视为至高无上的追求目标,已超出一般餐饮店对清洁卫生的要求,在这方面有非常严格的详尽的规章制度。

3.管理科学化

以世界著名西式快餐为代表的现代快餐有一整套科学的管理体系,包括总部督导管理、分店营运管理、中央厨房生产管理和配送中心物流管理。以先进的技术和科学的管理为支撑是现代西式快餐成功的重要原因。

4.经营连锁化

连锁经营是现代快餐采用的经营方式。它是由总部、中央厨房、配送中心和多家分店组成的联合体形式,通过统一控制和规模经营,降低成本费用,实现规模经济效益。

## 三、现代中式快餐

### (一)中式快餐概述

1987年,肯德基在北京开设了它在中国的第一家分店。西式快餐涌入国门,不仅给国人带来了崭新的现代餐饮形式以及现代快餐的理念,而且也促进了中式快餐的兴起。一时间,中国大地上各种快餐店此起彼伏。然而不少经营者对快餐的本质和运作特点却认识不清,仍然囿于传统餐饮的框架中。一些曾经风光一时的快餐企业由于投资失误、管理失控、盲目扩张而败走麦城。快餐涉足者开始对中式快餐发展初期的成败得失进行反思,不得不承认中式快餐同洋快餐相比,在理念与运作上的差距。

中式快餐发展中存在的主要问题可归纳为:缺乏理论指导和专业人才;未形成生产的标准化与工业化,设备落后;连锁经营体系有待进一步完善;技术开发困难;管理体系薄弱;品牌建立和经营扩大缺乏管理与技术支撑等,这些都是中式快餐在发展中亟待解决的问题。

值得欣慰的是,近年来随着一批中式快餐品牌企业在奋进中崛起,上述状况已经有了可喜的变化,标志着中式快餐已发展到了一个新的阶段。

当前,中式快餐已经成为我国餐饮及快餐市场上一支充满活力的生力军。中式快餐更加贴近中国老百姓的饮食习惯,因而有着巨大的发展空间。

### (二)中式快餐菜品的来源

中式快餐菜品并非无本之木、无源之水,它的前身是传统餐饮餐桌上的菜品。西式快餐的菜品如炸鸡、汉堡、三明治等,来源于西餐中的大众菜品,只不过现代科技工业化生产赋予了它新的运作形式;同样,中式快餐亦根植于中式餐饮的土壤,我们可从传统中式餐饮菜品中挖掘并转化出中式快餐的菜品。

### (三)中式快餐菜品的选型

**1.选型的原则**

(1)特色性:特色性即差异性,是菜品的卖点,涉及快餐的定位与创新,也是快餐企业生存与发展的基础。

(2)大众性:菜品有时会带有地域菜系的特点,但须考虑地域性与广域性的结合,让更多的顾客能接受并喜爱。

(3)适应性:包括能适应快餐工业化、标准化的生产方式,原料容易获得,较易选择相应的设备等。

**2.影响选型的因素**

(1)产品定位:消费群收入(白领、工薪等),年龄层(儿童、青少年、成人等),销售地区(闹市、社区等),菜品种类及地域性等。

(2)原料来源:稳定性,数量,价格成本,供应渠道,季节性等。

(3)工艺兼容性:加工工艺的可行性,对原有设备和原料的兼容性,即是否可共享原有生产平台,不增加或少增加新设备的投资。

### (四)中式快餐发展的多元化模式

中式快餐不像西式快餐那样呈现出较为固定单一的品种和经营模式。当前,中式快餐在国内餐饮市场上已经成多元化格局,给经营和消费者以更多的选择。

**1.菜品的多样化与个性化**

(1)中餐菜系品种丰富与地域化特性。中国餐饮业历史悠久、博大精深,决定了中式快餐丰富的菜品资源和菜品风格。与传统餐饮相同,中式快餐也具有地域化属性。在各大菜系的源头地区,快餐具有当地菜点的风味特色,同时随着地区之间经济文化的交流,亦融入了外地菜系的特点。而在经济发达、移民集聚的大城市,更是荟萃了各地的风味特色快餐。

(2)多种快餐菜式类型。传承中国传统餐饮,中式快餐菜式或定位也是多种多样的,总的市场类型分为单一型和组合型。

单一型快餐具有明确的主菜品种,并常常以此命名,如水饺快餐、馄饨快餐、粥饼快餐、蒸菜快餐等。在单一型快餐中也有辅佐主菜的配餐菜品,如凉菜等。

组合型快餐的菜品种类十分丰富,且不分主菜类型,如炒饭、炒面、汤面、包点、凉菜、小炒、粥类、汤类等,品种多达数十种。

**2.主流餐饮快餐——堂食、送餐、团膳等快餐**

目前,在国内快餐市场上,堂食、送餐和团膳是中式快餐的三种主要形式。堂食与送餐和团膳的本质区别在于其终端是完全市场化的分店销售形式。团膳的主要经营形式是承包单位食堂,故经营较为封闭。三者在兼营上也有交叉,如堂食可兼营送餐,而送餐也可兼营团膳。它们都可参与会议、大型团体活动及展览等的送餐或供餐业务。

堂食连锁快餐必须有中央厨房,其职能是将原料加工为半成品;送餐快餐无店面销售,准确说来,它的中央厨房应称为菜品加工厂(点),将原料加工为成品,再提供给顾客,加工厂一般按送餐区域分散布点,如需要,也可另设中央厨房,统一进行原料初加工和半成品(包括调味料、卤制品等)制作;团膳的菜品加工在所承包的单位食堂厨房,往往无中央厨房。

**3.另类餐饮快餐——休闲快餐**

休闲餐饮(Casual Dinging)在欧美是一种以"休闲、舒适、情趣、品位"为主题的餐饮模式,近年来正在国内兴起和流行。精致的装修、悦目的饰物、柔和的灯光、淡淡的音乐,营造出温馨、浪漫、优雅的氛围。客人可以一边品咖啡、茶、美味佳肴,一边同朋友、亲人叙旧聊天,看书读报,甚至独自沉思,让人在休闲的环境中,感受着舒适、自在和放松。这种充满情调的饮食文化深得白领、文化人士的青睐,并成为一种时尚的生活方式。这种饮食观念的改变,即休闲消费需求,使得休闲餐饮应运而生,并成功地赢得了市场,成为当前餐饮发展的新亮点。

目前国内出现的休闲餐饮或休闲快餐以西式风格为主,但也有中式风格的情调餐厅,中式休闲快餐仍可作为中式快餐经营的一种选择。国内较为流行的休闲餐饮有:

(1)休闲咖啡屋。咖啡对于西方人,就像茶对于中国人,是一种最传统的休闲饮料。这种纯粹的西方文化已被国人所接受。如今,在国内大城市中,咖啡厅已随处可见。

(2)餐吧。餐吧是由酒吧增加餐、点发展而来,供应的餐品主要是快餐,如汉堡、比萨、三明治等。有的餐吧还增设了商务套餐,包括中式套餐。

餐吧的装饰仍然保留了酒吧的格调。餐厅设有吧台与餐桌,餐桌还可以延伸至室外。

(3)迷你西餐厅。迷你西餐厅是小型化的西餐厅。餐厅面积在50平方米左右,装饰简单,但布置极为温馨、幽雅,贴近家庭的装饰格调。餐厅的一角设有长沙发、茶几与书刊杂志,夜晚的烛光更增添了几分浪漫的情调,使得白领、文化人士及外宾经常光顾于此。

迷你西餐厅的菜品主要有沙拉、牛扒、烤鸡等西式菜品,主食有炒饭、米粉、比萨和三明治,还有流行的餐后甜点。

(4)中西简餐。所谓中西简餐有两层含义。一是餐厅兼营中餐与西餐;二是菜品具有中西融合的特色,如接近中餐口味的西餐,中菜西烹或西菜中做。

中西简餐的餐厅装饰简洁、平易近人。餐厅布局可划分为中餐区与西餐区,也可中西供餐一体化。

简餐顾名思义是中西传统菜品中制作简单但又流行的大众菜品,如中菜中具有大众口味的小炒、炒饭以及面点和汤品;西菜有牛扒、猪排、扒鱼、奶油蘑菇汤、奶油土豆汤等大众西式菜品和汤品以及面包、三明治和冰激凌等。

(5)茶餐厅。从单纯的茶楼发展到经营菜点的餐厅名为茶餐厅。茶餐厅实际上源于港式文化,最初流行于我国香港,继而广东,近年来逐渐扩展到内地。

茶餐厅的经营有较大的灵活性,餐厅面积可大可小,风格可接近简餐餐厅,也可接近于典型的休闲餐厅。

茶餐厅的菜品十分丰富,饮料有名茶、奶茶、果茶和鲜榨果汁,菜品包括小炒、蒸菜、广式煲仔饭、煲粥、煲汤、炒饭、面条、盖浇饭以及精致小点心。

# 第三节　药　膳

## 一、药膳的起源和发展

中国药膳不是食物与中药的简单相加,而是在中医辨证配膳理论指导下,由药物、食物和调料三者精制而成的一种既有药物功效,又有食品美味,用以防病治病、强身益寿的特殊食品。

中国药膳源远流长。古代关于"神农尝百草"的传说,反映了早在远古时代中华民族就在开始探索食物和药物的功用,故有"医食同源"之说。公元前 1000 多年的周朝就有"食医",即通过调配膳食为帝王的养生、保健服务。战国时期的中医经典著作《黄帝内经》载药膳方数则。秦汉时期,我国现存最早的药学专著《神农本草经》记载了许多既是药物又是食物的品种,如大枣、芝麻、山药、葡萄、核桃、百合、生姜、薏仁等。东汉医圣张仲景在《伤寒杂病论》中亦载有一些药膳名方,如当归生姜羊肉汤、百合鸡子黄汤、猪肤汤等,至今仍有实用价值。唐代名医孙思邈的《备急千金要方》和《千金翼方》专列有"食治"、"养老食疗"等门,药膳方十分丰富。据史书记载,至隋唐时期,我国已有食疗专著约 60 余种,惜多散佚。唐代孟诜所著《食疗本草》是我国现存最早的食疗专著,对后世影响较大。

至宋代,王怀隐等编辑的《太平圣惠方》论述了许多疾病的药膳疗法;陈直的

《养老寿亲书》是我国现存的早期老年医学专著,在其所载的方剂中,药膳方约占70%。该书强调:"凡老人之患,宜先以食治,食治未愈,然后命药。"元代御医忽思慧所著的药膳专书《饮膳正要》,药膳方和食疗药十分丰富,并有妊娠食忌、乳母食忌、饮酒避忌等内容。至明代,李时珍在《本草纲目》中收载了许多药膳方,仅药粥、药酒就各有数十则;高濂的养生学专著《遵生八笺》也载有不少养生保健药膳。清代的药膳专著各有特色,如王士雄的《随息居饮食谱》介绍了药用食物 7 门 300 余种;章穆的《调疾饮食辩》所涉及的药用食物更多;袁枚的《随园食单》介绍了多种药膳的烹调原理和方法,曹庭栋的《老老恒言》(又名《养生随笔》)中则列出老年保健药粥百种。

药膳的品种在传统工艺的基础上正在不断增加,如药膳罐头、药膳糖果等。结合现代科研成果制成的具有治疗作用的食品、饮料,品种繁多,各具特色,既有适合糖尿病、肥胖者和心血管疾病患者服食的药膳食品,也有适合运动员、演员和矿工等服食的保健饮料,还有促进儿童健康发育或用于老人延年益寿的保健食品或药膳。

中国药膳开始走向世界,不少药膳罐头和中药保健饮料、药酒等已销往国际市场。有的国家已经开设药膳餐厅。国际上一些学术界和工商界人士十分关注中国药膳这一特殊食品,希望能开展这方面的学术交流与技术合作。中国药膳将为世界人民的健康作出贡献。

## 二、药膳的类别

### (一)特制药膳

根据特定配方,如古方、宫廷方、民间方等配制的药膳,往往具有某种特定的治疗或滋补保健功能。它按照一定的配方,选用特定药物作原料,经过精心炮制加工,再与特定的食物配合烹调而成。如:汉末《金匮要略》中的"当归生姜羊肉汤",用当归、生姜、羊肉煮汤服食,可治血虚寒疝、产后腹痛。

### (二)饭食点心

饭食点心是具有防治疾病和某种保健功能的充饥主食,或为消闲零星食品。有的杂有药物或全无药物。传统食疗药膳中,饭食、点心甚多,有不少品种,名称繁多,散见于古代医学或食治等书籍记载中。以元代的《饮膳正要》一书为例,其中"聚珍异馔"所载的就有粉面、馒头、包子、馄饨、饼等。

### (三)药膳菜肴

药膳以菜肴形式出现最常见。各种水陆百珍,山海野味,荤素菜肴,都可与中药制成药膳。我国近 5000 种中药材中,可用于制成药膳的,约有 500 种,其中常用的如冬虫夏草、人参、黄芪、枸杞子、天麻、山药、茯苓、首乌、海马、海龙、燕窝、当归、白术、熊掌、珍珠粉等。近代药膳菜发展迅速,且与营养学结合起来,形成现代食疗药保健宴肴。这些药膳菜肴注意膳食营养素分配的平衡,热量适中,加入的药物按照中医理论为指导,使五味调和,性味相胜,同时还注意饮食的色味形之美。近年来的福寿宴、青春健美宴都是药膳中的代表。其中名菜如山海双参、枫桥夜糟、神农百草艺术拼盘等,已名扬中外,脍炙人口。

**(四)药膳饮品**

古代传统饮品以药制成汤、饮酒、浆、乳、茶、露、汁的甚多。

**1.汤**

元代《十药神书》中的"大枣人参汤",用人参和大枣隔水炖制而成。《千金翼方》中的"耆望汤",用生姜、薤白、酒、白蜜、油、椒、胡麻仁、橙汁、豉、糖共煮沸,冷却后装入瓷器中密封,以便服用,有延年益寿的功效。

**2.酒剂**

酒剂是用药和有药效作用的食物浸泡于酒中后过滤而成。如清代《食鉴本草》中的"猪肾酒",以童便2盏加酒1盅、猪肾1副,盛瓦瓶中泥封,用慢火煨熟,开瓶食腰子饮酒,能治肾虚腰痛。

**3.乳品**

常用人、牛、羊、马等乳,以乳类制品与药物制成,具有保健治病作用。

**4.茶**

茶多为茶膏与少许药物混合制成。可用于某些食治食养。如《饮膳正要》中的枸杞茶、玉磨茶、金字茶、紫笋雀舌茶、川寮茶、藤茶、燕尾茶等。近代的减肥茶、降脂茶等,多属于传统药茶基础上的创新茶类。

**5.露**

露是用各种果、瓜、菜、草、木、花、叶诸品之卤,取其新鲜及时,依法入甑蒸馏,所得液体名之为露。清《随息居饮食谱》记载:"诸露生津解热,诚为妙岳。"如常用的金银花露、地骨皮露等,都有清热生津作用。

**6.饮**

饮是指将瓜果茎、根等挤压而得的汁。如五十饮,是用甘蔗、鸭梨、鲜芦根、生荸荠、生藕等挤出母汁,具有清热养阴,生津止渴的效用,是高热患者的良好饮料。

**三、药膳的特点**

**(一)注重整体,辨证施食**

所谓"注重整体"、"辨证施食",即在运用药膳时,首先要全面分析患者的体质、健康状况、患病性质、季节时令、地理环境等多方面情况,判断其基本症状,然后再确定相应的食疗原则,给予适当的药膳治疗。如慢性胃炎患者,若属胃寒者,宜服良附粥;属胃阴虚者,则服玉石梅楂饮等。

### (二)防治兼宜,效果显著

药膳既可治病,又可强身防病,这是有别于药物治疗的特点之一。药膳尽管多是平和之品,但其防治疾病和健身养生的效果却是比较显著的。如莱阳梨香菇补精,是由莱阳梨汁和香菇、银耳提取物制成,中老年慢性病患者服后不仅能显著改善各种症状,而且可使高脂血症者血脂下降,并可使免疫功能得到改善。

### (三)良药可口,服食方便

由于中药汤剂多有苦味,故民间有"良药苦口"之说。有些人,特别是儿童多畏其苦而拒绝服药。而药膳使用的多为药、食两用之品,且有食品的色、香、味等特性。即使加入了部分药材,由于注意了药物性味的选择,并通过与食物的调配及精细的烹调,仍可制成美味可口的药膳,故谓"良药可口,服食方便"。

## 四、药膳的制作与烹调

药膳具体制作烹调可分为食品和药品的预加工和烹饪两个主要过程。

### (一)药膳制作的预加工

#### 1.配料

配料可以分为治疗性或辅治性药膳的配料和滋补预防保健性药膳的配料。前者主要将有某种相同或有协同作用的药、食物组合在一起,而起针对某一病症的治疗作用或辅治作用。例如,当归乌骨鸡,将当归和乌骨鸡配在一起,加生姜、黄酒、花椒等作调味料,以增加健脾、温肾、补血、养颜的作用。当归可先用黄酒浸泡后备用。这样药膳补血、养颜的治疗作用可以大大加强。又如双仁芝麻粥,先将芝麻、核桃及松子打碎炒香,再与粳米同煮粥。如此配合具有辅治便秘、润肠通便的效用。再如补肾双鞭膏,将牛鞭、狗鞭、淫羊藿和巴戟天配合一起调制,具有补肾的功效。

#### 2.药物预处理

不少药食品要根据功用及色、香、味、形的不同要求先作必要的处理,如泡发、清洗、烫焯、预煮、预炒、蜜炙、水炙、切配等步骤。经过预处理后的药和食物可以进行烹调而制成药膳。

### (二)药膳的形式

伊尹著《汤液论》是药膳的始祖,因此古代药膳都是以汤液为主。其优点是使药物的有效成分能充分溶于汤中而发挥其功效。随着生产的发展,食物日益丰富,各种肴馔饮食形式和品种不断增多,目前的药膳大致可分为见药型药膳、不见药型药膳和混合型药膳。

#### 1.见药型药膳

见药型药膳在菜肴中可以见到加入的药物,这些药物多半也可食用。如人参、冬虫夏草、西洋参、枸杞子、麦冬、山药、茯苓、玉竹。有些虽不能吃但可以作为点缀,增加菜肴的艺术性和观赏性,如灵芝、竹叶、菊花、梅花、天竺子、钩藤等。可食用的药物大都是煎汁入膳,其煎过的药渣有较佳外形的,可以用来装饰菜肴,以使人觉得确是药膳,从而产生信任其效用的心理效应。

**2.不见药型药膳**

不见药型药膳是将药汁、药露、药的粉末加入菜肴中,未能见到原来药物形态的药膳。这种药膳因药渣已除,食者看不到菜中有药,若不加说明,可能产生菜中无药的错觉,因此在供应时应加以说明。

**3.混合型药膳**

混合型药膳菜肴中既有药的露汁、粉末,同时也有能见的药物形态。

**(三)药膳的烹饪和调味**

药膳常用炖、煨、蒸等方法烹调,这样可使药物在较长的加温过程中,释出尽量多的有效成分。也可将药物先行煎汁,取其有效浓汁,在食物烹调过程中加入,这样食物的烹调形式可以不受任何限制,煎、炸、爆、炒、烩、蒸、炖、焖等烹调方法都可根据需要选用,甚至有不少菜肴也可凉拌。

药膳的调味,一般以保持原料本身所具有的鲜味为主,不宜多用调味品来掩盖其本来的鲜美味道。对本身有腥膻味的药、食物,如鸡、龟、鳖、鱼、牛、羊肉、鹿肉、牛鞭、狗鞭等,应用葱、姜、酒等调味。原料本身味淡的,如海参、鱼肚、蹄筋、燕窝等,可加调味品调味。总之,药膳制作的特点是以药物和食物的原汁、原味为主,适当辅以作料来调整其色、香、味、形,做到既有治疗滋补作用,又鲜美可口,诱人食欲。

**(四)药膳组餐**

根据中医理论,将正常人分成不同的体质,然后根据个人体质的特点,选择合适的食物。人们若能经常按照辨证施食的原则和要求来选食就膳,就能调整体质阴阳方面的偏胜偏衰,防病于未然,从而起到保健作用。

正常成人阴阳无偏胜偏衰,内环境谐和,机体趋于平衡状态。但不少人存在着轻度的阴阳不平衡,不过尚未达到整体的失衡和疾病状态,而是表现为不同的体质属性,最多的是偏寒和偏热两种体质属性,介乎两者之间则属于正常。

**五、药膳适用范围**

药膳的最大特点是变"良药苦口"为"良药可口",使人们在品尝它们时,不知不觉地得到保健治疗作用。但药膳与一般膳食的最大不同点是不能随意食用,要根据"辨证用膳"的原则,根据不同的疾病及病人的不同体质来选择。

药膳具有一定的局限性,急病和重病若仅用药膳,往往收不到立竿见影的效果。故食用者若患疑难重病,应及时就医,以免贻误病情。药膳只适用于下列情况:

首先,许多急性病的恢复期。经治疗后大病虽去,元气已虚,适当服用药膳可促进机体的康复。

其次,慢性病的治疗和急性病的辅助治疗。在用中西药治疗的同时,适当服用药膳,对消除症状、恢复健康,往往会收到事半功倍的效果。

最后,禀赋不足、体质虚弱之人的强身和正常人的保健益寿。

### 六、食用药膳应注意的事项

由于药物和食物不同,食用时必须坚持"辨证施治、对症下药"的原则。

#### (一)择时施膳

药膳有滋补作用。为充分发挥药物功效,药膳宜在饭前半小时,即空腹时食用;而心脏病患者因有特殊性,某些药膳可在饭后半小时食用。

#### (二)按季进补

春季万物复苏,宜升补;夏季炎热,宜清补;秋季凉爽,宜平补;冬季寒冷,宜滋补。

#### (三)适量进膳

药膳有寒热温凉、功效主治、制法、用量等区别,因而要掌握好各种药物、食物的量。服食不可过量,若长期无节制地食用,也会吃出病来。

#### (四)单一食疗

每一种食疗方都有其配伍禁忌,如果进食过杂,药性相互矛盾,就不会起到治病、健身的作用。因而药膳不可数方同食。

鉴于药膳并非普通饮食,食用时最好经有经验的中医指导,合理选食,不要盲目进食。

### 七、药膳配方

#### (一)传统配方

**1.五元神仙鸡**

简介:五元神仙鸡,又名"五元全鸡"。清《调鼎集》上曾载有"神仙鸡"的制法:"治净,入钵,和酱油,隔汤干炖。嫩鸡肚填黄芪数钱,干蒸,更益人。"即用鸡加黄芪蒸制,具有较强的滋补功效,常食可强壮身体,延年益寿,故名神仙鸡。清同治年间,湖南地区就开始烹制五元神仙鸡,由长沙著名的曲园酒楼所创。它在原制法的基础上加荔枝、桂圆、红枣、莲子、枸杞子,故名"五元神仙鸡"。这家酒楼在抗日战争期间迁至南京,新中国成立后迁到北京,现在是首都著名的湖南风味菜馆。它早年经营的五元神仙鸡也是最著名的特色菜肴之一。

原料:嫩母鸡、桂圆、荔枝、红枣、莲子肉、枸杞子、冰糖、胡椒粉、精盐。

特点:具有较强的滋补功能。

### 2.龟羊汤

**简介**：乌龟在上古时期曾被列作"四灵"之一，"四灵"即麟、凤、龙、龟。麟、凤、龙古人视为"神灵"，乌龟被视为"灵物"，均不可食，但到春秋战国时期，已被作为珍肴食用。《楚辞·招魂》就有"露鸡月霍虫崔（卤鸡和烧大龟）"的记载。到明代，乌龟不仅入药，而且把龟肉作为食疗佳品。李时珍在《本草纲目》中记载，龟肉"甘、酸、温，无毒……煮食，除湿痹、风痹、身肿、折。治筋骨痛及一二十年寒嗽"。

自宋至元，宫廷御医均用羊肉制作滋补佳肴。元代还用羊肉与团鱼制汤作食疗。元代宫廷饮食太医忽思慧在《饮膳正要》中就记载了用羊肉相配团鱼汤一菜的制法。故用羊肉与乌龟共煮，是一道珍贵的滋味名馐。

**原料**：羊肉、龟肉、党参、枸杞子、附片、当归、冰糖、绍酒、葱节、姜片、胡椒粉、味精、精盐、熟猪油。

**特点**：汤汁浓醇，肉质酥烂，滋味鲜美。配以各种药料，具有滋补功效。

### 3.珍珠鹿尾汤

**简介**：鹿尾是由马鹿或梅花鹿尾巴干制而成，其内部毛细血管丰富，富含血质，中医认为具有滋阴壮阳之功效，因而成为人们喜爱的滋补佳品。《随园食单》中"鹿尾"条载，"文端品味以鹿尾为第一"，并认为"其最佳处在尾上一道浆耳"。鹿尾可清蒸、红烧、氽汤、烩羹或炖，制馔前都要先经胀发过程，是运用氽法烹制而成的汤菜。

**原料**：鹿尾、鱼肉、鲜笋花、清汤、湿冬菇、绍酒、芝麻油、干淀粉、精盐、味精、花椒水。

**特点**：汤清澈，味鲜美，口感爽滑，造型美观。

### 4.虫草炖蚬鸭

**简介**：虫草炖蚬鸭是一款养生食疗的佳品。虫草即冬虫草，全称为冬虫夏草，属子囊苗纲肉座菌目麦角菌科虫草属冬虫夏草菌。这种菌寄生在鳞翅目蝙蝠蛾科昆虫幼虫体内生长发育，形成虫与菌的混合体。冬虫草味甘滋补，性温助阳，归肺、肾二经，既滋肺阴又补肾阳，为一味平补阴阳之品。蚬鸭即野鸭，又叫水鸭，为鸭科绿头鸭，清代《调鼎集》记述："广东晚水鸭又叫蚬鸭，大者叫蚬鸭……家鸭取其肥，野鸭取其香。"蚬鸭也有滋补作用，与冬虫草配伍，既可增强冬虫草之功效，又可使汤品味道鲜香可口。

**原料**：蚬鸭、冬虫草、火腿、瘦肉、姜块、葱段、姜汁酒、绍酒、清汤、精盐、味精、胡椒粉、花生油。

**特点**：汤清味鲜，色泽淡黄，肉料软嫩，有滋补作用。

### （二）创新配方

### 1.肉苁蓉烧兔肉

**原料**：肉苁蓉、兔肉、料酒、酱油、姜、葱、盐、味精、白糖、上汤、油。

将肉苁蓉洗净,去鳞片,切薄片;兔肉洗净,剁成 3 厘米见方的块;莴苣头去皮洗净,切块;姜洗净切片,葱洗净切段。炒锅置武火上烧热,加入植物油,烧六成热,放入兔肉略翻炒,放入肉苁蓉、料酒、酱油、白糖、盐、味精,加上汤烧熟,装盘即可。

功用:补肾益精,润燥通便,壮阳。

2.枸杞烧牛肉

原料:枸杞子、牛肉、小白菜、料酒、酱油、姜、葱、盐、白糖、味精、上汤、植物油。

将枸杞子去果柄、杂质,洗净;牛肉洗净,切块;小白菜洗净,用盐、味精煮熟,沥干水分,摆在盘子周围;姜洗净切片,葱洗净切段。炒锅置武火上烧热,加入植物油,烧六成热,下入葱、姜爆香,再加入牛肉、料酒、酱油、白糖、上汤烧熟。放入枸杞、盐、味精炒匀,盛入小白菜盘子中间,装饰上桌即可。

功用:补肝肾,明眼目,增气力。

3.荷叶凤脯

原料:鸡脯肉、鲜荷叶、水发蘑菇、火腿、盐、白糖、味精、香油、鸡油、料酒、胡椒粉、淀粉、姜、葱。

鸡脯肉、蘑菇分别洗净,片成薄片,火腿切片,姜切片,葱切成葱花,荷叶洗净,用开水稍烫一下,去掉梗,切成三角形的荷叶。蘑菇用开水余透捞出,用冷水冲凉。把鸡肉、蘑菇一起放入盘内加盐、味精、白糖、胡椒面、料酒、香油、鸡油、淀粉、姜片、葱花搅拌均匀,然后把鸡肉、蘑菇分放在三角形荷叶上,再加上一片火腿,包成长方形的包,摆在盘内,上笼蒸约 1 小时。出笼后可将原盘翻于另一干净的盘内,即可拆包食用。

功用:荷叶具有健脾利湿、祛痰化浊的功效,和鸡肉、蘑菇、火腿同食,具有补益强身、解暑利湿之功效。

4.二冬丝瓜豆腐

原料:天门冬、麦门冬、嫩丝瓜、嫩豆腐、油、酱油、白糖、高汤、味精、盐、水淀粉、葱花。

将丝瓜刮去外皮,洗净,切菱形刀块。豆腐洗净,切小方块,放在开水锅中煮 1 分钟捞起。将天门冬和麦门冬加水小火煎约 30 分钟,浓缩成汁液。把炒锅放在大火上,倒油烧热后放入丝瓜,炒到丝瓜发软,加入高汤、葱花、糖、酱油、盐,烧开后放入豆腐,小火焖 2 分钟后,加入味精、二冬浓缩汁及水淀粉勾芡,略煮即可。

功用:豆腐甘平,丝瓜性凉味甘,清湿热,凉血热,调中益气;在《本草纲目》中说天门冬"煮食之,令人肌体滑泽白净,除身上一切恶气不洁之疾"。麦门冬与天门冬作用相近,同有养阴润肺之功,麦门冬兼能滋胃阴,降心火;天门冬兼能滋补肾阴。

5.火锅菊花鱼片

原料:鲜菊花、鲜鲤鱼、鸡蛋、鸡汤、盐、料酒、胡椒面、香油、姜、醋各适量。

白菊花去蒂,摘下花瓣,拣出焦黄或沾有杂质的花瓣不用。将花瓣放入冷水内漂洗 20 分钟,沥尽水分备用。将鲤鱼洗净,切成薄片备用。将鸡汤、调料一并放入火锅内烧开,把鱼片投入汤内,待五六分钟后,打开火锅盖,再抓一些菊花投入火锅内,立即盖好,再过 5 分钟则可食用。

功用:祛风明目。菊花具有散风清热、平肝明目的作用,适用于风热袭人或肝火旺盛引起症状;鲤鱼可健脾益气、利水消肿、安胎、通乳、清热解毒、止嗽下气,用于脾虚水肿,小便不利,乳汁不通,咳嗽气逆等。

### 6.枸杞核桃仁鸡丁

原料:枸杞子、核桃仁、鸡肉、鸡蛋、盐、味精、白糖、胡椒粉、鸡汤、香油、水淀粉、料酒、猪油、姜、葱、蒜。

将鸡肉洗净,去皮,切成小块;枸杞子洗净;核桃仁用沸水氽去皮;姜、葱、蒜洗净,切成片;鸡蛋去黄,留蛋清于碗内。把鸡丁用盐、料酒、味精、胡椒粉、鸡汤、香油、水淀粉兑成的汁液腌渍。将去皮核桃仁用温油炸透,兑入枸杞,即起锅沥干油分。锅烧热注入猪油,待五成热时投入鸡丁,快速滑透,倒入漏勺,沥去油。锅再置火上,放热油,投入姜、葱、蒜爆香,再放入鸡丁,接着倒入汁液速炒后投入核桃仁炒熟即可。

功用:滋补肝肾,益气养血。枸杞子有滋补肝肾、润肺明目功效,可用于肝肾亏损引起的诸症;核桃仁有健胃补肝肾、润肺补血、延年益寿等功效。鸡肉可补虚暖胃、补肝肾、强筋骨,具有丰富的营养价值。鸡蛋可养心安神志,滋阴润燥。

### 7.当归生姜羊肉汤

原料:当归、姜、羊肉(或牛肉、牛骨)、盐。

将姜和羊肉分别洗净,姜拍松,羊肉切块,和当归一起加水适量,共炖熟加盐调味即可。

功用:当归补血活血;羊肉是温补食物,可增进体力,改善新陈代谢,滋补肾气。羊肉所含蛋白质为优质的完全蛋白质,容易被人体吸收利用。

### 8.花雕酒烧白鳝

原料:白鳝、花雕酒、糖、盐、味精、蒜、洋葱。

将白鳝宰杀取肉切成长条,洋葱切成块状,油锅加热,放入油将白鳝滑透捞出,然后锅内放入花雕酒、白鳝和调料,小火焖 5 分钟调好口味,装入酒精锅内即成。

功用:舒筋活血,强筋健骨,增强腰力及脚力。

# 第四节　茶　膳

### 一、茶膳起源

茶膳是将茶作为食品、菜肴、小点和饮料的制法和食用方法的总和,是食文化与茶文化融合发展的结晶,是特色中餐。

茶叶最早是作为食用和药用的。记载最早的是《神农本草经》,书中指出:"神农尝百草,日遇七十二毒,得茶而解之。"这是说神农尝百草时靠吃茶叶解毒。接着又把茶叶作为祭品,《周礼·地官》中记载:"掌茶"和"聚茶"就是说供茶事用的。齐武帝萧赜永明十一年遗诏中说:"我灵上慎勿以牲为祭,唯设饼、茶饮、干饭、酒脯而已。"这些记载说明茶叶发现后,首先解毒、祭品、药用,以后才是食品、饮用。在很长的一段时间里,茶叶成了灵丹妙药。日本荣西禅师到中国留学,回国后于1911年出版《吃茶养生记》,书中说:"茶也,养生之仙药也,延年之妙术也……古今之仙药也。"

药食同源,茶在药用的同时也就开始了食用。《柴与茶博灵》中记载:"茶可食,去苦味二三次,淘净,油盐姜醋调食。"《膳夫经手录》中也说:"近晋宋以降,吴人采其叶煮,是为茗粥。至开元、天宝之间,稍稍有茶,至德、大历遂多,建中已后盛矣。"《救荒本草》更把茶叶作为一种食物充饥了,书中记载:"救饥,将茶叶嫩叶或冬生叶可煮粥食。"《茶经》中记载的《释道该说续名僧传》中说:"宋·释法瑶,姓杨氏,河东人,永嘉中过江遇沈台真,请真君武康小山寺,年垂悬车,饭所饮茶。永明中,敕吴兴,礼致上京,年七十九。"这是说在武康的小山寺里有一个姓杨的老和尚叫法瑶,年老只吃茶为食,齐武帝听到感到奇怪,就叫他进京亲见,一见后确是七十九的老和尚,靠吃茶养生长寿。

茶叶作为饮料大兴后,作为药用和食用相对减少,但不少地区和民族仍保留了吃茶的习惯。如《清稗类钞》中讲:"湘人于茶,不惟饮其汁,辄并茶叶而咀嚼之。人家有客至,必烹茶,若就壶斟之以奉客,为不敬。客去,启茶碗之盖,中无所有,盖茶叶已入腹矣。"直至今天,湖南人仍有吃"茶根"的习惯。

### 二、茶膳分类

茶膳具有多种形式。

#### (一)早膳茶

早膳茶可供应热饮和冷饮红茶、绿茶、乌龙茶、花茶、八宝茶、茶粥、茶面、茶奶、茶包、茶饺、茶蛋糕、茶饼干、炸茶元宵等。

#### (二)茶快餐

茶快餐包括茶面、茶饺、茶包等。汤可选一碗茶汤、一杯茶、一盒茶饮料。

#### (三)家常茶菜、茶饭

茶菜、茶饭包括熏茶笋、茗香排骨、松针枣、春芽龙须、鸡丝面等。

#### (四)特色茶宴

特色茶宴包括婚礼茶宴、生辰茶宴、毕业茶宴、庆功茶宴、春茶宴等。

### (五) 茶膳自助餐

茶膳自助餐可供应冷热菜 80 多种,茶饮、汤品 40 多种,茶冰激凌多种,还可自制茶香沙拉、茶酒等。

不管是哪种形式,茶膳总的分类不外乎茶叶食品、茶叶菜肴、茶叶小点、茶汤茶粥和茶叶酒水五大类。

### 三、茶膳实例

#### (一) 花丛鱼影

原料:安徽大别山小兰花茶叶、新鲜太湖银鱼、盐、太白粉适量。

方法:兰花茶用沸水冲泡,去其汁 1~2 次,沥干待用。银鱼用太白粉及盐少量拌和抓匀。锅内食油中量,烧至四成热后放入银鱼烹炸,至色微黄即起锅,仔细堆置于盘中央。兰花茶叶入油锅轻炸,至色变墨绿起锅,略撒精盐(或白糖)少许,拌匀后入盘围边即可。

特点:银鱼为湖鲜极品,色形俱佳;兰花茶为安徽名茶,产自山区无污染,茶质纯正。鱼茶相配,滋味清香鲜美,营养丰富。

#### (二) 荷香蛙鸣

原料:牛蛙、鸡蛋、荷叶、肉糜、茉莉龙珠茶、盐、味精、姜、葱、料酒等。

方法:龙珠茶用沸水冲泡至浓,取其二开汁水,调入盐、味精、姜、葱、料酒等调料。牛蛙去内脏,按肢体改刀成原状,浸泡于茶汁等调料中备用。盘内垫荷叶,打入完整鸡蛋。肉糜以茶汁等调料拌和,铺设于盘中围边。将浸泡的牛蛙取出以原形入盘,煮熟出锅后,以洋葱、菜心、香菜、樱桃等点饰为莲荷草果繁茂状即可。

特点:荷上卧蛙,月(鸡蛋)映其中,蕴"荷塘月色"意味,赏心悦目。铺设荷叶清香于外,浸泡茶汁清香于内,牛蛙嫩滑爽口,色、香、味、形均含文韵,为观赏菜肴。

#### (三) 银针献宝(鲍)

原料:新鲜鲍鱼、君山银针茶、精盐、味精少许、姜、葱、料酒等。

方法:鲍鱼剖开,切片,入精盐(稍咸之量)、味精、姜、葱、料酒等抓调后入锅。鲍鱼起锅前,沸水冲泡银针茶于透明玻璃杯,倒扣于平盘中央(先以盘紧密盖住杯口,再整体倒过来),使杯口与盘以空气压差吸附,茶不会外溢,茶叶呈悬浮状。鲍鱼起锅,围绕茶杯铺于盘中,精巧围边即可。

特点:此菜肴意趣为先,菜盘中初泡之银针菜悬浮于倒扣之杯,上下起落,恍若水中精灵之舞,为餐桌平添动感情趣,而鲍鱼略咸的口感,俟食者察觉,主人再略将茶杯掀起,溢出少许清香汁释之,化咸为鲜,鲍鱼之绝鲜,始得真味。

#### (四) 祁糖红藕

原料:祁门红茶、藕、糯米、冰糖、砂糖。

方法:祁门红茶取汁,糯米淘净,藕取较直的部分,切去一头,糯米、砂糖拌均匀,灌入藕孔拍实;藕段入锅,以水淹没上火,煮至开锅,改文火余煮3~4小时,放入茶叶、冰糖,再煮2~3小时即可。取出藕段待凉,切片,入盘,浇汁。

特点:藕茶相染,色气双馥,咬口弹性,甜而不腻;兼红茶养胃、莲藕富含营养,相得益彰,为小吃、佐酒之佳品。

### (五)观音送子

原料:松子仁、豌豆、花生仁、瓜子仁、玉米仁(合称五仁),铁观音茶叶、盐、味精适量。

方法:铁观音茶叶沸水冲泡,取二开汁适量。热油适量,五仁入锅,调适量盐、味精,放入茶汁,猛火急炒,茶汁被五仁基本吸收后起锅。

特点:色彩斑斓亮丽,视觉效果极佳,与"观音送子"之名协配,有喜人悦客之效。以匙舀食,味美爽口。

### (六)毛峰蒸鱼

原料:黄山峰茶、鲫鱼或武昌鱼一条、料酒、葱花、姜、精盐等作料适量。

方法:沸水冲泡茶叶,沥去汁,取茶叶待用。将茶叶塞入净鱼腹中,入盘,撒适量料酒、葱花、姜、精盐于鱼身。上笼锅蒸20分钟即可。

特点:茶叶清香浸渗入鱼,去腥提鲜,别具滋味,是饮酒佳肴。

### (七)红茶鸡丁

原料:红条茶、童子鸡脯肉、红干辣椒、淀粉、精盐等调料适量。

方法:沸水冲泡茶叶,沥去汁,取茶叶待用。红干辣椒洗净,切菱形片。鸡脯肉切丁,用少量湿淀粉、精盐腌制一下,开油锅,油温至500℃左右,鸡丁入锅过油至熟取出,将茶叶与干椒入锅煸炒,再将熟鸡丁入锅,与茶叶、干椒拌匀即可。

特点:此菜以红火取胜,红茶、红椒色浓味重,菜形清朗,暖意融融,是一道开胃助兴的"风景菜"。

### (八)龙井虾仁

原料:鲜河虾、新龙井茶、蛋清、绍酒、精盐、味精、湿淀粉、熟菜油。

方法:取河虾,去壳挤出虾肉。将虾肉放入小竹箩里,洗几遍,再放进碗内,加盐和蛋清,用筷子搅拌至起黏,加湿淀粉、味精搅拌匀。净置1小时,浸渍入味。茶叶置透明玻璃杯中,用沸水冲开,即滗出茶水,茶叶、茶水分置备用。炒锅烧热先下少量油滑锅,放虾仁再下熟菜油,至油四成熟时,即端锅,倒漏勺中沥油。再将虾仁倒锅中,后将茶叶茨水入锅烹酒,放入火上颠翻,炒熟入盘。

特点:虾仁白嫩,茶叶碧绿,清香味美。相传乾隆皇帝爱吃此菜。

### (九)翠螺蒜香骨

原料:翠螺茶叶、猪肋骨、蒜泥、料酒、葱花、精盐、淀粉等作料适量。

方法:沸水冲泡茶叶,取汁,茶叶切碎丝。茶汁调拌蒜泥、料酒、葱花、精盐、淀粉等成糊状。浸猪肋骨于调料,腌制约3小时后,拌入茶叶丝。开油锅,油温至

40℃~50℃,猪肋骨入锅浸炸,至断血取出,稍摊凉,再入锅热油烹炸,至深黄色,起锅围边。

特点:茶香、蒜香合成异香,闻之大开食欲,调料诸味深切入骨,食之爱不释手,老幼皆宜。

### (十)怡红快绿

原料:青红椒、鸡脯肉、红茶、蛋清、淀粉、盐、味精各适量,油、清汤少许。

方法:将鸡脯切成丁,用蛋清、淀粉抓匀,将青红椒去籽洗净成丁待用。锅内放油,上火烧热,将鸡丁放入滑散,随即放入青红椒,出锅滗净。锅放回火上,放油少许,将茶叶入锅爆香,放鸡丁、椒丁,加盐、味精、少许清汤、粉芡,炒匀出锅即成。

特点:此菜色彩艳丽,可使人联想起《红楼梦》中那些活泼欢快的姑娘。

### 本章小结

> 创新是生存之源泉。烹饪事业的进步、发展、生存依赖于不断地进行菜肴改革和创新,以创新赢得市场。
>
> 菜肴创新可以说是菜肴创造和菜肴革新,是烹饪工作者烹饪工作中的新构想、新观念的产生和运用,是利用形象思维的方法,进行全面观察、研究、分析,并对收集的材料加以选择、提炼、设计、构思,再利用一定的原料和烹饪技法,根据顾客的需求和餐饮企业的经营需要,加工创作出新菜品。
>
> 快餐是社会进步的必然产物,现代快餐于20世纪50年代产生于美国。现代中式快餐是在西式快餐的基础上发展起来的,现已经成为我国餐饮市场上一支充满活力的生力军。
>
> 药膳是以药物和食物为原料制成的一种具有食疗作用的膳食。药膳在中国已有上千年的历史,现代人根据饮食保健的现实生活需要,汲取了古今药膳配方之精华,创造出了更贴近人们生活需求的新的药膳配方。茶膳是食文化与茶文化融合发展的结晶。

### 思考与练习

1.试述现代餐饮现状。

2.现代餐饮的生产特点是什么?

3.菜品创新的基本原则是什么?

4.菜品创新的方法有哪些?试举例说明。

5.试述中式快餐发展的多元化模式。

6.中国药膳分几类？

7.中国药膳如何进行烹调和调味？

8.茶膳分几类？试举例说明。

**知识卡**

### 1.什么是绿色食品

绿色食品并不是指食品的颜色，而是指遵循可持续发展原则，按照特定的生产方式生产，经专门机构认定、许可使用绿色食品商标的无污染的安全、优质、营养类食品。绿色食品按照《中华人民共和国农业行业标准》( NY/T268~292—1995 和 NY/T418~437—2000 ) 由中国绿色食品发展中心统一认证，并有统一的质量认证商标，分为 A 级和 AA 级二种。绿色食品、绿色餐饮是我国今后食品发展的一个重要方向。与绿色食品近似的还有无公害食品、有机食品。无公害食品是指产地环境、生产过程和产品质量符合国家有关标准和规范要求，经认证合格的食品，即有毒有害物质含量不超过国家标准( 我国为农业部 2001 年制定的 NY5000~5073—2001 )。有机食品是在生产和加工过程中，不使用化学合成剂，生产调节剂，基因改造和核辐射技术的食品。美国使用的生态食品与有机食品相似。

### 2.什么是黑色食品

黑色食品是指黑褐色或深色的食品，如黑米、黑豆、紫菜、黑芝麻、黑木耳、乌骨鸡、发菜、蚂蚁、黑瓜子等，其营养保健作用较浅色食品强。

# 第五章

# 饮料概述

**知识要点**

1.了解酒类生产工艺。

2.了解饮料的一般分类。

3.掌握酒吧的饮料分类。

4.掌握酒的成分。

## 第一节　饮料分类

### 一、饮料一般分类

饮料可以分为两大类:含醇(指乙醇,即酒精)饮料和无醇饮料。

**(一)无醇饮料**

无醇饮料又称非酒精饮料或软饮料。软饮料按加工方式可分为:萃取型饮料、配制型饮料、采集型饮料、发酵型饮料。

1.萃取型饮料

萃取型饮料是将天然水果、蔬菜等经破碎、压榨,或经浸提(同流或逆流)、抽提等工艺制取的产品。常见的萃取型饮料有如下几种。

(1)浓缩果汁

浓缩果汁由新鲜、成熟的果实直接榨出,在不加糖、色素、防腐剂、香料、乳化剂以及人工甘剂的情况下经浓缩而成,饮用时可根据需要加入适量的稀释剂。如浓缩橙汁。

(2)纯天然果汁

纯天然果汁由新鲜、成熟的果实直接榨出,不浓缩、不稀释、不发酵。

(3)天然果浆

天然果浆是由水分较低及(或)黏度较高的果实,经破碎、筛滤后所得稠状加工制品。

（4）纯天然蔬菜汁

纯天然蔬菜汁指新鲜蔬菜经压榨,加水蒸煮或破碎筛滤所得的汁液。

（5）综合天然果蔬汁

综合天然果蔬汁指由天然果汁、天然果浆和天然蔬菜汁混合而成的饮料,其比例不限。

（6）果露

果露指加有糖及（或）香精、安定剂等稀释而制成的饮料。

2.配制型饮料

配制型饮料指天然原料与添加剂配制而成的饮料。常见的配制型饮料有如下几种。

（1）不含香料的碳酸饮料

如苏打水（Soda Water）。

（2）含香料碳酸饮料

含有水果香料的碳酸饮料,含果汁的碳酸饮料,含植物种子、根或药成分的碳酸饮料叫含香料碳酸饮料。

如:可乐（Coca Cola、Pepsi Cola）、汤力水（Tonic Water）、雪碧（Sprite）。

3.采集型饮料

采集型饮料是指采集天然资源,不需要加工或经简单加工而成的产品,如矿泉水。

矿泉水是从地下取出的、含有多种矿物质的泉水。它以水质好、无污染、营养丰富而备受欢迎。其味有微咸和微甜两种,饭前饮用,既清凉爽口,又可帮助消化。

4.发酵型饮料

发酵型饮料是天然原料经酵母或乳酸菌等发酵而成的产品（包括灭菌或不灭菌两种）,如酸奶等。

**（二）含醇饮料**

含醇饮料又称酒精饮料或硬饮料。酒精饮料是一种能使人兴奋、麻醉,并带有刺激性的特殊的饮料,通常称为酒。酒的种类五花八门,分类方法也不尽相同。

1.按酒的特点分类

按酒的特点可将酒分为白酒、黄酒、啤酒、果露酒、仿洋酒。

（1）白酒

白酒是以谷物或其他含有丰富淀粉的农副产品为原料,以酒曲为糖化发酵剂,以特殊的蒸馏器为酿造工具,经发酵蒸馏而成。白酒的度数一般在30度以上,无色透明,质地纯净,醇香甘美。

（2）黄酒

黄酒又称压榨酒,主要是以糯米和黍米为原料,通过特定的加工酿造过程,利用酒药曲(红曲、麦曲)浆水中的多种霉菌、酵母菌、细菌等微生物的共同作用而酿成的一种低度原汁酒。黄酒的度数一般在 12~18 度之间,色黄清亮,黄中带红,醇厚幽香,味感和谐。

(3)啤酒

啤酒是将大麦芽糖化后加入啤酒花(蛇麻草的雌花)、酵母菌酿制成的一种低度酒饮料。啤酒的度数一般在 2~8 度之间。

(4)果酒

果酒是以含糖分较高的水果为主要原料,经过发酵等工艺酿制而成的一种低酒精含量的原汁酒。其酒度多在 15 度左右。

(5)仿洋酒

仿洋酒是我国酿酒工业仿制国外名酒生产工艺所制造的酒,如金奖白兰地、味美思。

2.按酒的酿制方法分类

按酒的酿制方法可将酒分为蒸馏酒、酿造酒、配制酒。

(1)蒸馏酒

原料经过发酵后用蒸馏法制成的酒叫蒸馏酒。这类酒的酒度较高,一般在 30 度以上。如中国白酒,外国白兰地、威士忌、金酒、伏特加等。

(2)酿造酒

酿造酒又称发酵酒,是将原料发酵后直接提取或采取压榨法获取的酒。其酒度不高,一般不超过 15 度。如黄酒、果酒、啤酒、葡萄酒。

(3)配制酒

配制酒是以原汁酒或蒸馏酒作基酒,与酒精或非酒精物质进行勾兑,兼用浸泡、调和等多种手段调制成的酒。如药酒、露酒等。

3.按酒精含量分类

按酒精的含量可将酒分为高度酒、中度酒、低度酒。

(1)高度酒

酒液中酒精含量在 40%以上的酒为高度酒。如茅台、五粮液、汾酒、二锅头等。

(2)中度酒

酒液中酒精含量在 20%~40%之间的酒为中度酒。如竹叶青、米酒、黄酒等。

(3)低度酒

酒液中酒精含量在 20%以下的酒为低度酒。如葡萄酒、桂花陈酒、香槟酒和低度药酒。

## 二、酒吧饮料分类

酒吧对饮料的习惯分类是酒吧制作酒单的依据。

**（一）开胃酒或餐前酒（Aperitifs）**

开胃酒是指能够增进食欲的液体食品。随着时代的发展,特别是经济的发展,人们的饮酒习惯的变化,开胃酒渐渐被专门以蒸馏酒或葡萄酒作为酒基,再调入其他多种植物类香料,具有开胃和增加食欲的功能。

1.味美思（Vermouth）

味美思又名威末酒、苦艾酒。味美思采用以白葡萄酒为基酒,使用浸泡的方法,再调入各种香料后并加入食用酒精或糖和白兰地使酒度与糖度达到要求。

味美思按含糖量和颜色划分为干味美思（法文 Sec、意大利文 Secco、英文 Dry）,红味美思（法文 Rouge、英文 Red、意大利文 Rosso）,白味美思（法文 Blanc、意大利文 Bianco、英文 White）,玫瑰红味美思（Rose）。

2.比特酒（Bitter）

比特酒又名必打士、苦酒,以葡萄酒或酒精作基酒,调入多种香料调配制成。生产国家有法国、意大利、德国、英国、荷兰、美国等。

3.茴香酒（Anise）

茴香酒是用蒸馏酒和食用酒精与茴香油配制的,分为无色和染色两种,以法国产的茴香酒最著名。

**（二）雪利酒（Sherry）**

雪利酒产于西班牙,原名为 Xeres,后来才被英国人称为 Sherry,是世界上著名的甜食酒之一。

**（三）鸡尾酒（Cocktail）**

鸡尾酒是色、香、味、形极佳的精美艺术品,它由两种或两种以上的酒和辅料调制而成。

1.按鸡尾酒的饮用时间和酒精含量与分量分类

（1）餐前鸡尾酒、餐后和晚餐鸡尾酒、清晨和寝前鸡尾酒、俱乐部和香槟以及季节鸡尾酒等。

（2）长饮（Long Drink）、短饮（Short Drink）。

2.以饮用温度、调制鸡尾酒的基酒和基酒与非酒精饮料的相互组合划分

（1）冰镇鸡尾酒、常温鸡尾酒、加热鸡尾酒。

（2）白兰地类、威士忌类、金酒类、朗姆酒类、伏特加类、特基拉类、香槟类、葡萄酒类、利口酒类和中国酒类等。

（3）以一种基酒调入一种果汁或汽水之类的鸡尾酒类,以一种基酒和另一种基酒为辅调制的鸡尾酒,以一种或几种基酒与不同汽水、果汁等辅料调制而成的鸡尾酒。

3.酒吧按其配料及特点把鸡尾酒分类

热饮（Hot Drinks）;

奶类饮料(Cream Drinks);

葡萄酒和宾治(Wine Drinks and Punches);

利口酒类(Liqueur Drinks);

双料酒类(Bloody Mary);

烈酒调入混合饮料类(Liqur and Mixers);

酸酒(Sours);

马天尼和曼哈顿(Martini and Manhadon)。

### (四)烈酒(Spirits)

1.威士忌(Whisky)

威士忌是以大麦、黑麦、燕麦、小麦、玉米等各物为原料,经过发酵、蒸馏后再行装入橡木桶中陈酿制成的烈酒。

不同国家威士忌的拼写方法也有区别,在美国和爱尔兰写成 Whiskey,而加拿大和苏格兰则写成 Whisky。

2.白兰地(Brandy)

白兰地是以水果原料经发酵蒸馏而成的酒,通常是在白兰地前面冠水果名称,而现在习惯把葡萄酒蒸馏后放入橡木桶内再经过一定时间的陈酿而制成的酒称为白兰地。

3.朗姆酒(Rum)

朗姆酒将甘蔗制糖后的剩余产品即糖渣和糖蜜用作酿酒原料,把原料进行处理、发酵、蒸馏,装入橡木桶进行陈酿后,产生独特的色、香、味的一种蒸馏酒。朗姆酒分为:

白色朗姆酒(White Rum);

黑色朗姆酒(Dark Rum);

金色朗姆酒(Golden Rum)。

4.伏特加(Vodka)

伏特加主要以马铃薯、玉米、大麦、黑麦、小麦为酿酒原料,用精蒸馏方法蒸馏制成。主要品种有:

俄罗斯伏特加;

波兰伏特加;

其他地方伏特加,如美国、德国、芬兰等国生产的伏特加。

5.金酒(Gin)

金酒是以谷物为原料制成的蒸馏酒,在酒中加入杜松子的香料,也称杜松子酒,分为:

荷式金酒(Dutch Genever);

英式金酒(London Dry Gin)。

6.特基拉(Tequila)

特基拉是墨西哥的国酒,是以无刺仙人掌为酿酒原料制成的酒。

7.中国白酒

中国白酒(蒸馏酒)以谷物为原料,通过蒸煮、糖化、发酵、储存、勾兑制成。

## (五)利口酒(Liqueur)

利口酒是以中性谷物蒸馏酒或食用酒精为基酒,在这些基酒中加入各种有用树皮、植物的根、花叶、果皮、香草等多种香料,进行浸泡、蒸馏、陈酿等一系列复杂的工艺流程,再经过糖化(甜化)工艺处理(兑入1.5%的蜂蜜)配制生产得到一类含糖量高、香味浓郁的含酒精饮料。

1.按香米成分分

(1)草料利口酒(Liqueurs de Phants);

(2)种料利口酒(Liqueurs de Graines);

(3)果料利口酒(Liqueurs de Fruits)。

2.按酒精度数分

(1)普通类利口酒,酒精度20%~50%;

(2)精制类利口酒,酒精度25%~35%;

(3)特精制类利口酒,酒精度35%~45%。

3.按所用基酒分

(1)用朗姆酒为基酒的利口酒(Rum Based Liqueurs);

(2)用白兰地为基酒的利口酒(Brandy Based Liqueurs);

(3)用威士忌为基酒的利口酒(Whisky Based Liqueurs);

(4)用金酒为基酒的利口酒(Gin Besed Liqueurs);

(5)用中性俗物蒸馏酒为基酒的利口酒。

## (六)葡萄酒(Wine)和啤酒(Beer)

1.葡萄酒(Wine)

葡萄酒是以新鲜成熟的葡萄或葡萄汁经酵母发酵而制成的原汁酒。

(1)根据饮用时间和用途分:

餐前葡萄酒;

餐后葡萄酒;

佐餐葡萄酒。

(2)根据含糖量分:

半干葡萄酒(Semi Dry or Medium Dry Wine);

干葡萄酒(Dry Luine or See Wine);

半甜葡萄酒(Semi Sweet or Medium Swine, Demi Doux Wine);

甜葡萄酒(Sweet Luine or Doux Wine)。

（3）根据色泽分：

红葡萄酒（Red Wine）；

白葡萄酒（White Wine）；

玫瑰红葡萄酒（Rose Wine）。

（4）根据是否含二氧化碳分：

静止葡萄酒（Still Wine）；

起泡葡萄酒（Sparkling Wine）；

加气起泡葡萄酒（Carbonated Wine）。

（5）根据酿造方法分：

天然葡萄酒（Natural Wine）；

加香葡萄酒（Aromatized Wine）；

强化葡萄酒（Fortified Wine）。

2.啤酒

啤酒是以麦芽作为主要酿造啤酒原料，外加玉米、大米和啤酒花等辅料，使用酵母的发酵作用制成含二氧化碳而有泡沫的低度酒精含量的发酵酒。

（1）根据原麦汁浓度分：

高浓度啤酒，麦芽汁 14°～20°，酒度在 4.9%～5.6%；

中浓度啤酒，麦芽汁 11°～12°，酒度在 3.1%～3.8%；

低浓度啤酒，麦芽汁 7°～8°，酒度在 2%。

（2）根据使用的啤酒酵母分：

下发酵啤酒；

上发酵啤酒。

（3）根据颜色分：

黑色啤酒；

浓色啤酒；

淡色啤酒（又称黄啤酒，包括淡黄色、金黄色、棕黄色啤酒）。

（4）根据产品杀菌与否分：

熟啤酒，酒龄在 3 个月—6 个月；

鲜啤酒，酒龄在 1 个星期；

纯生啤酒，酒龄在 4 个月以上。

### （七）软饮料（Soft Drink）

软饮料包括果蔬汁、茶、咖啡、碳酸饮料和其他不含酒精的饮料。

# 第二节 酿酒原理

## 一、酒的成分

不同的酒，因为用料不同，生产方法不同，其所含成分也不尽相同，但主要成分均为酒精、水，另含有少量的其他物质。

### (一)酒精

酒精又名乙醇，化学分子式为 $CH_3-CH_2OH$，英文通称"ethanol"。常温下呈液态，无色透明，易挥发，易燃烧，刺激性较强。可溶解酸、碱和少量油类，不溶解盐类、冰点较高（-10℃），不易冻结。纯酒精的沸点为78.3℃。酒精与水相互作用释放出热，体积缩小。通常情况下，酒度为53度的酒液中酒精分子与水分子结合最为紧密，刺激性相对较小。

### (二)酸类物质

酒中含有少量的酸，如酒石酸、苹果酸、乳酸和少量的氨基酸。酒中酸的主要作用是增加酒的香味，防止杂菌感染，溶解色素，稳定蛋白质；但也有不好的作用，如在原料发酵过程中，如果产生过多挥发酸，就会使酒液腐败变质。

### (三)糖

糖是引起酒精发酵的主要成分，可改变酒的味道，但糖分过多，在保管中温度过高，容易再次发酵，造成变质。因此一般情况下，葡萄酒中糖的含量不超过20%。

### (四)酯类物质

酯类物质是由醇类和酸类物质在贮藏过程中化合而成的一种芳香化合物。此化合物能增加酒的香气，但不易溶解于水。如果白酒中这类物质过多，在加浆时易产生乳白色混浊沉淀物，影响酒的质量。

### (五)杂醇油

杂醇油是几种高分子醇的混合物，有强烈的刺激性和麻醉性，一般在白酒中含量较多。杂醇油在酒液的长期贮藏中会与有机酸化合，产生一种水果香，增进酒的味道。

### (六)含氮物质

含氮物质一般是指蛋白质、硝酸盐类物质，它可以增加酒的风味口感，增强啤酒泡沫的持久性。

### (七)醛类物质

醛类物质的主要作用是使酒带有辛辣味。

### (八)矿物质

矿物质是指钾、镁、钙、铁、锰、铝等。它们以无机盐的形式存在于酒中（主要是葡萄酒)。

### (九)维生素

酒液中的维生素主要有:维生素 C、维生素 $B_1$、维生素 $B_2$、维生素 $B_6$、维生素 $B_{12}$。

## 二、酒的生产工艺

从机械模仿自然界生物的自酿过程起,经过千百年生产实践,人们积累了丰富的酿酒经验。在现代各种科学技术的推动下,酿酒工艺已形成一种专门的工艺。酿酒工艺研究怎样酿酒,怎样酿出好酒。每一种酒品都有自己特定的酿造方法,在这些方法之间存在着一些普遍的规律——酿酒工艺的基本原理。

### (一)酒精发酵

酒精的形成需要具有一定的物质条件和催化条件。糖分是酒精发酵最重要的物质,酶则是酒精发酵必不可少的催化剂。在酶的作用下,单糖被分解成酒精、二氧化碳和其他物质。以葡萄糖酒化为例:

$$C_6H_{12}O_6 \longrightarrow 2CH_3CH_2OH + CO_2 + 24 \text{ 大卡热}$$

葡萄糖 　　　酒精 　　　二氧化碳

(此反应式是法国化学家盖·吕萨克在 1810 年提出)

据测定,每 100 克葡萄糖理论上可以产生 51.14 克酒精。

酒精发酵的方法很多,如白酒的入窖发酵,黄酒的落缸发酵,葡萄酒的糟发酵、室发酵,啤酒的上发酵、下发酵等。随着科学技术的飞速发展,发酵已不再是获取酒精的唯一途径。虽然人们还可以通过人工化学合成等方法制成酒精,但是酒精发酵仍然是最重要的酿酒工艺之一。

### (二)淀粉糖化

用于酿酒的原料并不都含有丰富的糖分,而酒精的产生又离不开糖,因此,将不含糖的原料变为含糖原料,就需进行工艺处理——把淀粉溶解于水中,当水温超过 50℃ 时,在淀粉酶的作用下,水解淀粉生成麦芽糖和糊精;在麦芽糖酶的作用下,麦芽糖又逐渐变为葡萄糖。这一变化过程则为淀粉糖化,其化学反应式为:

$$(C_6H_{10}O_5)^n + H_2O = (C_6H_{10}O_5)^{n-2} + C_{12}H_{22}O_{11}$$

淀粉 　　水 　　糊精 　　麦芽糖

$$C_{12}H_{22}O_{11} + H_2O = 2(C_6H_{12}O_6)$$

麦芽糖 　　水 　　葡萄糖

从理论上说,100 公斤淀粉可掺水 11.12 升,生产 111.12 公斤糖,再产生酒精 56.82 升。糖化淀粉过程一般为 4—6 小时,糖化好的原料则可以用来进行酒精发酵。

### （三）制曲

淀粉糖化需用糖化剂，中国白酒的糖化剂又叫曲或曲子。用含淀粉和蛋白质的物质做成培养基（载体、基质），并在培养基上培养霉菌的全过程即为制曲。常用的培养基有麦粉、麸皮等，根据制曲方法和曲形不同，白酒的糖化剂可以分为大曲、小曲、酒糟曲、液体曲等种类。

大曲主要用小麦、大麦、豌豆等原料制成。

小曲又叫药曲，主要用大米、小麦、米糠、药材等原料制成。

麸曲又称皮曲，主要用麸皮等原料制成。

制曲是中国白酒重要的酿酒工艺之一，曲的质量对酒的品质和风格有极大影响。

### （四）原料处理

为了使淀粉糖化和酒精发酵取得良好的效果，必须对酿酒原料进行一系列处理。不同的酿酒原料处理方法不同，常见的方法有选料、洗料、浸料、碎料、配料、拌料、蒸料、煮料等。但有些酒品的原料处理过程相当复杂，如啤酒的生产就要经过选麦、浸泡、发芽、烘干、去根、粉碎等处理工艺。酒品质地的优劣首先取决于原料处理工艺的好坏。

### （五）蒸馏取酒

对于蒸馏酒以及以蒸馏酒为主体的其他酒类，蒸馏是提取酒液的主要手段。将经过发酵的酿酒原料加热至 78.3℃ 以上，就能获取气体酒精，冷却即得液体酒精。

在加热的过程中，随着温度的变化，水分和其他物质掺杂的情况也会变化，形成不同质量的酒液。蒸馏温度在 78.3℃ 以下取得的酒液称为"酒头"。78.3℃ ~ 100℃ 之间取得的酒液称为"酒心"。100℃ 以上取得的酒液称为"酒尾"。"酒心"杂质含量低，质量较好，为了保证酒的质量，酿酒者常有选择性地取酒。我国很多名酒均采用"掐头去尾"的取酒方法。

### （六）老熟陈酿

有些酒初制成后不堪入口，如中国黄酒和法国勃艮第红葡萄酒；有些酒的新酒往往显得淡寡单薄，如中国白酒和苏格兰威士忌酒。这些酒都需要储存一段时间后方能由芜液变成琼浆，这一存放过程被称为老熟或陈酿。

酒品储存对容器的要求很高，如中国黄酒用坛装泥封，放入泥土中储存；法国勃艮第红葡萄酒用大木桶装，室内储存。其他如苏格兰威士忌使用橡木桶，中国白酒用瓷瓶等。无论使用什么容器储存，均要求坚韧、耐磨、耐蚀、无怪味、密封性好，才能陈酿出美酒。老熟陈酿可使酒品挥发增醇，浸木夺色。精美优雅、盖世无双的世界名酒无不与其陈酿的方式方法有密切的关系。

### （七）勾兑

在酿酒过程中，由于原料质量的不稳定，生产季节的更换，不同的工人操作等原因，不可能总是获得完全相同质量的酒液，因而就需要将不同质量的酒液加以兑和（即勾兑），以达到预期的质量要求。勾兑指一个地区的酒兑上另一个地区的酒，一个品种的酒兑上另一品种的酒，一种年龄的酒兑上另一年龄的酒，以获得色、香、味、体更加协调典雅的新酒品。可见，勾兑是酿酒工艺中重要的一环。

勾兑工艺的关键是选择和确定配兑比例，这不仅要求准确地识别不同酒品千差万别的风格，而且还要求将各种相配或相克的因素全面考虑进去。勾兑师的个人经验往往起着决定性作用，因此要求勾兑师具有很强的责任心和丰富的经验。

### 三、酒的功效

酒具有驱寒的作用，可预防和治疗感冒；具有舒筋活血的作用；有杀菌、解毒的作用；有防疫的作用；有安眠的作用。酒可制药酒和补酒。适量饮酒可开胃，助消化，可使人体增加血清脂蛋白，这对人的身体健康有益。适量饮酒还可减轻心脏负担，预防各种心血管疾病，可加速血液循环，调节、改善体内的新陈代谢。

过量饮用白酒，则对身体有害。

### 四、酒精度

酒精度指乙醇在酒中的含量，是对酒中所含有乙醇量大小的表示。目前，国际上有 3 种方法表示酒精度：国际标准酒精度（简称标准酒度）、英制酒精度和美制酒精度。

### （一）国际标准酒精度

国际标准酒精度（Alcoh0126 by volume）指在 20℃条件下，每 100 毫升酒中含有的乙醇毫升数。这种表示法容易理解，因而广泛使用。标准酒度是著名法国化学家——盖·吕萨克（Gay.Lusaka）研究并发明。标准酒度又称为盖·吕萨克酒度（GL），用%（V/V）表示。例如，12%（V/V）表示在 100 毫升酒液中含有 12 毫升的乙醇。

### （二）英制酒精度

英国在 1818 年的 58 号法令中明确规定了酒中的酒精度衡量标准（Degrees of proof UK）。英国将衡量酒精度的标准含量称为 proof，是由赛克斯（Sikes）研究并发明。由于酒精的密度小于水，所以一定体积的酒精总是比相同体积的水轻。英制酒精度（proof）规定为在华氏 51 度（约 10.6℃），比较相同体积的酒与水，在酒的重量是水重量的 12/13 前提下，酒的酒精度为 100 proof。即当酒的重量等于相同体积的水的重量的 12/13 时,它的酒精度定为 100 proof。100 proof 等于 57.06 国际标准酒精度,用 57.06%(V/V)表示。

### (三)美制酒精度

美制酒精度(Degrees of proof US)相对于英制酒精度更容易理解。美制酒精度的计算方法是在华氏 60 度(约 15.6℃),200 毫升的酒中所含有的乙醇的毫升数。美制酒精度也使用 proof 作为单位。美制酒精度大约是标准酒度的 2 倍。例如,一杯乙醇含量为 40%(V/V)的伏特加酒,美制酒精度是 80 proof。

### (四)酒精度换算

通过标准酒精度与美制酒精度的计算方法,我们不难理解,如果忽略温度对酒精的影响,1 标准酒精度表示的乙醇浓度等于 2 美制酒精度所表示的乙醇浓度,1 标准酒度表示的乙醇浓度约等于 1.75 英制酒精度所表示的乙醇浓度,而 2 美制酒度表示的乙醇浓度约等于 1.75 英制酒度所表示的乙醇浓度。因此,只要知道任何一种酒精度的值,就可以换算出另外两种酒精度。

例如,英制酒精度的 100 proof 约是美制酒精度的 114 proof,美制酒精度的 100 proof 约是英国的 87.5 proof。然而,从 1983 年开始,欧共体成员国家及其他许多国家已相继统一使用国际酒精度表示方法——盖·吕萨克酒度(GL)。换算公式如下。

标准酒精度×1.75=英制酒精度

标准酒精度×2=美制酒精度

英制酒精度×8/7=美制酒精度

### 本章小结

> 　　饮料的种类很多,琳琅满目,分类方法也很多,从饮料中有无酒精可分为酒精饮料和非酒精饮料,而酒精饮料又可以通过制作工艺、酒精度、酒的特色等来分类。非酒精饮料大致可分为果、蔬汁饮料和碳酸饮料等类型。

### 思考与练习

1.饮料如何按照不同标准进行分类?

2.酒类的主要生产工艺有哪些?

3.按照生产方法,酒可以分为几类?

4.什么是酒体?

5.如何赏鉴酒品风格?

**知识卡**

### 酒的起源

在古代，人们往往将酿酒的起源归于某某人的发明，把这些人说成是酿酒的祖宗，由于影响非常大，以致成了正统的观点。对于这些观点，宋代《酒谱》曾提出过质疑，认为"皆不足以考据，而多其赘说也"。关于酒的起源主要有以下几种传说。仪狄酿酒，相传夏禹时期的仪狄发明了酿酒。公元前二世纪史书《吕氏春秋》云：仪狄作酒。汉代刘向编辑的《战国策》则进一步说明："昔者，帝女令仪狄作酒而美，进之禹，禹饮而甘之，曰：'后世必有饮酒而之国者。'遂疏仪狄而绝旨酒。"（禹乃夏朝帝王）另一则传说认为酿酒始于杜康（亦为夏朝时代的人）。东汉《说文解字》中解释酒字的条目中有：杜康作秫酒。《世本》也有同样的说法。还有一种传说则表明在黄帝时代人们就已开始酿酒。汉代成书的《黄帝内经·素问》中记载了黄帝与岐伯讨论酿酒的情景，《黄帝内经》中还提到一种古老的酒——醴酪，即用动物的乳汁酿成的甜酒。更带有神话色彩的说法是"天有酒星，酒之作也，其与天地并矣"。这些传说尽管各不相同，但大致说明酿酒早在夏朝或者夏朝以前就存在了，这一点已被考古学家所证实。夏朝距今约4000多年，而目前已经出土距今5000多年的酿酒器具。这一发现表明：我国酿酒起码在5000年前已经开始，而酿酒之起源当然还在此之前。在远古时代，人们可能先接触到某些天然发酵的酒，然后加以仿制。这个过程可能需要一个相当长的时期。

# 第六章

# 软饮料

**知识要点**

1.了解茶的起源。

2.了解茶的内质特征。

3.了解碳酸饮料的分类及其制作流程。

4.掌握茶叶的鉴定方法。

5.掌握泡茶用水、泡茶水温、冲泡时间和次数。

6.掌握中国名茶及其特点。

7.掌握咖啡的煮泡方法。

## 第一节　茶

### 一、茶叶概述

#### (一)茶的起源

茶起源于我国古代,距今已有5000多年的历史,后传播于世界。中国是茶的故乡,我国第一部诗歌总集《诗经》中已有"茶"的记载"采茶薪樗,食我农夫"、"谁为茶苦,其甘如荠"。从晏子《春秋》等古籍考知,"茶"、"木贾"、"茗"都是指茶。唐代陆羽所著《茶经》为世界上第一部有关茶叶的专著,陆羽因此被人们推崇为研究茶叶的始祖。我国的茶叶产区辽阔,主产区有浙江、安徽、湖南、四川、云南、福建、湖北、江西、贵州、广东、广西、江苏、陕西、河南、台湾等10多个省。世界上主要的产茶国除我国以外还有印度、斯里兰卡、印度尼西亚、巴基斯坦、日本等。其引种的茶树、茶树栽培的方法、茶叶加工的工艺和人们饮茶的习惯都是直接或间接地来自于我国。茶是中华民族的骄傲。

#### (二)茶叶的种类

茶叶按其加工制造方法和品质特色通常可分为红茶、绿茶、白茶、黄茶、黑茶、乌龙茶、花茶等。

红茶是一种全发酵茶,茶叶色泽乌黑,水色叶底红亮,有浓郁的水果香气和醇厚的滋味。它既可单独冲饮,也可加牛奶、糖等调饮。名贵红茶品种有祁红、滇红、英红、川红、苏红等。

绿茶是不发酵茶,鲜茶叶通过高温杀青可以保持鲜叶原有的鲜绿色,冲泡后茶色碧绿清澈,香气清新芬芳,品之清香鲜醇。著名品种有:西湖龙井、太湖碧螺春、黄山玉峰、庐山云雾等。

白茶是不发酵茶,茸毛多,色白如银,汤色素雅,初泡无色,毫香明显。著名品种有白毫银针、白牡丹等。

黄茶是由于杀青、揉捻后干燥不足或不及时,叶色即变黄但口味独特的一种茶,它偶然被人们发现,于是产生了新的品类——黄茶。黄茶的制作与绿茶有相似之处,不同点是多一道焖堆工序。著名品种有湖南的君山银针、蒙顶黄芽等。

黑茶属于后发酵茶,是我国特有的茶类,距今已有400余年历史,以制成紧压茶为主。黑茶采用较粗老的原料,经过杀青、揉捻、渥堆、干燥四个初制工序加工而成。由于原料粗老,黑茶加工制造过程中一般堆积发酵时间较长,因此叶色多呈暗褐色,故称黑茶。著名品种有云南普洱茶等。

乌龙茶是半发酵茶,又称青茶,叶片的中心为绿色,边缘为红色,故又称"绿叶红镶边"。乌龙茶以福建武夷岩茶为珍品,其次是铁观音、水仙。

花茶又名片香,是以茉莉、珠兰、桂花、菊花等鲜花经干燥处理后,与不同种类的茶胚拌和窨制而成的再生茶。花茶使鲜花与嫩茶融在一起,相得益彰,香气扑鼻,回味无穷。

### (三)茶叶生产工艺

#### 1.不发酵茶

不发酵茶就是通常人们所说的绿茶。此类茶叶的生产以保持大自然绿叶的鲜味为原则,自然、清香、鲜醇而不带苦涩味。不发酵茶的生产比较单纯,品质也较易控制,其生产过程大致分杀青、揉捻、干燥三个阶段。杀青是将刚采下的新鲜茶叶,放进杀青机内高温炒热,以破坏茶里的酵素活动,中止茶叶发酵。揉捻是将杀青后的茶叶送入揉捻机加压搓揉,使茶叶成型,破坏茶叶细胞组织,以便泡茶时容易出味。干燥是以回旋方式用热风将茶叶吹拂反复翻转,使水分逐渐减少,直至茶叶完全干燥成为茶干。

#### 2.半发酵茶

半发酵茶的生产方法最繁复、最细腻,所生产出来的茶叶也是最高级的茶叶。

半发酵茶依其原料及发酵程度不同而有许多的变化。半发酵茶在杀青之前,加入萎凋过程,使其进行发酵,待发酵至一定程度后再行杀青,而后再经干燥、焙火等工艺过程才能完成。

3.全发酵茶

制作全发酵茶时将鲜茶叶直接放在温室槽架上进行氧化,不经过杀青过程,直接揉捻、发酵、干燥。经过加工,茶叶中有苦涩味的儿茶素已被氧化了90%左右,使茶的滋味柔润而适口,极易配成加味茶,广受欧美人士欢迎。

## 二、茶叶鉴定

### (一)新茶与陈茶

鉴别新茶与陈茶可以从以下几个方面来判断。

1.香气

新茶气味清香、浓郁;陈茶香气低浊,甚至有霉味或无味。

2.色泽

新茶看起来都较有光泽、清澈;陈茶均较晦暗。如绿茶新茶青翠嫩绿,陈茶则黄绿、枯灰;红茶新茶乌润,而陈茶灰褐。

3.滋味

新茶滋味醇厚、鲜爽;陈茶滋味淡薄、滞沌。

### (二)真茶与假茶

假茶是指用外形与茶树叶片相似的其他植物的嫩叶做成茶叶的样子来冒充茶叶,如柳树叶、冬青树叶等。

真茶与假茶的判别,除专业机构可采用化学方法分析鉴定外,一般都依靠感官来辨识,方法如下:

1.闻香

真茶具有茶类固有的清香,如果有青腥气或其他异味的是假茶。

2.观色

真茶的干茶或茶汤颜色与茶名相符。如绿茶翠绿,汤色淡黄微绿。红茶乌黑,汤色红艳明亮。假茶则颜色杂乱不协调,或与茶叶本色不一致。

3.看叶底

虽然茶树的叶片大小、厚度、色泽不尽相同,但茶叶具有某些独特的形态特点是其他植物所没有的。如茶树叶片背部叶脉凸起,主脉明显,侧脉相连,呈闭锁的网状系统;茶树叶片边缘锯齿为16~32对,上密下疏,近叶柄处无锯齿;茶树叶片在茎上的分布,呈螺旋状互生;茶树叶片背部的茸毛,基部短,多呈45°~90°弯曲。这些特点都是茶树独有的。

根据以上几个方面的特点,真茶、假茶是可以鉴别出的,但真假原料混合加工的假茶,鉴别难度就较大,需专业机构或专业人士鉴别。

### (三)春茶、夏茶、秋茶和冬茶

春茶是指当年5月底之前采制的茶叶;夏茶是指6月初至7月底采制的茶叶;

而8月以后采制的为秋茶;10月以后采制的为冬茶。

以绿茶为例,春茶由于茶树休养生息一个冬天,新梢芽叶肥壮,色泽翠绿,叶质柔嫩,毫毛多,叶片中有效营养物质含量丰富。所以,春茶滋味鲜爽,香气浓烈,是全年品质最好的时期。在夏季时,茶树生长迅速,叶片中可溶物质减少,咖啡碱、花青素、茶多酚等苦涩味物质增加。因此,夏茶滋味较苦涩,香气也不如春茶浓。秋季的茶树已经过两次以上采摘,叶片内所含营养物质相对减少,叶色泛黄,大小不一,滋味、香气都较平淡。

从干茶来看,春茶茶芽肥壮,毫毛多,香气鲜浓,条索紧结。春红茶乌润,春绿茶翠绿。夏茶条索松散,叶片宽大,香气较粗老。夏红茶红润,夏绿茶灰暗。秋茶则叶片轻薄,大小不一,香气平和。秋红茶暗红,秋绿茶黄绿。

从湿茶看,春茶冲泡时茶叶下沉快,香气浓烈持久,滋味鲜醇,叶底为柔软嫩芽。春绿茶汤色绿中透黄,春红茶汤色红艳。夏茶冲饮时茶叶下沉慢,香气欠高,滋味苦涩,叶底较粗硬。夏绿茶汤色青绿,夏红茶汤色红暗。秋茶则汤色暗淡,滋味淡薄,香气平和,叶底大小不等。

### (四)窨花茶与拌花茶

窨花茶是利用茶叶中的某些内含物质具有吸收异味的特点,使用茶原料和鲜花窨制而成的。只有经过窨制,茶叶才能充分吸收花香,花茶的香气才能纯鲜持久。而一些投机商人只是在劣等茶叶中象征性地拌一些花干,冒充花茶,通常称这种茶为拌花茶。窨花茶制作完成后,已经失去花香的花干要充分剔除,越是高级花茶越是不能留下花干,但是窨过的茶叶留有浓郁的花香,香气鲜醇,冲泡多次仍可闻到。而拌花茶常常会有意夹杂花干做点缀,闻起来只有茶味,没有花香,冲泡时也只是第一泡时有些低浊的香气。还有一些拌花茶会喷入化学香精,但这种香气有别于天然花香的清鲜,也只能维持很短时间。

### (五)高山茶与平地茶

高山的生态环境适宜茶树生长,因此,高山茶芽叶肥壮,颜色绿,茸毛多,茶叶条索紧结,白毫显露,香气浓郁,滋味醇厚且耐冲泡。而平地茶芽叶较小,质地轻薄,叶色黄绿,茶叶香气略低,滋味略淡。

### 三、茶叶保存方法

如果茶叶无法在几天之内用完,那么,茶叶的储存方式就显得特别重要。

为使茶叶在储存期间保持其固有的颜色、香味、形状,必须让茶叶处于充分干燥的状态下,绝对不能与带有异味的物品接触,并避免与空气接触和受光线照射,不要受到挤压、撞击。一般情况下,有以下几种方法可供选择。

第一,如果用量较大,则须准备一台专门储存茶叶的小型冰箱,设定温度在零下5℃以下,将拆封的封口紧闭好,放入冰箱内。

第二,用清理干净的热水瓶,将拆封的茶叶倒入瓶内,塞紧塞子存放。

第三,用干燥箱储存茶叶。

第四,用陶罐存放茶叶。罐内底部放置双层棉纸,罐口放置二层棉布而后压上盖子。

第五,用有双层盖子的罐子储存,以纸罐较好,罐内先摆一层棉纸或牛皮纸,再盖紧盖子。

### 四、茶的制备

一杯好茶,除要求茶本身的品质外,还要考虑冲泡茶所用水的水质、茶具的选用、茶的用量、冲泡水温及冲泡的时间等因素。

#### (一) 茶具

茶具以瓷器最多。瓷器茶具传热不快,保温适中,对茶不会发生化学反应,沏茶能获得较好的色香味,而且造型美观、装饰精巧,具有一定的艺术欣赏价值。

玻璃茶具质地透明,晶莹光泽,形态各异,用途广泛。玻璃茶具冲泡茶,茶汤的鲜艳色泽,茶叶的细嫩翠软,茶叶在整个冲泡过程中的上下流动,叶片的逐渐舒展等,一览无余,可说是一种动态的艺术欣赏。

陶器茶具中最好的当属紫砂茶具,它的造型雅致、色泽古朴,用来沏茶香味醇和,汤色澄清,保温性能好,即使夏天茶汤也不易变质。

茶具种类繁多,各具特色,在冲茶要根据茶的种类和饮茶习惯来选用。

1. 茶壶

茶壶是茶具的主体,以不上釉的陶制品为上,瓷和玻璃次之。陶器上有许多肉眼看不见的细小气孔,不但能透气,还能吸收茶香,每回泡茶时,能将平日吸收的精华散发出来,更添香气。新壶常有土腥味,使用前宜先在壶中装满水,放到装有冷水的锅里用文火煮,等锅中水沸腾后将茶叶放到锅中,与壶一起煮半小时即可去味;另一种方法是在壶中泡浓茶,放一两天再倒掉,反复两三次后,用棉布擦干净。

2. 茶杯

茶杯有两种:一是闻香杯,二是饮用杯。闻香杯较瘦高,是用来品闻茶汤香气用的。闻香完毕后,再倒入饮用杯。饮用杯宜浅不宜深,让饮茶者不须仰头即可将茶饮尽。茶杯内部以素瓷为宜,浅色的杯底可以让饮用者清楚地判断茶汤色泽。大多数茶可用瓷壶泡、瓷杯饮。乌龙茶多用紫砂茶具。功夫红茶和红碎茶,一般用瓷壶或紫砂壶冲泡,然后倒入杯中饮用。

3. 茶盘

放茶杯用。奉茶时用茶盘端出,让客人有被重视的感觉。

4. 茶托

茶托放置在茶杯底下,每个茶杯配有一个茶托。

5.茶船

茶船为装盛茶杯和茶壶的器皿,其主要功能是用来烫杯、烫壶,使其保持适当的温度。此外,它也可防止冲水时将水溅到桌上。

6.茶巾

茶巾用来吸茶壶与茶杯外的水滴和茶水。另外,将茶壶从茶船上提取倒茶时,先要将壶底在茶巾上蘸一下,以吸干壶底水分,避免将壶底水滴滴落到客人身上或桌面上。

### (二)茶叶用量

茶叶用量是指每杯或每壶放适当分量的茶叶。茶叶用量的多少,关键是掌握茶与水的比例,一般要求茶与水的比例为1:50 或 1:60,即每杯放 3 克干茶加沸水 150~180 毫升。乌龙茶的茶叶用量为壶容积的1/2 以上。

### (三)泡茶用水

泡茶用水要求水质甘而洁、活而清鲜,一般都用天然水。在天然水中,泉水比较清澈,杂质少、透明度高、污染少,质洁味甘,用来泡茶最为适宜。

在选择泡茶用水时,我们必须掌握水的硬度与茶汤品质的关系。当水的 pH 值大于 5 时,汤色加深;pH 值达到 7 时,茶黄素就倾向于自动氧化而损失。硬水中含有较多的钙、镁离子和矿物质,茶叶有效成分的溶解度低,茶味淡。软水有利于茶叶中有效成分的溶解,茶味浓。泡茶用水应选择软水,这样冲泡出来的茶才会汤色清澈明亮,香气高雅馥郁,滋味纯正。

### (四)泡茶水温

泡茶水温的掌握,主要看泡饮什么茶而定。高级绿茶,特别是细嫩的名茶,茶叶愈嫩、愈绿,冲泡水温愈低,一般以 80℃ 左右为宜。这时泡出的茶嫩绿、明亮、滋味鲜美。泡饮各种花茶、红茶和普通的绿茶,则要用 95℃ 的沸水冲泡。水温太低,则渗透性差,茶味淡薄。

泡饮乌龙茶,每次用茶量较多,而且茶叶粗老,必须用 100℃ 的沸水冲泡。有时为了保持及提高水温,还要在冲泡前用开水烫热茶具,冲泡后还要在壶外淋热水。

泡茶烧水,不要文火慢煮,要大火急沸,以刚煮沸起泡为宜。用这样的水泡茶,茶汤香、味道佳。一般情况下,泡茶水温与茶叶中有效物质在水中的溶解度呈正比,水温愈高,溶解度愈大,茶汤就愈浓。

### (五)冲泡时间

红茶、绿茶将茶叶放入杯中后,先倒入少量开水,以浸没茶叶为度,加盖 3 分钟左右,再加开水到七八成满,便可趁热饮用。当喝到杯中尚余 1/3 左右茶汤时,再加开水,这样可使前后茶的浓度比较均匀。

一般茶叶泡第一次时,其可溶性物质能浸出 50%~55%,泡第二次,能浸出 30% 左右,泡第三次能浸出 10% 左右,泡第四次就所剩无几了,所以通常以冲泡三次为宜。乌龙茶宜用小型紫砂壶。在用茶量较多的情况下,第一泡1分钟就要倒出,第二泡1分15秒,第三泡1分40秒,第四泡2分15秒。这样前后茶汤浓度才会比较均匀。

另外,泡茶水温的高低和用茶叶数量的多少,直接影响泡茶时间的长短。水温低、茶叶少,冲泡时间宜长;水温高、茶叶少,冲泡时间宜短。

### (六)冲泡方法

不同的茶类有不同的冲泡方法和程序。在众多的茶叶中,每种茶的特点不同,或重香、或重味、或重形、或重色、或兼而有之,这就要求泡茶有不同的侧重点,并采取相应的方法,以发挥茶叶本身的特点。

1.绿茶冲泡法

备具:根据品饮人数准备好茶杯碗、茶罐、茶则、茶匙、赏茶盘、茶巾以及烧水壶。

赏茶:倾斜旋转茶罐,将茶叶倒入茶则。用茶匙把茶则中的茶叶拨入赏茶盘,欣赏干茶成色、嫩匀度,嗅闻干茶香气。

温杯:用开水将茶杯烫洗一遍,提高杯温。在冬天,这个步骤尤其重要,利于茶叶冲泡。

置茶:冲泡绿茶的茶杯一般容量为150毫升,用茶量在3克左右。用茶匙将茶叶从茶盘或茶则中均匀拨入各个茶杯内。

浸润泡:提壶将水沿杯壁冲入杯中,水量为杯容量的1/4或1/3,使茶叶吸水舒展,便于茶汁析出,约30秒后开始冲泡。

冲泡:分三次冲水入杯内至总容量的七成左右,使杯内茶叶上下翻动,杯中上下茶汤浓度均匀。冲泡过程中,要求水壶高悬,使水流有冲击力,并有曲线的美感。

奉茶:冲泡后尽快将茶递给品饮者,以便不失时机闻香品尝。为避免茶叶过长浸泡在水中,失去应有风味,在第二、第三泡时,可将茶汤倒入公道杯中,再将茶汤低斟入品茶杯中。

品饮:一般是先闻香,再观色、啜饮。饮一小口,让茶汤在嘴内回荡,与味蕾充分接触,然后徐徐咽下,用舌尖抵住齿根并吸气,回味茶的甘甜。

2.红茶冲泡法

高温开水冲泡。忌长时间浸泡,否则苦涩味重。如冲法得宜,则茶汤鲜红,茶味清香、醇厚。红茶宜用瓷制茶具冲泡。

茶量:置放相对于茶壶1/5的茶量。

冲泡水温:90℃~100℃;

冲泡时间:约10秒至30秒。

冲泡次数:约五次。

### 3.白茶冲泡法

白茶适宜用95℃左右开水冲泡,切勿加盖,至三分钟后,观白茶舒展,还原呈玉白色,叶片莹薄透明,叶脉翠绿色,叶底完整均匀、成朵,似片片翡翠起舞,颗颗白玉卧底,汤色嫩绿明亮,此时白茶的独特性状达到至纯至美。

### 4.黑茶冲泡法

以普洱茶为例来说明黑茶的冲泡方法。

器具:紫砂壶、盖碗杯、土陶瓷提梁壶等。

茶量:茶水比例为1∶50,或置茶量为容器容量的2/5左右。

冲泡水温:100℃沸水。

用水:纯水或山泉水(软水为佳)煮水时不宜过度沸腾,否则水中的氧气过少会影响茶叶的活性。

冲泡时间:视茶叶的情况而不同。一般紧压茶可以稍短些,散茶可以稍长些;投茶量多可以稍短些,投茶量少可以稍长些;刚开始泡可以稍短些,泡久了可以稍长些。

### 5.黄茶冲泡法

黄茶属轻发酵芽茶类,性质和绿茶比较接近,冲泡方式也相近。因品质不同,冲泡后形态各异,有的芽条挺立上下交错,有的叶托绿芽,宛如花蕾。冲泡黄茶,尤其是冲泡"君山银针"时,要使用玻璃杯,这样可以在冲泡过程中,透过玻璃杯看到茶叶妙趣横生的变化。

### 6.花茶冲泡法

花茶融茶味之美、鲜花之香于一体,茶味与花香巧妙地融合,构成茶汤适口、芬芳的韵味,两者珠联璧合,相得益彰。花茶宜于清饮,不加奶、糖,以保持天然香味。花茶的冲泡方法,以能维护香气不致无效散失和显示茶胚特质美为原则。用瓷制小茶壶或瓷制盖杯泡茶,用以独啜;待客则用较大茶壶,冲以沸水,三五分钟后饮用,可续泡一两次。

### 7.乌龙茶冲泡法

备具:饮茶时,先备好茶具。即泡茶前用沸水把茶壶、茶盘、茶杯等淋洗一遍,使茶具保持清洁和相当的热度。

整形:即将乌龙茶按需倒入白纸,经轻轻抖动,将茶叶粗细上下分开,并用竹匙将粗茶和细末分别推开。

置茶:通常将碎末茶先填入壶底,其上再覆以粗条,以免茶叶冲泡后,碎末填塞茶壶内口,阻碍茶汤的顺畅流出。

冲茶:冲茶时,盛水壶需在较高的位置循边缘不断地缓缓冲入茶壶,使壶中茶叶打滚,形成圈子,称为"高冲"。

洗茶:冲茶时,冲入的沸水要求溢出壶口,再用壶盖轻轻刮去浮在茶汤表面的浮沫;也有人将茶冲泡后,立即将水倒去,称为"洗茶",把茶叶表面尘污洗去,并使茶之真味得以保存。

洗盏:刮沫后,立即加上壶盖,其上再淋一下沸水,称为"内外夹"。

斟茶:待壶中之水静置2~3分钟后,茶之精美真味已泡出来了,这时用拇指、食指和中指操作,食指轻压壶盖的钮,中指和拇指紧夹壶的把手。斟茶时,注汤不宜高冲,需低斟入杯。茶汤要轮流注入几个杯中,每杯先注一半,再来回倾入,周而复始,渐至八分满时为至,称为"关公巡城"。若一壶之水正好斟完,就是"恰到好处"。讲究的还将最后几点浓茶,分别注入各杯,称为"韩信点兵"。

品饮:品茶时,一般用右手食指和拇指夹住茶杯杯沿,中指抵住杯底,先看汤色,再闻其香,尔后啜饮。如此品茶,不但满口生香,而且韵味十足,能真正领会到品乌龙茶的妙处。

乌龙茶因冲泡时壶小,茶的用量大;加之乌龙茶本身亦较耐泡,因此,一般可冲泡3~4次,好的乌龙茶也有泡6~7次的,这也是乌龙茶的特点,即"七泡有余香"。

### 五、世界名茶

#### (一)中国名茶

##### 1.西湖龙井

简介:西湖龙井,简称龙井。产于浙江省杭州市西湖西南龙井村四周的山区。茶园西北有白云山和天竺山为屏障,阻挡冬季寒风的侵袭,东南有九溪十八河,河谷深广。在春茶吐芽时节,这一地区常细雨蒙蒙,云雾缭绕,山坡溪间之间的茶园常以云雾为伴,独享雨露滋润。《四时幽赏录》有"西湖之泉,以虎跑为最,两山之茶,以龙井为佳"的记载。历史上因产地和炒制技术的不同有狮(狮峰)、龙(龙井)、云(五云山)、虎(虎跑)、梅(梅家坞)等字号之别,其中以"狮峰龙井"为最佳。

工艺:西湖龙井以细嫩的一芽二叶为原料,经摊放、青锅、摊凉和辉锅制成。炒制手法有:抖、带、挤、甩、拓、扣、压、磨八大手法,在操作过程中变化多端。龙井茶的外形扁平光滑,色泽翠绿,汤色碧绿明亮、清香、滋味甘醇,有四绝之美誉:一色翠,色泽翠绿;二香郁,香气浓郁;三味甘,甘醇爽口;四形美,形如雀舌。龙井茶现在分为11级,即特级、一至十级,春茶在4月初至5月中旬采摘,全年中以春茶品质最好,特级和一级龙井茶多为春茶期采制,产量约占全年产量的50%。

特点:龙井茶的品质特点为色绿光润、形似碗钉、藏锋不露、匀直扁平、香高隽永、味爽鲜醇、汤澄碧翠、芽叶柔嫩。产品中,因产地之别,品质风格略有不同。狮峰所产色泽较黄绿,如糙米色,香高持久,味醇厚;梅家坞所产,形似碗钉,色泽较绿润,味鲜爽口。龙井茶富含维生素C、氨基酸等成分,营养丰富,有生津止渴、提神醒脑、消食化腻、消炎解毒的功效。

### 2.信阳毛尖

简介:信阳毛尖是我国著名的绿茶品种之一,亦称"豫毛峰",产于河南信阳西南山一带。历史上信阳毛尖以五云(车云、集云、云雾、天云、连云)、一寨(何家寨)、一寺(灵山寺)等名山头的茶叶最为驰名。信阳毛尖在清代已被列为贡茶。

工艺:采摘细嫩的一芽二叶,经摊青、生锅、熟锅、初烘、摊凉、复烘制成。分特级、一至五级共 12 等。谷雨前的称"雪芽",谷雨后的称"翠峰",再后的称"翠绿"。

特点:信阳毛尖外形细、圆、紧、直,多白毫,内质清香,汤绿味浓,色绿光润。

### 3.黄山毛峰

简介:黄山毛峰,属绿茶类,产于素以奇峰、劲松、云海、怪石四绝而闻名于世的安徽黄山市黄山风景区和毗邻的汤口、充川、岗村、芳村、杨村、长潭一带。这里气候温和,雨量充沛,山高谷深,丛林密布,云雾弥漫,湿度大。茶树多生长在高山坡上,山坞深谷之中,四周树林遮阳,溪涧纵横滋润,土层深厚,质地疏松,透水性好,保水力强,含有丰富的有机物,适宜茶树生长。

工艺:黄山毛峰经杀青、揉捻、烘焙制成。分特级、一至三级。特级黄山毛峰又分为上、中、下三等。特级黄山毛峰堪称中国毛峰茶之极品,形似雀舌,匀齐壮实,峰显毫露。其中"鱼叶金黄"和"色如象芽"是特级黄山毛峰外形与其他毛峰的显著区别。

特点:黄山毛峰以香清高、味鲜醇、芽叶细嫩多毫、色泽黄绿光润、汤色明澈为特质。冲泡细嫩的毛峰茶,芽叶竖直悬浮汤中,继之徐徐下沉,芽挺叶嫩、黄绿鲜艳,颇有观赏之趣。

### 4.太湖碧螺春

简介:碧螺春为绿茶中珍品。历史悠久,清代康熙年间,即已成为宫廷贡茶。

碧螺春产于江苏省太湖附近,茶区气候温和,土质疏松肥沃。茶树与枇杷、杨梅、柑橘等果树相间种植。果树既可为茶树挡风雨,遮骄阳,又能使茶树、果树根脉相连,枝叶相袭,茶吸果香,花熏茶味,因此而形成了碧螺春独特的风味。

工艺:碧螺春茶在春分、谷雨时节,采摘一芽一叶初展,此时叶的背面密生茸毛,肉眼可见,所采的鲜叶越幼嫩,制成干茶后白毫越多,品质越佳。碧螺春经摊青、杀青、炒揉、搓团、焙干制成。制茶工序全部由手工操作。

特点:碧螺春茶极其细嫩,一公斤茶有茶芽 13 万个左右。"铜丝条、螺旋形、浑身毛、花香果味、鲜爽生津"是碧螺春茶的真实写照。

碧螺春冲泡时,要先将沸水倒入杯中,稍后再投茶叶,让茶叶徐徐下沉,饮茶者可在瞬息之间,领略杯中雪花飞舞,芽叶舒展,清香袭人的奇观神韵,赏心悦目,妙不可言。

### 5.祁门红茶

简介:祁门红茶是红茶中的佼佼者,产于黄山西南的安徽省祁门、东至、贵池、石台等地。产品以祁门的利口、闪里、平里一带最优,故统称"祁红"。茶园多分布于山坡与丘陵地带,那里峰峦起伏,山势陡峻,林木丰茂,气候温和,无酷暑严寒,空气湿润,雨量充沛,土质肥厚,结构疏松,透水透气及保水性强,酸度适中,特别是春夏季节,雨雾弥漫,光照适度,非常适合茶树生长。

工艺:采摘一芽二叶至一芽三叶,经萎凋、揉捻、发酵、烘焙、精制、毛筛、抖筛、分筛、紧门、撩筛、切断、风选、连剔、补火、清风、拼合制成。祁门红茶分一至七级。

特点:条索紧细苗条,香气清新持久,滋味浓醇鲜爽。浓郁的玫瑰香是祁红特有的品质风格,被誉为"祁门香"。

祁门红茶加入牛奶、糖调饮也非常可口,汤茶呈粉红色,香味不减,含有多种营养成分。

6.安溪铁观音

简介:安溪铁观音属乌龙茶之极品,有200余年历史,产于福建省安溪县。茶区群山环抱,峰峦绵延,常年云雾弥漫,属亚热带季风气候,土壤大部分为酸性红壤,土层深厚,有机化合物含量丰富。

工艺:采摘无性系铁观音品种新芽二三叶,经晾青、晒青、做青、炒青、揉捻、初焙、包揉、复焙、复包揉、低温慢烤、簸拣、烘焙、摊凉制成。

特点:铁观音茶香馥郁持久,味醇韵厚爽口,齿颊留香回甘,具有独特的香味。茶叶质厚坚实,有"沉重似铁"之喻。干茶外形枝叶连理,圆结成球状,色泽"沙绿翠润",有"青蒂绿腹、红镶边、三节色"之称。汤色金黄澄鲜,以小壶泡饮工夫茶,香高味厚,耐泡。

7.白毫银针

简介:白毫银针简称白毫,又称银针,因单芽遍披白毫,色如白银,纤细如银针,所以得此高雅之名。白毫银针产于福建省福鼎市。这里地处中亚热带,境内丘陵起伏,常年气候温和湿润,土质肥沃。

工艺:以春茶头一两轮顶芽为原料,取嫩梢一芽一叶,将真叶与鱼叶轻轻剥离,将茶芽匀摊水筛上晾晒至八九成干,再以焙笼文火焙干,筛拣去杂制成,趁热装箱。

特点:福鼎银针色白,富光泽,汤色浅杏黄,味清鲜爽口。政和银针汤味醇厚,香气清芬。

8.君山银针

简介:君山银针为黄茶类珍品,产于湖南省岳阳市洞庭湖君山岛。从古至今,君山银针以其色、香、味、奇称绝,遐迩闻名,饮誉中外。总面积不到一平方公里的君山岛土质肥沃,气候温和,温度适宜,茶树遍布楼台亭阁之间。君山产茶历史悠久,古时君山茶年产仅1000克左右。"君不可一日无茶"的乾隆下江南时,品尝君山茶后,即下旨年贡九公斤,君山银针的产量才有所增加,但现在年产也只有 300 公斤。

**工艺**:君山银针每年清明前三四天开采鲜叶,用春茶的首摘单一茶尖制作。制 1000 克银针茶约需 5 万个茶芽。君山银针制作工艺精湛,对外形则不作修饰,以保持其原状,只从色、香、味三个方面下工夫。

**特点**:香气清高,味醇甘爽,汤黄澄亮,芽壮多毫,条直匀齐,着淡黄色茸毫。

### 9.云南普洱茶

**简介**:普洱茶为黑茶的代表,主要产于云南。普洱茶的历史十分悠久,早在唐代就有人专做普洱茶生意。

**工艺**:普洱茶的制作以杀青后揉捻晒干的晒青茶为原料,经过废水堆积发酵的特殊工艺加工制成,再经过干燥过程处理,即加工为普洱茶。普洱茶可以制作成为各种紧压茶,包括沱茶、饼茶、方茶、紧茶等。

**特点**:香气高锐持久,带有云南大叶茶种特性的独特香味,滋味浓强富于刺激性、耐泡,经五六次冲泡仍持有香味。汤橙黄浓厚,芽壮叶厚,叶色黄绿间有红斑红茎叶,条形粗壮结实,白毫密布。茶汤入口,稍停片刻,细细感受茶的醇度,滚动舌头,使茶汤游过口腔中的每一个部位,浸润所有的味蕾(不同部位的味蕾感觉出的茶汤的滋味通常是不相同的),体会普洱茶的润滑和甘醇。

## (二)国外名茶

### 1.日本茶

(1)玉露(Cyokuro)

**简介**:日本茶中极品。种植时要仔细保护茶树顶端不受到阳光照射,使茶叶释放大量叶绿素,因此,茶叶呈深绿且含大量的茶氨酸,茶汤尤其甘美温润。

**冲泡水温**:50℃。

**冲泡时间**:2 分 30 秒。

(2)烘焙茶(Hojicha)

**简介**:烘焙茶由番茶茶叶再经过烤箱烘焙,是具有泥土及坚果味且含咖啡因较低的淡棕色茶。

**冲泡水温**:沸水。

**冲泡时间**:30 秒。

### 2.韩国茶

(1)大麦茶

**简介**:大麦茶是韩国人最喜爱的饮品。早先韩国人喜欢喝锅巴泡水,后来被与之有共同风味的大麦茶所取代。

**特点**:大麦茶以大麦为原料,具有锅巴和咖啡的香味,外观呈乳黄色,有助消化功能,特别适合老人、病人、儿童饮用。饮用前,只需用热水冲泡 2~3 分钟就可浸出浓郁的茶香。在夏季,大麦茶清泡放凉后更可成为极佳的消暑饮料。

(2)柚子茶

简介:柚子茶是韩国非常有名的养生饮品,原料是生长于韩国南部海岸一种独有的 YUJA。这种柚子有金黄色的外皮,十步之外都可以闻到浓郁的柚子清香,因此中文名为"黄金柚子"。

特点:柚子茶可以根据个人喜好,取 1~2 匙以热开水冲泡,冬天有保暖功效。冷藏后饮用,另有一番风味。可以当果酱食用,亦可加入红茶或作为调酒配方,或制作成果冻、蛋糕等。

3.印度茶

(1)印度丁香奶茶

材料:阿萨姆红茶 8 克,丁香 4~6 粒,鲜牛奶 400 毫升,黄蔗糖适量。

做法:将红茶和丁香放入 150 毫升水中煮开,小火煮 5~6 分钟,加黄蔗糖,加鲜牛奶 400 毫升。为了增加奶香还可以加两茶匙炼乳或者鲜奶油,再煮 4~5 分钟滤出。

(2)印度奶茶(Masala Chai)

材料:鲜牛奶 300 毫升,大吉岭红茶 12 克,砂糖适量,豆蔻 1 粒,肉桂 1 小片,丁香 2 粒,鲜奶油 1 匙。

做法:砂糖放入奶锅,加少量水煮至溶化,呈金黄色冒出焦香味。把牛奶缓缓注入沸腾起泡的焦糖汁中,不断搅拌。加红茶入锅,煮沸后,加入豆蔻、肉桂和丁香,改用小火煮几分钟,放入鲜奶油搅拌,再以小火煮约 2 分钟,熄火。也可添加少量的胡椒或巧克力。

4.英式茶

(1)柳橙红茶

材料:红茶茶包 1 个,柳橙汁 100 毫升,柠檬少许,薄荷水 100 毫升。

做法:先将红茶茶包泡成茶汁后晾凉备用。取薄荷水,占杯子的 1/3,再轻轻加入 1/3 柳橙汁,最后加入 1/3 红茶与柠檬及少许冰块,混合在一起,搅拌均匀。

(2)皇家奶茶

材料:红茶茶包 1 个,鲜牛奶及水各 100 毫升,蜂蜜适量。

做法:将鲜牛奶和水放入壶中,烧至快沸腾时,放入茶包,随即关火,将壶盖盖上,放置 3~4 分钟。用热水将瓷杯温热,将香浓的奶茶倒入杯中,依个人喜好,加入蜂蜜即可。

5.欧洲花草茶

(1)玫瑰乌龙茶

材料:玫瑰花 3~5 克,乌龙茶包 1 个。

做法:先将乌龙茶茶包及玫瑰花放入壶中,以热开水冲泡(建议使用瓷器类壶具),约 2 分钟泡开后即可饮用。

功效:玫瑰养颜美容,乌龙茶有去脂减肥的功效。

(2)爵玫瑰蜜奶茶

材料:玫瑰花适量,红茶包1个,蜂蜜、牛奶各适量。

做法:将红茶包与玫瑰花置入茶壶内,以热开水冲开;待花与茶泡开后,加入适量蜂蜜;最后加入牛奶即可饮用。

功效:玫瑰奶茶可舒缓紧张的情绪,缓解压力。最好不要用奶粉代替新鲜牛奶,因为牛奶的营养价值更高,味道更香醇。

# 第二节　咖啡、可可

## 一、咖啡的起源

咖啡是热带的常绿灌木,可生产一种像草莓似的豆子,一年成熟三至四次。它的名字是由阿拉伯文中 Gah-wah 或 Kaffa 衍生而来。关于咖啡的由来一直有很多的传说。

传说一:公元6世纪左右,在非洲埃塞俄比亚高原上,牧羊人加尔第突然发现羊群疯狂地喧闹起来,这些绵羊不分昼夜,一直都很兴奋。经过多次探查,他发现每当羊群吃了一种野生灌木的果实之后,就会不由自主地呈兴奋状态。看着羊儿们欢快的样子,加尔第忍不住心中的好奇,决定要亲口尝试一下这种具有某种魔力的漂亮、艳丽的果实。于是,他小心翼翼地采摘了一些成熟了的果实,仔细地品尝起来。加尔第惊异地发现,原来这些小小的红色果子是那样的甘美香甜,吃过之后余香满口。这还不算,他还感到自己的身体忽然轻松舒爽起来,精神也格外地亢奋,加尔第禁不住为自己的发现欢呼雀跃起来。

后来,他将这件事告诉给附近修道院的僧侣们,这些僧侣品尝过这些果子后都觉得神清气爽。此后这种果实被用做提神药,其实这种果实就是"咖啡豆"。从此,当地人开始试着嚼咖啡豆,用水煮咖啡喝,这种风气由埃塞俄比亚兴起,传到阿拉伯各国,很快就迷倒众生,成为伊斯兰教国家的代表性饮料。

传说二:在1258年,阿拉伯半岛的守护圣徒西库阿·卡尔第的一个弟子,名叫西库·奥玛尔。他出身贵族,是摩卡地区的酋长。西库·奥玛尔年轻的时候做过一些荒唐事,犯下了罪行,被从也门的摩卡流放到欧撒巴。他在山中彷徨地走着,非常饥饿,当他坐在树根上休息时,竟然发现有一只鸟飞来停在枝头上,以一种他从未听过、极为悦耳的声音啼叫着。他仔细一看,发现那只鸟是在啄食枝头上的红色果实后,才扯开喉咙叫出美妙的啼声的。

于是他也试着将那些果实摘下放入锅中加水熬煮。此时小红果实散发出一种非常美妙的香味,当西库·奥玛尔喝下以后,顿时觉得疲惫一扫而光,立刻感到神清气爽。西库·奥玛尔兴奋得手舞足蹈,跪在地上感谢真主的恩赐。于是他便采下许多这种神奇的果实,遇有病人便拿给他们熬成汤来喝。由于他四处行善,故乡的人便原谅了他的罪行,让他回到摩卡,并推崇他为"圣者"。而他发现的这种神奇的果实也从此广为流传。

历史上最早介绍并记载咖啡的文献,是在980—1038年间,由阿拉伯哲学家阿比沙纳所著。在1470—1475年间,由于麦加的当地居民都有喝咖啡的习惯,因此影响了前往朝圣的人。这些人将咖啡带回自己的国家,使得咖啡在土耳其、叙利亚、埃及等国逐渐流传开来。而全世界第一家咖啡专门店则于1544年在伊斯坦布尔诞生,这也是现代咖啡厅的鼻祖。之后,在1617年,咖啡传到了意大利,接着传入英国、法国、德国等国家。

### 二、咖啡的品种

一般来说,咖啡大多是栽种在山坡地上,而咖啡从播种、生长到结果,需要四至五年的时间,而从开花到果实成熟则需要6到8个月的时间。目前全世界最重要的咖啡豆主要来自阿拉比卡、罗伯斯塔及利比里亚这三个原品种。

原产地为埃塞俄比亚的阿拉比卡咖啡树,其咖啡产量占全世界产量70%,世界著名的咖啡品种几乎全是阿拉比卡种。

阿拉比卡种的咖啡树适合种于日夜温差大的高山,以及湿度低、排水良好的土壤,理想的海拔高度是500米至2000米,海拔越高,品质越好。但由于抗病虫害的能力较弱,故较其他两种咖啡树难以栽种。

罗伯斯塔咖啡树原产地在非洲的刚果,其产量约占全世界产量的20%~30%。罗伯斯塔咖啡树适合种植于海拔500米以下的低地,对环境的适应性极强,能够抵抗恶劣气候,抗拒病虫侵害,在整地,除草,剪枝时也不需要太多人工照顾,可以任其在野外生长,是一种容易栽培的咖啡树。但是其风格比阿拉比卡种来得苦涩,品质上也逊色许多,所以大多用来制造即溶咖啡。由于产地在非洲,所以大部分非洲人都喝罗伯斯塔咖啡。

利比里亚咖啡树的产地为非洲的利比里亚,它的栽培历史比其他两种咖啡树短,所以栽种的地方仅限于利比里亚、苏里南、盖亚那等少数几个地方,因此产量占全世界产量不到5%。利比里亚咖啡树适合种植低地,所产的咖啡豆具有极浓的香味及苦味。

### 三、咖啡豆

#### (一)蓝山咖啡豆

蓝山咖啡豆是咖啡豆中的极品,所冲泡出的咖啡香郁醇厚,口感非常细腻。蓝山咖啡豆主要生产在牙买加的高山上,由于产量有限,因此价格比其他咖啡豆昂贵。蓝山咖啡豆的主要特征是豆子比其他种类的咖啡豆要大。

### (二)曼特宁咖啡豆

曼特宁咖啡豆的风味香浓,口感苦醇,但是不带酸味。由于口味独特,所以很适合单品饮用,也是调配综合咖啡的理想种类。曼特宁咖啡豆主要产于印度尼西亚的苏门答腊等地。

### (三)摩卡咖啡豆

摩卡咖啡豆的风味独特,甘酸中带有巧克力的味道,适合单品饮用,也是调配综合咖啡的理想种类。目前以也门所生产的摩卡咖啡豆品质最好,其次则是埃塞俄比亚。

### (四)牙买加咖啡豆

牙买加咖啡豆仅次于蓝山咖啡豆,风味清香优雅,口感醇厚,甘中带酸,味道独树一帜。

### (五)哥伦比亚咖啡豆

哥伦比亚咖啡豆香醇厚实,略带微酸,但口感强烈,并有奇特的地瓜皮风味,品质与香味稳定,因此可用来调配综合咖啡或加强其他咖啡的香味。

### (六)巴西圣多斯咖啡豆

巴西圣多斯咖啡豆香味温和,略带微苦,属于中性咖啡豆,是调配综合咖啡不可缺少的咖啡豆种类。

### (七)危地马拉咖啡豆

危地马拉咖啡豆芳香甘醇,口味微酸,属于中性咖啡豆。与哥伦比亚咖啡豆的风味极为相似,也是调配综合咖啡理想的咖啡豆种类。

### (八)综合咖啡豆

综合咖啡豆是指两种以上的咖啡豆,依照一定的比例混合而成的咖啡豆。由于综合咖啡豆可撷取不同咖啡豆的特点于一身,因此,经过精心调配的咖啡豆也可以制作出品质极佳的咖啡。

### 四、咖啡豆的烘焙

咖啡豆必须经过烘焙的过程才能够呈现出不同咖啡豆本身所具有的独特芳香、味道与色泽。烘焙咖啡豆简单地说就是炒生咖啡豆,而用来炒的生咖啡豆实际上只是咖啡果实中的种子部分,因此,我们必须先将果皮及果肉去除,才能得到我们想要的生咖啡豆。

生咖啡豆的颜色是淡绿色的,烘焙加热可使豆子的颜色产生变化。烘焙的时间长,咖啡豆的颜色就会由浅褐色转变成深褐色,甚至变成黑褐色。咖啡豆烘焙的方式与中国"爆米花"的方法类似,首先必须将生咖啡豆完全加热,让豆子弹跳起来,当热度完全渗透到咖啡豆内部,咖啡豆充分膨胀后,便会开始散发出特有的香味。

咖啡豆的烘焙熟度大致可分为浅焙、中焙及深焙三种。至于要采用哪一种烘焙度,则必须依据咖啡豆的种类、特性及用途来决定。一般来说,浅焙的咖啡豆,豆子的颜色较浅,味道较酸;而中焙的咖啡豆,豆子颜色比浅焙豆略深,但酸味与苦味适中,恰到好处;深焙的咖啡豆,由于烘焙时间较长,因此豆子的颜色最深,而味道则是以浓苦为主。

### 五、咖啡的煮泡法

一般餐厅或咖啡专卖店最常使用的咖啡煮泡法可分为虹吸式、过滤式及蒸汽加压式三种煮泡方式。

#### (一)虹吸式

虹吸式煮泡法主要是利用蒸汽压力造成虹吸作用来煮泡咖啡。由于它可以依据不同咖啡豆的熟度及研磨的粗细来控制煮咖啡的时间,还可以控制咖啡的口感与色泽,因此是三种冲泡方式中最需具备专业技巧的煮泡方式。

1.煮泡器具

虹吸式煮泡设备包括过滤壶、蒸馏壶、过滤器、酒精灯及搅拌棒。

2.操作程序

(1)先将过滤器装在过滤壶中,并将过滤器上的弹簧钩钩牢在过滤壶上。

(2)蒸馏壶中注入适量的水。

(3)点燃酒精灯开始煮水。

(4)将研磨好的咖啡粉倒入过滤壶中,再轻轻地插入蒸馏壶中,但不要扣紧。

(5)水煮沸后,将过滤壶与蒸馏壶相互扣紧,之后就会产生虹吸作用,使蒸馏壶中的水往上升,升到过滤壶中与咖啡粉混合。

(6)适时使用搅拌棒轻轻搅拌,让水与咖啡粉充分混合。

(7)四五十秒钟后,将酒精灯移开,熄火。

(8)酒精灯移开后,蒸馏壶的压力降低,过滤壶中的咖啡液就会经过过滤器回流到蒸馏壶中。

3.注意事项

由于咖啡豆的熟度与研磨的粗细都会影响咖啡煮泡的时间,因此必须掌握煮泡咖啡所需要的时间,以充分展现出不同咖啡的风味特色。

#### (二)过滤式

过滤式咖啡主要是利用滤纸或滤网来过滤咖啡液。而根据所使用的器具又可分为"日式过滤咖啡"与"美式过滤咖啡"两种。

1.日式过滤咖啡

日式过滤咖啡是用水壶直接将水冲进咖啡粉中,经过滤纸过滤后所得到的咖啡,所以又称为冲泡式咖啡。器具包括漏斗形上杯座(座底有三个小洞)、咖啡壶、滤纸及水壶。所使用的滤纸有 101、102 及 103 三种型号,可配合不同大小的上杯座使用。

日式过滤咖啡操作程序为:

(1)先将滤纸放入上杯座中固定好,并用水略微蘸湿;

(2)将研磨好的咖啡粉倒入上杯座中;

(3)将上杯座与咖啡壶结合并摆放好;

(4)用水壶直接将沸水由外往内以画圈的方式浇入,务必让所有的咖啡粉都能与沸水接触;

(5)咖啡液经由滤纸由上杯座下的小洞滴入咖啡壶中,滴入完毕即可饮用。

2.美式过滤咖啡

美式过滤咖啡主要是利用电动咖啡机自动冲泡过滤而成。美式过滤咖啡可以事先冲泡保温备用,操作简单方便,颇受大众的喜爱。

煮泡器具是电动咖啡机。咖啡机有自动煮水、自动冲泡过滤及保温等功能,并附有装盛咖啡液的咖啡壶。机器所使用的过滤装置大多是可以重复使用的滤网。

美式过滤咖啡操作程序为:

(1)在盛水器中注入适量的水;

(2)将咖啡豆研磨成粉,倒入滤网中;

(3)将盖子盖上,开启电源,机器便开始煮水;

(4)当水沸腾后,会自动滴入滤网中,与咖啡粉混合后,再滴入咖啡壶内。

值得注意的是,煮好的咖啡由于处在保温的状态下,因此不宜放置太久,否则咖啡会变质、变酸;不宜使用深焙的咖啡豆,否则会使咖啡产生焦苦味。

**(三)蒸汽加压式**

蒸汽加压式咖啡主要是利用蒸汽加压的原理,让热水经过咖啡粉后再喷至壶中形成咖啡液。由于这种方式所煮出来的咖啡浓度较高,因此又被称为浓缩式咖啡,就是一般大众所熟知的 express 咖啡。

1.煮泡器具

蒸汽咖啡壶主要包括上壶、下壶、漏斗杯三大部分,此外还附有一个垫片,垫片用来压实咖啡粉。

2.主要操作程序

(1)在下壶中注入适量的水。

(2)将研磨好的咖啡粉倒入漏斗杯中,并用垫片压紧,放进下壶中。

(3)将上、下二壶扣紧。

(4)整组咖啡壶移到热源上加热,当下壶的水煮沸时,蒸汽会先经过咖啡粉后再冲到上壶,并喷出咖啡液。

(5)当上壶开始有蒸汽溢出时,表示咖啡已煮泡完。

3.注意事项

(1)咖啡粉一定要确实压紧,否则水蒸气经过咖啡粉的时间太短,会使煮出来的咖啡浓度不足。

(2)若煮泡一人份的浓缩咖啡时,因为咖啡粉不能放满漏斗杯,可将垫片放在咖啡粉上不取出,以确保咖啡粉的紧实。

(3)由于浓缩咖啡强调的是咖啡的浓厚风味,所以应该使用深焙的咖啡豆。

**六、咖啡饮用礼仪**

饮用咖啡时应当心情愉快,将咖啡趁热喝完(冷饮除外),当然不要一次喝尽,应分作3~4次。饮用咖啡前,先将咖啡放在自己方便的地方。饮用咖啡时,可以不加糖、不加奶直接饮用,也可只加糖或只添加牛奶。如果同时加入糖和牛奶,应当先放糖,后加牛奶,这样使咖啡更香醇。糖的作用是缓解咖啡的苦味,牛奶可缓和咖啡的酸味。常用的比例是糖占咖啡饮料的8%,牛奶占咖啡饮料的6%,也可以根据自己口味。饮用咖啡时,用右手持咖啡匙,将咖啡轻轻搅拌几下(在添加糖或牛奶的情况下),然后将咖啡匙放在咖啡杯垫上,对着自己的一方。再用右手持咖啡杯柄,饮用。

**七、咖啡名品**

**(一)单品咖啡**

1.牙买加蓝山咖啡(Jamaican blue mountain)

牙买加蓝山咖啡是世界上最昂贵的咖啡之一,被人们称作"黑色宝石"、"咖啡之王"。

2.也门摩卡咖啡(Yemen Mokha)

也门摩卡咖啡是世界上最"古老"的咖啡,渊源久远的摩卡咖啡是咖啡的代名词,其独特的香味和酸味,深深吸引着咖啡爱好者。

3.苏门答腊曼特宁(Sumatran Mandheling)

苏门答腊曼特宁是生长在海拔750~1500米高原山地的上等咖啡,其特点是痛快淋漓、汪洋恣肆、驰骋江湖。有"醇厚的绅士"之美誉。

4.夏威夷科纳(Hawaii Kona)

夏威夷科纳香醇而酸,是上等咖啡豆,独特的成长环境和气候环境造就了夏威夷科纳完美的味道如夏威夷沙滩、季风和火山的味道,是世界上最美味的咖啡。

5.巴西圣多斯(Brazilian Santos)

巴西圣多斯咖啡如极具韵律的桑巴舞一样,热情奔放,醇厚而滑润的特点让人回味悠长,被咖啡爱好者称之为"来自南美的热带风暴"。

6.哥伦比亚特级(Colombian Supremo San Agustin)

哥伦比亚特级香气厚实,带有明朗的优质酸性,高均衡度,具有坚果味,令人回味无穷。

7.埃塞俄比亚哈拉尔(Ethiopia Harar)

埃塞俄比亚哈拉尔咖啡是原始和简单的咖啡,是一种特殊的咖啡,它的味道非常具有侵略性,会带给人一种从未有过的原始体验。

8.危地马拉安提瓜(Guatemalan Antigua)

危地马拉安提瓜咖啡不仅豆表光滑硬度高、质量好,而且更加浓郁,是酸和甜的完美搭配,再加上一丝丝的烟熏味,更强调了它的深奥和神秘,被美誉为"飘香的历史"。

9.波多黎各尧科特选(Puerto Rico Yauco Selecto)

波多黎各尧科特选咖啡可谓世间极品,其口味芳香浓烈,饮后回味悠长,可与任何咖啡品种媲美。

10.厄瓜多尔加拉帕戈斯(Ecuador Galapagos)

最好的厄瓜多尔加拉帕戈斯咖啡是在加拉帕戈斯群岛上的圣克里斯托瓦尔岛上种植的,这里具备种植世界上品质最好的咖啡所独有的天然地理条件。厄瓜多尔加拉帕戈斯咖啡口感丰富,酸中略带甜味。

11.肯尼亚 AA(Kenya AA)

肯尼亚 AA 级咖啡是罕见的好咖啡之一,带有水果风味,口感丰富完美,以其浓郁的芳香和酸度的均衡而闻名于世。

## (二)花式咖啡

花式咖啡不像单品咖啡那样单纯、浓郁、香气四溢。花式咖啡要真正入口才能尝到咖啡的天然醇香。花式咖啡较适合不常喝咖啡的人。适合喜欢新鲜多变的潮流一族。花式咖啡著名的品牌有:

意大利浓缩咖啡——美味咖啡的开始;

卡布齐诺咖啡——与爱情有关的咖啡;

爱尔兰咖啡——思念发酸的味道;

皇家咖啡——绅士般高贵的咖啡;

维也纳咖啡——维也纳的浪漫浓香;

拿特咖啡——永恒的经典;

土耳其咖啡——最古老原始的咖啡。

## (三)速溶咖啡

速溶咖啡是 1900 年由在美国的日本化学家加腾沙多利博士所发明,最早的速溶咖啡是由 50%的咖啡和 50%的淀粉混合而成,直到 1950 年后才出现 100%的速溶咖啡。速溶咖啡的特点是简单、平实、自然。著名的品牌有：

雀巢咖啡——极力的味道诱惑；

麦斯威尔咖啡——分享的快乐。

## 八、可可

### (一)可可的起源

可可(Cocoa)是指含有可可粉的任何饮品,是由可可树的种子(可可豆)经加工和磨粉,再经过冲泡制成的饮料。这种饮料常由可可粉加糖,放入热水或牛奶中混合而成。带有牛奶的热可可饮料常称作热巧克力奶。

可可豆由一层果肉包裹,外部是豆荚,有很多种类,优质的可可豆产自科特迪瓦、委内瑞拉和危地马拉。可可的质量可通过可可豆、豆荚和果肉的厚度鉴别。通常,可可的果肉呈红色,豆荚呈蓝紫色。厄瓜多尔产的可可豆体形较大,棕色豆荚和棕黑色果肉。巴西产的可可豆,果肉呈蓝紫色。圭那亚产的可可豆体形较小,豆荚呈灰色和果肉呈棕色。优质的可可豆气味清新、没有霉味、没有虫洞。可可有着很高的食用价值,含有多种营养素。其中包括氮 17%、脂肪 25.5%、碳水化合物38%。可可的香味来自多种生物碱,其中最主要的成分是可可碱和咖啡因。它们都有提神的作用。目前,可可主要种植区域为非洲和南美洲。

据文献记载,可可的发现从哥伦布(Christopher Columbus)在 1492 年发现美洲大陆开始。在哥伦布带给西班牙国王斐迪南(Ferdinand)的珍奇物品中,有一包装满各种新奇植物和物品的包裹。其中,包括一些很像杏仁的棕黑色的可可豆。然而,当时没有人知道它有什么用途。16 世纪 20 年代,西班牙探险家——赫尔南科特斯(Hernando Cortez)在墨西哥发现了印第安人使用可可豆制作饮料。后来,西班牙人开始饮用可可饮料,并在可可粉中加入蔗糖、肉桂、香草和牛奶。最终成为可可饮料或巧克力饮品。

### (二)可可生产工艺

可可饮料由可可豆制成,其特点是带有轻微的香味,微苦。可可豆必须经过烘焙、磨粉、提取脂肪,经可溶解处理后才能成为理想的饮料原料并提高它在牛奶和水中的溶解度。烘焙可可豆像烘焙咖啡豆一样,散发着香味。

### (三)可可的功效

当今,可可饮料(热巧克力饮料)仍然有着一定的市场潜力,特别是对青少年和儿童。世界上各地的咖啡厅和快餐店每天销售着一定数量的热巧克力饮品。不仅如此,一些企业还将可可与酒配制成人们喜爱的鸡尾酒。例如,在制作威士忌可可中,将 60 毫升威士忌酒与 120 毫升热巧克力饮料搅拌在一起,上面漂上抽打过的鲜奶油,在奶油上面放少许碎巧克力片。

# 第三节　无咖啡因饮料

## 一、碳酸饮料

碳酸饮料是将二氧化碳气体与不同的香料、水分、糖浆及色素结合在一起所形成的气泡式饮料。

### (一)碳酸饮料的种类

碳酸饮料是含碳酸成分的饮料的总称,它的优点是在饮料中充入二氧化碳气体,当饮用时,泡沫多而细腻,饮后爽口清凉。碳酸饮料可分为以下一些类型。

1.苏打型

经由引水加工压入二氧化碳的饮料,饮料中不含有人工合成香料和不使用任何天然香料。常见的有苏打水、俱乐部苏打水以及矿泉水碳酸饮料。

2.水果味型

水果味型碳酸饮料主要是依靠食用香精和着色剂,赋予一定水果香味和色泽的汽水。这类汽水通常色泽鲜艳、价格低廉,不含营养素,一般具有清凉解渴作用。其品种繁多,产量也很大。人们几乎可以用不同的食用香精和着色剂来模仿任何水果的香味和色泽,制造出各种果味汽水,如柠檬汽水、奎宁水(tonic)、姜汁汽水等。

3.果汁型

果汁型碳酸饮料是在原料中添加了一定量的新鲜果汁而制成的碳酸汽水,它除了具有水果所特有的色、香、味之外,还含有一定的营养素,有利于身体健康。当前,在饮料向营养型发展的趋势中,果汁汽水的生产量也大为增加,越来越受到人们的欢迎。一般果汁汽水的果汁含量大于2.5%。

4.可乐型

可乐型碳酸饮料由多种香料与天然果汁、焦糖色素混合后充气而成。如风靡全球的美国"可口可乐",它的香味除来自古柯树树叶的浸提液外,还含有砂仁、丁香等多种混合香料,因而味道特殊,极受人们欢迎。美国是可乐饮料的发源地,其产品的产量在世界上处于垄断地位,可口可乐与百事可乐的行销范围遍及世界各地。美国可乐饮料的研究生产,始于第一次世界大战时期。当时主要是为士兵作战的需要,添加具有兴奋提神作用的高剂量咖啡因及其他具有特殊风味的物质,创造出可乐这种饮料。

### (二)碳酸饮料的主要原料

碳酸饮料的原料大体上可分为水、二氧化碳和食品添加剂三大类。原料品质的优劣直接影响产品的品质。因此,必须掌握各种原料的成分、性能、用量和品质标准,并进行相应的处理,才能生产出合格的产品。

### 1.饮料用水

碳酸饮料中水的含量在 90% 以上,所以水质的优劣对产品品质影响很大。饮料用水比一般饮用水对水质有更严格的要求,对水的硬度、浊度、色、味、铁、有机物、微生物等各项指标的要求均比较高。即使是干净的自来水,也要再经过特殊处理才能作为饮料用水。

一般说来,饮料用水应当无色,无异味,无悬浮物,无沉淀物,清澈透明,总硬度在 8 度以下,pH 值为 7,重金属含量不得超过指标。

### 2.二氧化碳

碳酸饮料中的"气"就是压缩二氧化碳气体。饮用碳酸饮料,实际是饮用一定浓度的碳酸。生产汽水所用的二氧化碳,一般都是用钢瓶包装、被压缩成液态的二氧化碳,通常要经过处理才能使用。

### 3.食品添加剂

食品添加剂可使碳酸饮料的色、香、味俱佳。碳酸饮料生产中常用的食品添加剂有甜味剂、酸味剂、香味剂、着色剂、防腐剂等。除砂糖外,所用的甜味剂主要是糖精。酸味剂主要是柠檬酸,还有苹果酸、酒石酸、磷酸等。香味剂一般都是果香型水溶性食用香精,目前使用较多的是橘子、柠檬、香蕉、菠萝、杨桃、苹果等果香型食用香精。着色剂多采用合成色素,它们是柠檬黄、胭脂红、靛蓝等。

### (三)碳酸饮料的制作流程

#### 1.水处理

普通的水不能直接用于配制饮料,需要经过一系列的处理。一般要通过净化、软化、消毒后才能成为符合要求的饮料用水,再经降温后进入混合机变为碳酸水。

各种水源的水质差异很大,在使用前,需要对水源的水进行详细的了解和理化分析,以便进行有效的处理。

#### 2.二氧化碳处理

钢瓶中的二氧化碳往往含有杂质,有时还有异臭、异味,这会使汽水的品质不良。因此,必须经过氧化、脱臭等处理,以供给纯净的二氧化碳。

#### 3.配料

配料是汽水生产中最重要的环节。它包括溶糖、过滤、配料三道工序。

溶糖是将定量砂糖加入定量的水中,使其溶解制成糖液,方法有热溶法和冷溶法两种。

### (四)碳酸饮料中的风味物质

碳酸饮料中的风味物质主要是二氧化碳。二氧化碳给人以清凉感,并刺激胃液分泌,促进消化,增强食欲。炎热天气饮用碳酸饮料可降低体温,同时,碳酸饮料中含有碳酸盐、硫酸盐、氯化物盐类以及磷酸盐等。各种盐类在不同浓度下的味觉不同,所以当某种盐类浓度过大时,味感必然明显地以此盐类的味感为主。另外,果汁和果味的碳酸饮料中含有各种氨基酸,氨基酸在一定程度上可起缓冲和调和口感的作用。

### 二、矿泉水

#### (一)饮用矿泉水的特征

饮用天然矿泉水是一种矿产资源,来自地下水,含有一定量的矿物盐和微量元素,有些还含二氧化碳气体,在通常情况下其化学成分、流量、温度等动态指标相对稳定。

#### (二)饮用矿泉水必备的条件

(1)口味良好、风格典型。

(2)含有对人体有益的成分。

(3)有害成分不得超过相关规定。

(4)瓶装后在保存期(一般为一年)内口味无变化。

(5)微生物指标符合饮水卫生要求。

#### (三)饮用矿泉水的分类

饮用矿泉水可分为不含气矿泉水、含气矿泉水和人工矿泉水。

**1.不含气矿泉水**

原矿泉水中不含有二氧化碳气体,只需将矿泉水用泵抽出,经沉淀、过滤,加入适量稳定剂后就可装瓶,以保证矿泉水中的有益成分不致损失。如原矿泉水中含有二氧化碳等气体,脱除气体,即为无气矿泉水。不含气矿泉水是目前最为流行的矿泉水。

**2.含气矿泉水**

含气矿泉水是将天然矿泉水及所含的碳酸气一起用泵抽出,通过管道进入分离器,使水气分离。气体进入气柜进行加压。矿泉水自分离器底部流出,经气泵打入储罐进行消毒处理,然后进入沉淀池除去杂质,再过滤到另一储缸。经气体过滤处理后的矿泉水,须加入柠檬酸、抗坏血酸等稳定剂,以保留矿泉水中适量的有益元素。装瓶前将过滤后的矿泉水导入气液混合器中与二氧化碳气体混合,最后装瓶。

**3.人工矿泉水**

人工矿泉水是用优质泉水、地下水或井水进行人工矿化生产的饮用水。人工矿化有两种方法:其一是直接强化法,即将优质天然泉水、井水或其他地下水进行杀菌和活性炭吸附使之成为不含杂质、无菌、无异味的纯净水,然后加入含有特种成分的矿石和无机盐,经过一定时间的溶解矿化,然后进行过滤和紫外线杀菌,再行装瓶。其二是二氧化碳浸浊法,即在一定的压力下使含二氧化碳的原料水与一定浓度的碱土金属盐相接触,使碱土金属盐中有关成分与含二氧化碳的原料水反应,生成碳酸氢盐于水中,使原水矿化。待达到预期矿化度时,经过滤、杀菌后再行装瓶。

### 三、乳品饮料

1851 年,盖尔·鲍尔顿发明了一种可以从牛奶中取出部分水分的方法,牛奶的保存期才得以延长。4 年之后,法国化学家和生物学家路易·巴斯德发明了低温灭菌法,牛奶经过杀菌处理,能更长时间地保存。从此,牛奶就成为一种十分普及的饮料。

#### (一)乳品饮料分类

##### 1.新鲜牛奶

鲜奶在市面上销售量最大,其主要特征是经过杀菌消毒。鲜奶大多采用巴氏消毒法,即将牛奶加热至 60℃~63℃,并维持此温度 30 分钟,既能杀死全部致病菌,又能保持牛奶的营养成分,杀菌效果可达 99%。另外,还有一种高温短时消毒法,即将牛奶在加热至 80℃~85℃,维持 10~15 秒,或加热至 72℃~75℃,维持16~40 秒。

新鲜牛奶可分为以下一些类别。

(1)全脂牛奶。即保留原奶中的脂肪。

(2)低脂牛奶(skim milk)。即把牛奶中的脂肪含量降低。

(3)调味牛奶。即在牛奶中加入特殊风味原料,改变普通牛奶的味道。最常见的是巧克力牛奶(chocolate milk)、可可牛奶(coca milk)以及各种果汁牛奶。

##### 2.奶水

奶水是指含奶成分较高的饮品。常见的奶水有以下几种。

(1)鲜奶油。当做其他饮料的配料。

(2)餐桌乳饮(light Cream)。当做咖啡的伴饮。

(3)乳饮料。乳饮料的脂肪量为 10%~12%。

##### 3.发酵乳饮料

牛乳经杀菌、降温,添加特定的乳酸菌发酵剂,再经均质或不均质恒温发酵、冷却、包装等工序制成的饮料,称为发酵乳饮料。常见的有酸乳和酸奶。

(1)酸乳

酸乳脂肪含量在 18%以上,是在牛奶中加入乳酸菌发酵后,再加入特定的甜味料,使其具有苹果、菠萝和特殊风味的酸乳饮料。

(2)酸奶

酸奶是一种有较高营养价值和特殊风味的饮料。它是以牛乳等为原料,经乳酸菌发酵而制成的产品。酸奶能增强食欲,刺激肠道蠕动,促进机体的物质代谢,从而增进人体健康。酸奶的种类很多,从组织状态可分为凝固型酸奶和搅拌型酸奶;从产品的化学成分可分为全脂、脱脂、半脱脂酸奶;根据加糖与否可分为甜酸奶和淡酸奶。

**4.奶粉**

将鲜牛奶蒸去水分制成奶粉。奶粉经高温制备,消毒彻底,蛋白质易于消化。

**5.冰激凌**

冰激凌是以牛乳或其制品为主要原料,加入糖类、蛋品、香料及稳定剂,经混合配制、杀菌冷冻成为松软的冷冻食品,具有色泽鲜艳、香味浓郁、组织细腻的特点,是一种营养价值很高的夏季食品。冰激凌种类很多,按颜色可分为单色、多色和变色冰激凌;按形状可分为杯状、蛋卷状和冰砖冰激凌;按风味可分为奶油、牛奶和水果冰激凌。

**(二)乳品饮料储存方法**

(1)乳品饮料在室温下容易腐烂变质,应冷藏在4℃的温度下。

(2)牛奶易吸收异味,冷藏时应包装严密,并与有刺激性气味的食品隔离。

(3)牛奶冷藏时间不宜太长,应每天饮用新鲜牛奶。

(4)冰激凌应冷藏在−18℃以下。

**四、果蔬饮料**

**(一)果蔬饮料的特点**

果蔬饮料之所以赢得越来越多的人的喜爱,是因为它具有许多与众不同的特点。

**1.赏心悦目的色泽**

不同品种的果实,在成熟后都会呈现出各种不同的鲜艳色泽。它既是果实成熟的标志,又是不同种类果实的特征,果实的色泽是由其色素物质来体现的。

**2.水果迷人的芳香**

各种果实均有其固有的香气,特别是随着果实的成熟,香气日趋浓郁。这种香气也融入果汁,构成了不同果汁特有的典型风味。果汁的芳香是由芳香物质散发出来的。它们都是挥发性物质,其种类繁多,虽存在量甚微,但对香气和风味的表现却十分明显。

果蔬饮料中的芳香物质包括各种醛类、醇类、酯类和有机酸类。这些芳香物质均具有强烈的挥发性,在加工处理过程中易于挥发,故应极力避免,以保持天然水果浓郁而迷人的芳香。

**3.可口的味道**

形成果蔬饮料味道的主要成分是糖分和酸性物质。糖分给人以甜味,果蔬饮料中形成甜味的主要成分是蔗糖、果糖和葡萄糖,其他甜味物品质微而不显。糖分是随着果实的成熟不断形成和积累的,故成熟的果实较甜。酸性物质主要是柠檬酸、苹果酸、酒石酸等有机酸,各种果实中含酸的种类和数量不同,故酸味也有差异。如苹果以苹果酸为主,柑橘类以柠檬酸为主,而葡萄则以酒石酸为主。

4.含有丰富的营养

果蔬饮料中含有的营养成分极其丰富,除了糖分和酸性物质外,还有许多其他成分,包括蛋白质、氨基酸、磷脂等,都是人体所需的营养素。氨基酸能溶于果汁,而蛋白质、磷脂多与固体组织相结合,悬浮于混浊果汁中,故混浊型果汁营养价值较高。

维生素是体内能量转换所必需的物质,能产生控制和调节代谢的作用。人体对它的需要量虽少,但其作用异常重要。维生素在体内一般不能合成,多来自食物,而水果和蔬菜是维生素丰富的来源。但有些维生素受热时最易被破坏,在制取果汁时要加倍注意。

果蔬饮料中还含有许多人体需要的微量元素,如钙、磷、铁、镁、钾、钠、铜、锌等,它们与硫酸盐、磷酸盐、碳酸盐或与有机物结合的盐类存在,对构成人体组织与调节生理机能起着重要的作用。

正因为果汁具有悦目的色泽、迷人的芳香、可口的味道和丰富的营养,故而成为深受人们欢迎的饮料。

**(二)果蔬饮料常用的主要原料**

制取果蔬饮料的原料要求有美好的风味和香气,色泽鲜艳、稳定,多汁,酸度适中。常用的主要有以下一些种类。

1.草莓

草莓果实呈球形或卵圆形,色鲜红,味酸甜,其汁液浓、色重、甜度高,不仅适宜制取草莓酱,而且常用于制取草莓汁。

2.柳橙

柳橙是目前世界上用以生产果汁最多的水果。其果汁色泽好、香味浓、糖分高、酸甜适度,极受人们欢迎。制果汁常用的品种主要有脐橙、晚生橙、菠萝橙等。

3.梨

梨的含酸量低,果汁香气弱,梨汁多作为其他饮料的配料,也可单独使用。过熟的梨汁液大减,出汁率低,不宜用于制汁。

4.苹果

苹果品种较多,各有特色,所含成分也有差异。除了早熟的伏苹果外,大多数中熟和晚熟品种都可制汁,尤以晚熟品种甜度适中,略带酸味,汁多且有香气,最适合取汁。在制取苹果汁时,应多采用几个品种混合进行。

5.葡萄

葡萄出汁率达65%~82%,在各种水果中居首位,其果汁的糖酸比率适宜,营养价值高,是最受欢迎的果汁之一。制葡萄汁一般选用酸分较高、糖分较低、不大适宜制葡萄酒的品种做原料。

### 6.菠萝

菠萝品种较多,其化学成分差异也较大,菠萝汁的风味也因品种的不同而异。菠萝属于后熟型,用充分成熟的果实制汁可获得优良的果汁。

### 7.杨桃

杨桃分甜杨桃和酸杨桃两类。酸杨桃汁色泽呈暗色,味道芳香,含糖量低,含酸量高,是生产果汁的良好原料;甜杨桃由于其汁液含糖量高,可以和其他果汁配用。

### 8.西红柿

西红柿品种较多,营养丰富,含有丰富的维生素 C 及胡萝卜素,色泽呈红色或粉红色,味酸汁浓。西红柿是果蔬饮料中常用的原料。

### 9.胡萝卜

胡萝卜中不仅含有丰富的维生素 C 和胡萝卜素,而且还含有丰富的铁和钙等微量元素。

### (三)果蔬饮料的调制

### 1.选料

果蔬汁的原料是新鲜水果。原料品质的优劣将直接影响饮料的品质,制取果汁的果实原料的要求充分成熟;无腐烂现象;无病虫害;无外伤。

### 2.清洗

在果汁的制作过程中,果汁被微生物污染的原因很多。但一般认为,果汁中的微生物主要来自原料。因此,对原料进行清洗是很关键的一环。此外,有些果实在生长过程中喷洒过农药,残留在果皮上的农药若在加工过程中进入果汁,将会危害人体,因此必须对这样的果实进行特殊处理。一般可用 0.5%~1.5% 的盐水或 2% 的高锰酸钾溶液浸泡数分钟,再用清水洗净。

### 3.榨汁前的处理

果实的汁液存在于果实组织的细胞中,制取果汁需要将其分离出来。果实切割使果肉组织外露,为榨汁做好了充分的准备。

有些果实(如苹果、樱桃)含果胶量多,汁液黏稠,榨汁较困难。为使汁液易于制取,在切割后需要进行适当的热处理,即在 60℃~70℃ 水温中浸泡,时间为 15~30 分钟。

### 4.混合蔬菜汁的搭配

因为几乎所有蔬菜都有它本身特殊的风味(如蔬菜汁的青涩口味),若不调味,常难以下咽。对付青涩味的传统办法就是通过品种搭配来调味。调味主要是用天然水果来调整果蔬汁中的酸甜味,这样可以保持饮料的天然风味,营养成分又不会受到破坏。比如增加甜味。天然柠檬汁含有丰富的维生素 C,它的强烈酸味可以压住菜汁中的青涩味,使其变得美味可口。另外,果蔬汁中加鸡蛋黄也能调节口味,还可增加营养、消除疲劳和增强体力。

### (四)果蔬汁饮料饮用

果汁的最佳饮用温度为10℃,饮用前宜先放冰箱冷藏。

饮用菜汁时最好将菜汁含在口中一会儿,再慢慢下咽,这样能促进口腔中消化酶的分泌,有效地消化吸收菜汁中的营养成分。

每日饮用的菜汁与果汁量之比以2∶1为好。

# 第四节 软性饮料与混合饮料制作

## 一、软性饮料

### (一)热橘茶(Hot Citron Tea)

主料:红茶包2包、柳橙汁15毫升、柠檬汁10毫升、柑橘4个。

辅材:柠檬角,蜂蜜15毫升。

方法:搅拌法。

盛装:香甜酒杯或红茶杯。

要领:

(1)要正确选择柠檬角;

(2)制作先煮柳橙汁,然后冲泡茶,再榨汁,较能节省时间;

(3)柠檬角可调整酸度,蜂蜜可用来调整甜度。

### (二)冰橘茶(Iced Citron Tea)

主料:红茶包2包、柑橘4个、柠檬汁10毫升、柳橙汁7.5毫升、蜂蜜15毫升。

辅材:无。

方法:摇荡法。

盛装:可林杯。

要领:

(1)柑橘须先用水果刀划一刀再榨汁;

(2)取用红茶包时,手不可以触碰到茶包。

### (三)冰奶茶(Iced Milky Tea)

主酒:红茶叶6克、奶精粉30克、糖水30毫升。

辅材:无。

方法:摇荡法。

盛装:可林杯。

要领:

(1)取用红茶叶时,手不可触碰到茶叶;

（2）用冲茶器取用热水,最好将上盖留在工作台上;

（3）应等奶精粉在平底锅中溶解后,才能倒入装有冰块的摇酒器中;

（4）精粉遇冷变成块状粉末浮起。

**（四）冰珍珠奶茶( Iced Pearl Milky Tea )**

主料:糖水 30 毫升、红茶叶 6 克、奶精粉 30 克、熟粉圆 1 汤匙。

辅材:无。

方法:摇荡法。

盛装:可林杯。

要领:

（1）熟粉圆需用器皿取出适量,保持器皿干燥清洁;

（2）用冲茶器取用热水,最好将上盖留在工作台上;

（3）应等奶精粉在平底锅中溶解后,才能倒入装有冰块的摇酒器中;

（4）须使用口径较大的大吸管。

**（五）冰紫罗兰花茶( Cold Voice Tea )**

主料:紫罗兰花茶 150 毫升、新鲜柠檬汁 15 毫升、糖水 30 毫升。

辅材:柠檬片、红樱桃。

方法:摇荡法。

盛装:可林杯。

要领:

（1）正确选择柠檬,并把蒂头去掉再切片;

（2）杯中要先放入冰块;

（3）在取用花茶时,手不可以触碰到花茶。

**（六）冰金橘柠檬茶( Iced Citron Lemon Tea )**

主料:新鲜柑橘汁 60 毫升、柠檬汁 30 毫升、话梅 2 粒、糖水 45 毫升、凉开水 60 毫升。

辅材:柳橙片、红樱桃。

方法:摇荡法。

盛装:可林杯。

要领:

（1）用来摇荡的冰块也要倒入可林杯中;

（2）应将摇酒器的过滤盖及上盖倒置于摇酒器底杯上,以防有汁液滴漏在纸巾上。

**（七）蛋蜜汁( Egg Honey Jaice )**

主料:蛋黄 1 个、柳橙汁 15 毫升、蜂蜜 15 毫升、新鲜柠檬汁 15 毫升。

辅材:柠檬片。

方法:摇荡法。

盛装:可林杯。

要领:

(1)用公杯盛装柳橙汁,取量时不超过所需要量的 1/3;

(2)将蛋黄直接倒入摇酒器底杯中;

(3)成品液面大约八分满,泡沫一至二分满。

### (八)蓝色珊瑚礁(Blue Lagoon)

主料:蓝柑橘糖浆 30 毫升、莱姆汁 15 毫升、苏打水八分满。

辅材:柠檬片、红樱桃。

方法:直接注入法。

盛装:可林杯。

要领:

(1)中段柳橙作柳橙片,并把蒂头去掉,切成全片;

(2)先将冰块放入杯中,碳酸气饮料需约八分满的冰块。


## 二、混合饮料

### (一)百合冰咖啡

主料:冰咖啡 150 毫升、绿薄荷香甜酒 15 毫升、泡沫鲜奶油适量、糖水 30 毫升。

辅材:绿薄荷香甜酒、鲜奶油、红樱桃。

方法:直接注入法。

盛装:可林杯。

要领:

(1)果糖附在成品旁边不需要用杯垫。

(2)过滤纸底部须靠着过滤杯,倒入热水时要注意水量不可太大,由外向内按同一时针方向冲下;

(3)必须是 100℃的沸水。

### (二)墨西哥冰咖啡

主料:冰咖啡 150 毫升、咖啡香甜酒 15 毫升、泡沫鲜奶油适量、糖水 30 毫升。

辅材:咖啡香甜酒、鲜奶油、红樱桃。

方法:直接注入法。

盛装:高飞球杯。

要领:

(1)冰咖啡所需咖啡粉的分量约为 2 匙,冲出的颜色较为漂亮;

(2)过滤纸底部须靠着过滤杯,倒入热水时要注意水量不可太大,由外向内按同一时针方向冲下。

## 本章小结

软饮料是指各种不含酒精成分的饮料,包括茶、咖啡、矿泉水等。

中国是茶树的原产地。不同的茶有不同的特点,同一类茶,不同季节,也有不同的特点。从茶叶的冲泡到茶具、茶叶的欣赏都有着不同的方法。

"咖啡"一词源自希腊语"Kaweh",意为"力量与热情"。咖啡是咖啡豆配合各种不同的烹煮器具制作出来的。咖啡豆因栽培环境的不同,风味也有所不同。咖啡现已成为新的消费时尚。

21世纪的主流色彩是绿色,既环保又健康的绿色食品已成为食品行业的主打食品,因此,无咖啡因饮料也越来越受到人们的欢迎。而新型软性饮料和混合饮料已成为引领时代的一种新潮流。

## 思考与练习

1.如何区分和鉴别春茶、夏茶、秋茶?

2.茶的冲泡程序是怎样的?

3.茶的饮用和服务?

4.如何制作咖啡?

5.咖啡应怎样煮泡?

6.如何进行碳酸饮料服务?

7.乳酸饮料应怎样服务?

8.如何制作果蔬汁饮料?

9.试制三种软性饮料和混合饮料。

## 知识卡

### 1.世界各地茶文化

泰国人喝冰茶:在泰国,当地茶客不喝热茶,喝热茶的通常是外来的客人。泰国人喜爱在茶水里加冰,他们常常在一杯热茶中加入一些小冰块,这样茶很快就冰凉了。在气候炎热的泰国,饮用冰茶可以使人倍感凉快、舒适。

印度人喝奶茶:印度人喝茶时要在茶叶中加入牛奶、姜和豆蔻,这样泡出的茶味与众不同。他们喝茶的方式也十分奇特,把茶斟在盘子里啜饮,可谓别具一格。

斯里兰卡人喝浓茶：斯里兰卡的居民酷爱喝浓茶，茶叶又苦又涩，他们却喝得津津有味。斯里兰卡的红茶畅销世界各地，在首都科伦坡有经销茶叶的大商行，设有试茶部，由专家凭舌试味，再核定等级和价格。

蒙古人喝砖茶：蒙古人喜爱喝砖茶。他们把砖茶放在木臼中捣成粉末，加水放在锅中煮开，然后加上一些牛奶或羊奶。

埃及人喝甜茶：埃及人喜欢喝甜茶。他们招待客人时，常端上一杯热茶，里面放入许多白糖。同时，他们还会送来一杯供稀释茶水用的凉水，表示对客人的尊敬。

北非人喝薄荷茶：北非人喝茶，喜欢在绿茶里加几片新鲜的薄荷叶和一些冰糖，清香醇厚，又甜又凉。有客来访，主人连敬三杯，客人须将茶喝完才算礼貌。

马里人吃肉喝茶：马里人喜爱饭后喝茶。他们把茶叶和水放入茶壶里，然后在泥炉上炖煮开。茶煮沸后加入糖，每人斟一杯。他们的煮茶方法不同一般：每天起床就以锡罐烧水，投入茶叶，任其煎煮，直到同时煮的腌肉烧熟，再边吃肉边喝茶。

英国人喝红茶：英国人都喜爱喝茶，茶几乎可称为英国的民族饮料。英国人喜爱红茶，现煮的浓茶，加一两块糖及少许冷牛奶，还常在茶里掺入橘子、玫瑰等作料，据说这样可减少容易伤胃的茶碱，更能发挥茶的保健作用。

俄罗斯人喝花样茶：俄罗斯人先在茶壶里泡上浓浓的一壶红茶。喝时倒少许在茶杯里，然后冲上开水，根据自己的习惯调成浓淡不一的味道。俄罗斯人泡茶，每杯常加柠檬一片，也有用果浆替代柠檬的。在冬季则有时加入甜酒，预防感冒。

加拿大人喝乳酪茶：加拿大人泡茶方法较特别，先将陶壶烫热，放入一茶匙茶叶，然后以沸水注入，浸七八分钟，再将茶叶倒入另一热壶供饮用，通常还加入乳酪与糖。

南美洲人喝马黛茶：在南美洲许多国家，人们把茶叶和当地的马黛树叶混合在一起饮用，既提神又助消化。喝茶时，先把茶叶放入茶杯中，冲入开水，再用一根细长的吸管插入到大茶杯里吸吮，慢慢品味。

新西兰人喝茶最享受：新西兰人把喝茶作为人生最大的享受之一，许多机关、学校、厂矿等还特别定出饮茶时间，各乡镇茶叶店和茶馆比比皆是。

### 2.用什么水泡咖啡合适

一杯咖啡中约 98%～99%都是水,所以良好的水质才能冲出咖啡的香醇。那么用较可口的矿泉水冲泡咖啡是否相配呢?

由于矿泉水大多是含钠、锰、钙、镁较高的硬水,硬水会妨碍咖啡因和单宁酸的释出,而使得咖啡的味道大打折扣。另外,要避免使用含消毒气味的水,或不用第二次煮沸的水,以及一大早刚从水龙头流出的水。而最适合冲泡咖啡的,应该是加热煮沸的开水,这种开水留有少许的二氧化碳,更能彰显咖啡的美味。

# 第七章

# 蒸 馏 酒

**知识要点**

1.了解中国白酒的起源。

2.了解中国白酒的命名。

3.掌握中国白酒的产地、度数、香型及代表酒。

4.掌握白兰地的特点。

5.掌握法国白兰地的著名品牌及其特点。

6.掌握著名威士忌的产区及其特点。

7.掌握荷式金酒和法式金酒的著名品牌。

8.掌握著名的伏特加酒及其特点。

9.掌握著名朗姆酒及其特点。

## 第一节　中国白酒

### 一、中国白酒的起源

有关中国白酒的起源,有多种说法,尚未定论。公元前 3 世纪的《吕氏春秋》上有"仪狄作酒"的记载,说酒是仪狄发明的。西汉刘向编订的《战国策》说得更具体:"昔者,帝女令仪狄作酒而美,进之禹,禹饮而甘之。"这说明酒作为一种饮料进入人们的生活已有 4000~5000 年的历史了。从山东大汶口文化遗址和龙山文化遗址中发现的许多酒具(如樽、高脚杯、小壶等酒器)也说明了这一点。我国早期的酒,多是不经蒸馏的酿造酒,直到后期才出现蒸馏酒。唐代诗人白居易的"荔枝新熟鸡冠色,烧酒初开琥珀香"和陶雍的"自到成都烧酒熟,不思身更入长安"的诗句,说明至少不晚于唐朝时已有了烧酒,即蒸馏酒。明代名医李时珍对白酒说得更明确,他在《本草纲目》中写道:"烧酒非古法也,自元时创始,其法用浓酒和糟入甑,蒸令气上,用器承取滴露。凡酸败之酒皆可蒸烧。近时惟以糯米或黍或大麦蒸熟,和曲酿瓮中七日,以甑蒸取,其清如水,味极浓烈,盖酒露也。"这里不但讲了烧酒产生的年代,而且还讲述了其制作方法。也有研究者提出了我国的蒸馏酒产生于唐朝之前的一些考证。

## 二、中国白酒的特点

中国白酒是世界著名的六大蒸馏酒之一(其余五种是白兰地、威士忌、朗姆酒、伏特加和金酒)。与世界其他国家的白酒相比,中国白酒具有洁白晶莹,无色透明;馥郁纯净,余香不尽;醇厚柔绵,甘润清冽;酒体谐调,变化无穷的特点,给人带来极大的欢愉和享受。中国白酒的酒度早期很高,在世界其他国家是罕见的。

## 三、中国著名白酒

### (一)茅台酒

产地:茅台酒产于贵州省仁怀县茅台镇,因产地而得名。茅台镇位于贵州高原最低点的盆地,海拔 440 米,远离高原气流,终年云雾密集,夏季气温持续在 35℃～39℃之间,一年中高温天气长达 5 个月,有大半年笼罩在闷热、潮湿的云雾之中。其特殊的气候、水质、土壤条件,对于酒的发酵、熟化非常有利,同时也对茅台酒中香气成分的微生物的产生、精化和增减起了决定性的作用。

历史:茅台酒酒厂位于赤水河畔,有 270 余年的历史。相传 1704 年,有一个贾姓山西盐商从山西汾阳杏花村请来酿酒大师,在茅台镇酿制山西汾酒。酿酒大师按照古老的汾酒制法,酿出了沁香醇厚的美酒,只是该酒的风味与汾酒不同,故称"华茅"。"华茅"就是"花茅",即杏花茅台的意思(古代"华"、"花"相通)。以后当地一个姓王的于同治十二年(1873)设立荣和酒坊,后为贵州财阀赖永初所有,即称为"赖茅"。

品种:茅台酒有 53 度茅台酒、低度茅台酒、贵州醇、茅台威士忌、茅台女王酒、茅台醇、茅台特醇等。

特点:茅台酒被尊为我国的"国酒",它以独特的色、香、味为世人称颂,以清亮透明、醇香回甜而名甲天下,誉满全球,与法国科涅克白兰地、苏格兰威士忌齐名。据分析,茅台酒内含有 70 多种成分,它所具有的独特"茅香",香气扑鼻,令人陶醉。若开杯畅饮,满口生香,饮后空杯,留香不绝。

经检测,茅台酒含有 18 种氨基酸,其中有人体必需的 6 种氨基酸。另外,茅台酒中含有 SOD 及多种人体必需的微量元素。敬爱的周恩来总理一生对贵州茅台酒情有独钟。1972 年 9 月 25 日,他对来访的新任日本首相田中角荣先生介绍说:"茅台酒比伏特加好喝,喉咙不痛,也不上头,能消除疲劳,安定精神。"

成分:茅台酒用高粱作料,小麦制"曲",以茅台镇旁赤水河之水作"引"。

工艺:关于茅台酒的制造工艺,《续遵义府志》有下列描述:"茅台酒出仁怀县茅台村,黔省称第一。制法纯用高粱作沙,煮熟和小麦面三分,纳酿地窖中,经月而出蒸之,既而复酿,必经数回然后成,初曰生沙,三四轮曰燧沙,六七轮曰大回沙,以次概曰小回沙,终曰得酒可饮,其品之醇,气之香,乃百经自具,非假曲与香料而成,造法不易,他处难于仿制,故独以茅台称也。"茅台酒在蒸馏时,先出的酒和后出的酒的质量也是不一样的。它们可分为酒头、特级、甲级、乙级、一般和酒尾。接酒时要"斩头去尾",因为"头"、"尾"中含水分和杂质多,酸甜苦辣俱全。酒的"头"、"尾"虽然质量不好,但能起调味作用。"特级"重点取香,"甲级"重点取甜,"乙级"既香也甜。蒸酒时各级酒的出现时间和比例也无定式,所以酿酒师必须及时、恰当地分段接酒,分级储存,最后由勾兑师将储存期满的各种级别的酒进行勾兑。勾兑师必须勾出本酒的风格来。

**(二)五粮液**

产地:四川省宜宾市宜宾五粮液酒厂。

历史:五粮液源于唐代的"重碧"和宋代的"荔枝绿",又经过明代的"杂粮酒"、"陈氏秘方",经过1000多年的岁月,才达到今天的一枝独秀。1929年,晚清举人杨惠泉品尝了这种杂粮酒后,认为此酒香醇无比,实为绝代佳酿,但其名俗而不雅,遂改名为五粮液。从此五粮液酒便流传于世了。

品种:五粮液主要有60度、38度两种规格。1998年五粮液酒厂改制后,先后研究开发出了十二生肖五粮液、一帆风顺五粮液等精品、珍品。其在神、形、韵、味各方面精巧极致的融合,成为追求卓越的典范。另外,公司还系统开发了五粮春、五粮神、五粮醇、长三角、两湖春、现代人、金六福、浏阳河、老作坊、京酒等几十种不同档次、不同口味的五粮液系列产品,以满足不同区域、不同文化背景、不同层次消费者的需求。

特点:五粮液酒酒液清澈透明,开瓶时酒香喷放,浓郁扑鼻;饮用时满口香溢,唇齿留香;饮用后余香不尽,留香绕梁,属浓香型酒。五粮液酒酒度虽高,但并无强烈刺激,柔和甘美,醇厚净爽,各味协调,恰到好处。有评酒家赞道:"五粮液吸取五谷之精华,蕴积而成精液,其喷香、醇厚、味甜、干净之特质,可谓巧夺天工,调和诸味于一体。"有诗曰:"五粮精液气喷香,浓郁悠久世无双,香醇甜净四美备,风格独特不寻常。"宜宾五粮液酒厂于1952年正式成立。为了适应国外对酒度的要求,五粮液酒厂对五粮液酒降低酒精度,已生产出52度的酒,受到了国内外消费者的欢迎。1979年,五粮液酒厂推广华罗庚的优选法,把酒度降低到38度,但仍然香、醇、甜、净四美皆备,深受消费者欢迎。

成分:五粮液酒以五种粮食(高粱、糯米、大米、玉米、小麦)为原料。酿造用水取自岷江江心,水质纯净。

工艺:外形独特的"包包曲",窖龄300多年的陈年老窖发酵等,均是五粮液酒独特的生产工艺。

## （三）汾酒

**产地：**汾酒产于山西省汾阳县杏花村。

**历史：**汾酒距今已有 1500 多年的历史，是我国名酒的鼻祖。相传，杏花村很早以前叫杏花坞。每年初春，村里村外到处开着一树又一树的杏花，远远望去像天上的红云飘落人间，甚是好看。杏花坞里有个叫石狄的年轻后生，膀宽腰圆，臂力过人，常年以打猎为生。初夏的一个傍晚，从村后子夏山射猎归来的石狄，正走过杏林，忽听得一丝低微的抽泣声从杏林深处传来。他寻声过去，发现一女子依树而泣，很是悲切。心地善良的他忙问情由，姑娘含泪诉说了家世，石狄才知她是因家乡遭灾，父母遇难。于是她孤身投亲，谁知，亲戚也亡，故无处安身，在此哭泣。石狄听后，顿生怜悯之心，领其回村安置邻家，一切生活由石狄打点。数日后，经乡亲们说合，两人结为夫妻。婚后，夫妻恩爱，日子过得很舒心。

农谚道："麦黄一时，杏黄一宿。"正当满树满枝的青杏透出玉黄色，即将成熟时，忽然老天爷一连下了十几天的阴雨。雨过天晴，毒花花的日头晒得本来被雨淋得胀胀的裂了水口子的黄杏"吧嗒、吧嗒"都落在地上，没出一天工夫，装筐的黄杏发热发酵，眼看就要烂掉。乡亲们急得没有法子，脸上布满了愁云。夜幕降临，忽然有一股异香在村中幽幽飘荡，既非花香，又不似果香。石狄闻着异香推开家门，只见媳妇笑嘻嘻地舀了一碗水送到丈夫跟前。石狄正是饥渴，猛喝一口，顿觉一股甘美的汁液直透心脾。这时媳妇才说："这叫酒，不是水，是用发酵的杏子酿出来的，快请乡亲们尝尝。"众人一尝，都连声叫好，纷纷打问做法，争相仿效。从此，杏花坞有了酒坊。其实，这只是一个美丽的传说，折射出杏花村人勤劳善良的美德。据史料记载，汾酒起源于唐代以前的黄酒，后来才发展成为白酒。

**品种：**汾酒品种以老白汾酒居要，其次为露酒，有竹叶青、白云、玫瑰等。精品有 45 度坛汾、大兰花、53 度生肖汾、53 度玻汾、48 度小牧童干汾、48 度小兰花等。

**特点：**汾酒以气味芳香、入口绵绵、落口甘甜、回味生津、清亮透明而得名，以色、香、味三绝著称于世，为唐以后的文人墨客所称道。唐代大诗人杜牧有"清明时节雨纷纷，路上行人欲断魂。借问酒家何处有，牧童遥指杏花村"的诗句。1965 年郭沫若同志访问杏花村也曾题诗一首："杏花村里酒如意，解放以来别有天。白玉含香甜蜜蜜，红霞成阵软绵绵。特卫樽俎传千里，缔结盟书传万年。相共举杯酹汾水，腾为霖雨润林田。"脍炙人口，广为传颂。汾酒虽是 60 度的高度烈酒，但无强烈刺激的感觉，为我国清香型酒的典型代表。

**成分：**汾酒酿酒原料用产于汾阳一带晋中平原的"一把抓"高粱，用甘露如醇的"古井佳泉水"（这眼井的水、清澈透明，没有杂质）作为酿酒用水。

**工艺：**汾酒传统的酿造技术和独特的工艺有七大秘诀——人必得其精，粮必得其实，水必得其甘，曲必得其明，器必得其洁，缸必得其湿，火必得其缓。七大秘诀形成了特殊的工艺，一直被人们推崇。

### (四)泸州老窖特曲

产地:泸州老窖特曲产于四川省泸州市泸州老窖股份有限公司。

历史:泸州老窖特曲所具有的独特的风味,源于古老的酿酒窖池。始建于 1573 年的泸州老窖窖池群,1996 年被批准为全国重点文物保护单位,其中最古老的酿酒窖池,已连续使用 400 余年。窖池在长期不间断的发酵过程中形成的有益微生物种群,已演变成了庞大而不可探知的神秘的微生物生态体系。至今能查明的有益微生物有 400 多种(比一般窖池含微生物多出 170 余种)。这些神秘的微生物,能使酒丰满醇厚、窖香优雅。这 400 多种微生物种群,更成就了"国窖·1573"作为中国最高品质白酒无上品位的核心价值。该窖池 1997 年被授予"国宝称号"。

品种:泸州老窖特曲有 60 度、52 度、38 度三个品种。

特点:泸州老窖特曲属浓香型白酒,与泸州老窖头曲、二曲酒统称为老窖大曲酒(即泸州大曲),是古老的四大名酒之一。

泸州老窖特曲具有浓香、醇和、味甜、回味长四大特色。即使是 60 度的酒,喝到嘴里也全无辛辣的感觉,只觉得一股极其强烈的苹果浓香直入肺腑。它已成为浓香型白酒的典型,博得了"拔塞千家醉,开坛十里香"和"衔杯却爱泸州好"的美名。

成分:泸州老窖特曲以糯米、高粱为主要原料,用小麦制曲,选用龙泉井水和沱江水为酿造用水。

工艺:泸州老窖特曲是数百年相沿的手工业工艺性产品,采用混蒸连续老窖发酵法制得。虽然常年的生产操作规程相同,但由于配料及温度变化等因素,难于做到每一批次都相同。加之窖龄、窖质的不同,不同批次的酒,同批不同窖的酒,风味也略有差异。例如有的醇、香、回味都很好,而甘爽略差;有的醇香均佳,而回味不长;有的醇味特好而香味又较淡。为了使酒的质量能达到固定标准,除经过"储存"、"掺兑"外,还要经过细致品尝,按酒的特点,以"泸州老窖特曲"酒、"泸州老窖头曲"酒分别出厂。

"鸳鸯窖"发酵是泸州老窖的一大奥秘。泸州老窖明代舒聚源国宝窖池有四口,每一口由两个小坑组成,对称均匀,紧紧相依。两个小坑又有很细小的区别,一个大,一个小,大的谓之"夫窖",小的谓之"妻窖","夫妻窖"或者"鸳鸯窖"也由此而来。"鸳鸯窖"建于明代万历年间,距今已有几百年的历史,一直"和睦相处、夫唱妻和",夫妻恩恩爱爱,诞生了香飘四海的名酒奇葩,成为中国浓香型白酒的摇篮。

### (五)西凤酒

产地:西凤酒产于陕西省凤翔县柳林镇。

历史:西凤酒历史悠久,据初步考证,其始于周秦,盛于唐宋,距今已有 2700 多年的历史。凤翔,古称雍州,是古代农业发展较早的地区,人类在这里从事农业活动已有五六千年的历史,是黄河流域上中华民族古老文化的重要发源地之一。相传周文王时"凤凰集于岐山,飞鸣过雍";春秋时代秦穆公之爱女弄玉喜欢吹笛,引来善于吹箫的华山隐士萧史,知音相遇,终成眷属,后乘凤凰飞翔而去。唐肃宗至德二年(757)取此意将雍州改名为凤翔。先秦19位王公曾在此建都,历时294年。凤翔历史上曾是关中西部的政治、经济、文化中心。从秦建都以后的各个朝代,均为州、郡、府、路之治所,故又有"西府"之称。这里自古以来盛产美酒,尤以凤翔县城以西的柳林镇所酿造的酒为上乘。

柳林镇柳树成荫,田地平整,水波浮影,风景秀丽,因此得名柳林。盛唐时期,柳林西接秦陇,南通巴蜀,东连长安,为关中西部重要的交通要塞,是古丝绸之路的必经之道和古老集镇。自汉代起,始有酿酒作坊,到唐宋,酿酒业已初具规模。明清以来酿酒作坊发展很快,至清宣统三年(1911),仅柳林镇已有酿酒作坊27家,相当于凤翔县酿酒作坊总数的三分之一多。

"佳酿之地,必有名泉。"柳林镇的酿酒业之所以古今兴旺,长盛不衰,得源于本地优良的水质、土质。在柳林镇西侧的雍山,山有五泉,为雍水河之源头,其源流从雍山北麓转南经柳林镇向东南汇合于渭水,其流域呈扇形扩展开来,地下水源丰富,水质甘润醇美,清冽馥香,成酿、煮茗皆宜,有存放洗濯蔬菜连放七日不腐之奇效。经化验测定,水质属重碳酸盐类。用它作酿造之水,非常有利于曲酶糖化;加之本地土壤属黄棉土类中的"土娄"土质,适宜于做发酵池,用来作敷涂窖池四壁的窖泥,能加速酿造过程中的生化反应,促使脂酸的形成。这些都是酿造西凤酒必不可缺的天赋地理条件。

唐初,柳林等集镇酒业尤为兴隆。唐贞观年间,柳林酒就有"开坛香十里,隔壁醉三家"的赞誉。多少世纪以来,柳林酒以其精湛的酿造技艺和独特风格著称于世,以"甘泉佳酿"、"清冽琼香"的盛名被历代王室列为珍品,被称为中华民族历史名酒中的"瑰丽奇葩"。至近代方取名"西凤酒"。今天,民间仍流传着"东湖柳、西凤酒、妇女手(指民间许多手工艺品出自妇女之手)"的佳话。

品种:西凤酒主要为65度西凤酒。但是,酿酒师凭着西凤酒自身传统的独特工艺,结合现代科学技术,酿造出以凤香型为基础的四个系列香型(凤香型、凤兼浓香型、凤浓酱香型、浓香型)的酒。系列产品有特珍先秦古西凤酒、45度特制珍品西凤酒、52度特制珍品西凤酒、55度水晶瓶西凤酒;39度特制双耳瓶西凤酒、45度特制精品西凤酒、45度特制西凤酒、50度西凤酒、55度内销西凤酒、55度500毫升防伪墨瓶西凤酒。

特点:西凤酒酒液清澈透明似水晶,香醇馥郁似幽兰,在我国白酒中属复香型,甜、酸、苦、辣、香五味俱全,各味谐调,即酸而不涩,甜而不腻,苦而不黏,辣不刺喉,香不刺鼻。西凤酒饮后有回甘。这回甘似口含橄榄之回味,有久而弥香之妙,为爱饮烈酒的人所喜好。

成分:西凤酒用雍城当地特产高粱为原料,以大麦和豌豆制曲。

工艺:西凤酒采用传统的续糟发酵法"热拥法工艺"酿造而成。

**（六）剑南春**

产地：中国四川绵竹。

历史：唐代时人们常以"春"命酒，绵竹又位于剑山之南，故名"剑南春"。这里酿酒已有 1000 多年历史，早在唐代武德年间（618—626），就有剑南道烧春之名。据唐人所著书中记载："酒则有……荥阳之土窖春……剑南之烧春。""剑南之烧春"就是绵竹产的名酒。

相传，唐代大诗人李白青年时代曾在绵竹"解貂赎酒"。从此，绵竹酒就以"土解金貂，价重洛阳"来形容自己的身价。宋代大诗人苏轼作《蜜酒歌》，诗前有引："西蜀道人杨世昌，善作蜜酒，绝醇酽，余既得其力，作此歌以遗之。"由此足见唐宋两代，绵竹的酒已是醇酽甘美。剑南春酒的前身绵竹大曲创始于清朝康熙年间，迄今已有 300 多年的历史。最早开办的酒坊叫"朱天益酢坊"，业主姓朱，名煜，陕西三原县人，酿酒匠出身。当初，他发现绵竹水好，便迁居到此，开办酒坊。后来，又有白、杨、赵三家大曲酒作坊相继开业。据说，这四家都是采取陕西略阳的配方酿造大曲酒。据《绵竹县志》记载："大曲酒，邑特产，味醇香，色泽白，状若清露。"清代文学家李调元在《函海》中写道："绵竹清露大曲酒是也，夏清暑，冬御寒，能止吐泻，除湿及山岚瘴气。"1958 年，绵竹大曲酒改名"剑南春"。

品种：剑南春酒有 60 度、52 度、38 度三种。

特点：剑南春酒属浓香型白酒，芳香浓郁，醇和甘甜，清洌净爽，余香悠长，具有独特的"曲酒香味"。

成分：剑南春酒以红高粱、大米、小麦、糯米、玉米五种粮食为原料，用优质小麦制大曲为糖化发酵剂。

工艺：剑南春酒采取"红糟盖顶，低温入池，双轮底增香发酵，回沙回酒，去头截尾，分段接酒"等酿造工艺，经过长期储存，细心勾兑调味而成。

**（七）古井贡酒**

产地：古井贡酒产于安徽省亳县古井酒厂。

历史：古井贡酒是我国有悠久历史的名酒。

亳县是我国历史上古老的都邑，是东汉曹操的家乡，据史志记载，曹操曾用"九投法"酿出有名的"九酿春酒"（九酝酒）。南梁时，梁武帝萧衍中大通四年（532）沛军攻占樵城（亳县），北魏守将战死。后有人在战地附近修了一座独孤将军庙，并在庙的周围掘了 20 眼井，其中有一眼井，水质甜美，能酿出香醇美酒。1000 多年以来，人们都取这古井之水酿酒，酿成的酒遂以古井为名。明万历年间起，古井酒一直被列为进献皇室的贡品，故又得名古井贡酒。在清末，古井佳酿一度绝迹。1958年，古井贡酒恢复生产，在亳县减店集投资建厂，继续取用有 1400 年历史的古井之水酿酒。

品种：古井贡酒有 30 度、38 度、45 度、50 度、55 度古井 988 酒、古井贡酒精品和极品等品种。

特点:古井贡酒风格独特,酒味醇和,浓郁甘润,回味悠长。适量饮用有健胃、祛劳活血等功效。

成分:古井贡酒原料选用淮北平原生产的上等高粱,以小麦、大麦、豌豆为曲。

工艺:古井贡酒沿用陈年老发酵池,继承了混蒸、连续发酵工艺,并运用现代酿酒方法,加以改进,博采众长,形成自己的独特工艺。

### (八)董酒

产地:董酒产于贵州省遵义市董酒厂。

历史:遵义酿酒历史悠久,可追溯到魏晋时期,以酿有"咂酒"闻名。《遵义府志》载:"苗人以芦管吸酒饮之,谓竿儿酒。"《峒溪纤志》载:"咂酒一名钓藤酒,以米、杂草子为之以火酿成,不刍不酢,以藤吸取。"到元末明初时出现"烧酒"。民间有酿制饮用时令酒的风俗,《贵州通志》载:"遵义府,五月五日饮雄黄酒、菖蒲酒。九月九日煮蜀黍为咂酒,谓重阳酒,对年饮之,味绝香。"清代末期,董公寺的酿酒业已有相当规模,仅董公寺至高坪10公里一带的地区,就有酒坊10余家,尤以程氏作坊所酿小曲酒最为出色。1927年,程氏后人程明坤汇聚前人酿技,创造出独树一帜的酿酒方法,使酒别有一番风味,颇受人们喜爱,被称为"程家窖酒"、"董公寺窖酒",1942年称为"董酒"。董酒工艺秘不外传,仅有两个可容三至四万斤酒醅的窖池和一个烤酒灶,是小规模生产。其酒销往川、黔、滇、桂等省,颇有名气。1935年,中国工农红军长征时两次路过遵义,许多指战员曾领略过董公寺窖酒的神韵,留下许多动人的传说。新中国成立前夕,因种种缘故,程氏小作坊关闭,董酒在市场上绝迹。1956年在遵义酒厂恢复生产,翌年投产。

品种:董酒酒度有38度、58度两种,其中38度酒名为飞天牌董醇。

特点:董酒无色,清澈透明,香气幽雅,既有大曲酒的浓郁芳香,又有小曲酒的柔绵、醇和、回甜,还有淡雅舒适的药香和爽口的微酸,入口醇和浓郁,饮后甘爽味长。由于董酒的酒质芳香奇特,被人们誉为其他香型白酒中独树一帜的"药香型"或"董香型"的典型代表。

成分:董酒以糯米、高粱为主要原料,以加有中药材的大曲和小曲为糖化发酵剂,引水口寺甘洌泉水为酿造用水。

工艺:董酒以大米加入95味中草药制成的小曲和小麦加入40味中草药制成的大曲为糖化发酵剂,以石灰、白泥和洋桃藤泡汁拌和而成的窖泥筑成偏碱性地窖为发酵池,采用两小两大,双醅串蒸工艺,即小曲由小窖制成的酒醅和大曲由大窖制成的香醅,两醅一次串蒸而成原酒,经分级陈贮一年以上,精心勾兑等工序酿成。

### (九)洋河大曲

产地:洋河大曲产于江苏省泗阳县洋河镇洋河酒业股份有限公司。

历史:洋河镇地处白洋河和黄河之间,水陆交通畅达,自古以来就是商业繁荣的集镇,酒坊堪多,故古人有"白洋河中多沽客"的诗句。清代初期,原有山西白姓商人在洋河镇建糟坊,从山西请来酒师酿酒,其酒香甜醇厚,声名更盛,获得"福泉酒海清香美,味占江淮第一家"的赞誉。编纂于清同治十二年(1873)的《徐州府志》载有"洋河大曲酒味美"。又据《中国实业志·江苏省》载:"江北之白酒,向以产于泗阳之洋河镇者著名,国人所谓'洋河大曲'者,即此种白酒也。洋河大曲行销于大江南北者,已有200余年之历史,以后渐次推展,凡在泗阳城内所产之白酒,亦以洋河大曲名之,今则'洋河'二字,已成为白酒之代名词矣。"

品种:洋河大曲有55度、62度、64度三种规格,55度洋河大曲主要供出口。

特点:洋河大曲清澈透明,芳香浓郁,入口柔绵,鲜爽甘甜,酒质醇厚,余香悠长。其突出特点是甜、绵软、净、香。属浓香型大曲酒。洋河大曲长期以来深受各地人们的喜爱,享有很高声誉,有诗赞曰:"闻香下马,知味停车;酒味冲天,飞鸟闻香化风,糟粕入水,游鱼得味成龙;福泉酒海清香美,味占江南第一家。"

成分:洋河大曲以优质高粱为原料,以小麦、大麦、豌豆制作的高温火曲为发酵剂,辅以遐迩闻名的"美人泉"水精工酿制而成。

工艺:洋河大曲沿用传统工艺"老五甑续渣法",同时采用"人工培养老窖、低温缓慢发酵";"中途回沙、慢火蒸馏";"分等储存、精心勾兑"等新工艺和新技术。

**(十)全兴大曲**

产地:全兴大曲产于四川成都全兴酒厂。

历史全兴大曲是老牌中国名酒,源于清代乾隆年间,初由山西人在成都开设酒坊,按山西汾酒工艺酿制。后来,酿酒艺人根据成都的气候、水质、原料和窖龄等条件,不断改进酿造工艺,创造出一套独特的酿造方法,酿造出了风味独特的全兴大曲。1951年,在全兴老号的基础上成立了成都酒厂,全兴大曲开始由作坊式生产过渡到工厂化大生产。

品种:全兴大曲有60度、38度等品种。

特点:全兴大曲有窖香浓郁、醇和协调、绵甜甘洌、落口净爽的独特风味。

成分:全兴大曲以高粱、小麦为原料,辅以上等小麦制成的中温大曲为糖化酵剂。

工艺:全兴大曲采用"原窖分层堆糟法"生产工艺(成年老窖发酵,要求达到"窖熟糟醇",酯化充分),经严格蒸馏、精心勾兑,分坛定期储存等步骤科学酿制而成。

# 第二节　白兰地

## 一、白兰地的由来

白兰地有两种含义:一种是指以葡萄为原料,经发酵、蒸馏而成的酒。另一种是指所有以水果为原料,经发酵、蒸馏而成的酒。但为了避免混淆,人们习惯上把第一种白兰地称为"Brandy",即我们通常所说的"白兰地",而在第二种的"白兰地"名称之前冠以该水果的名称,如苹果白兰地、樱桃白兰地等。

白兰地是人们无意中发现的。18世纪初,法国的查伦泰河(Charente)的码头拉罗舍尔(La Rochelle)因交通方便,成为酒类出口的商埠。由于当时整箱葡萄酒占船的空间很大,于是法国人便想出了双蒸馏的办法,去掉葡萄酒中的水分,提高葡萄酒的纯度,减少占用空间以便于运输,这就是早期的白兰地。1701年,法国卷入了西班牙战争,白兰地销路大减,酒被积存在橡木桶内。战争结束后,人们发现储存在橡木桶内的白兰地酒质更醇,芳香浓郁,呈晶莹的琥珀色。从此,真正的白兰地就此诞生了。

### 二、白兰地的特点

白兰地属于蒸馏酒,法国人称它为"生命之水",在众多的白兰地酒中,法国干邑白兰地品质最佳,被誉为"白兰地之王"。

白兰地的酒度在40~43度之间,酒液因为长期在橡木桶中陈酿,呈琥珀色。

白兰地酒酿造工艺精湛,特别讲究陈酿的时间和勾兑的技艺。白兰地的最佳酒龄为20~40年,干邑地区厂家贮存在橡木桶中的白兰地,有的长达40~70年之久。勾兑师利用不同年限的酒,按世代相传的秘方进行精心调配勾兑,创造出不同品质、不同风格的干邑白兰地。

制造白兰地非常讲究储存酒的橡木桶,由于橡木桶对酒质影响很大,因此,木材的选用和酒桶的制作要求非常严格。最好的橡木桶来自干邑地区利穆赞(Limousin)和托塞思(Troncais)两地的特产橡木。

### 三、白兰地的酿造方法

酿造白兰地酒的葡萄原料,具有强烈的耐病性,成熟期又慢,而且酸度未降低。这种葡萄种类称为尚·迪米里翁(在法国南部称为由尼·布朗;在意大利则称为托雷比阿诺)。在康那克地方由于气候较凉,葡萄的糖度只上升18%~19%。除此之外,也使用科伦巴尔品种葡萄(Colomba)或称为法国科伦巴德(French Corombard)及佛尔·布朗休(Folle Branehe)。

### (一)发酵法

与白葡萄酒的酿造法一样,葡萄原料需要进行捣碎、压榨、发酵等步骤。在酿造时都采用野生酵母来进行自然发酵,酿造葡萄原酒。但是由于在制造过程中不使用亚硫酸,所以在储存葡萄原酒时,要十分注意一些产膜性酵母或乳酸菌等野生的微生物所带来的污染。

## (二)蒸馏法

经发酵完成的葡萄原酒,尽可能地及早进行蒸馏。蒸馏器包括一个大锅,上面是一个凸形的锅盖,以收集酒精蒸汽,锅盖顶有一根管子连接着酒水收集器,燃料用煤或木柴。所有的设备均依古法用纯铜制成。依法律规定,干邑白兰地在葡萄收成的翌年 3 月底之前,雅文邑白兰地则在翌年 4 月底之前,都一定要完成蒸馏作业。蒸馏方法分别为干邑法和雅文邑法两种。

### 四、著名品牌

#### (一)法国白兰地

1.干邑(Cognac)

产地:干邑源于科涅克地区,又称干邑区。干邑区是法国西南部的一个古镇,位于波尔多稍北的夏郎德河流域,隶属于夏郎德省。在它周围约 10 万公顷的范围内,无论是天气还是土壤,都最适合良种葡萄的生长。因此,干邑是法国最著名的葡萄产区,这里所产的葡萄可以酿制出最佳品质的白兰地。

法国政府规定,只有采用干邑区的葡萄酿制的白兰地才能称为"干邑白兰地"。在干邑区,按葡萄的质量分成不同等级的六个种植区。

大香槟区(Grande Champagne),为干邑区中心种植地带。

小香槟区(Petite Champagne),为大香槟区外围。

波尔得里区(Borderies),为香槟边缘区。

芳波亚区(Fin Bois),为优质林区。

邦波亚区(Bon Bois),为优良林区。

波亚奥地那区(Bois Ordinaires),为普通林区。

大香槟区占干邑区红葡萄酒所用葡萄种植面积的 12.8%,酒质最优秀。小香槟区占总面积的 13.9%,酒质优良,其出产的葡萄可以说是干邑的精华。只有用这两个种植区的葡萄按对半的比例混合后酿制的干邑白兰地,法国政府才给予特别的称号"特优香槟干邑白兰地"(Fine Champ Agne Cognac),任何酒商都不能随意采用,并受法律保护。到目前为止,人头马的全部产品都冠以此称号。

特点:干邑的酒度一般为 43 度,特点十分鲜明。酒液呈琥珀色,洁亮有光泽,芳香浓郁,酒体优雅健美,口味精细考究。

工艺:酿造干邑的白玉霓葡萄几乎覆盖了法定种植区 90%的种植面积,法定地区以外的地方,也可以通过蒸馏白葡萄酒获得白兰地,但绝不能叫做干邑。

葡萄酒的蒸馏在每年的 12 月份到次年的 3 月底进行,3 月以后,干邑地区的天气就逐渐变暖。为了保证葡萄酒本身的成分,基酒必须在这期间蒸馏完毕。复式蒸馏分为两段:第一段大部分由花香元素构成,酒精度在 27%~30%之间,就是通常所说的"浊酒";第二段为"精馏",酒度为 70%,即新干邑(生产一升新葡萄白兰地需要九升葡萄酒）。然后装入由法国中部森林里出产的橡木制成的新木桶陈酿,橡木(通常都是 100 年以上的)的质量是葡萄白兰地缓慢、自然陈酿的关键。当干邑在库房里陈酿的时候,酒精度和体积会自然挥发,每年约为 2%~3%。这一过程去除了干邑中的一些最易挥发、最为刺激的物质,对干邑酒香有益的物质却被保留下来。一年以后,再放进略微陈旧的橡木桶中,让酒液停止从橡木中吸收过多的木质特性,最后再移到一只较陈旧的大号橡木桶中,使酒液在陈旧的橡木桶中陈酿以获取精美的酒液。

经过长年的陈酿之后,勾兑师把不同特性、不同产地、不同酒龄的葡萄白兰地调配在一起,来决定每种干邑的风格,同时也保证了干邑味道、质量的连续性和稳定性。

酒标:法国政府为了保证酒的质量,将干邑酒基本分为三级,用星号多少来表示:

第一级为 V.S,也称三星,酒龄至少两年。

此为轩尼诗(Hennessy)公司于 1811 年首创的表示方法。这种三星白兰地曾经盛行一时,但是由于星的多少,无法代表储存的年份,当星的个数从 1 颗发展到 5 颗时,就不得不停止加星。到 20 世纪 70 年代时,开始使用字母来分别酒质。例如 E 代表 Especial(特别的),F 代表 Fine(好),O 代表 Old(老的),S 代表 Superior(上好的),P 代表 Pale(淡的),X 代表 Extra(格外的),C 代表 Cognac(干邑)。

第二级都是用法文的大写字母来代表酒质优劣,例如 V.S.O.P 意思是 Very Superior Old Pale,酒龄至少四年。

第三级为拿破仑(Napoleon),酒龄至少六年,凡是大于六年酒龄的称 X.O,意思是特醇;凡是大于 20 年的称顶级(Paradis),或者路易十三(Louis XⅢ)。需要说明的是,以上等级标志仅仅表示每个等级中酒的最低酒龄,至于参与混配酒的最高酒龄,在标志上却是看不出来的。也就是说,一瓶 XO 级白兰地,用以混配的每种蒸馏葡萄酒精,在橡木桶中储存期都必须在六年以上,其中存储年份最长久的,可能是 20 年以上,也可能是 40~50 年,但究竟多少,无法知道,由各厂自行掌握。一瓶酒的年份及价值,除了等级标志,还可以从商标的等级上反映出来,因为只有老牌子的酒才会有存储年份很久的老龄酒,酒厂要保持自己的牌子,也只有以保持质量来赢得顾客的信任。

名厂名酒:

(1)人头马集团

人头马集团创立于 1724 年,是著名的老字号干邑白兰地制造商。其产品采用产自大香槟区及小香槟区的上等葡萄酿制而成,并始终严格控制品质,所以被法国政府冠以特别荣誉的名称"特优香槟干邑"。其主要产品有:

人头马 V.S.O.P 特优香槟干邑。共经过两次蒸馏,然后放入橡木桶内蕴藏 8 年以上,以求酒质充分吸收橡木的精华,成为香醇美酒。

人头马极品 C.L.U.B 特级干邑。是法国政府严格规定之干邑级别的拿破仑,人头马特级在桶内蕴藏超过 12 年,酒色金黄,通透宜人,这种颜色被称为琥珀色,是最佳干邑的标志。

人头马极品 X.O。采用法国的大小香槟区上等葡萄酒酿造并经多年蕴藏,酒味雄劲浓郁,酒质香醇无比。凹凸有致的圆形瓶身,典雅华贵,乃 X.O 中之极品干邑。

人头马黄金时代。瓶身金光闪耀,瓶颈部分更用 24K 纯金镶嵌,并有线条细腻的花纹,显出高贵不凡的气派。它秉承了人头马特优香槟干邑的特性,在橡木桶里蕴藏逾 40 年之久,又经过三代酿酒师的精心酿制,酒质馥郁醇厚,酒香细绵悠长。

人头马路易十三纯品。采用产量最稀少、品质最上乘的顶级名酿,酒质浑然天成,醇美无瑕,芳香扑鼻,达到酿酒艺术的最高境界。因而每年产量稀少,使人头马路易十三更稀罕珍贵。

(2)轩尼诗(Hennessy)酒厂

轩尼诗酒厂在法国干邑地域中,创建于 1765 年的轩尼诗酒厂可算是最优秀的一员。该厂的创办人理查·轩尼诗,原是爱尔兰的一位皇室侍卫,当他在 20 岁时就立志,要在干邑地区发展酿酒事业。经过六代人的努力,轩尼诗干邑的质量不断提高,产量不断上升,已成为干邑地区最大的三家酒厂之一。1870 年,该厂首次推出以 X.O 命名的轩尼诗。主要产品有:

轩尼诗 X.O(Hennessy X.O)。轩尼诗 X.O 始创于 1870 年,是世上最先以 X.O 命名的干邑,原是轩尼诗家族款待挚友的私人珍藏。该酒于 1872 年传入中国,自此深受国人喜爱。

轩尼诗 V.S.O.P(Hennessy V.S.O.P)。精选酒质醇厚的生命之水,以旧橡木桶长年累月酿制而成的轩尼诗 V.S.O.P,特别香醇细腻,具有成熟温厚、优雅高尚的性格,深受饮家喜爱。

(3)金花(Camus)酒厂

1863 年,约翰·柏蒂斯·金花(Jean Baptise Camus)与他的好友在法国干邑地区创办金花酒厂,并应用"伟大的标记"为徽号。金花酒的特点是品质清淡,而且使用旧的橡木桶储酒老熟,目的是尽量使橡木桶的颜色和味道渗入酒液中。由此形成的风格比较别致。主要产品有:

三星级金花白兰地。产量极少。

V.S.O.P 级干邑。以边缘区所酿的原酒为主。

拿破仑级干邑。其原酒则分别来自大香槟区和小香槟区,然后进行调制而成。

拿破仑特级(Napoleon Extra)。拿破仑特级特地选用另外两个干邑小地区的原酒为主要成分,再精心调制而成。

（4）马爹利（Martell）公司

1715 年生于英法海峡贾济岛上的尚·马爹利来到法国的干邑,并创办了马爹利公司。马爹利热心地培训酿酒师,并自己从事酒类混合工作。他所酿造的白兰地,具有"稀世罕见之美酒"的美誉。

该公司生产的三星级马爹利和 V.S.O.P 级马爹利,是世界上最受欢迎的白兰地之一,在日本的销量一直处在前三名。该公司在中国推出的名士马爹利、X.O 马爹利和金牌马爹利,均受到了欢迎。

（5）百事吉（Bisquit）酒厂

百事吉酒厂创立于 1819 年,已有 170 余年酿制干邑的经验。百事吉酒厂拥有干邑内最广阔的葡萄园地,是最早具有规模的大蒸馏酒厂,储存干邑酒所需要的橡木桶全部由自己手工精制,以确保干邑酒的整个酿制工艺中的每一步骤都能一丝不苟地进行,其酒质馥郁醇厚。

该厂特别推出一种名为"百事吉世纪珍藏"（Bisquit Privlege）的珍品。据介绍它的每一滴酒液都经过 100 年以上的酿藏,其中更含有 19 世纪中末期 Phylloxera 蚜虫出现前的奇珍,经过缜密的调配,酒香馥郁扑鼻,质醇浓,入口似丝绸般的柔顺,余韵绵长,酒精度 41.5%,是完全天然老熟的结果,绝无人工加水稀释的痕迹。

（6）拿破仑（Courvoisier Cognac）酒厂

拿破仑干邑白兰地是法国干邑区名酿,远在 19 世纪初期已深受拿破仑一世欣赏,到 1869 年被指定为拿破仑宫廷御用美酒。由于品质优良,产品销售到世界 160 多个国家,并获得许多奖项。它们的干邑酒瓶上别出心裁地印有拿破仑像投影,也成为大家熟悉的干邑极品标志。

2.阿尔曼尼克（Armagnac）

产地:阿尔曼尼克,是在法国波尔多地区东南部裘司（Gers）地方生产的白兰地,它所采用的葡萄品种与干邑酒一样,都为白玉霓（Ugni blanc）和白福儿（Folle blanche）。阿尔曼尼克自 1422 年以来就生产出世界上最古老的白兰地酒,不过直到 17 世纪中期才初次出口到荷兰。

特点:阿尔曼尼克酒质优秀,虽酒味较烈,但还是有不少人喜欢它。曾有人这样评价,说干邑是都会型的白兰地,阿尔曼尼克是有田园风味的白兰地。

工艺:阿尔曼尼克白兰地与干邑白兰地的口味有所不同,主要原因是干邑酒的初次蒸馏和第二次蒸馏是分开进行的,而阿尔曼尼克则是连续进行的。另外,干邑酒储存在利暮赞（Limousin）木桶中,而阿尔曼尼克则是储藏在黑木桶（Back Oak）酒桶中老熟的。由于阿尔曼尼克主要供应内销,出口量较少,因此其知名度就比不上干邑白兰地。

酒标:甚佳（VS）或三个星表示勾兑时所用的酒龄最短的白兰地酒至少已陈酿三年。

甚陈(VO)超纯陈酿(VSOP)或存酿(reserve)表示勾兑时所用的酒龄最短的白兰地酒至少已陈酿五年。

特醇(Extra)拿破仑(Napoleon)极陈(XO)长时储存(vieillereserve)表示勾兑时所用的酒龄最短的白兰地酒至少已陈酿六年。

忘年陈酿(Hors d'Age)表示勾兑时所用的酒龄最短的白兰地酒至少已陈酿10年。

一般来说,阿尔曼尼克酒在木桶中储存的时间越长,它的口感和柔滑度越好。但是如果超过40年,酒精和水分蒸发得太多,酒会变得黏稠。

法国政府立法规定,如果阿尔曼尼克酒的酒标上注明了好酒酿成的年份,它仅表示该酒蒸馏的年份而不是葡萄收获的年份,生产商还必须注明阿尔曼尼克酒从桶中转移到玻璃瓶中的年限。所有的阿尔曼尼克酒必须在酒标上注明生产年限,不同品牌的阿尔曼尼克酒不得互相混合。为了保证质量,阿尔曼尼克酒必须储存10年以上才能出售。

名厂名品:

(1)爱得诗酒厂

法国爱得诗酒厂创立于1852年,是由法国罗兰爱得和夏利诗话两位青年人在波尔多合资设厂而产生的,其后人秉承传统的酿酒方法,产品行销世界。主要品牌为爱得诗。

(2)梦特娇酒厂

梦特娇酒厂创立于300年前,其创业者是大仲马小说《三剑客》中的主要人物达尔尼安的直系子孙。长期以来,该厂严格保持雅文邑的水准,产品有水晶X.O级和扁圆磨砂两种,受到饮家喜爱,主要品牌为梦特娇。

### 3.法国其他地区白兰地

在法国,除了科涅克和阿尔曼尼克外,在其他一些地区也生产白兰地,并各自具有独特的风格和香味,这些地区的白兰地,统称为法国白兰地。另外,还有一种叫"劣质的生命之泉"(Eaude Vie Mal)的大众化白兰地。这种白兰地是将葡萄发酵后的皮渣予以蒸馏制成。酒液无色,酒味浓烈,非酒精成分系数大。尤其是皮渣不新鲜时,酒中醛的含量高,主要产区在香槟地区。

### (二)其他国家白兰地

#### 1.西班牙白兰地

特点:西班牙白兰地的质量仅次于法国,居世界第二位。它是用雪利酒蒸馏、橡木桶储存而成。它的口味与法国干邑和阿尔曼尼克大不相同,具有显著的甜味和土壤味。

工艺:由于西班牙盛产不经过发酵的葡萄酒(当地葡萄榨汁后,马上添加白兰地以抑制其发酵),因此需要耗用大量的白兰地。为此它们生产白兰地的酒厂,都是向各地收购用葡萄蒸馏所得的白兰地原酒。

名品:

(1)威廉大帝系列

威廉大帝白兰地口感甘美,气味浓烈芳醇,嚼时柔滑,咽吞时回畅,咽下后齿颚留香;细细尝之,实增加了不少生活乐趣;对喜欢品酒人士,更带来白兰地的新感受。

(2)亚鲁米兰特(Acmirante)

该品牌含义是提督。亚鲁米兰特由著名的伊比利亚半岛公司生产,该公司还是生产雪利酒的著名公司。亚鲁米兰特白兰地酒最大特点是散发糖果的香气。

(3)康德·欧士朋白兰地酒(Conde De Osborne)

康德·欧士朋白兰地酒以酿酒公司名命名。该公司创建于1772年,是西班牙著名的雪利酒和白兰地酒酿造公司。该酒无任何添加剂,是优质白兰地酒。

2.美国白兰地

产地:美国白兰地自1993年起,全都是在加利福尼亚州生产。

工艺:美国白兰地是用当地葡萄酒蒸馏得到的酒精,储存在50加仑的美国橡木桶中。美国酒法规定该酒的酒龄最少为两到四年,也有多达八年的陈白兰地可供上市。

名品:教徒白兰地(Christian Brother)。

3.秘鲁白兰地

特点:秘鲁生产白兰地的历史相当久远。在当地一般不把这种酒称为白兰地,而叫它皮斯科(Pisco),是以秘鲁南方的港口名命名的。皮斯科(Pisco)最早是非洲南部一个会制作独特酒瓶的种族的名字。这个民族善于制造一些黑色的造型陶器,当地所产的白兰地,大多采用这种陶瓶来盛装,日子一久,大家便称这种酒为皮斯科(Pisco)。尽管现在都用玻璃瓶来包装秘鲁白兰地了,但还是按习惯称之为皮斯科(Pisco)。

工艺:秘鲁生产白兰地是采用皮斯科(Pisco)港口附近的伊卡尔山谷中栽培的葡萄为原料,经酿成白葡萄酒后,再蒸馏而成。它采用陶罐储存,不使用橡木酒桶,而且储存期限很短。

名品:秘鲁酸酒(皮斯科白兰地)。

4.德国白兰地

特点:德国白兰地的特点是醇美。

工艺:因为德国生产葡萄酒的量较少,因此它除了利用国内生产的少量葡萄酒来蒸馏白兰地外,多数是进口法国葡萄酒后再生产白兰地,同时也用法国的橡木桶来储存白兰地。

名品:

（1）阿斯巴哈（Asbach）

阿斯巴哈是著名德国白兰地酒品牌。该酒以创始人名命名，由莱茵河畔的卢地斯哈姆村酒厂生产。该酒在德国国内评比，获得德国金奖。

（2）葛罗特（Goethe）牌白兰地酒

葛罗特以酿酒公司名命名，该酒由汉堡市葛罗特酿酒公司生产，特点是具有甘甜醇厚的味道，其中 X.O 特别陈酿以储存 6 年以上的陈酒混合而成。

（3）玛丽亚克郎（Mariacorn）牌白兰地酒。玛丽亚克郎起源于玛丽亚克郎修道院，后来在莱茵河畔酒厂生产。特点是口感柔和并且有德国白兰地酒的品质保证书。

5. 希腊白兰地

特点：希腊白兰地味清美而甜润，用焦糖着色，因此酒色较深。

工艺：希腊与葡萄牙、西班牙一样也生产强化葡萄酒，工艺上采用葡萄酒精（即白兰地）抑制葡萄汁发酵，从而使酒中保留糖分的方法，事实上，所加入的白兰地其质量很高。

名品：Metaxa。Metaxa 的标贴上还有一个特别之处，那就是它用七颗五角星来表示陈年久远。

（三）水果白兰地

除葡萄可用来制成白兰地外，其他水果如李子、梅子、樱桃、草莓、橘子等，经过发酵，也可制成各种白兰地。

1. 苹果白兰地

产地：生产苹果白兰地的主要国家是美国和法国。在美国称为 Apple Jack，在法国称为 Calvados，Calvados 是法国诺曼底的一个镇，是苹果酒的主要产地，此酒名即由镇名而来。

特点：美法两国苹果白兰地的区别是：

储存年份和酒精度不同，法国产品酒龄 10 年，美国产品桶贮 5 年。

瓶装时美国酒精度为 100proof，法国是 90proof。苹果白兰地的酒色由木桶得到，并有着明显的苹果味。

2. 樱桃白兰地

产地：前南斯拉夫及北欧一些国家。

工艺：樱桃白兰地采用前南斯拉夫"杜马泰"区的樱桃酿制。它精选品质成熟、色泽深厚的樱桃，经破碎、压榨、发酵，再加以蒸馏，从而制成可以净饮或者加冰后再饮的樱桃白兰地。此外，北欧一些国家也采用樱桃作为制酒的原料。其工艺为将樱桃果实及种子搅烂进行发酵酿酒，再经过蒸馏成为樱桃白兰地。

特点：樱桃白兰地的酒精度一般在 25%~32% 范围内。丹麦的哥本哈根有一家名为希林克的酒厂，创业于 1818 年，是该国制造樱桃白兰地的鼻祖。该厂有一樱桃园,距离哥本哈根约 80 公里,园内种植樱桃树 13 万株,每年 8 月采收时,大量成熟樱桃果实被运进酒厂,所生产的樱桃白兰地名称叫"樱桃希林克",向世界市场大量输出,香味独特,酒精度为 32%。

# 第三节　威士忌

## 一、威士忌的起源

中世纪时,人们偶然发现在炼金用的坩埚(熔炉)中放入某种发酵液会产生酒精强烈的液体,这便是人类初次获得蒸馏酒的经验。炼金术师把这种酒用拉丁语称作(生命之水,Aquavitae)。之后,"生命之水"的制作方法传到爱尔兰,爱尔兰人把当地的啤酒蒸馏后,产生了强烈的威士忌酒。于是他们把出产的"生命之水"用自己的语言直接译为威士忌(塞尔特语,Visge-beatha),这样威士忌(Whisky)便诞生了。后来爱尔兰人将威士忌的生产技术带到苏格兰。为逃避国家对威士忌酒生产和销售的税收,便躲进苏格兰高地继续酿造。在那里,他们发现了优质的水和原料。此后,威士忌酒的酿造技术在苏格兰得到发扬光大。

## 二、威士忌的特点

威士忌的酒度在 40 度以上,酒体呈浅棕红,气味焦香。

由于威士忌在生产过程中的原料品种和数量的比例不同,麦芽生长的程序、烘烤麦芽的方法、蒸馏的方式、储存用的橡木桶、储存年限和勾兑技巧等的不同,它所具有的风味特点也不尽相同。

## 三、著名品牌

### (一)苏格兰威士忌

1.产区

苏格兰威士忌是最负盛名的世界名酒,在苏格兰有著名的四大产区。

(1)高地(Highland)

自苏格兰东北部的敦提市(Dunee)起至西南的格里诺克市(Greenock),把这两点连成一条线,在该线的西北称为苏格兰高地。苏格兰高地约有近百家纯麦威士忌酒厂,占全苏格兰酒厂总数的 70% 以上,是苏格兰最著名的,也是最大的威士忌酒生产区。该地区生产不同风味的威士忌酒。高地西部有几个分散的制酒厂,所生产的威士忌酒圆润、干爽,还有泥炭的香气而且各具特色;北部生产的威士忌酒带有当地泥土的香气;中部和东部生产的威士忌酒带有水果香气。目前,高地政府没有把各区划分级别,但是人们习惯把中北部的斯波塞德地区(Speysides)认定为最优秀地区。

（2）低地（Lowland）

苏格兰低地在高地的南方，约有10家纯麦威士忌酒厂，是苏格兰第二著名威士忌酒生产区。该地区除了生产纯麦威士忌酒外，还生产混合威士忌酒。这片土地生产的威士忌酒不像高地威士忌酒那样受泥炭、海岸盐水和海草的混合作用，相反，具有本地轻柔的风格。

（3）康贝尔镇（Campbel Town）

康贝尔镇在苏格兰的最南部，位于木尔·肯泰尔半岛（Mull of Kintyre）。该地区是苏格兰传统的威士忌酒生产地，不仅带有清淡的泥炭熏烤风味，还带有少量的海盐风味。目前该地区共有三个酒厂。它们生产的威士忌酒都有独特风味。其中斯波兰邦克酒厂（Springbank）生产两种不同风味的纯麦威士忌酒。

（4）艾莱岛（Islay）

艾莱岛位于苏格兰西南部的大西洋中，风景秀丽，全长25公里。该地区经常受来自赫伯里兹地区（Hebrides）的风、雨及内海气候影响，土地深处还存有大量泥炭。该地区还受海草和石炭酸的影响，因此艾莱岛威士忌酒有独特的味道和香气。艾莱岛混合威士忌酒很著名。

**2.分类**

苏格兰威士忌有几千个品种，按照原料的不同和酿造方法的区别，它们可以分为三大类。

（1）纯麦威士忌（StraigIlt Malt Whisky）。

（2）谷类威士忌（Grain Whisky）。

（3）兑和威士忌（Blended Scoth Whisky）。

**3.特点**

苏格兰威士忌与其他国家威士忌相比，具有独特的风格。它色泽棕黄带红（酷似中国一些黄酒），给人以浓厚的苏格兰乡土气息的感觉，口感甘冽、醇厚、圆正、绵柔。衡量苏格兰威士忌的主要标准是嗅觉感受，即酒香气味。会喝苏格兰威士忌的人，首先品评的就是酒香。

**4.工艺流程**

（1）纯麦威士忌

纯麦威士忌是只用大麦作为原料的威士忌，一般要经过两次蒸馏。蒸馏所获得酒液，酒精含量达65%，然后注入特制的橡木桶里进行陈酿，成熟后装瓶时勾兑至40~43度。陈酿五年以上的纯麦威士忌就可以饮用。陈酿七至八年者为成品酒，陈酿20年者为最优质成品酒。贮陈20年以上的威士忌，酒质反而会下降。但装瓶陈酿，酒质可保持不变。

（2）谷物威士忌

谷物威士忌是采用多种谷物为原料的威士忌，比如燕麦、黑麦、大麦、小麦、玉米等。谷物威士忌只需一次蒸馏，主要用于勾兑其他威士忌和金酒。

（3）兑和威士忌

兑和威士忌是指用纯麦和谷物威士忌勾兑后，在木桶储存而成的混合威士忌。根据纯麦威士忌和谷类威士忌比例的多少，兑和后的混合威士忌有普通和高级之分。一般来说，纯麦威士忌用量在 50%~80% 者为高级兑和威士忌；如果谷类威士忌所占比重大，即为普通混合威士忌。兑和威士忌在世界上的销售品种最多，是苏格兰威士忌的精华所在。

5.名厂名品

（1）白马威士忌（White Horse）

白马威士忌由著名威士忌制造商 J.L.Mackie 公司生产。白马威士忌由大约 40 种单纯威士忌调配酿成。白马之名，则来自苏格兰爱丁堡一间著名的古朴旅馆。在各种品牌威士忌中，白马威士忌乡土气息最浓厚，是嗅觉和味觉的最大享受。白马威士忌风行日本，价格便宜，在世界很多市场甚受欢迎。

（2）皇家礼炮 21 年

"皇家礼炮 21 年"苏格兰威士忌是于 1953 年为向英女皇伊丽莎白二世加冕典礼致意而创制的，其名字来源于向到访皇室成员鸣礼炮 21 响的风俗。皇家礼炮在橡木桶中至少醇化 21 年。

（3）百龄（Ballantine's）

百龄威士忌酒以酿酒公司名命名。该公司创建于 1925 年，由乔治·百龄创建。该酒深受欧洲和日本欢迎。酒精度 43 度，有 17 年和 30 年熟化期两个品种。

（4）金铃（Bell's）

金铃威士忌酒以酿酒公司命名。该公司建于 1825 年。苏格兰人把这种酒作为喜庆日子和出远门必带之酒。金铃牌威士忌通常为 43 度，分为陈酒（Old）、陈酿（Fint Old）、佳酿（Extra）、特酿（Sp<ecial>）和珍品（Rare）等品种。

（5）珍宝（J&B）

珍宝威士忌酒以公司创始人和后来接管公司人名称的第一个字母组成。该产品在世界上 100 多个国家畅销，是有不同口味和不同熟化期的酒，酒精度 43 度。

（6）高地女王（Highland Queen）

高地女王威士忌酒由马克德奈德缪尔公司生产，该公司创建于 1893 年。该酒以 16 世纪苏格兰高地女王命名，酒精度 43 度，有 15 年和 21 年等品种。

（7）格兰菲迪（Glenfiddich）

格兰菲迪牌威士忌酒由苏格兰高地斯佩塞特酒厂生产，该酒品牌含义为"鹿之谷"。该酒采用传统配方和工艺。酒精度 43 度，有 15 年和 21 年等品种。

(8)詹姆士·马丁(James Martin's)

詹姆士·马丁威士忌酒以酿酒公司创始人名命名。该产品酒精度43度,有17年特酿(Special)、佳酿(Fine)和珍品(Rare)等品种。

(9)强尼沃克(Johnnie)

强尼沃克威士忌酒以酿酒公司创始人命名。该酒43度,有红牌(Red Label)、黑牌(Black Label)、金牌(Gold Label)等品种。

(10)族长的选择(Chieftain's Choice)

苏格兰高地族对族长的称呼为Chieftain。由于这种威士忌酒是生产商自己选择的配方,因此被命名为"族长的选择"。该酒以高地和低地麦芽为主要原料。有熟化期12年、18年等品种。酒精度分别为43度、55度和61度等。

(11)老牌(Old Parr)

老牌威士忌酒以休罗布夏州的100岁以上老农"汤玛斯帕尔"命名,酒精度43度,有12年、佳酿(Superior)等品种。

(12)先生(Teacher's)

先生威士忌酒以酿酒公司名及该酒创始人名命名。酒精度43度,有浓郁的麦香。

**(二)爱尔兰威士忌(Irish Whiskey)**

**1.起源**

世界最早的威士忌生产者是爱尔兰人,距今已有700多年的历史,尽管这一说法还存在着一些争议,一些专家和权威人士认为苏格兰是威士忌的鼻祖。爱尔兰人有很强的民族独立性,就连威士忌英文写法与苏格兰威士忌英文写法也都不尽相同。如果你注意威士忌的标签,会发现Whisky和Whiskey,一个有e,一个无e,在苏格兰酿造的威士忌标签上无e字母,而在爱尔兰酿造的威士忌标签上有e字母(有些美国酿造的威士忌也有e)。

**2.特点**

爱尔兰威士忌的风格和苏格兰威士忌比较接近。最明显的区别是爱尔兰威士忌没有烟熏的焦香味,口味比较绵柔长润。爱尔兰威士忌比较适合制作混合酒和与其他饮料掺兑共饮(如爱尔兰咖啡Itish Coffee)。

**3.工艺流程**

爱尔兰威士忌的原料主要有大麦、燕麦、小麦和黑麦等,大麦占80%左右,爱尔兰威士忌经过三次蒸馏,然后装入木桶老熟陈酿,一般陈酿8~15年上下。装瓶时,还要进行兑和与掺水稀释至酒度为43度左右。

**4.名品**

(1)布什米尔(Bushmills)

布什米尔牌威士忌酒以酒厂名命名,以精选大麦制成,生产工艺较复杂,有独特的香味,酒精度43度。

（2）詹姆士（Jameson）

詹姆士牌威士忌酒以酒厂名命名,是爱尔兰威士忌酒的代表。詹姆士（Jameson）12年威士忌口感十足,是极受欢迎的威士忌。

（3）米德尔敦（Midleton）

米德尔敦牌威士忌酒以独特的爱尔兰威士忌酒工艺制成。酒液呈浅褐色,酒精度40度,在发芽大麦中混合未发芽的大麦为原料,没有泥炭气味,口味甘醇柔细,在爱尔兰限量生产以保证质量。

（4）达拉摩尔都（Tullamore Dew）

达拉摩尔都酒起名于酒厂名,酒精度为43度。酒瓶标签上描绘的狗代表牧羊犬,是爱尔兰的象征。

**（三）加拿大威士忌（Canadian Whisky）**

**1.特点**

加拿大威士忌的酒液大多呈棕黄色,酒香清芬,口感轻快,爽适,酒体丰满而优美。

加拿大威士忌在国外比在国内更有名气,它的原料构成受国家法律制约,一律只准用谷物,占比例最大的谷物是玉米和黑麦。

**2.工艺**

加拿大威士忌酿造工艺与其他威士忌基本相同,采用两次蒸馏,橡木桶陈酿,可分为4年、6年、8年、10年陈酿期。出售前,要进行勾兑和掺和,技师同时使用嗅觉和味觉来测定合适的剂量。

**3.名厂名品**

（1）亚伯达（Alberte）

亚伯达牌威士忌酒以酒厂名命名,是著名稞麦威士忌酒。酒精度40度,又可分为"泉水"和"优质"两个著名品种。

（2）加拿大O.F.C.（Canadian O.F.C.）

加拿大O.F.C.牌威士忌酒由魁北克省的瓦列非尔德公司生产,以白兰地酒木桶储存威士忌酒的方式制成。该酒有着香浓轻柔的口味。O.F.C.是Old French Canadian的缩写形式,该商标中文含义是"集传统法国风味与加拿大风味于一体"。

（3）皇冠（Crown Royal）

皇冠牌威士忌酒是加拿大威士忌酒超级品,以酒厂名命名。1936年,英国国王乔治六世在访问加拿大时饮用过这种酒,因此得名。

（4）施格兰V.O.（Seagram's V.O.）

施格兰V.O.牌威士忌酒以酒厂名命名。施格兰原为一个家族,这个家族热心于制作威士忌酒,后来成立酒厂并以施格兰命名。该酒以稞麦和玉米为原料,熟化6年以上,经勾兑而成,口味清淡。

### (四)美国威士忌(American Whiskey)

#### 1.产地

美国是世界上最大的威士忌生产国和消费国,据统计每个成年美国人平均每年要消耗16瓶威士忌。美国威士忌的主要生产地在美国肯塔基州的波旁地区,所以美国威士忌也被称为波旁威士忌。

#### 2.分类

(1)波旁威士忌酒(Bourbon Whiskey)

波旁威士忌以玉米为主要原料(占51%~80%),配以大麦芽和稞麦,经蒸馏后,在焦黑橡木桶中熟化两年以上。酒液呈褐色,有明显焦黑木桶香味。传统上,波旁威士忌必须在肯塔基州(Kentucky)生产。

(2)玉米威士忌酒(Corn Whiskey)

玉米威士忌以玉米为主要原料(占80%以上),配以少量大麦芽和稞麦,蒸馏后存入橡木桶,熟化期可根据需要而定。

(3)纯麦威士忌(Malt Whiskey)

纯麦威士忌以大麦为主要原料(大麦芽占原料的51%以上),配以其他谷物,蒸馏后在焦黑橡木桶里熟化两年以上。

(4)黑麦威士忌(Rey Whiskey)

黑麦威士忌以黑麦为主要原料(占51%以上),配以大麦芽和玉米,经蒸馏后在焦黑橡木桶中熟化两年以上。

(5)混合威士忌(Blended Whiskey)

混合威士忌以玉米威士忌酒加少量大麦威士忌酒勾兑。

#### 3.特点

美国威士忌的主要特点是酒液呈棕红色微带黄,清澈透亮,酒香优雅,口感醇厚,绵柔,回味悠长,酒体强健壮实。

#### 4.名厂名品

(1)古安逊物(Ancient Age)

古安逊物牌威士忌酒以酒厂名命名。该酒厂位于肯塔基州的肯塔基河旁,使用肯塔基优质水源,因此酒味平稳、顺畅。古安逊物牌威士忌酒酒标签突出两个"A"字母,非常醒目。

(2)波旁豪华(Bourbon Deluxe)

波旁豪华牌威士忌酒由得克萨斯州艾普斯泰酒厂出品。波旁的含义是肯塔基州波旁地区。酿酒原料中,玉米含量很高,口味圆润、丰富。

(3)四玫瑰(Four Roses)

四玫瑰牌威士忌酒以酒厂名命名。该酒采用肯塔基州谷物酿制,并在焦黑橡木桶中熟化六年。

(4)乔治·华盛顿(George Washington)

乔治·华盛顿牌威士忌酒由肯塔基州生产,以人名命名。乔治·华盛顿是美国第一任总统。该酒的酒味和香气都属于标准波旁威士忌产品。

(5)怀德·塔基(Wild Turkey)

怀德·塔基牌威士忌酒以酿酒公司命名。该公司创建于1855年,位于肯塔基河旁。怀德·塔基牌威士忌酒是波旁威士忌的代表酒。它精选当地原料,以肯塔基河水酿造,经过连续蒸馏方式生产,使用烧焦的橡木桶熟化八年,是著名美国波旁威士忌酒。

# 第四节　其他蒸馏酒

## 一、金酒(Gin)

### (一)金酒的起源

金酒又称琴酒、毡酒、杜松子酒,是一种以谷物原料为主的蒸馏酒。

金酒是在1660年,由荷兰的莱顿大学(University of Leyden)一名叫西尔维斯(Doctor Sylvius)的教授研制成功的。最初制造这种酒是为了帮助在东印度地域活动的荷兰商人、海员和移民预防热带疟疾病,以后这种用杜松子果浸于酒精中制成的杜松子酒逐渐被人们接受为一种新的饮料。据说,1689年流亡荷兰的威廉三世回到英国继承王位,于是杜松子酒随之传入英国。

### (二)金酒的分类

世界上金酒分为两大类:一类是荷式金酒,另一类是英式金酒。英式金酒又称伦敦干金酒。

### (三)金酒的特点

荷兰金酒色泽透明清亮,酒香和调香料香气突出,风格独特,个性鲜明,微甜;酒精含量50度左右,不宜做混合酒,因为它有浓郁的松子香,麦芽香味会淹没其他的味道。

英式金酒和荷式金酒有明显的区别,前者口味甘洌,后者口味甜浓,所以英式金酒又叫干金酒。

### (四)金酒的生产工艺

荷式金酒是荷兰人的国酒。荷式金酒主要集中在荷兰的阿姆斯特丹和斯希丹两个城市生产。荷式金酒的原料有大麦、黑麦、玉米、杜松子和其他香料(胡荽、白芷、甘草、豆蔻、橙皮、苦杏仁等）。荷式金酒制作的主要过程是先提炼谷物蒸馏原酒，再加入杜松子进行蒸馏，掐头去尾，便得到金酒。金酒无须陈年即可饮用。

金酒在荷兰面世，但却在英国发扬光大。英国金酒的生产主要集中在伦敦。英国金酒生产过程较为简单，用食用酒精和杜松子以及其他香料共同蒸馏而得到"干"金酒，酒精含量高达45度到47度。由于干金酒酒液无色透明、清澈带有光泽，气味奇异清香，口感醇美爽适，既可净饮，又可与其他酒混合配制或作鸡尾酒的基酒，因此很受饮者的欢迎。世界上以干金酒作基酒的鸡尾酒的有数百种之多，故有人称干金酒为鸡尾酒的心脏。

### （五）名厂名品

**1.英王卫兵牌金酒（Beefeater）**

英王卫兵牌金酒产于英国杰姆斯巴沃公司。该酒以爽快和锐利的口味而著名，酒精度47度，是典型的伦敦干金酒。

**2.波尔斯牌金酒（Bols）**

波尔斯牌金酒由荷兰波尔斯罗依亚尔、迪斯河拉利兹公司生产。波尔斯牌金酒是典型的荷兰金酒。酒精度有35度和37度等品种。

**3.巴内特牌金酒（Burnett's）**

巴内特牌金酒产于英国，以酒厂名命名，具有辛辣、爽快特点，伦敦干金酒型。酒精度有40度和47度两个品种。

**4.哥顿牌金酒（Gordon's）**

哥顿牌金酒产于英国，以酒厂名命名，是著名的伦敦干金酒。酒精度47度。

**5.老汤姆牌金酒（Old Tom）**

老汤姆牌金酒香甜易饮，酒精度40度。加拿大亚库提克公司生产。

**6.伊丽莎白女王牌金酒（Queen Elizabeth）**

伊丽莎白女王牌金酒产于英国，起名于16世纪英国女王伊丽莎白一世。酒精度47度，是伦敦干金酒。

## 二、伏特加（Voddka）

### （一）伏特加的起源

世界上有很多国家生产伏特加，如美国、波兰、丹麦等，但以俄罗斯生产的伏特加质量最好。伏特加名字源于俄语中的"Boska"一词，意为"水酒"。其英语名字为Vodka，即俄得克，所以伏特加又被称作为俄得克酒。

伏特加的起源可追溯到12世纪，当时沙皇帝国时代曾生产一种稞麦酿制的蒸馏酒，并成为俄国人的"生命之水"，一般认为它就是现今伏特加的雏形。

19世纪40年代，伏特加成为西欧国家流行的饮品。后来伏特加的技术被带到美国，随着伏特加在鸡尾酒中的广泛运用，在美国逐渐盛行。

## (二)伏特加的分类

根据原料和酿造方法不同,伏特加可分为中性伏特加、加味伏特加。

### 1.中性伏特加

中性伏特加为无色液体,除酒精味外,无任何其他气味,是伏特加酒中最主要的产品。

### 2.加味伏特加

加味伏特加指在橡木桶中贮藏或浸泡过药草、水果(如柠檬、辣椒)等,以增加芳香和颜色的伏特加。

## (三)伏特加的生产工艺

伏特加是俄罗斯具有代表性的烈性酒,其酿造工艺与众不同。伏特加开始用小麦、黑麦、大麦等原料酿制而成,到 18 世纪以后,就开始采用土豆和玉米等原料酿制。一般先将蒸馏而成的伏特加原酒,经过 8 小时以上的缓慢过滤,使原酒酒液与活性炭分子充分接触而净化为纯粹的伏特加。酒精含量高达 96 度,装瓶时勾兑成40 度至 50 度,即可饮用。

## (四)伏特加的特点

大多数伏特加酒液透明,晶莹而清亮,无香味,品味凶烈,劲大而冲鼻。

## (五)名厂名品

### 1.斯托丽那亚牌伏特加酒(Stolichnaya)

由俄罗斯莫斯科水晶蒸馏厂制造。斯托丽那亚在俄文中表示"首都"。酒精度40 度,红色商标斯托丽那亚牌伏特加酒口感绵软、香味清淡,冰镇后配鱼子酱口感最佳。黑色商标斯托丽那亚牌伏特加酒是特制伏特加酒。

### 2.莫斯科伏斯卡亚牌伏特加酒(Moskovskaya)

莫斯科伏斯卡亚牌伏特加酒酒精度 40 度,以 100%谷物为原料,是经过活性炭过滤的精馏伏特加酒。

### 3.克莱波克亚牌伏特加酒(Krepkaya)

克莱波克亚牌伏特加酒酒精度高,俄罗斯生产,是含有 56%乙醇的伏特加酒。

### 4.奇博罗加牌伏特加酒(Zubrowka)

奇博罗加牌伏特加酒带有奇博罗加香草(Zobrowke grass)的香气,酒精度 50度,浅绿色,甜味,瓶中常放有两株奇博罗加香草。

### 5.斯米尔诺夫牌伏特加酒(Smirnoff)

斯米尔诺夫牌伏特加酒 1815 年开始生产,是俄国皇室用酒,目前由美国休布仑公司生产,成为世界知名伏特加品牌。酒精度 45 度,味道清爽,以 100%玉米为原料。

### 6.绝对牌伏特加酒(Absolut)

绝对牌伏特加酒产于瑞典。1895 年开始生产,以 100%当地小麦为原料,使用连续发酵工艺。该酒纯洁无瑕,充满芳香。绝对牌伏特加酒成为美国最热销的伏特加酒之一。

7.芬兰迪亚牌伏特加酒(Finlandia)

芬兰迪亚牌伏特加酒由芬兰生产,以小麦为主原料,口味清淡,酒精度40度。

### 三、朗姆酒(Rum)

朗姆酒是世界上消费量最大的酒品之一,主要生产国有:牙买加、古巴、马提尼克岛、特里尼达和多巴哥、海地、多米尼加、波多黎各、圭亚那等加勒比海国家和地区。

#### (一)朗姆酒概述

17世纪初,西印度群岛的欧洲移民开始以甘蔗为原料制造一种廉价的烈性酒,作为兴奋剂和万能药食用。这种酒是现今朗姆酒的雏形。朗姆一词来自最早称呼这种酒的名称"Rumbullion",表示兴奋之意。到了18世纪,随着世界航海技术的进步以及欧洲各国殖民地政府的推进,朗姆酒的生产开始在世界各地兴起。由于朗姆酒具有提高水果类饮品味道的功能,因而成为调制混合酒的重要基酒。

#### (二)朗姆酒的生产工艺

朗姆酒是以甘蔗汁、甘蔗糖浆(更多的是以糖渣、泡渣或其他蔗糖副产品)为原料,经发酵、蒸馏,在橡木桶中陈酿而成的酒。因此,朗姆酒实质上是糖业的副产品。

#### (三)朗姆酒的特点

朗姆酒的酒度为43度左右,少数酒品超过45度。朗姆酒是蒸馏酒中最具香味的酒,在制作过程中,可以对酒液进行调香,制成系列香味的成品酒。朗姆酒的颜色多种多样,可放在旧橡木桶中陈酿,无须用新橡木桶陈酿。

#### (四)朗姆酒的分类

根据不同的甘蔗原料和酿造方法,朗姆酒可分为朗姆白酒、朗姆老酒等类别。

1.朗姆白酒(White Rum)

朗姆白酒是一种新鲜酒,无色透明,蔗糖香味清馨,口味甘润,醇厚,酒体细腻,酒精度在55度左右。

2.朗姆老酒(Old Rum)

朗姆老酒是经过三年以上陈酿的陈酒,酒液呈橡木色,美丽而晶莹,酒香醇浓而优雅,口味精细圆正,回味甘润。酒度在40度至43度。

3.淡朗姆酒(Light Rum)

酿制过程中尽可能提取非酒精物质的朗姆酒呈淡白色,香气淡雅,适用于做鸡尾酒的基酒。

4.朗姆常酒(Traditional Rum)

朗姆常酒是传统型朗姆酒,呈琥珀色,光泽美丽,结晶度好,甘蔗香味浓郁,口味醇厚圆正,回味甘润。由于色泽富有个性,又称之为"琥珀朗姆酒"。

5.强香朗姆酒(Great Aroma Rum)

强香朗姆酒香气浓烈馥郁,甘蔗风味和西印度群岛的风土人情寓于其中。

## (五)名厂名品

### 1.百加地(Bacardi)

百加地牌朗姆酒以牙买加百加地酿酒公司名命名。1862年,都·弗汉都·百加地(Don Facundo Bacardi)在古巴建立百加地酿酒公司,使用古巴丰富优质的蜜糖来制造口味清淡、柔和、纯净的低度朗姆酒。1892年,由于西班牙王室称赞百加地朗姆酒,从此百加地牌朗姆酒标签加上了西班牙皇家的徽章。根据统计,百加地朗姆酒在世界朗姆酒销量排名第一。目前该公司一改传统浓烈型产品为清淡型产品。其中芳香型朗姆酒酒液呈金黄色,酒精度40度,带有浓郁的芳香,口感柔和。百加地公司新开发品种开拓者选择酒(Fornder Select),无色、清爽、适口,酒精度40度,深受亚洲市场的青睐。

### 2.摩根船长(Captain Morgan)

摩根船长牌朗姆酒取名于海盗队长"亨利摩根"。在该品牌的各种产品中,有无色清淡型、金黄色芳香型、深褐色浓烈型,酒精度都是40度。摩根船长牌朗姆酒融合了热带地区乡土风味和各种芳香味,是牙买加的名酒。

### 3.克雷曼特(Clement)

克雷曼特牌朗姆酒以公司名命名。该酿酒公司位于朗姆酒生产的黄金地带——马提尼克岛。该品牌代表优质朗姆酒。克雷曼特朗姆酒有数个著名品种,如40度与45度无色朗姆酒,42度与44度金黄色芳香型酒等。

### 4.美雅士波兰特宾治(Myer's "Planter" Punch)

美雅士牌朗姆酒以公司名命名,是牙买加著名朗姆酒。该公司以创业人——佛列德·L.美雅士而得名。美雅士牌朗姆酒需熟化五年并与浓果汁混合。酒液呈深褐色,口味浓烈,芳香甘醇,酒精度40度。它不仅可饮用,还广泛用于糕点和糖果中,是著名的浓烈型朗姆酒。

## 四、特基拉酒(Tequila)

### (一)特基拉酒概述

特基拉酒产于墨西哥,是一种以龙舌兰(Agave)作为原料的蒸馏酒。它必须经过两次蒸馏,并且陈酿储存。由于储存的工具不同,酒液的颜色也不同。特基拉酒有两种,一种无色透明,一种呈橡木色。它香气奇异,口味凶烈,酒精含量为40%~50%。

特基拉酒是墨西哥人喜爱的酒品。每当饮酒时,墨西哥人总先在手背上倒些细盐末吸食,有时也用柠檬和辣椒佐酒,以具有咸、酸、辣等强烈味感的东西下酒,恰似火上浇油,极尽强刺激之功能。这种十分独特的饮酒方式给人以畅快淋漓之感,美不胜言。另外,特基拉酒还是著名鸡尾酒旭日东升的基酒。

### （二）特基拉酒生产工艺

龙舌兰植物要经过 10~12 年才能成熟,叶子呈灰蓝色,可达 10 尺长。成熟时的龙舌兰,看起来就像巨大的郁金香。特基拉酒的制造是把龙舌兰植物外层的叶子砍下取其中心部位的果实,然后再把它放入炉中蒸煮,以浓缩甜汁,并且把淀粉转换成糖类。经煮过的果实再送到另一机器挤压成汁发酵。果汁发酵达酒精度 80 度即开始蒸馏。特基拉酒在铜制单式蒸馏器中蒸馏两次,未经过木桶成熟的酒,透明无色,称为白色特基拉酒,味道较呛;另一种金黄色特基拉酒,因淡琥珀色而得名,通常在橡木桶中至少储存一年,味道与白兰地近似。

### （三）特基拉酒分类

根据特基拉酒的颜色,可分为白色和金黄色两种。

### （四）特基拉酒的特点

1.白色特基拉酒（White Tequila）

白色特基拉酒又称银色特基拉酒（Silver Tequila）,是把制成的特基拉酒储存在瓷制的酒缸中,一直保持无色,其酒液外观清凉透明。部分特基拉酒没有经过储存,即装瓶出售,此类酒的质量较粗劣。

2.金黄色特基拉酒（Gold Tequila）

金黄色特基拉酒属于陈酿特基拉酒,在旧橡木桶中储存至少一年,多数达三年甚至更长的时间,因而有来自橡木桶的金黄色。酒质柔和醇厚,酒香较浓。

### （五）名厂名品

特基拉酒中比较著名的有:凯尔弗（Cuervo）、斗牛士（EL Toro）、赫雷杜拉（Herradura）、欧雷（Ole）、玛丽亚基（Mariachi）和索查（Sauza）。

**本章小结**

> 蒸馏酒是指在发酵酒的基础上,用蒸馏器提高其度数而成的酒,其特点是酒度高,营养价值低,蒸馏酒酒精度在 38 度以上,最高可达到 66 度。现代人们所熟悉的蒸馏酒分为白酒（也称烧酒）、白兰地、威士忌、伏特加、朗姆酒、特基拉酒等。白酒为中国所特有,一般是粮食酿成后经蒸馏而成的。白兰地是葡萄酒蒸馏而成,威士忌是大麦等谷物发酵酿制后经蒸馏而成。朗姆酒以甘蔗和蜜糖为原料,经蒸馏和熟化制成。伏特加则主要以粮食为原料,特基拉酒则以龙舌兰为原料,经蒸馏和熟化制成。
>
> 由于不同蒸馏酒的生产原料不同、工艺不同,世界各地和各厂商生产的蒸馏酒种类和特点也不同。

**思考与练习**

1.中国白酒品评。

2.白酒病酒识别。

3.如何判断白兰地的酒质?

4.白兰地的品评、饮用与服务。

5.威士忌的年份与酒质。

6.威士忌的品评、饮用和服务。

7.金酒、伏特加、朗姆酒的饮用和服务。

8.特基拉酒的饮用方法。

**知识卡**

> **1.中国白酒病酒识别**
>
> 中国白酒病酒主要有以下现象。失光:白酒酒液失去应有的晶亮光泽。原因主要有掺水、混入杂质、酒瓶洗涮不净等。沉淀:陈年老酒会有一定的沉淀物积于瓶底,这是正常的沉淀现象。新酒发生沉淀,大多是病害问题。常见的病害沉淀有白色沉淀、棕色沉淀、蓝色黑色沉淀。混浊:白酒发生混浊现象,有可能起因于病害,也有可能是受到温度影响。处于低温下的白酒(在 0℃ 以下),常有絮状物产生,一旦温度上升,絮状物便自行消失。常见的混浊有乳白色混浊和灰白色混浊。变色:白酒发生色变主要有发黄、棕红、发黑发褐、发蓝。腥臭:酒液腥臭主要是因为生产技术水平低下。用水不当:污染带臭物质,硫化氢、硫醇的含量过高。
>
> **2.白兰地的饮用方法**
>
> 净饮:将 1 盎司的白兰地倒入白兰地酒杯中,饮用时,用手心温度将白兰地稍微温一下,让其香气挥发,慢慢品饮。
>
> 加冰块饮用:将少量冰块放进白兰地酒杯中,再放 1 盎司白兰地。
>
> 加水饮用:可加冰水或汽水。
>
> **3.威士忌的年份与酒质**
>
> 影响威士忌品质的因素有四个:原料、制作、陈年、混配,其中以混配的影响力最大。陈年时间的长短虽然会直接影响威士忌的品质,但并不是陈年时间越长品质越好。每一种酒陈年时间不同,最重要的是要懂得抓住它的巅峰期。分辨威士忌品质的优劣,最快也是最可靠的方法是从品牌下手,在西方的饮酒文化中,品牌的力量是巨大的,因此,品牌绝对是选择威士忌的最佳指标。

# 第八章

# 酿 造 酒

**知识要点**

1.了解葡萄酒的历史。

2.了解葡萄酒的分类。

3.了解法国葡萄酒的等级划分。

4.了解意大利、法国、美国、澳洲葡萄酒的特点及著名品牌。

5.了解啤酒气泡的作用。

6 .掌握葡萄酒酒标的语言。

7.掌握中国著名葡萄酒产区、名品及其特点。

8.掌握法国葡萄酒的著名产区、代表酒及其特点。

9.掌握中国著名黄酒产地及其特点。

10.掌握啤酒的商标。

# 第一节　葡萄酒

## 一、葡萄酒概述

葡萄酒,是以葡萄为原料,经自然发酵、陈酿、过滤、澄清等一系列工艺流程所制成的酒精饮料。葡萄酒酒度常在9度~12度。

### (一)葡萄酒的历史

考古学家证明,葡萄酒大约是在古代的肥沃新月(今伊拉克一带的两河流域)地区,从尼罗河到波斯湾一带河谷的辽阔农作区域某处发祥的。这个地区出现的早期文明(前4000—前3000)归功于肥沃的土壤。这个地区也是酿酒用的葡萄最初开始茂盛生长的地区。随着城市的兴盛取代原始的农业部落,怀有领土野心的古代航海民族从最早的腓尼基(今叙利亚)人一直到后来的希腊、罗马人,不断将葡萄树种与酿酒的知识散布到地中海,乃至整个欧洲大陆。

罗马帝国在公元4世纪末分裂为东西两部分,分裂出来的西罗马帝国(法国、意大利北部和部分德国地区)里的基督教修道院详细记载了关于葡萄的收成和酿酒的过程。这些记录帮助人们培植出在特定农作区最适合栽种的葡萄品种。公元768年至814年统治神圣罗马帝国的查理曼大帝,其权势也影响了此后的葡萄酒发展。这位伟大的皇帝预见并规划了法国南部到德国北部葡萄园遍布的远景,位于勃艮第(Burgundy)产区的可登-查理曼顶级葡萄园也曾经一度是他的产业。

大英帝国在伊丽莎白一世女皇的统治下,成为拥有一支强大的远洋商船船队的海上霸主。其海上贸易将葡萄酒从许多个欧洲产酒国家带到英国。英国对烈酒的需求,亦促成了雪利酒、波特酒和马德拉酒类的发展。

在美国独立战争的同时,法国被公认是最伟大的葡萄酒盛产国家。杰弗逊(美国独立宣言起草人)曾在写给朋友的信中热情地谈及葡萄酒的等级,并且也极力鼓动将欧陆的葡萄品种移植到新大陆来。这些早期在美国殖民地栽种、采收葡萄的尝试大部分都失败了,而且在本土美国的树种和欧洲的树种交流、移植的过程中,无心地将一种危害葡萄树至深的害虫给带到欧洲来,其结果便是19世纪末的葡萄根瘤蚜病,使绝大多数的欧洲葡萄园毁于一旦。不过,若要说在这一场灾变中有什么值得庆幸的事,那便是葡萄园的惨遭蹂躏启发了新的农业技术,以及欧洲酿制葡萄酒版图的重新分配了。

自本世纪开始,农耕技术的迅猛发展使人们可以保护作物免于遭到霉菌和蚜虫的侵害,葡萄的培育和酿制过程逐渐变得科学化。世界各国也广泛立法来鼓励制造信用好、品质佳的葡萄酒。今天,葡萄酒在全世界气候温和的地区都有生产,并且有数量可观的不同种类葡萄酒可供消费者选择。

据考证,我国在西汉时期以前就已开始种植葡萄并有葡萄酒的生产了。司马迁在著名的《史记》中首次记载了葡萄酒。公元前138年,外交家张骞奉汉武帝之命出使西域,看到"宛左右以蒲陶为酒,富人藏酒至万余石,久者数十岁不败。俗嗜酒,马嗜苜蓿。汉使取其实来,于是天子始种苜蓿、蒲陶肥饶地。及天马多,外国使来众,则离宫别馆旁尽种蒲陶,苜蓿极望"(《史记·大宛列传》第六十三)。大宛是古西域的一个国家,在中亚费尔干纳盆地。这一例史料充分说明我国在西汉时期,已从邻国学习并掌握了葡萄种植和葡萄酿酒技术。《吐鲁番出土文书》中有不少史料记载了公元4—8世纪期间吐鲁番地区葡萄园种植、经营、租让及葡萄酒买卖的情况。从这些史料可以看出,在那一历史时期葡萄酒生产的规模是较大的。

东汉时,葡萄酒仍非常珍贵,据《太平御览》卷972引《续汉书》云:"扶风孟佗以葡萄酒一斗遗张让,即以为凉州刺史。"足以证明当时葡萄酒的稀罕。

葡萄酒的酿造过程比黄酒酿造要简化,但是由于葡萄原料的生产有季节性,终究不如谷物原料那么方便,因此葡萄酒的酿造技术并未大面积推广。在历史上,内地的葡萄酒生产一直是断断续续维持下来的。唐朝和元朝从外地将葡萄酿酒方法引入内地,而以元朝时的规模最大,其生产主要是集中在新疆一带。元朝时,在山西太原一带也有过大规模的葡萄种植和葡萄酒酿造的历史,而此时汉民族对葡萄酒的生产技术基本上是不得要领的。

汉代虽然曾引入了葡萄种植和葡萄酒生产技术,但却未使之传播开来。汉代之后,中原地区大概就不再种植葡萄,一些边远地区时常以贡酒的方式向后来的历代皇室进贡葡萄酒。唐代时,中原地区对葡萄酒已不是一无所知。唐太宗从西域引入葡萄,《南部新书》丙卷记载:"太宗破高昌,收马乳葡萄种于苑,并得酒法,仍自损益之,造酒成绿色,芳香酷烈,味兼醍醐,长安始识其味也。"宋代类书《册府元龟》卷970记载,高昌故址在今新疆吐鲁番东约20多公里,当时其归属一直不定。唐朝时,葡萄酒在内地有较大的影响力,从高昌学来的葡萄栽培技术及葡萄酒酿法在唐代可能延续了较长的时间,以致在唐代的许多诗句中,葡萄酒的芳名屡屡出现。有脍炙人口的著名诗句:"葡萄美酒夜光杯,欲饮琵琶马上催。"(王翰《凉州词》)刘禹锡也曾作诗赞美葡萄酒,诗云:"我本是晋人,种此如种玉。酿之成美酒,尽日饮不足。"白居易、李白等都有吟葡萄酒的诗。当时的胡人在长安还开设酒店,销售西域的葡萄酒。元朝统治者对葡萄酒非常喜爱,规定祭祀太庙必须用葡萄酒,并在山西的太原,江苏的南京开辟葡萄园,至元年间还在宫中建造葡萄酒室。

明代徐光启的《农政全书》卷30中记载我国栽培的葡萄品种:"水晶葡萄,晕色带白,如着粉形大而长,味甘;紫葡萄,黑色,有大小两种,酸甜两味;绿葡萄,出蜀中,熟时色绿,至若西番之绿葡萄,名兔睛,味胜甜蜜,无核则异品也;琐琐葡萄,出西番,实小如胡椒……"

**(二)葡萄酒的分类**

1.按色泽分类

(1)白葡萄酒

白葡萄酒选择白葡萄或浅红色果皮的酿酒葡萄,经过皮汁分离,取其果汁进行发酵酿制而成。这类酒的色泽应近似无色,有浅黄带绿、浅黄或禾秆黄,颜色过深不符合白葡萄酒色泽要求。

(2)红葡萄酒

红葡萄酒选择皮红肉白或皮肉皆红的酿酒葡萄,采用皮汁混合发酵,然后进行分离陈酿而成。这类酒的色泽应成自然宝石红色或紫红色或石榴红色等,失去自然感的红色不符合红葡萄酒色泽要求。

(3)桃红葡萄酒

桃红葡萄酒是介于红、白葡萄酒之间,选用皮红肉白的酿酒葡萄,进行皮汁短期混合发酵,达到色泽要求后进行皮渣分离,继续发酵,陈酿成为桃红葡萄酒。这类酒的色泽是桃红色、玫瑰红或淡红色。

2.按含糖量分类

（1）干葡萄酒

含糖（以葡萄糖计）小于或等于 4.0g/L，或者当总糖与总酸（以酒石酸计）的差值小于或等于 2.0g/ L 时，含糖最高为 9.0g/ L 的葡萄酒为干葡萄酒。

（2）半干葡萄酒

含糖大于干葡萄酒，最高为 12.0g/L，或者当总糖与总酸（以酒石酸计）的差值小于或等于 2.0g/L 时，含糖最高为 18.0g/L 的葡萄酒为半干葡萄酒。

（3）半甜葡萄酒

含糖大于半干葡萄酒，最高为 45.0g/L 的葡萄酒为半甜葡萄酒。

（4）甜葡萄酒

含糖大于 45.0g/L 的葡萄酒为甜葡萄酒。

3.按是否含二氧化碳分类

（1）静止葡萄酒

在 20℃时，二氧化碳压力小于 0.05Mpa 的葡萄酒为静止葡萄酒。

（2）起泡葡萄酒

4.按饮用方式分类

（1）开胃葡萄酒

开胃葡萄酒在餐前饮用，主要是一些加香葡萄酒，酒精度一般在 18%以上。我国常见的开胃酒有"味美思"。

（2）佐餐葡萄酒

佐餐葡萄酒同正餐一起饮用，主要是一些干型葡萄酒，如干红葡萄酒、干白葡萄酒等。

（3）待散葡萄酒

待散葡萄酒在餐后饮用，主要是一些加强的浓甜葡萄酒。

**（三）葡萄酒的成分**

1.葡萄

葡萄是葡萄酒最主要的酿制原料，葡萄的质量与葡萄酒的质量有着紧密的联系。据统计，世界著名的葡萄共计有 70 多种，其中我国约有 35 个品种。葡萄的分布主要在北纬 53 度至南纬 43 度的广大区域。按地理分布和生态特点可分为：东亚种群、欧亚种群和北美种群，其中欧亚种群的经济价值最高。

2.葡萄酒酵母

葡萄酒是通过酵母的发酵作用将葡萄汁制成酒的。因此酵母在葡萄酒生产中占有很重要的地位。优良葡萄酒除本身的香气外，还包括酵母产生的果香与酒香。酵母的作用能将酒液中的糖分全部发酵，使残糖在 4g/L 以下。此外，葡萄酒酵母具有较高的二氧化硫抵抗力、较高的发酵能力，可使酒液含酒精量达到 16%，且有较好的凝聚力和较快沉降速度,能在低温 15℃ 或适宜温度下发酵,以保持葡萄酒新鲜的果香味。

3.添加剂

添加剂指添加在葡萄发酵液中的浓缩葡萄汁或白砂糖。通常优良的葡萄品种在适合的生长条件下可以产出合格的制作葡萄酒的葡萄汁,然而由于自然条件和环境等因素,葡萄含糖量常不能达到理想的标准,这时需要调整葡萄汁的糖度,加入添加剂以保证葡萄酒的酒精度。

4.二氧化硫

二氧化硫是一种杀菌剂,它能抑制各种微生物的活动。然而葡萄酒酵母抗二氧化硫能力强,在葡萄发酵液中加入适量的二氧化硫可以使葡萄发酵顺利进行。

### (四)葡萄酒的酿造工艺

经过数千年经验的积累,现今葡萄酒的种类不仅繁多且酿造过程复杂,有各种不同的烦琐细节。

1.筛选

采收后的葡萄有时夹带未成熟或腐烂的葡萄,特别是在不好的年份。此时酒厂会在酿造前认真筛选。

2.破皮

由于葡萄皮含有丹宁、红色素及香味物质等重要成分,所以在发酵之前,特别是红葡萄酒,必须破皮挤出葡萄肉,让葡萄汁和葡萄皮接触,以便让这些物质溶解到酒中。破皮的过程必须谨慎,以避免释出葡萄梗和葡萄籽中的油脂和劣质丹宁,影响葡萄酒的品质。

3.去梗

葡萄梗中的丹宁收敛性较强,不完全成熟时常常带刺鼻草味,必须全部或部分去除。

4.榨汁

所有的白葡萄酒都要在发酵前进行榨汁(红酒的榨汁则在发酵后),有时不需要经过破皮、去梗的过程而直接压榨。榨汁的过程必须特别注意压力不能太大,以避免苦味和葡萄梗味。

5.去泥沙

压榨后的白葡萄汁通常还混杂有葡萄碎屑、泥沙等异物,容易引发霉变,发酵前需用沉淀的方式去除。由于葡萄汁中的酵母随时会开始酒精发酵,所以沉淀的过程需在低温下进行。红葡萄酒因浸皮与发酵同时进行,所以不需要这个程序。

6.发酵前低温浸皮

这个过程是新近发明的,还未被普遍采用,其目的在于增进白葡萄酒的较浓郁水果香。已有红酒开始采用这种方法酿造。此法在发酵前低温进行。

7.酒精发酵

葡萄的酒精发酵是酿造过程中最重要的一步,其原理可简化成以下形式:

葡萄中的糖分+酵母菌→酒精(乙醇)+二氧化碳+热量

通常葡萄糖本身就含有酵母菌。酵母菌必须处在10℃～32℃间的环境下才能正常发酵。温度太低,酵母活动变慢甚至停止;温度过高,则会杀死酵母菌,使酒精发酵完全中止。由于发酵的过程会使温度升高,所以温度的控制非常重要。一般白葡萄酒和红葡萄酒的酒精发酵会持续到所有糖分皆转化成酒精为止,而甜酒的制造则是在发酵的中途加入二氧化碳停止发酵,以保留部分糖分在酒中。酒精浓度超过15%也会中止酵母的发酵,酒精强化葡萄酒即是运用此原理,在发酵半途加入酒精,停止发酵,以保留酒中的糖分。

8.培养与成熟

(1)乳酸发酵

完成酒精发酵的葡萄酒经过一个冬天的储存,到了隔年的春天温度升高至20℃～25℃时会开始乳酸发酵,其原理如下:

苹果酸+乳酸菌→乳酸+二氧化碳

由于乳酸的酸味比苹果酸低很多,同时稳定性高,所以乳酸发酵可使葡萄酒酸度降低且更稳定不易变质。并非所有葡萄酒都会进行乳酸发酵,特别是适合年限短即饮用的白葡萄酒,常特意保留高酸度的苹果酸。

(2)橡木桶中的培养与成熟

葡萄酒发酵完成后,装入橡木桶使葡萄酒成熟。

9.澄清

(1)换桶

每隔几个月储存于桶中的葡萄酒必须抽换到另外一个干净的桶中,以除去沉淀于桶底的沉积物。这个程序同时还可以让酒稍微接触一下空气,以避免难闻的还原气味。

(2)黏合过滤

黏合过滤是利用阴阳电子结合的特性,产生过滤沉淀的效果。通常在酒中添加含阳电子的物质如蛋白、明胶等,与葡萄酒中含阴电子的悬浮杂质黏合,然后沉淀达到澄清的效果。

(3)过滤

经过过滤的葡萄酒会变得稳定清澈,但过滤的过程多少会减少葡萄酒的浓度和特殊风味。

(4)酒石酸的稳定

酒中的酒石酸遇冷会形成结晶状的酒石酸化盐,虽无关酒的品质,但有些酒厂为了美观,还是会在装瓶前用零下4℃的低温处理。

**(五)葡萄酒的命名**

1.以庄园的名称命名

以庄园的名称作为葡萄酒的名称,是生产商保证质量的一种承诺。

所谓庄园,系指葡萄园或大别墅。该类酒名的命名标准是以该酒的葡萄种植、采收、酿造和装瓶都须在同一庄园进行。这类命名方法多见于法国波尔多地区出产的红、白葡萄酒。例如:莫高庄园(Chateau Margau)、拉特尔庄园(Chateau Latour)、艺甘姆庄园(Chateau de Yquem)等。

2.以产地名称命名

以产地名称命名的葡萄酒,其原料必须全部或绝大部分来自该地区。如:夏布丽(Chablis)、莫多克(Medoc)、布娇莱(Beaujolais)等。

3.以葡萄品种命名

以作为葡萄酒原料的优秀葡萄品种命名的葡萄酒,如:雷司令(Riesling)、霞多丽(Chardonnay)、赤霞珠(Cabernet Sauvignon)等。

4.以同类型名酒的名称命名

借用名牌酒名称也是葡萄酒命名的类型之一。此类酒一般都不是名酒产地的产品,但属于同一类型,因此酒名前必须注明该酒的真实产地。如美国出产的勃艮第、夏布丽葡萄酒,都使用了法国名酒产品的名称。

### (六)葡萄酒标示

1.酒标

酒标用以标志某厂、某公司所产或所经营的产品。多使用风景名胜、地名、人名、花卉名,以精巧优美的图案标示在酒标的重要部位。它不允许重复,一经注册,即为专用,受法律保护。

2.酒度及容量

酒度及容量在酒标的下角(左或右)标出,例如:酒度是12度,即为ALC、12% BYVOL(按体积计);容量为750毫升,即为Cont,750ml。

3.含糖量

为了标明酒的含糖量,可用下表所示字档,以中等大的字标出。如不标明干或甜型时,即为干型酒。含糖量在酒标中的表示法如表8-1所示。

表8-1　含糖量在酒标的表示法

| 中 文 | 英 文 | 法 文 | 每升含糖量 |
|---|---|---|---|
| 天然(未加工的) | Nature | Brut | 4 克以下 |
| 绝干 | Extra-Dry | Extra-Sec | 4 克以下 |
| 干 | Dry | Sec | 8 克以下 |
| 半干 | Semi-Dry | Demi-Sec | 8 克~12 克 |
| 半甜 | Semi-Sweet | Demi-Doux | 12 克~50 克 |
| 甜 | Sweet | Doux | 50 克以上 |

**4.酿酒年份(Vintage)**

由于法国或其他种植葡萄的地区天气、土壤、温度等自然条件不稳定,葡萄的质量也自然就影响到酒的好坏。标明年份有助于消费者辨明这一年的土壤、气候、温度等自然条件对葡萄生长是否有利,所收获葡萄质量如何。好年份酿造的葡萄酒自然也是最好的,极具收藏价值,当然价格不菲。

**5.A.O.C**

原产地名称监制葡萄酒,亦称 A.O.C 葡萄酒。在法国,为了保证产地葡萄酒的优良品质,这些酒必须经过严格审查后方可冠以原产地的名称,这就是"原产地名称监制法",简称 A.O.C 法。A.O.C 法有其独特的功效,不但使法国葡萄酒的优良品质得以保持,而且可以防止假冒,保护该葡萄酒的名称权。A.O.C 法对涉及葡萄酒生产的各个领域都有严格规定,并且每年都有品尝委员会进行检查、发放 A.O.C 使用证明。因此,A.O.C 葡萄酒是法国最优秀的上等葡萄酒。

根据 A.O.C 法的规定,A.O.C 葡萄酒必须是:以本地的葡萄为原料,按规定的葡萄品种,符合有关酒精度的最低限度,符合关于生产量的规定。为了防止生产过剩和质量降低,A.O.C 法对每一地区每一公顷土地生产多少葡萄都有严格的规定,同时要求必须符合特定的葡萄栽培方法,如修剪、施肥等;另外,还须符合规定的酿造方法。有时甚至对 A.O.C 葡萄酒的贮藏和陈酿条件都有严格限制。

A.O.C 级酒在标签上带了 Appellation…Contr olee 字样,中间为原产地的名称,如:Appellation Bordeaux Contr olee 或 Appellation Medoc Contr olee。产地名可能是省、县或村,其中县比省佳,村比县佳,也就是说,区域越小,质量越佳。

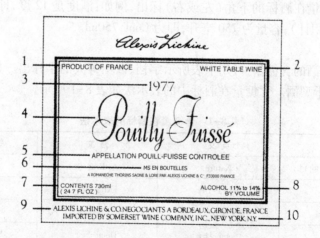

**图 8-1　葡萄酒标签识别**

1.该酒产自法国。

2.酒的颜色。

3.葡萄收获期。

4.葡萄的名称或葡萄园的名称,或者葡萄园所在地名称。

5.表明葡萄酒来自标签上的法定区域。

6.装瓶的厂家名称。

7.葡萄酒的净容量。

8.按容积计算的酒精含量。

9.出口商的姓名和地址。

10.进口商的姓名和地址。

### (七)葡萄酒质量鉴别

1.颜色

优质葡萄酒颜色纯正,澄清并带有光泽。新鲜的白葡萄酒为无色或浅金黄色液体。优质的陈酿白葡萄酒是浅麦秆黄色或金黄色液体;玫瑰红葡萄酒呈桃红色;新酿制的红葡萄酒为红色、紫红色和石榴红色,陈酿酒为宝石红色。

2.流动性

葡萄酒应当具有良好的流动性,如果酒的流动性差说明它含有过多的网状胶体,这是受灰腐病的葡萄或乳酸菌引起的质量问题。

3.香气

优质的葡萄酒带有酒香或果香味,这种香味的构成极为复杂。香味是由酒中的各种物质累加、协同、分离或抑制而形成,使酒香千变万化、多种多样。葡萄酒的香气原因可归纳为葡萄的果香味,这种香气与葡萄的品种、种植土壤、种植年份、种植地区的气候紧密相关;果香味还来自于葡萄发酵中的香气,酒香在葡萄酒陈酿中生成,不同的生产工艺会产生不同的酒香味。此外,当葡萄酒在木桶成熟时,橡木桶溶解于葡萄酒中的物质会使葡萄酒产生芳香。

4.味道

葡萄酒味道以酸味和甜味为主,也存在着某些咸味和涩味。酒中的甜味物质构成了酒中的柔和与肥硕。酒中的酸味物质为葡萄酒带来了清爽和醇厚;而少量的咸味同样地增加葡萄酒的清爽感。涩味来自葡萄皮中的单宁,它对葡萄酒的质量及其成长方面发挥了重要的作用,使葡萄酒具有红润的颜色。

## 二、中国葡萄酒

### (一)中国葡萄酒主要产地

1.渤海湾地区

华北北半部的昌黎、蓟县丘陵山地,天津滨海区,山东半岛北部丘陵等地受渤海湾地区海洋气候影响,雨量充沛。土壤有沙壤、棕壤和海滨盐碱土。优越的自然条件使这里成为我国著名的葡萄产地,其中昌黎的赤霞珠、天津滨海区的玫瑰香、山东半岛的霞多丽和品丽珠等葡萄都在国内久负盛名。渤海湾地区是我国较大的葡萄酒生产区。著名的酿酒公司有中国长城葡萄酒有限公司、天津王朝葡萄酿酒有限公司、青岛市葡萄酒厂、烟台威龙葡萄酒有限公司、烟台张裕葡萄酒有限公司和青岛威廉彼德酿酒公司。

### 2.河北地区

宣化、涿鹿、怀来等地地处长城以北,光照充足,昼夜温差大,夏季凉爽,气候干燥,雨量偏少。土壤为褐土,地质偏沙,多丘陵山地,十分适合葡萄生长。主要葡萄品种有龙眼葡萄。近年来已推广栽培赤霞珠和甘美等著名葡萄。该地区酿酒公司有北京葡萄酒厂、北京红星酿酒集团、秦皇岛葡萄酿酒有限公司和中化河北地王集团公司等。

### 3.豫皖地区

安徽萧县,河南兰考、民权等县的气候偏热,年降水约800毫升以上,并集中在夏季,因此葡萄生长旺盛。近年来通过引进赤霞珠等晚熟葡萄、改进栽培技术等措施,葡萄酒品质不断提高。著名葡萄酒厂有河南民权五丰葡萄酒有限公司和陕西丹凤酒厂。

### 4.山西地区

汾阳、榆次、清徐及西北山区气候温凉,光照充足。年平均降水量450毫升。土壤为沙壤土,含砾石。葡萄栽培在山区,着色极深。国产龙眼是当地的特产。近年赤霞珠和美露也开始用于酿酒。有名的酒厂有山西杏花村葡萄酒有限公司、山西太极葡萄酒公司。

### 5.宁夏地区

贺兰山东部有广阔平原,是西北新开发的最大葡萄酒基地。这里天气干旱,昼夜温差大,年平均降水量180毫升~200毫升。土壤为沙壤土,含砾石。目前种植的葡萄有赤霞珠和美露。酒厂有宁夏玉泉葡萄酒厂等。

### 6.甘肃地区

武威、民勤、古浪、张掖,是我国新开发的葡萄酒产地。这里气候冷凉干燥,年平均降水约110毫升。由于热量不足,冬季寒冷,适于早、中熟葡萄品种的生长。近年来该地区种植黑比诺、霞多丽等葡萄。该地区有甘肃凉州葡萄酒业责任有限公司。

### 7.新疆地区

新疆吐鲁番盆地四面环山,热风频繁,夏季温度极高,达45℃以上。这里雨量稀少,是我国无核白葡萄生产和制干基地。该地区种植的葡萄含糖量高,酸度低,香味不足,制成的干味酒品质欠佳;而甜葡萄酒具有特色,品质优良。

### 8.云南地区

云南高原海拔1500米的弥勒、东川、永仁及与四川接壤的攀枝花,土壤多为红壤和棕壤。光照充足,热量丰富,降水适时,在上年11月至下年6月是明显的旱季。云南弥勒年降水量330毫升,四川攀枝花为100毫升,适合葡萄生长和成熟。著名的酿酒公司有云南高原葡萄酒公司。

### (二)中国著名葡萄酒

**1.烟台红葡萄酒**

**产地**:烟台"葵花"牌红葡萄酒,原名"玫瑰香葡萄酒",是山东烟台张裕葡萄酿酒公司的传统名牌产品。

**历史**:烟台红葡萄酒早在 1914 年即已行销海内外,迄今已有 90 多年历史。爱国华侨、实业家张弼士于清朝光绪十八年(1892)买下了烟台东山和西山 200 公顷荒山,又两次从欧洲引进蛇龙珠、解百纳、玛瑙红、醉诗仙、赤霞珠等 120 个优良红、白葡萄品种,开辟葡萄园,并投资创建了张裕酿酒公司。

**特点**:烟台红葡萄酒是一种本色本香,质地优良的纯汁红葡萄酒。酒度 16 度,酒液鲜艳透明,酒香浓郁,口味醇厚,甜酸适中,清鲜爽口,具有解百纳、玫瑰香葡萄特有的香气。

**功效**:烟台红葡萄酒酒中含有丹宁、有机酸、多种维生素和微量矿物质,是益神延寿的滋补酒。

**工艺**:烟台红葡萄酒以著名的玫瑰香、玛瑙红、解百纳等优质葡萄为原料,经过压榨、去渣皮、低温发酵、木桶储存、多年陈酿后,再行勾兑、下胶、冷浆、过滤、杀菌等工艺处理而成。

**2.烟台味美思**

**产地**:烟台味美思产于山东烟台张裕葡萄酿酒公司。

**历史**:味美思源于古希腊。在很早的时候,希腊人喜欢在葡萄酒内加入香料,以增加酒的风味。到了罗马时代,罗马人对配方进行改进,称之为"加香葡萄酒"。17 世纪,一个比埃蒙人首先将苦艾引入南部,酒厂把苦艾用作酿造加香葡萄酒的配料,又取名"苦艾葡萄酒"。后来条顿人进入南欧,把这种酒又改称"味美思",原意是人们饮用此酒能"保持勇敢精神"。这个美名传遍欧洲各国。中国也称之为"味美思"。

**特点**:烟台味美思属于甜型加料葡萄酒,酒度一般在 17.5 度~18.5 度之间,酒液呈棕褐色,清澈透明兼有水果酯香和药材芳香,香气浓郁协调。该酒味甜、微酸、微苦;柔美醇厚。

**功效**:烟台味美思有开胃健脾、祛风补血、帮助消化、增进食欲的功效,故又称为"强身补血葡萄酒"、"健身葡萄酒"、"滋补药酒"。此外,该酒还常用作配制鸡尾酒的基酒。

**工艺**:烟台味美思以山东省大泽山区出产的优质龙眼、雷司令以及贵人香、白羽、白雅、李将军等葡萄品种为原料,专用自流汁和第一次压榨汁酿制,贮藏两年后再与藏红花、龙胆草、公丁香、肉桂等名贵中药材的浸出汁相调配,并加入原白兰地、糖浆和糖色,调整酒度、口味和色泽,最后经冷冻澄清处理而成。

**3.河南民权葡萄酒**

**产地**:民权葡萄酒,产于河南民权葡萄酒厂。

历史:河南省民权葡萄酒历史可谓源远流长。传说,早在 2000 多年前,我国古代大哲学家庄子,最喜欢喝土法酿造的河南省民权葡萄酒。河南省的民权县四季分明、土地肥沃,自古以来就是盛产葡萄的地方。民权酿酒有限公司累积酿造葡萄酒的丰富经验已达半世纪之久,因此生产的葡萄酒早已闻名中外。

特点:河南省民权葡萄酒是一种含新鲜果香、酒香绵长的甜白葡萄酒。颜色呈麦秆黄色,清亮透明,酸甜适中,酒度 12 度,含糖每升 12 克。

工艺:河南省民权葡萄酒是用白羽、红玫瑰、季米亚特、巴米特等优良葡萄酿制而成。

**4.中国红葡萄酒**

产地:北京东郊葡萄酒厂出品。

特点:中国红葡萄酒属甜型葡萄酒。酒度 16 度,酒液呈红棕色,鲜丽透明,有明显的葡萄果香和浓郁的酒香;口味醇和、浓郁、微涩;酒香和谐持久。该酒的品位堪与国际上同类型的高级葡萄酒媲美。

工艺:中国红葡萄酒是在原五星牌红葡萄酒的基础上不断改进和提高工艺而形成的,经过破碎、发酵、陈酿、调配制成,并用冷加工和热处理的方法加速了酒的老熟。制作中不仅选用长期储存的优质甲级原酒做酒基,而且加入多种有色葡萄原酒,使之在色泽、酒度、糖度等方面达到较高水平。最后,储存期满的酒经过再过滤、杀菌、检验,才可供应上市。

**5.沙城干白葡萄酒**

产地:河北省沙城县。

特点:沙城干白葡萄酒属不甜型葡萄酒。酒度 16 度。酒液淡黄微绿,清亮有光,香美如鲜果。口味柔和细致,怡而不滞,醇而不酽,爽而不涩。

工艺:沙城干白葡萄酒采用当地优质龙眼葡萄为原料,接入纯种酵母发酵。陈酿两年之后,再经勾兑、过滤,装瓶储存半年以上方可出厂。

**6.王朝半干白葡萄酒**

产地:王朝半干白葡萄酒产于天津中法合营天津王朝葡萄酿酒有限公司。

特点:天津王朝半干白葡萄酒属不甜型葡萄酒。色微黄带绿,澄清透明,果香浓郁,酒香怡雅;酒味舒顺爽口,纯正细腻,有新鲜感;酒体丰满,典型完美,突出麝香型风格。

工艺:王朝半干白葡萄酒采用优质麝香型葡萄贵人香、佳美等世界名种葡萄,运用国际最先进的酿造白葡萄酒的工艺技术和设备,经过软压取汁、果汁净化、控温发酵、除菌过滤、恒温瓶贮、典雅包装等工艺环节,精工酿制而成。

**三、法国葡萄酒**

**(一)法国葡萄酒起源**

法国得天独厚的气候条件,有利于葡萄生长,但不同地区气候和土壤也不尽相同,因此法国能种植几百种葡萄(最有名的品种有酿制白葡萄酒的霞多丽和苏维浓,酿制红葡萄酒的赤霞珠、希哈、佳美和海洛)。

　　法国葡萄酒的起源,可以追溯到公元前 6 世纪。当时腓尼基人和克尔特人首先将葡萄种植和酿造业传入现今法国南部的马赛地区,葡萄酒成为人们佐餐的奢侈品。到公元前 1 世纪,在罗马人的大力推动下,葡萄种植业很快在法国的地中海沿岸盛行,饮酒成为时尚。然而在此后的岁月里,法国的葡萄种植业却几经兴衰。公元 92 年,罗马人逼迫高卢人摧毁了大部分葡萄园,以保护亚平宁半岛的葡萄种植和酿酒业,法国葡萄种植和酿造业出现了第一次危机。公元 280 年,罗马皇帝下令恢复种植葡萄的自由,葡萄种植和酿造进入重要的发展时期。1441 年,勃艮第公爵禁止良田种植葡萄,葡萄种植和酿造再度萧条。1731 年,路易十五国王部分取消上述禁令。1789 年,法国大革命爆发,葡萄种植不再受到限制,法国的葡萄种植和酿造业终于进入全面发展的阶段。历史的反复,求生存的渴望,文化的熏染以及大量的品种改良和技术革新,推动法国葡萄种植和酿造业日臻完善,最终走进了世界葡萄酒极品的神圣殿堂。

### (二)法国葡萄酒的等级划分

　　法国拥有一套严格和完善的葡萄酒分级与品质管理体系。在法国,葡萄酒被划分为以下四个等级。

#### 1.日常餐酒(Vin de Table)

　　日常餐酒用来自法国单一产区或数个产区的酒调配而成,产量约占法国葡萄酒总产量的38%。日常餐酒品质稳定,是法国大众餐桌上最常见的葡萄酒。此类酒最低酒精含量不得低于8.5%或9%,最高则不超过15%。酒瓶标签标示为 Vin de Table。

**图 8-2　日常餐酒酒瓶标签图**

**2.地区餐酒（Vin de Pays）**

地区餐酒由最好的日常餐酒升级而成。法国绝大部分的地区餐酒产自南部地中海沿岸。其产地必须与标签上所标示的特定产区一致，而且要使用被认可的葡萄品种。最后，还要通过专门的法国品酒委员会核准。酒瓶标签标示为 Vin de Pays + 产区名。

**图 8-3　地区餐酒酒瓶标签图**

**3.优良地区餐酒（V.D.Q.S）**

优良地区餐酒等级位于地区餐酒和法定地区葡萄酒之间，产量只占法国葡萄酒总产量的 2%。这类葡萄酒的生产受到法国原产地名称管理委员会的严格控制。酒瓶标签标示为 Appellation+产区名+Qualite Superieure。

**4.法定地区葡萄酒（简称 A.O.C）**

A.O.C 是最高等级的法国葡萄酒，产量大约占法国葡萄酒总产量的 35%。其使用的葡萄品种、最低酒精含量、最高产量、培植方式、修剪以及酿制方法等都受到最严格的监控。只有通过官方分析和化验的法定产区葡萄酒才可获得 A.O.C 证书。正是这种非常严格的规定才确保了 A.O.C 等级的葡萄酒始终如一的高贵品质。在法国，每一个大的产区里又分很多小的产区。一般来说，产区越小，葡萄酒的质量也会越高。酒瓶标签标示为 Appellation+产区名+Controlee。

**（三）法国葡萄酒产区**

**1.波尔多区（Bordeaux）**

波尔多区是法国最受瞩目也是最大的 A.O.C 等级葡萄酒产区。从一般清淡可

**图 8-4 优良地区餐酒酒瓶标签图**

**图 8-5 法定地区葡萄酒酒瓶标签图**

口的干白酒到顶级城堡酒庄出产的浓重醇厚的高级红酒都有出产。该区所产红葡萄酒无论在色、香、味还是在典型性上均属世界一流,特别是以味道醇美柔和、爽净而著称,那种悦人的果香和永存的酒香,被誉以"葡萄酒王后"的美誉。

（1）莫多克分区（Medoc）（红葡萄酒）

①地理位置

莫多克位于波尔多市北边，天气温和，有大片排水良好的砾石地，是赤霞珠红葡萄的最佳产区。

②葡萄酒特点

莫多克出产酒色浓黑，口感浓重的耐久存红酒，须存放多年才能饮用，圣艾斯特芬（St.Estephe），宝雅克村（Pauillac），圣朱利安（St.Julien）及玛哥（Margaux）是最出名 A.O.C 产酒村庄。

③名品

A.拉菲特酒（Chateau Lafite-Rothschild）

此酒色泽深红清亮，酒香扑鼻，口感醇厚、绵柔，以清雅著称，属干型，最宜陈酿久存，越陈越显其清雅之风格，以 11 年以上酒龄者为最佳，是世界上罕见的好品种。

B.马尔戈酒（Margaux）

马尔戈酒以"波尔多最婀娜柔美的酒"闻名，酒液呈深红色，酒体协调、细致，各路风格恰到好处，属干型，早在 17 世纪就出口到英国。

C.拉杜尔酒（Chateau Latour）

拉杜尔酒酒质丰满厚实，越陈越具其醇正坚实、珠光宝气的风格，属干型，早在 18 世纪就已出口到英国。

（2）圣·爱美里昂分区（St.Emillion）（红葡萄酒）

①地理位置

圣·爱美里昂较靠近内陆的红酒产区，美露葡萄的种植比例较高，比莫多克出产的葡萄圆润可口，产区范围大，分成一般的 St.Emilion 和较佳的 St.Emilion grand cru，后者还分三级，最佳的是 St.Emilion 1er grand cru classé，属久存型的名酿。

②葡萄酒特点

该分区的红葡萄酒色深而味浓，是波尔多葡萄酒中最浓郁的一种，成熟期漫长。

③名品

乌绍尼堡（Chateau Ausone）、波西乳喝堡（Chateau Beausejour）。

（3）葆莫罗尔分区（Pomerol）（红葡萄酒）

①地理位置

葆莫罗尔位于吉伦特河的右边，是著名的白葡萄酒产区，主要种植美露葡萄。

②葡萄酒特点

葆莫罗尔只产红酒，以高比例的美露葡萄酒著称，强劲浓烈，却有较圆润丰美的口感，较早成熟，但亦耐久存。因产区小，价格昂贵。

③名品

彼特鲁庄园（Chatau Petrus）、色旦堡（Vieux Chateau Certan）。

（4）格哈夫斯分区（Graves）（红、白葡萄酒）

①地理位置

格哈夫斯位于波尔多市南边，红、白葡萄酒皆产。

②葡萄酒特点

白葡萄酒以混合赛美蓉（Sémillon）和长相思（Sauvignon Blanc）葡萄酿成，是波尔多区最好的干白酒产区，常有圆润丰厚的口感。红酒也以解百纳索维浓（Cabernet-Sauvignan）为主，口感紧涩，常带一点土味。以北边贝萨克雷沃涅那（Pessac-Léognan）区内所产的品质最好，所有列级酒庄都位于此区内。

③名品

奥·伯里翁堡（Chateau Haut-Brion）（红、白）、长堡尼克斯堡（Chateau Carbonnieux）（红、白）、多美·席娃里厄（Domaine de Chevatier）（红、白）。

（5）索特尼分区（Sautenes）（甜白葡萄酒）

①地理位置

索特尼位于波尔多的西南部，具有悠久的历史，是优质白葡萄酒的著名产区，世界著名的高级甜葡萄酒的葡萄庄园帝琴葡萄庄园（Chateau Yquem）位于该区。

②葡萄酒特点

索特尼是波尔多区内最佳的甜白酒产区，因特殊的自然环境，葡萄收成时表面长有贵腐霉让葡萄的糖分浓缩，同时发出特殊的香味，酿成的白酒甜美圆润，有十分浓郁的香气，适合经久存放。

③名品

艺甘姆堡（Chateau de Yquem）。此酒被誉为"甜型白葡萄酒的最完美代表"。其风格优雅无比，色泽金黄华美，清澈透明，口感异常细腻，味道甜美，香气怡然。此酒越老越美，由于精工细制，控制产量，因此身价百倍，它也是世界最贵的葡萄酒之一。

（6）波尔多区主要的 A.O.C 葡萄酒

白葡萄酒：长相思（Bordeaux Sauvignon Blanc）

赛芙蓉（Bordeaux Semillon）

玛斯凯特（Bordeaux Muscadelle）

巴萨克（Bordeaux Barsac）

索特尼（Bordeaux Sauterne）

红葡萄酒：梅鹿特（Bordeaux Merlot）

品丽珠（Bordeaux Cabernet Flanc）

赤霞珠（Bordeaux Cabernet Sauvingon）

圣·爱米里昂（Bordeaux St-Emillon）

索特尼（Bordeaux Sauterne）

2.勃艮第地区(Burgundy)

勃艮第地区出产举世闻名的红、白葡萄酒,有相当久远的葡萄种植传统,每块葡萄园都经过精细的分级。最普通的等级是 Bourgogne,之上有村庄级 Communal,一级葡萄园 Ler cru 以及最高的特级葡萄园 Grand cru。由北到南分,主要产区有:

(1)夏布利(Chablis)

①地理位置

夏布利在第戎市西北部,距第戎市约60公里。该地区种植著名的霞多丽葡萄,能生产出颜色为浅麦秆黄、非常干爽的白葡萄酒。

②葡萄酒的特点

夏布利所产葡萄酒以口感清新较淡,酸味高的霞多丽闻名,常带矿石香气,适合搭配生蚝或贝类海鲜。

③名品

霞多丽(Chablis Chardonnay)、巴顿·古斯梯(Chablis Barton & Guestier)。

(2)科多尔(Cotes d'Or)

①地理位置

科多尔由两个著名葡萄酒区组成:科德·内斯(Cote de Nuits)和科特·波讷(Cote de Beaune)。科德·内斯附近的内斯·圣约翰(Nuits-St-Georges)、拉·山波亭(Le Chambertin)和拉·马欣尼(Le Musigny)等地都生产各种优秀的葡萄酒。道麦尼·德·接·德罗美尼·康迪地区(Domaine de la Romanee Conti)以生产高级价格昂贵的葡萄酒而著称。由于科多尔中部的土质、气候和环境原因,格沃雷·接山波亭(Gevrey Chambertin)、莫雷·圣丹尼斯(Morey-st-Denis)、仙伯雷·马斯格尼(Chambolle-Musigny)和沃斯尼·罗曼尼(Vosne Romane)等村庄及内斯·圣约翰(Nuits-St-Goeorges)村周围的葡萄园都种植着著名的黑比诺葡萄(Pinot Noir),从而为该地区生产优质葡萄酒奠定了良好基础。

②葡萄酒特点

科多尔北部(Côte de Nuits)是全球最佳的 Pinot noir 红酒产区,展现该品种最优雅细致却又浓烈丰郁的特性。

③名品

豪特·科特葡萄酒(Hautes Cotes)。

(3)布娇莱(Beaujolais)

①地理位置

布娇莱位于勃艮第酒区的最南端,该地区仅种植味美、汁多的甘美葡萄。所生产的葡萄酒有宝祖利普通级葡萄酒(Beaujolais)、宝祖利普通庄园酒(Beaujolais-Villages)、宝祖利普通庄园酒(Beaujolais crus)。

②葡萄酒特点

布娇莱的红葡萄酒味淡而爽口,以新鲜、舒适和醇柔而出名。

③名品

A.黑品乐(Beaujolais Pinot Noir)。

B.佳美(Beaujolais Gamay)。

C.乡村布娇莱(Beaujolais Villages)。

D.佛罗利(Fleurie)。

(4)布利付西(Pouilly-Fuisse)

①地理位置

布利付西位于卢瓦尔的中部,是卢瓦尔人最骄傲的酒区。该区气候温和,地势陡峭,土地中含有钙和硅的成分,很多著名的白葡萄酒,都是以该地区的夏维安白葡萄为原料制作的。

②葡萄酒特点

布利付西是勃艮第白葡萄酒的杰出代表,呈浅绿色,光滑平润,清雅甘冽,鲜美可口,属干型。

③名品

A.马贡·霞多丽(Macon Chardonnay)。

B.马贡·白品乐(Macon Pinot Blanc)。

C.马贡·佳美(Macon Gamay)。

D.马贡·黑品乐(Macon Pinot Noir)。

### 四、其他国家葡萄酒

#### (一)意大利葡萄酒

意大利生产葡萄酒是全国性的,其最大的特点是种类繁多、风味各异。意大利葡萄酒与意大利民族一样,开朗明快,热烈而感情丰富。

著名的红葡萄酒有:斯瓦维(Soave)、拉菲奴(Ruffino)、肯扬地(Chianti)、巴鲁乐(Barolo)等。干红、白葡萄酒有噢维爱托(Orvieto)。古典红葡萄酒有肯扬地(Chianti Classico)。

#### (二)德国葡萄酒

德国以产莱茵(Rhein)和莫泽尔(Moselle)白葡萄酒著称。莱茵河和莫泽东河两岸都盛产葡萄,造酒者即以河为名。

莱茵酒成熟、圆润而带甜味,用棕色瓶装;莫泽尔酒清澈、新鲜、无甜味,用绿色瓶装。德国葡萄酒的种类繁多,以美国为主要出口对象。

#### (三)美国葡萄酒

美国葡萄酒的主要产地是加利福尼亚州。此外还有新泽西州、纽约州、俄亥俄州。

美国葡萄酒因为各葡萄园内严格控制土壤的含水量、酸碱度及养分,使得每一年的葡萄几乎在相同的环境下成长,所以酒品几乎可以确保年年一致。美国葡萄酒品质稳定,生产量大,但不突出。著名的品牌有:夏布利(Almaden·Chablis)、佳美布娇莱(Gamy Beaujolais)、纳帕玫瑰酒(The Christian Brothers·Napa Rose)、品乐·霞多丽(Piont Chardonnay)、BV长相思(BV·Sauvignon Blanc)、赤霞珠(Pau Masson·Cabernet Sauvignon)、雷司令(Johannisberg Riesling)。

### (四)澳大利亚葡萄酒

澳大利亚被称为葡萄酒的新世界,是因为当地葡萄酒厂勇于创新,制造出今日与众不同的澳大利亚葡萄酒。

澳大利亚生产葡萄酒的省份为新南威尔士(New South Wales)、维多利亚(Victoria)、南澳大利亚(South Australia)和西澳大利亚(Western Australia)。其中最重要的产区为南澳大利亚,当地的地理位置及纬度均类似酒乡法国波尔多(介于纬度30~50度之间)。但其气候较温暖,日照充分,所以能酿造出酒气浓郁,平顺易入口的葡萄酒。

澳大利亚葡萄酒既有用产地名称命名的,也有以葡萄品种命名的。许多著名的酿酒厂都拥有自己的葡萄园。著名的红葡萄酒是用赤霞珠为原料,而优质的白葡萄酒则以雷司令、霞多丽等葡萄品种为原料制成。

澳大利亚葡萄酒的另一个特色是混合两种或两种以上的葡萄品种来酿酒。凭借这种做法,澳大利亚人创造出了完全属于澳大利亚风味的葡萄酒。最常见的是赤霞珠和西拉(Syrah)葡萄品种的混合。这一点在酒的正标或背标上,一定会清楚地标明。大部分澳大利亚葡萄酒,不论在口感上还是在价格上,都相当能符合国内消费者的要求。

### 五、香槟酒

香槟酒是世界上最富有吸引力的葡萄酒,是一种最高级的酒精饮料。

### (一)香槟酒的起源

据说在18世纪初叶,奥维利修道院葡萄园的负责人(Dom Perignon)——贝力农,因为某一年葡萄产量减少,就把还没有完全成熟的葡萄榨汁后装入瓶中储存。其间因为葡萄酒受到不断发酵中所产生的二氧化碳的压迫,于是就变成了发泡性的酒。由于瓶中充满了气体,所以在拔除瓶塞时会发出悦耳的声响。香槟酒也因此成为圣诞节等喜庆活动中所不可或缺的酒。

### (二)香槟酒生产工艺

香槟酒酿造工艺复杂而精细,具有独到之处。

每年10月初,葡萄被采摘下来后经过挑选并榨汁,汁液流入不锈钢酒槽中澄清12小时,而后装桶,进行第一次发酵。第二年春天,把酒装入瓶中,而后放置在10℃的恒温酒窖里,开始长达数月的第二次发酵。

翻转酒瓶是香槟酒酿造过程中的一个重要环节。翻转机每天转动八分之一周,使酒中的沉淀物缓缓下沉至瓶口。六周后,打开瓶塞,瓶内的压力将沉淀物冲出。为了填补沉淀物流出后酒瓶中的空缺,需要加入含有糖分的添加剂。添加剂的多少决定了香槟酒的三种类型:原味、酸味和略酸味,而后再封瓶,继续在酒窖中缓慢发酵。这个过程一般要三到五年。

香槟酒的重要特点之一是由不同年份的多种葡萄配制而成,将紫葡萄汁和白葡萄汁混合在一起;将年份不同的同类酒掺杂在一起。至于混合的方法,配制的比例,则是各家酒厂概不外传的秘诀。

**(三)香槟酒分类**

香槟依据其原料葡萄品种分为:

(1)用白葡萄酿造的香槟酒称"白白香槟"(Blanc de Blanc)。

(2)用红葡萄酿造的香槟酒称"红白香槟"(Blanc de Noir)。

**(四)香槟酒的命名**

香槟来自法文"Champagne"音译,意思是香槟省。香槟省位于法国北部,气候寒冷且土壤干硬,阳光充足,其种植的葡萄适宜酿造香槟酒。

由于产地命名的原因,只有法国香槟省所产葡萄生产的气泡葡萄酒才能称"香槟酒",其他地区产的此类葡萄酒只能叫"气泡葡萄酒"。根据欧盟的规定,欧洲其他国家的同类气泡葡萄酒也不得叫"香槟"。

**(五)香槟酒的特点**

1.香槟酒的年份

(1)不记年香槟:香槟酒如不标明年份,说明它是装瓶 12 个月后出售的。

(2)记年香槟:香槟酒如果标明年份,说明它是葡萄采摘若干年后出售的。

2.香槟甜度划分

天然 BRUT:含量最少,酸。

特干 EXTRA SEC:含量次少,偏酸。

干 SEC:含量少,有点酸。

半干 DEMI—SEC:半糖半酸。

甜 DOUX:甜。

一般,甜香槟或半干香槟比较适合中国人的口味。

3.香槟酒品质

香槟酒一般呈黄绿色,也有淡黄色,斟酒后略带白沫,细珠升腾,色泽透亮,果香大于酒香,酒气充足,被誉为"酒中皇后"。

香槟酒如果气泡多且细,气泡持续时间长,则说明香槟品质好。

**(六)世界著名香槟酒**

主要有:宝林歇(Bolliuger)、海德西克(Heidsieck Monopole)、梅西埃(Mercier)、

库葛（Krug）、莫姆（Mumm）、泰汀歇（Taittingter）

# 第二节　啤　酒

啤酒（Beer）是用麦芽、啤酒花、水、酵母发酵而来的含二氧化碳的低酒精饮料的总称。我国最新的国家标准规定：啤酒是以大麦芽（包括特种麦芽）为主要原料，加酒花，经酵母发酵酿制而成的、含二氧化碳的、起泡的、低酒精度（3.5 度~4 度）的各类熟鲜啤酒。

### 一、啤酒的起源和发展

在所有与啤酒有关的记录中，就数伦敦大英博物馆内"蓝色纪念碑"的板碑最为古老。这是公元前 3000 年前后，住在美索不达米亚地区的幼发拉底人留下的文字。从文字的内容可以推断，啤酒已经走进了他们的生活，并极受欢迎。另外，在公元前 1700 年左右制定的《汉谟拉比法典》中，也可以找到和啤酒有关的内容。由此可知，在当时的巴比伦，啤酒已经在人们的日常生活中占有很重要的地位了。公元 600 年前后，新巴比伦王国已有啤酒酿造业的同业组织，并且开始在酒中添加啤酒花。

另外，古埃及人也和苏美尔人一样，生产大量的啤酒供人饮用。公元前 3000 年左右所著的《死者之书》里曾提到酿啤酒这件事，而金字塔的壁画上也处处可看到大麦的栽培及酿造情景。

由石器时代初期的出土物品，我们可以推测，现在的德国附近曾经有过酿造啤酒的文化。但是，当时的啤酒和现在的啤酒却大异其趣。据说，当时的啤酒是用未经烘烤的面包浸水，让它发酵而成的。

啤酒，这种初期的发酵饮料一直沿用古法制作，人们在长期的实践过程中发现，制作啤酒时，如果要让它准确且快速地发酵，只要在酿造过程中添加含有酵母的泡泡就行了，但是要将本来浑浊的啤酒变得清澈且带有一些苦味，却得花费相当大的心思。到了 7 世纪，人们开始添加啤酒花。进入 15—16 世纪，啤酒花已普遍地用在酿造啤酒中了。中世纪，由于有了一种"啤酒是液体面包"，"面包为基督之肉"的观念，导致教会及修道院都盛行酿造啤酒。到 15 世纪末叶，以慕尼黑为中心的巴伐利亚部分修道院，开始用大麦、啤酒花及水来酿造啤酒。从此之后，啤酒花成为啤酒不可或缺的原料。16 世纪后半期，一些移民到美国的人士也开始栽培啤酒花并酿造啤酒。进入 19 世纪后，冷冻机的发明，科学技术的推动，使得啤酒酿造业借着近代工业的帮助而扶摇直上。

像远古时期的苏美尔人和古埃及人一样，我国远古时期的醴也是用谷芽酿造的，即所谓的蘖法酿醴。《黄帝内经》中记载有醪醴的文字；商代的甲骨文中也记载有不同种类的谷芽酿造的醴；《周礼·天官·酒正》中有"醴齐"。醴和啤酒在远古时代应属同一类型的含酒精量非常低的饮料。由于时代的变迁,用谷芽酿造的醴消失了,但口味类似于醴,用酒曲酿造的甜酒却保留下来了。在古代,人们也称甜酒为醴。今人普遍认为,中国自古以来就没有啤酒,但是,根据古代的资料,我国很早就掌握了蘖的制造方法,也掌握了用蘖制造饴糖的方法。不过苏美尔人、古埃及人酿造啤酒要用两天时间,而我国古代的醴酒只须一天一夜。《释名》曰:"醴齐醴礼也,酿之一宿而成,醴有酒味而已也。"

### 二、啤酒生产原料

#### (一)大麦

大麦是酿造啤酒的重要原料,但是首先必须将其制成麦芽方能用于酿酒。大麦在人工控制和外界条件下发芽和干燥的过程即称为麦芽制造。大麦发芽后称绿麦芽,干燥后称麦芽。麦芽是发酵时的基本成分并被认为是"啤酒的灵魂"。它确定了啤酒的颜色和气味。

#### (二)酿造用水

啤酒酿造用水相对于其他酒类酿造要求要高得多,特别是用于制麦芽和糖化的水与啤酒的质量密切相关。啤酒酿造用水量很大,对水的要求是不含妨碍糖化、发酵以及有害于色、香、味的物质,为此,很多厂家采用深井水。如无深井水则采用离子交换机和电渗析方法对水进行处理。

#### (三)啤酒花

啤酒花是啤酒生产中不可缺少的原料,作为啤酒工业的原料开始使用于英国,使用的主要目的是利用其苦味、香味、防腐力和澄清麦汁的特性。

#### (四)酵母

酵母的种类很多,用于啤酒生产的酵母叫啤酒酵母。啤酒酵母可分为上发酵酵母和下发酵酵母两种。上发酵酵母应用于上发酵啤酒的发酵,发酵产生的二氧化碳和泡沫将细泡漂浮于液面,最适宜的发酵温度为 $10℃\sim25℃$,发酵期为 $5\sim7$ 天。下发酵酵母在发酵时悬浮于发酵液中,发酵终了凝聚而沉于底部,发酵温度为 $5℃\sim10℃$,发酵期为 $6\sim12$ 天。

### 三、啤酒酿造工艺

#### (一)选麦育芽

精选优质大麦清洗干净,在槽中浸泡三天后送出芽室,在低温潮湿的空气中发芽一周,接着再将这些嫩绿的麦芽在热风中风干24小时,这样大麦就具备了啤酒所必须具备的颜色和风味。

#### (二)制浆

将风干的麦芽磨碎,加入温度适合的开水,制造麦芽浆。

### （三）煮浆

将麦芽浆送入糖化槽,加入米淀粉煮成的糊,加温,这时麦芽酵素充分发挥作用,把淀粉转化为糖,产生麦芽糖汁液,过滤之后,加蛇麻花煮沸,提炼出芳香和苦味。

### （四）冷却

经过煮沸的麦芽浆冷却至 5℃,然后加入酵母进行发酵。

### （五）发酵

麦芽浆在发酵槽中经过 8 天左右的发酵,大部分糖和酒精都被二氧化碳分解,生涩的啤酒诞生。

### （六）陈酿

经过发酵的深色啤酒被送进调节罐中低温(0℃以下)陈酿 2 个月,陈酿期间,啤酒中的二氧化碳逐渐溶解渣滓沉淀,酒色开始变得透明。

### （七）过滤

成熟后的啤酒经过离心器以除杂质,酒色完全透明成琥珀色,这就是通常所称的生啤酒,然后在酒液中注入二氧化碳或小量浓糖进行二次发酵。

### （八）杀菌

酒液装入消毒过的瓶中,进行高温杀菌(俗称巴氏消毒),使酵母停止作用,这样瓶中酒液就能耐久贮藏。

### （九）包装销售

装瓶或装桶的啤酒经过最后的检验,便可以出厂上市。一般包装形式有瓶装、听装和桶装几种。

## 四、啤酒的分类

### （一）根据颜色分类

1.淡色啤酒

淡色啤酒外观呈淡黄色、金黄色或棕黄色。我国绝大部分啤酒均属此类。

2.浓色啤酒

浓色啤酒呈红棕色或红褐色,产量比较小。这种啤酒麦芽香味突出,口味醇厚。上发酵浓色爱尔啤酒是典型例子,原料采用部分深色麦芽。

3.黑色啤酒

黑色啤酒呈深红色至黑色,产量比较小。麦汁浓度较高,麦芽香味突出,口味醇厚,泡沫细腻。它的苦味有轻有重。典型产品有慕尼黑啤酒。

### （二）根据工艺分类

1.鲜啤酒

包装后不经巴氏灭菌的啤酒叫鲜啤酒。不能长期保存,保存期在 7 天以内。

2.熟啤酒

包装后经过巴氏灭菌的啤酒叫熟啤酒。可以保存 3 个月。

### (三)根据啤酒发酵特点分类

1.底部发酵啤酒

(1)拉戈啤酒

拉戈啤酒是传统的德式啤酒,使用溶解度稍差的麦芽,采用糖化煮沸法,使用底部酵母,浅色,中等啤酒花香味,储存期长。

(2)宝克啤酒

宝克啤酒是一种底部发酵啤酒,棕红色,原产地德国。该酒发酵度低,有醇厚的麦芽香气,口感柔和醇厚,酒精度较高,约 6 度,泡沫持久,颜色较深,味甜。

2.上部发酵啤酒

波特黑啤酒。

波特黑啤酒由英国人首先发明和生产,是英国著名啤酒。该酒苦味浓,颜色很深,含营养素高。

### (四)根据麦汁分类

1.低浓度啤酒

麦汁浓度 2.5 度~8 度,乙醇含量 0.8%~2.2%。

2.中浓度啤酒

麦汁浓度 9 度~12 度,乙醇含量 2.5%~3.5%,淡色啤酒几乎都属于这个类型。

3.高浓度啤酒

麦汁浓度 13 度~22 度,乙醇含量 3.6%~5.5%,多为深色啤酒。

### (五)根据其他特点分类

1.苦啤酒

苦啤酒属于英国风味,啤酒花投料比例比一般啤酒高,干爽,浅色,味浓郁,酒精度高。

2.水果啤酒

水果啤酒在啤酒发酵前或发酵后放入水果原料。

3.印度浅啤酒

印度浅啤酒英语缩写成"IPA",是增加了大量啤酒花的拉戈式啤酒。

4.小麦啤酒

小麦啤酒是以发芽小麦为原料,加入适量大麦的德国风味啤酒。Hefeweizen(未经过滤,色泽较为混浊的小麦啤酒)是其中一个种类。

### 五、啤酒的"度"

啤酒商标中的"度"不是指酒精含量,而是指发酵时原料中麦芽汁的糖度,即原麦芽汁浓度,分为 6 度、8 度、10 度、12 度、14 度、16 度不等。一般情况下,麦芽浓度高,含糖就多,啤酒酒精含量就高,反之亦然。

例如:低浓度啤酒,麦芽浓度为 6 度~8 度,酒精含量 2%左右。高浓度啤酒,麦芽浓度为 14 度~20 度之间,酒精含量在 5%左右。

### 六、啤酒的商标

根据《食品标签通用标准》的规定,啤酒与其他包装食品一样,必须在包装上印有或附上含有厂名、厂址、产品名称、标准代号、生产日期、保质期、净含量、酒度、容量、配料和原麦汁浓度等内容的标志。

啤酒的包装容量根据包装容器而定,国内一般采用玻璃包装,分 350 毫升和 640 毫升两种。一般商标上标的"640 毫升±10 毫升",所指的即是 640 毫升的内容,正负不超过 10 毫升。

沿着商标周围有两组数字,1~12 为月份,1~31 为日期。厂家采取在标边月数和日数切口的办法用以注明生产日期。

啤酒商标作为企业产品的标志,既便于市场适宜管理部门的监督、检查,又便于消费者对这一产品的了解和认知,同时它又是艺术品,被越来越多的国内外商标爱好者收集和珍藏。

### 七、啤酒质量鉴别

啤酒质量可以通过感官指标、物理化学指标及保存期指标鉴别。在室温 20℃时,啤酒应清亮透明,不含悬浮物或沉淀物。啤酒盖打开后,瓶内泡沫应升起,泡沫白而细腻,持久挂杯,泡沫高度常占杯子的 1/4 以上并持续 4~5 分钟。啤酒应有明显的酒花香味,纯净的麦芽香和酯香。入口后,留下凉爽、鲜美、清香、醇厚、圆满、柔和等特点。啤酒应没有明显的甜味和苦味(不包括特别酿制的苦啤酒和特色啤酒),无明显涩味。通常,麦汁浓度误差在 0.4%内,应有适量的二氧化碳,通常的含量不低于 0.32%。鲜啤酒储存期应在 7 天以上,熟啤酒的储存期应在 3 个月以上。

### 八、中外名啤酒

#### (一)青岛啤酒

产地:青岛啤酒股份有限公司。

历史:青岛啤酒厂始建于清光绪二十九年(1903 年)。当时青岛被德国占领,英德商人为适应占领军和侨民的需要开办了啤酒厂。企业名称为"日耳曼啤酒公司青岛股份公司",生产设备和原料全部来自德国,产品品种有淡色啤酒和黑啤酒。

1914 年,第一次世界大战爆发以后,日本乘机侵占青岛。1916 年,日本国东京都的"大日本麦酒株式会社"以 50 万银元将青岛啤酒厂购买,更名为"大日本麦酒株式会社青岛工场",并于当年开工生产。日本人对工厂进行了较大规模的改造和扩建,1939年建立了制麦车间,日本人曾试用山东大麦酿制啤酒,效果良好。大米使用中国产以及西贡产;酒花使用捷克产。第二次世界大战爆发后,由于外汇管制,啤酒花进口发生困难,曾在厂院内设"忽布园"进行试种。1945年抗日战争胜利。当年10月工厂被国民党政府军政部查封,旋即由青岛市政府当局派员接管,工厂更名为"青岛啤酒公司"。1947年,"齐鲁企业股份有限公司"从行政院山东青岛区敌伪产业处理局将工厂购买,定名为"青岛啤酒厂"。

品种:青岛啤酒的主要品种有8度、10度、11度青岛啤酒、11度纯生青岛啤酒。

特点:青岛啤酒属于淡色啤酒,酒液呈淡黄色,清澈透明,富有光泽。酒中二氧化碳充足,当酒液注入杯中时,泡沫细腻、洁白,持久而厚实,并有细小如珠的气泡从杯底连续不断上升,经久不息。饮时,酒质柔和,有明显的酒花香和麦芽香,具有啤酒特有的爽口苦味和杀口力。酒中含有多种人体不可缺少的碳水化合物、氨基酸、维生素等营养成分。常饮有开脾健胃、帮助消化之功能。原麦芽汁浓度为8度~11度,酒度为3.5度~4度。

成分:

(1)大麦

选自浙江省宁波、舟山地区的"三棱大麦",粒大,淀粉多,蛋白质含量低,发芽率高,是酿造啤酒的上等原料。

(2)酒花

青岛啤酒采用的优质啤酒花,由该厂自己的酒花基地精心培育,具有蒂大、花粉多、香味浓的特点,能使啤酒更具有爽快的微苦味和酒花香,并能延长啤酒保存期,保证了啤酒的正常风味。

(3)水

青岛啤酒酿造用水是有名的崂山矿泉水,水质纯净、口味甘美,对啤酒味道的柔和度起了良好作用。它赋予青岛啤酒独有的风格。

工艺:青岛啤酒采取酿造工艺的"三固定"和严格的技术管理。"三固定"就是固定原料、固定配方和固定生产工艺。严格的技术管理指操作一丝不苟,凡是不合格的原料绝对不用、发酵过程要严格遵守卫生法规;对后发酵的二氧化碳,要严格保持规定的标准,过滤后的啤酒中二氧化碳要处于饱和状态;产品出厂前,要经过全面分析化验及感官鉴定,合格方能出厂。

**(二)嘉士伯**

产地:原产地丹麦。

历史:嘉士伯啤酒创始人J.C.雅可布森开始在其父亲的酿酒厂工作,后于1847年在哥本哈根郊区自己设厂生产啤酒,并以其子卡尔的名字命名为嘉士伯牌啤酒。其子卡尔·雅可布森在丹麦和国外学习酿酒技术后,于1882年创立了新嘉士伯酿酒公司。新老嘉士伯啤酒厂于 1906 年合并成为嘉士伯酿酒公司。直至 1970 年嘉士伯酿酒公司与图堡(Tuborg)公司合并,并命名为嘉士伯公共有限公司。

特点:知名度较高,口味较大众化。

工艺:1835 年 6 月,哥本哈根北郊成立了作坊式的啤酒酿造厂,采用木桶制作啤酒。1876 年成立了著名的"嘉士伯"实验室。1906 年组成了嘉士伯啤酒公司。从此嘉士伯之名成为啤酒行业的一匹黑马,由嘉士伯实验室汉逊博士培养的汉逊酵母至今仍被各国啤酒业界应用,嘉士伯啤酒工艺一直是啤酒业的典范之一,重视原材料的选择和严格的加工工艺保证其质量一流。

### (三)喜力啤酒

产地:原产地荷兰。

历史:喜力啤酒始于 1863 年。G.A.赫尼肯从收购位于阿姆斯特丹的啤酒厂 De Hooiberg 之日开始,便关注啤酒行业的新发展。在德国,当酿酒潮流从顶层发酵转向底层发酵时,他迅速意识到这一转变的重大意义。为寻求最佳的原材料,他踏遍了整个欧洲大陆,并引进了现场冷却系统。他甚至建立了公司自己的实验室来检查基础配料和成品的质量,这在当时的酿酒行业中是绝无仅有的。正是在这一时期,特殊的喜力 A 酵母开发成功。到 19 世纪末,啤酒厂已成为荷兰最大且最重要的产业之一。G.A.赫尼肯从的经营理念也被他的儿子 A.H.赫尼肯承传下来。自 1950 年起,A.H.赫尼肯喜力成为享誉全球的商标,并赋予它以独特的形象。为此,他仿造美国行业建立了广告部门,同时还奠定了国际化的组织结构的基础。

特点:口味较苦。

### (四)比尔森(Pilsen)啤酒

产地:原产地为捷克斯洛伐克西南部城市比尔森,已有 150 年的历史。

工艺:啤酒花用量高,约 400g/100L,采用底部发酵法、多次煮沸法等工艺,发酵度高,熟化期 3 个月。

特点:麦芽汁浓度为 11%~12%,色浅,泡沫洁白细腻,挂杯持久,酒花香味浓郁而清爽,苦味重而不长,味道醇厚,杀口力强。

### (五)慕尼黑(Muneher)啤酒

产地:慕尼黑是德国南部的啤酒酿造中心,以酿造黑啤闻名。慕尼黑啤酒已成为世界深色啤酒效法的典型,因此,凡是采用慕尼黑啤酒工艺酿造的啤酒,都可以称为慕尼黑型啤酒。慕尼黑啤酒最大的生产厂家是罗汶啤酒厂。

工艺:慕尼黑啤酒采用底部发酵的生产工艺。

特点:慕尼黑啤酒外观呈红棕色或棕褐色,清亮透明,有光泽,泡沫细腻,挂杯持久,二氧化碳充足,杀口力强,具有浓郁的焦麦芽香味,口味醇厚而略甜,苦味轻。内销啤酒的原麦芽浓度为 12%~13%,外销啤酒的原麦芽浓度为 16%~18%。

### （六）多特蒙德（Dortmund）啤酒

产地：多特蒙德在德国西北部，是德国最大的啤酒酿造中心，有国内最大的啤酒公司和啤酒厂。自中世纪以来，这里的啤酒酿造业一直很发达。

工艺：多特蒙德啤酒采用底部发酵的生产工艺。

特点：多特蒙德啤酒酒体呈淡黄色，酒精含量高，醇厚而爽口，酒花香味明显，但苦味不重，麦芽汁浓度为13%。

### （七）巴登·爱尔（Burton Ale）啤酒

产地：巴登·爱尔啤酒是英国的传统名牌啤酒，全国生产爱尔兰啤酒的厂家很多，唯有巴登地区酿造的爱尔啤酒最负盛名。

工艺：以溶解良好的麦芽为原料，采用上部发酵，高温和快速的发酵方法。

特点：爱尔啤酒有淡色和深色两种，内销爱尔啤酒原麦芽汁浓度为11%~12%，出口爱尔啤酒的原麦芽汁浓度为16%~17%。

淡色爱尔啤酒色泽浅，酒精含量高，酒花香味浓郁，苦味少，口味清爽。

深色爱尔啤酒色泽深，麦芽香味浓，酒精含量较淡色的低，口味略甜而醇厚，苦味明显而清爽，在口中消失快。

### （八）司陶特（Stout）啤酒

产地：英国。

工艺：司陶特啤酒采用上部发酵方法，用中等淡色麦芽为原料，加入7%~10%的焙焦麦芽或焙焦大麦，有时加焦糖作原料。酒花用量高达600~700g/100L。

特点：一般的司陶特啤酒原麦芽汁浓度为12%，高档司陶特啤酒的原麦芽汁浓度为20%。司陶特啤酒外观呈棕黑色，泡沫细腻持久，为黄褐色；有明显的焦麦芽香，酒花苦味重，但爽快；酒精度较高，风格浓香醇厚，饮后回味长久。

# 第三节　中国黄酒

黄酒又名"老酒"、"料酒"、"陈酒"，因酒液呈黄色，故俗称黄酒。

### 一、黄酒的起源

黄酒是世界上最古老的一种酒，它源于中国，唯中国独有，与啤酒、葡萄酒并称世界三大古酒。约在3000多年前的商周时代，中国人独创酒曲复式发酵法，开始大量酿制黄酒。从宋代开始，政治、文化、经济中心的南移，黄酒的生产局限于南方数省。南宋时期，烧酒开始生产，元朝开始在北方得到普及，北方的黄酒生产逐渐萎缩。南方人饮烧酒者不如北方普遍，在南方，黄酒生产得以保留。在清朝时期，南方绍兴一带的黄酒誉满天下。

## 二、黄酒成分

黄酒是用谷物作原料,用麦曲或小曲做糖化发酵剂制成的酿造酒。在历史上,黄酒的生产原料在北方以粟为原料(在古代,粟是秫、稷、黍的总称,有时也称为粱,现在称为谷子,去除壳后的谷子叫小米)。而在南方则普遍用稻米(尤其是糯米为最佳原料)作为原料酿造黄酒。

## 三、黄酒的分类

在最新的国家标准中,黄酒的定义是:以稻米、黍米、黑米、玉米、小麦等为原料,经过蒸料,拌以麦曲、米曲或酒药,进行糖化和发酵酿制而成的各类黄酒。

### (一)按黄酒的含糖量分类

1.干黄酒

干黄酒的含糖量小于 1.00g/100 毫升 (以葡萄糖计),如元红酒。

2.半干黄酒

半干黄酒的含糖量在 1.00%～3.00%之间。我国大多数出口黄酒均属此种类型。

3.半甜黄酒

半甜黄酒含糖量在 3.00%～10.00%之间,是黄酒中的珍品。

4.甜黄酒

甜黄酒糖分含量在 10.00g～20.0g/100 毫升之间。由于加入了米白酒,酒度也较高。

5.浓甜黄酒

浓甜黄酒糖分大于或等于 20g/100 毫升。

### (二)按黄酒酿造方法分类

1.淋饭酒

淋饭酒是指蒸熟的米饭用冷水淋凉,拌入酒药粉末,搭窝,糖化,最后加水发酵成酒。

2.摊饭酒

摊饭酒是指将蒸熟的米饭摊在竹篦上,使米饭在空气中冷却,然后再加入麦曲、酒母(淋饭酒母)、浸米浆水等,混合后直接进行发酵。

3.喂饭酒

按这种方法酿酒时,米饭不是一次性加入,而是分批加入。

### (三)按黄酒酿酒用曲的种类分类

按黄酒酿酒用曲不同,可分为麦曲黄酒、小曲黄酒、红曲黄酒、乌衣红曲黄酒、黄衣红曲黄酒等。

### 四、中国名优黄酒

#### （一）绍兴酒

产地：绍兴酒，简称"绍酒"，产于浙江省绍兴市。

历史：据《吕氏春秋》记载："越王之栖于会稽也，有酒投江，民饮其流而战气百倍。"可见在 2000 多年前的春秋时期，绍兴已经产酒。到南北朝以后，绍兴酒有了更多的记载。南朝《金缕子》中说："银瓯贮山阴（绍兴古称）甜酒，时复进之。"宋代的《北山酒经》中亦认为："东浦（东浦为绍兴市西北 10 余里的村名）酒最良。"到了清代，有关黄酒的记载就更多了。20 世纪 30 年代，绍兴境内有酒坊达 2000 余家，年产酒 6 万多吨，产品畅销中外。

特点：绍兴酒具有色泽橙黄清澈，香气馥郁芬芳，滋味鲜甜醇美的独特风格。绍兴酒有越陈越香，久藏不坏的优点，人们说它有"长者之风"。

工艺：绍兴酒在工艺操作上一直恪守传统。冬季"小雪"淋饭（制酒母），至"大雪"摊饭（开始投料发酵），到翌年"立春"时开始榨就，然后将酒煮沸，用酒坛密封盛装，进行贮藏，一般三年后才投放市场。但是，不同的品种，其生产工艺又略有不同。

代表酒：

（1）元红酒。元红酒又称状元红酒。因在其酒坛外表涂朱红色而得名。酒度在 15 度以上，糖分为 0.2%~0.5%，须贮藏 1~3 年才上市。元红酒酒液橙黄透明，香气芬芳，口味甘爽微苦，有健脾作用。元红酒是绍兴酒家族的主要品种，产量最大，且价廉物美，素为广大消费者所乐于饮用。

（2）加饭酒。加饭酒在元红酒基础上精酿而成，其酒度在 18 度以上，糖分在 2%以上。加饭酒酒液橙黄明亮，香气浓郁，口味醇厚，宜于久藏（越陈越香）。饮时加温，则酒味尤为芳香，适当饮用可增进食欲，帮助消化，消除疲劳。

（3）善酿酒。善酿酒又称"双套酒"，始创于 1891 年，其工艺独特，是用陈年绍兴元红酒代替部分水酿制的加工酒，新酒尚需陈酿 1~3 年才供应市场。其酒度在 14 度左右，糖分在 8%左右，酒色深黄，酒质醇厚，口味甜美，芳馥异常，是绍兴酒中的佳品。

（4）香雪酒。香雪酒为绍兴酒的高档品种，以淋饭酒拌入少量麦曲，再用绍兴酒糟蒸馏而得到的 50 度白酒勾兑而成。其酒度在 20 度左右，含糖量在 20%左右，酒色金黄透明。经陈酿后，此酒上口、鲜甜、醇厚，既不会感到有白酒的辛辣味，又具有绍兴酒特有的浓郁芳香，为广大国内外消费者所欢迎。

（5）花雕酒。在储存的绍兴酒坛外雕绘五色彩图。这些彩图多为花鸟鱼虫、民间故事及戏剧人物，具有民族风格，习惯上称为"花雕酒"或"远年花雕"。

（6）女儿酒。浙江地区风俗，生子之年，选酒数坛，泥封窖藏。待孩子到长大成人婚嫁之日，方开坛取酒宴请宾客。生女时相应称其为"女儿酒"或"女儿红"，生男称为"状元红"，因经过 20 余年的封藏，酒的风味更臻香醇。

### (二) 即墨老酒

产地：即墨老酒产于山东省即墨县。

历史：公元前722年，即墨地区(包括崂山)已是一个人口众多，物产丰富的地方。这里土地肥沃，黍米高产(俗称大黄米)，米粒大，光圆，是酿造黄酒的上乘原料。当时，黄酒作为一种祭祀品和助兴饮料，酿造极为盛行。在长期的实践中，"醪酒"风味之雅，营养之高，引起人们的关注。古时地方官员把"醪酒"当做珍品向皇室进贡。相传，春秋时齐国君齐景公朝拜崂山仙境，谓之"仙酒"；战国齐将田单巧摆"火牛阵"大破燕军，谓之"牛酒"；秦始皇东赴崂山索取长生不老药，谓之"寿酒"；几代君王开怀畅饮此酒，谓之"珍浆"。唐代中期，"醪酒"又称"骷辘酒"。到了宋代，人们为了把酒史长、酿造好、价值高的"醪酒"同其他地区黄酒区别开来，以便于开展贸易往来，故又把"醪酒"改名为"即墨老酒"。此名沿用至今。清代道光年间，即墨老酒产销达到极盛时期。

特点：即墨老酒酒液墨褐带红，浓厚挂杯，具有特殊的糜香气。饮用时醇厚爽口，微苦而余香不绝。据化验，即墨老酒含有17种氨基酸，16种人体所需要的微量元素及酶类维生素。每公斤老酒氨基酸含量比啤酒高10倍，比红葡萄酒高12倍，适量常饮能驱寒活血，舒筋止痛，增强体质，加快人体新陈代谢。

成分：即墨老酒以当地龙眼黍米、麦曲为原料，崂山"九泉水"为酿造用水。

工艺：即墨老酒在酿造工艺上继承和发扬了"古遗六法"，即"黍米必齐、曲蘖必时、水泉必香、陶器必良、火甚炽必洁、火剂必得"。所谓黍米必齐，即生产所用黍米必须颗粒饱满均匀，无杂质；曲蘖必时，即必须在每年中伏时，选择清洁、通风、透光、恒温的室内制曲，使之产生丰富的糖化发酵酶，陈放一年后，择优选用；水泉必香，即必须采用质好、含有多种矿物质的崂山水；陶器必良，即酿酒的容器必须是质地优良的陶器；火甚炽必洁，即酿酒用的工具必须加热烫洗，严格消毒；火剂必得，即讲究蒸米的火候，必须达到焦而不糊，红棕发亮，恰到好处。

新中国成立前，即墨老酒属作坊型生产，酿造设备为木、石和陶瓷制品，其工艺流程分浸米、烫米、洗米、糊化、降温、加曲保温、糖化、冷却加酵母、入缸发酵、压榨、陈酿、勾兑等。

新中国成立后，即墨县黄酒厂对老酒的酿造设备和工艺进行了革新，逐步实现了工厂化、机械化生产。炒米改用产糜机，榨酒改用了不锈钢机械，仪器检测代替了目测、鼻嗅、手摸、耳听等旧的质量鉴定方法，并先后采用了高温糖化、低温发酵、流水降温等新工艺，运用现代化科学技术手段对老酒的理化指标进行控制。现在生产的即墨老酒酒度不低于11.5度，糖不低于10%，酸度在0.5%以下。

### (三) 沉缸酒

产地：沉缸酒产于福建省龙岩。因在酿造过程中，酒醅沉浮三次后沉于缸底，故而得名。

历史:沉缸酒始于明末清初,距今已有170多年历史。传说,在距龙岩县城30余里的小池村,有位从上杭来的酿酒师傅,名叫五老官。他见这里有江南著名的"新罗第一泉",便在此地开设酒坊。刚开始时他按照传统酿制,以糯米制成酒醅,得酒后入坛,埋藏三年出酒,但酒度低、酒劲小、酒甜、口淡。于是他进行改进,在酒醅中加入低度米烧酒,压榨后得酒,人称"老酒",但还是不醇厚。他又二次加入高度米烧酒,使老酒陈化、增香后形成了如今的"沉缸酒"。

特点:沉缸酒酒液鲜艳透明,呈红褐色,有琥珀光泽,酒味芳香扑鼻,醇厚馥郁,饮后回味绵长。此酒糖度高,无一般甜型黄酒的稠黏感,使人们得糖的清甜、酒的醇香、酸的鲜美、曲的苦味,当酒液触舌时各味同时毕现,风味独具一格。

成分:沉缸酒是以上等糯米、福建红曲、小曲和米烧酒等经长期陈酿而成。酒内含有碳水化合物、氨基酸等富有营养价值的成分。其糖化发酵剂白曲是用冬虫夏草、当归、肉桂、沉香等30多种名贵药材特制而成的。

工艺:沉缸酒的酿法集我国黄酒酿造的各项传统精湛技术于一体。用曲多达四种:有当地祖传的药曲,其中加入冬虫夏草、当归、肉桂、沉香等30多味中药材;有散曲,这是我国最为传统的散曲,作为糖化用曲;有白曲,这是南方所特有的米曲;红曲更是龙岩酒酿造必加之曲。酿造时,先加入药曲、散曲和白曲,酿成甜酒酿,再分别投入著名的古田红曲及特制的米白酒陈酿。在酿制过程中,一不加水,二不加糖,三不加色,四不调香,完全靠自然形成。

## 本章小结

　　　　酿造酒(Fermented Wine)又称原汁发酵酒,是以水果或谷物为原料,经过直接提取或采用压榨法制成的低度酒,酒精度常在3.5度~12度,包括葡萄酒、啤酒、黄酒等。葡萄酒、啤酒和黄酒在酿造过程中,从原料的选择、原料的加工处理、发酵过程、提取方式等环节存在共性,但是也存在个性,正是这些共性和个性的适当结合才使酿造出的酒各具特色,风味不同。

　　　　葡萄酒是以葡萄为原料,经发酵制造的。世界上许多国家生产葡萄酒,其中以法国、德国、意大利、美国、西班牙等生产的葡萄酒最为有名。葡萄酒可根据糖分、酒精度、颜色、出产地等方法来进行分类。其名称通常由四个因素组成:葡萄名、地名、公司名和商标名。

　　　　啤酒是一种低度酒,所含有的营养成分容易被人体吸收,其中啤酒中的糖分被人体的吸收率高达90%。啤酒主要由大麦、啤酒花、酵母菌、水为原料,经选料、浸泡、发酵、熟化等过程制成。不同的生产工艺,形成不同的风味。

　　黄酒是用谷物作原料,用麦曲或小曲做糖化发酵剂制成的酿造酒。为我国独有。黄酒可按含糖量、酿造方法、酿酒用曲来进行分类。不同产地、不同品牌的黄酒,其色、香、味也各不相同。

**思考与练习**

1.白葡萄酒与红葡萄酒的区别。

2.葡萄酒的保质期、年份识别。

3.葡萄酒的保管和品评。

4.葡萄酒的饮用与服务。

5.香槟酒的品评与服务程序。

6.香槟酒与菜肴的搭配及其最佳饮用温度。

7.如何看啤酒的商标?

8.啤酒质量鉴别。

9.啤酒的品评、病酒识别及啤酒服务。

10.黄酒病酒识别及黄酒的品评饮用。

**知识卡**

**1.上葡萄酒的规则**

　　在上葡萄酒时,如有多种葡萄酒,哪种酒先上,哪种酒后上? 国际通用规则是:先上白葡萄酒,后上红葡萄酒;先上新酒,后上陈酒;先上淡酒,后上醇酒;先上干酒,后上甜酒。

**2.啤酒质量鉴别**

　　看外观:优质生啤的外观色泽应呈淡黄绿色或淡黄色,黑啤除外。啤酒还应看其透明度。经过滤的优质啤酒,啤酒经迎光检查应透明清亮,无悬浮物或沉淀物。

　　看泡沫:将啤酒倒入杯中,泡沫高而持久并洁白细腻且有挂杯。优质啤酒应该泡沫持久性强,达5分钟以上。

　　闻香味:将啤酒倒入杯中凑近鼻子嗅一下,优质啤酒应散发出新鲜酒花的香气。

　　品口味:优质啤酒口味纯正、爽口、醇厚,没有氧化味、酸味、涩味、铁腥味、焦糖味等异杂味。

### 3.黄酒的保存方法

成品黄酒都要进行灭菌处理才便于贮存,通常的方法是用煎煮法灭菌,用陶坛盛装。酒坛以无菌荷叶和笋壳封口,又以糖和黏土等混合加封,封口既严,又便于开启。酒液在陶坛中,越陈越香,这就是黄酒称为"老酒"的原因。

# 第九章

# 配制酒

**知识要点**

1. 了解鸡尾酒的起源及分类、特点。

2. 了解鸡尾酒调制器具。

3. 了解鸡尾酒和混合饮料的区别。

4. 掌握开胃酒、甜食酒、利口酒的特点。

5. 掌握中国配制酒的分类及其特点。

6. 掌握鸡尾酒的命名。

7. 掌握鸡尾酒常用的原料。

8. 掌握鸡尾酒调制的方法。

9. 掌握鸡尾酒调制的国际标准规范。

10. 掌握鸡尾酒色彩调制、情调调制、口味搭配。

## 第一节　中国配制酒

中国配制酒指以发酵酒、蒸馏酒、食用酒精为酒基,加入可食用的花、果、动植物或中草药,或以食品添加剂为呈色、呈香及呈味物质,采用浸泡、煮沸、复蒸等不同工艺加工而成的改变了其原酒基风格的酒。中国配制酒按原料的不同分为植物类配制酒、动物类配制酒、动植物配制酒及其他配制酒。

保健酒是利用酒的药理性质,遵循"医食同源"的原理,配以中草药及有食疗功用的各色食品调制而成的酒,包括药酒、露酒等,如味美思、竹叶青等。

### 一、露酒

#### (一)露酒概述

露酒又叫香花药酒,是以蒸馏酒、发酵酒或食用酒精为酒基,以食用动植物、食品添加剂作为呈香、呈味、呈色物质,按一定生产工艺加工而成的改变了其原酒基风格的饮料酒。它具有营养丰富、品种繁多、风格各异的特点。

露酒是我国古老的酒种之一。果露酒作为我国传统的酒种,最大的特点就是较完善地发挥了中国特有的"药食同源"的理论与实践经验,集滋补、保健、佐餐、饮用于一体,是中华民族的传统饮品。

露酒的主要特点是在酿酒过程中或在酒中加入了中草药,以滋补养生健体为主,有保健强身作用。

制作露酒的原辅料品种繁多,枸杞、人参、蛇、当归、动物的骨骼等,可以说,凡是中医能够入药的品种,基本上都能够用于浸泡露酒。近几年,随着科技的发展,原料的应用范围不断扩大,野生资源类如红景天、水棘、绞股蓝、刺梨等野生果,花卉类中如玫瑰、茉莉、菊花、桂花、红花等,昆虫类的肌肉、皮质等。

### (二)露酒的种类

露酒包括仿洋酒、花果型露酒、动植物芳香型的滋补营养酒。

### (三)露酒的功效

大多数露酒都有补体强身的功效。此外,露酒生产企业正在开发一些新产品,使露酒的功效不断扩大,如使用一些祛风散寒、润脾护肝及调整血脂、降低胆固醇的药材,如银杏叶(白果叶),该树叶含有大量的银杏双黄酮和银杏内酯,在其他饮品中已开始使用,效果与效益非常显著。绞股蓝,它对高血脂及其他脑血管疾病疗效极好,也可运用到露酒产品当中去。

### (四)著名露酒

#### 1.竹叶青酒

产地:山西汾阳杏花村汾酒股份有限公司。

历史:竹叶青酒是汾酒的再制品,它与汾酒一样具有古老的历史。南梁简文帝萧纲有诗云:"兰羞荐俎,竹酒澄芳。"该诗说的是竹叶青酒的香型和品质。北宋文学家庾信在《春日离合二首》诗中说:"田家足闲暇,士友暂流连。三春竹叶酒,一曲鹍鸡弦。"这优美的诗句描写了田家农舍的安适清闲,记载了三春陈酿的竹叶青酒。由此可见,杏花村竹叶青酒早在1400多年前就已是酒中珍品。

特点:竹叶青酒色泽金黄兼翠绿,酒液清澈透明,芳香浓郁,酒香药香协调均匀,入口香甜,柔和爽口,口味绵长。酒度为45度,糖分为10%。

功效:经专家鉴定,竹叶青酒具有养血、舒气、和胃、益脾、除烦和消食的功能。有的医学家认为,竹叶青酒对于心脏病、高血压、冠心病和关节炎等疾病也有明显的医疗效果,少饮久饮,有益身体健康。

工艺:最古老的竹叶青酒只是单纯加入竹叶浸泡,求其色青味美,故名"竹叶青"。而今的竹叶青酒是以汾酒为底酒,配以广木香、公丁香、竹叶、陈皮、砂仁、当归、零陵香、紫檀香等10多种名贵药材和冰糖、白砂糖浸泡配制而成。杏花村汾酒厂专门设有竹叶青酒配制车间。竹叶青酒的配制方法是:将药材放入小坛在70度汾酒里浸泡数天,取出药液放进陶瓷缸里的65度汾酒里。再将糖液加热取出液面杂质,过滤冷却,倒入已加药液的酒缸中,搅拌均匀,封闭缸口,澄清数日,取清液过滤入库。再经陈贮勾兑、品评、检验、装瓶、包装等128道工序制成成品出厂。

### 2.五加皮酒

**产地:**五加皮酒,又称五加皮药酒、致中和五加皮酒,产于浙江省建德县梅城镇,是具有悠久历史的浙江名酒。

**历史:**传说,东海龙王的五公主佳婢下凡到人间,与凡人致中和相爱。因生活困难,五公主提出要酿造一种既健身又治病的酒,致中和感到为难。五公主让致中和按她的方法酿造,并按一定的比例投放中药。在投放中药时,五公主唱出一首歌:"一味当归补心血,去瘀化湿用姜黄。甘松醒脾能除恶,散滞和胃广木香。薄荷性凉清头目,木瓜舒络精神爽。独活山楂镇湿邪,风寒顽痹屈能张。五加树皮有奇香,滋补肝肾筋骨壮。调和诸药添甘草,桂枝玉竹不能忘。凑足地支十二数,增增减减皆妙方。"原来这歌中含有12种中药,便是五加皮酒的配方。五公主为了避嫌,将酒取名"致中和五加皮酒"。此酒问世后,黎民百姓、达官贵人纷至沓来,捧碗品尝,酒香飘逸扑鼻,生意越做越好。

**特点:**五加皮酒酒度40度,含糖6%,呈褐红色,清澈透明,具有多种药材综合的芳香,入口酒味浓郁,调和醇滑,风味独特。

**功效:**五加皮酒能舒筋活血、祛风湿,长期服用可以延年益寿。

**工艺:**五加皮酒选用五加皮、砂仁、玉竹、当归、桂枝等20多味名贵中药材,用糯米陈白酒浸泡,再加精白糖和本地特产蜜酒制成。

### 3.莲花白酒

**产地:**北京葡萄酒厂。

**历史:**莲花白酒是北京地区历史最悠久的著名佳酿之一,该酒始于明朝万历年间。据徐珂编《清稗类钞》中记载:"瀛台种荷万柄,青盘翠盖,一望无涯。孝钦后每令小阉采其蕊,加药料,制为佳酿,名莲花白。注于瓷器,上盖黄云缎袱,以赏亲信之臣。其味清醇,玉液琼浆,不能过也。"到了清代,莲花白酒的酿造采用万寿山昆明湖所产白莲花,用它的蕊入酒,酿成名副其实的"莲花白酒",配制方法为封建王朝的御用秘方。1790年,京都商人获此秘方,经京西海淀镇"仁和酒店"精心配制,首次供应民间饮用。1959年,北京葡萄酒厂搜集到失传多年的莲花白酒御制秘方,按照古老工艺方法,精心酿制成功。

**特点:**莲花白酒酒度50度,含糖8%,无色透明,药香酒香协调,芳香宜人,滋味醇厚,甘甜柔和,回味悠长。

**功效:**莲花白酒具有滋阴补肾、和胃健脾、舒筋活血、祛风除湿等功能。

**工艺:**莲花白酒以纯正的陈年高粱酒为原料,加入黄芪、砂仁、五加皮、广木香、丁香等20余种药材,入坛密封陈酿而成。

### 二、药酒

#### (一)药酒概述

药酒是以各种白酒、黄酒或果酒为酒基,加入各种中药材(如人参、枸杞、五加皮、五味子等)经酿制或泡制而成的一种具有药用价值的酒。酒度随酒基而定,又因其加入的中药材不同,其药用功能也不相同。

药酒在我国已有悠久的历史。李时珍的《本草纲目》在收集附方时,收集了大量前人和当代人的药酒配方,卷二十五酒条下,设有"附诸药酒方"的专目。李时珍本着"辑其简要者,以备参考。药品多者,不能尽录"的原则,辑药酒 69 种。除此之外,《本草纲目》在各药条目的附方中,也往往附有药酒配方,内容丰富,据统计《本草纲目》中共计药酒方为 200 多种。这些配方绝大多数是便方,具有用药少、简便易行的特点。

由于酒有"通血脉,行药势,温肠胃,御风寒"等作用,所以,酒和药配置可以增强药力,既可治疗疾病和预防疾病,又可用于病后的辅助治疗。滋补药酒还可以药之功,借酒之力,起到补虚强壮和抗衰益寿的作用。远在古代,药酒已成为中华民族一种独特的饮品,至今在国内外医疗保健事业中,仍享有较高的声誉。随着人们生活水平的不断提高,药酒作为一种有效的防病祛病、养生健身的可口饮料已开始走进千家万户。

#### (二)药酒的种类

根据药酒的使用方法可分为内服药酒、外用药酒、既可内服又可外用的药酒三大类。

根据药酒的功效可分为药性药酒和补性药酒(滋补酒)两大类。

#### (三)药酒与健康

1.药酒的功效

以治病为主的药酒,主要作用有祛风散寒、养血活血、舒筋通络。例如,骨肌损伤可用跌打酒,风湿性关节炎或风湿所致肌肉酸痛可用风湿药酒、追风药酒、风湿性骨痛酒、五加皮药酒等,如果风湿症状较轻则可选用药性温和的木瓜酒、养血愈风酒等,风湿多年、肢体麻木、半身不遂者可选用药性较猛的蕲蛇药酒、三蛇酒、五蛇酒等。

以补虚强壮为主的保健药酒,主要作用有滋补气血、温肾壮阳、养胃生精、强心安神;如气血双补的龙凤酒、山鸡大补酒、益寿补酒、十全大补酒等;健脾补气为主的有人参酒、当归北芪酒、长寿补酒等;滋阴补血为主的有当归酒、蛤蚧酒、杞圆酒等;益肾助阳的有羊羔补酒、龟龄集酒、参茸酒、三鞭酒等;补心安神为主的有猴头酒、五味子酒、人参五味子酒等。

### 2.药酒的适用范围

（1）药酒并非任何人都适用,如孕妇、乳母和儿童等就不宜饮用药酒。年老体弱者因新陈代谢相对较缓慢,饮用药酒应适当减量。凡感冒、发热、呕吐、腹泻等病症者不宜饮用滋补类药酒。肝炎、肝硬化、消化系统溃疡、浸润性肺结核、癫痫、心脏病等患者饮用药酒会加重病情。此外,对酒过敏的人和皮肤病患者也要禁用或慎用药酒。

（2）育龄夫妇忌饮酒过多。过量饮酒进入麻醉期后则破坏性行为,并抑制性功能。慢性酒精中毒也可影响性欲,并伴有内分泌紊乱,在男性方面表现为血中睾丸酮水平降低,引起性欲减退,精子畸形和阳痿。孕妇饮酒对胎儿影响更大,即使微量的酒精也可直接透过胎盘屏障进入胎儿体内,影响胎儿发育。所以,育龄夫妇不宜多饮酒,只有患了不孕症和不育症的育龄夫妇可以考虑服用对症的药酒进行治疗。

### （四）药酒泡制

（1）泡药酒的白酒度数不宜过高。因为药材中的有效成分,有的易溶于水,有的易溶于酒,如果酒的度数过高,虽然可以帮助有效成分的析出,但不利于水溶性成分的溶解。一般而言,泡药酒的白酒度数在40度左右最好。

（2）泡药酒时应将动植物药材分别浸泡,服用时再将泡好的药酒混合均匀。这是因为动物药材中含有丰富的脂肪和蛋白质,其药性需要较长的时间才能泡出来,而植物药材中的有效成分能迅速溶解于水或酒精中。分开浸泡,便于掌握浸泡时间。

（3）泡药酒不宜用塑料容器,因为塑料制品中的有害物质容易被酒溶解,对人体造成危害。最好用陶瓷或玻璃瓶子。同时,泡药酒还应尽量避免阳光照射或灼热烘烤。

### （五）药酒的饮用

（1）正确的饮用时间。药酒通常应在饭前服用,或每日早晚饮用,一般不宜佐膳饮用,以便药物迅速吸收,较快地发挥治疗作用。

（2）正确的饮用温度。药酒以温饮为佳,能更好地发挥药酒通补益作用。

（3）服用药酒不宜过多。服用药酒要根据人对酒的耐受力,每次可饮10毫升~30毫升,或根据病情及所用药物的性质及浓度而调整。药酒不可多饮滥服,否则会引起不良反应。多服了含人参的补酒可造成胸腹胀闷、不思饮食。多服了含鹿茸的补酒可造成发热、烦躁,甚至鼻出血等。此外,饮用药酒时,应避免不同治疗作用的药酒交叉饮用。用于治疗的药酒在饮用过程中应病愈即止,不宜长久服用。

（4）饮用方法。服用药酒时,不宜加糖或冰糖,以免影响药效,但是如蜜糖加入药酒不仅可以减少药酒对肠胃的刺激,还有利于保持和提高药效。

（5）对症饮用。如果饮用药酒不当,也会适得其反,因而需要注意饮用禁忌。

**（六）药酒贮存**

药酒如果贮存保管不善，不但影响疗效，而且会造成药酒的变质或污染，使药酒不能再饮用。

（1）凡是用来配制药酒的容器均应清洗干净，再用开水煮沸消毒。

（2）配制好的药酒应及时装进细口长颈的玻璃瓶中，或者其他有盖的容器中，并将口密封。

（3）药酒要贴上标签，并写明药酒的名称、作用和配制时间、用量等内容，以免时间久了发生混乱，造成不必要的麻烦。

（4）药酒贮存宜选择在温度变化不大的阴凉处，室温以 10℃~25℃ 为好，不能与汽油、煤油以及有刺激性气味的物品同放。

（5）夏季贮存药酒时要避免阳光的直接照射，以免药酒中的有效成分被破坏，使药酒的功效减低。

**（七）常见的药酒品牌**

药酒常见的品牌有人参酒、参茸酒、首乌酒、五加皮酒、三蛇胆汁酒、虎骨酒、国公酒、十全大补酒、龟龄酒、蜂王浆补酒、雪蛤大补酒等。

# 第二节　外国配制酒

外国配制酒分为三大类：开胃酒（Aperitiy）、甜食酒（Wine）、利口酒（Liqueur）。

## 一、开胃酒

开胃酒是指以葡萄酒或蒸馏酒为基酒，加入植物的根、茎、叶、药材、香料等配制而成，在餐前饮用，能增加食欲的酒精饮料。开胃酒可分为味美思、比特酒、茴香酒三类。

### （一）味美思（Vermouth）

产地：意大利、法国、瑞士、委内瑞拉是味美思酒的主要生产国。

历史：希腊名医希波克拉底是第一个将芳香植物在葡萄酒中浸渍的人。到了 17 世纪，法国人和意大利人将味美思的生产工序进行了改良，并将它推向了世界。"味美思"一词源起于德语，是"苦艾酒"的意思。

分类：味美思按品味可分为干味美思（Secco）、白味美思（Biauco）、红味美思（Rosso Sweet）、都灵味美思（Torino）四类。

特点：干味美思含糖量不超过 4%，酒精含量在 18 度左右。意大利产味美思呈淡白、淡黄色，法国产味美思呈棕黄色。

白味美思含糖量在 10%~15% 之间，酒精含量在 18 度左右，色泽金黄，香气柔美，口味鲜嫩。

红味美思含糖量为 15%,酒精含量在 18 度左右,呈琥珀黄,香气浓郁,口味独特。

都灵味美思酒精含量在 15.5 度~16 度之间,调香用量较大,香气浓郁扑鼻。

成分:味美思的主要成分有白葡萄酒(只用于生产白味美思和红味美思)、酒精(酒精含量为 96% 的烈酒或"Mistelle")、药草(龙胆、甘菊、苦橙、香草、大黄、薄荷、茉沃刺那、胡荽、牛膝草、鸢尾草植物、百里香等)、香料(桂皮、丁香、肉豆蔻、番红花、生姜等)、焦糖(用蔗糖或热糖制成,目的是用它的琥珀色来着色)。

工艺:味美思是以个性不太突出(属中性、干型)的白葡萄酒作为基酒,加入多种配制香料、草药,经过搅匀、浸泡,冷澄过滤、装瓶等工序而制成。

名品:以意大利甜型味美思、法国干型味美思最为有名。如马提尼(Martini)(干、白、红)、仙山露(Cinzano)(干、白、红)、卡帕诺(Carpano)(都灵)、香白丽(Chambery)等。

## (二)比特酒

产地:世界上比较有名的比特酒主要来自意大利、法国、特立尼达和多巴哥等国。

特点:比特酒酒精含量一般在 16%~40% 之间,也有少数品种超出这个范围。比特酒有滋补、助消化和兴奋作用。

成分:比特酒从古代药酒演变而来,用于配制酒的调料和药材主要是带苦味的草卉和植物的茎根与表皮,如阿尔卑斯草、龙胆皮、苦橘皮、柠檬皮等。

工艺:比特酒配制的基酒是葡萄酒和食用酒精。现在越来越多的比特酒生产采用食用酒精直接与草药精掺兑的工艺。

名品:比较著名的比特酒有金巴利(Campari)、杜本那(Dubonnet)、艾玛·皮孔(Amer Picon)、安哥斯特拉(Angostura)。

## (三)茴香酒

产地:茴香酒以法国产的最为有名。

特点:茴香酒有无色和染色两种,酒液视品种而呈不同色泽。茴香酒茴香味极浓,馥郁迷人,口感不同寻常,味重而有刺激。饮用时需加冰或兑水,酒精含量一般在 25% 左右。

工艺:茴香酒是用茴香油与食用酒精或蒸馏酒配制而成的酒品。茴香油一般从八角茴香和青茴香中提炼取得,含有大量的苦艾素。八角茴香油多用于开胃酒制作,青茴香油多用于利口酒制作。

名品:比较著名的茴香酒有:培诺(Pernod)、巴斯的斯(Pastis)、白羊倌(Berger Blanc)等。

## 二、甜食酒

甜食酒一般是在佐助甜食时饮用的酒品。

甜食酒常常以葡萄酒为基酒进行配制,口味较甜。甜食酒的主要生产国有葡萄牙、西班牙、意大利、希腊、匈牙利、法国等国。

### (一)波特酒(Port)

产地:波特酒的原名叫波尔图酒(Porto),产于葡萄牙杜罗河一带,但与英国有着千丝万缕的联系,因而人们常用英文 Port Wine 来称呼。

历史:在 17 世纪末和 18 世纪初,葡萄酒酿造出来通常主要是运往英国,而当时并没有发明玻璃酒瓶和橡木塞,于是用橡木桶作为容器运输。由于路途遥远,葡萄酒很容易变质。后来酒商就在葡萄酒里加入了中性的酒精(葡萄蒸馏酒精),这样就会使酒不容易变质,保证了葡萄酒的品质,这就是最早的波特酒。

根据葡萄牙政府的政策,如果酿酒商想在自己的产品上写"波特"(Port),必须满足三个条件:

第一,用杜罗河上游的奥特·斗罗地域所种植的葡萄酿造。为了提高产品的酒度,所用来兑和的白兰地也必须使用这个地区的葡萄酿造。

第二,必须在杜罗河口的维拉·诺瓦·盖亚酒库(Vila Nova Gaia)内陈化和贮存,并从对岸的波特港口运出。

第三,产品的酒度在 16.5 度以上。

如不符合三个条件中的任何一条,即使是在葡萄牙出产的葡萄酒,都不能冠以"波特"字样。

品种:波特酒分白、红两种。白波特酒是葡萄牙和法国人喜欢的开胃酒品;红波特酒作为甜食酒在世界享有很高的声誉,有甜、微甜、干三个类型。

特点:波特酒酒味浓郁芬芳,窖香和果香兼有,其中红波特酒的香气很有特色,浓郁芬芳,果香和酒香相宜;口味醇厚、鲜美、圆正。

工艺:波特酒的制作方法是先将葡萄捣烂、发酵,在糖分为 10% 左右时,添加白兰地酒中止发酵,但保持酒的甜度。经过二次剔除渣滓的工序后运到维拉·诺瓦·盖亚酒库里陈化、贮存,一般的陈化要 2~10 年时间。最后按配方混合调出不同类型的波特酒。

名品:比较著名的波特酒有道斯(Dow's)、泰勒(Taylors)、西法(Silva)、方斯卡(Fonseca)等。

### (二)雪利酒

产地:雪利酒产于西班牙的加迪斯(Cadiz),英国人称其为 Sherry。英国嗜好雪利酒胜过西班牙人,人们遂以英文冠名为雪利酒。

历史:雪利酒堪称"世界上最古老的上等葡萄酒"。大约公元前 1100 年,腓尼基商人在西班牙的西海岸建立了加迪斯港,往内陆延伸又建立了一个名为赫雷斯的城市(即今天的雪利市),并在雪利地区的山丘上种植了葡萄树。据记载,当时酿造的葡萄酒口味强烈,在炎热的气候条件下也不易变质。这种葡萄酒(雪利酒)成为当时地中海和北非地区交易量最大的商品之一。绝大多数的雪利酒在西班牙酿造成熟后被装运到英国装瓶出售。1967年,英国法庭颁布法令,只有在西班牙赫雷斯区生产的葡萄酒才可以称为雪利(Sherry),所有其他风格类似,并且带有雪利字样的葡萄酒必须说明其原产地。

分类:雪利酒可分非奴(Fino)和奥罗洛素(Oloroso)两种,其他品种均为这两大类的变型酒品。

特点:雪利酒酒液呈浅黄或深褐色,也有的呈琥珀色(如阿蒙提那多酒),清澈透明,口味复杂柔和,香气芬芳浓郁,是世界著名的强化葡萄酒。雪利酒含酒精量高,为15%~20%;酒的糖分是人为添加的。甜型雪利酒的含糖量高达20%~25%,干型雪利酒的糖分为0.15g/100毫升(发酵后残存的)。总酸0.44克/100毫升。

工艺:雪利酒以加迪斯所产的葡萄酒为酒基,勾兑以当地葡萄蒸馏酒,采用十分特殊的方法陈酿,逐年换桶,这就是著名的"烧乐脂法"(Solera)。雪利酒陈酿10~20年时质地最好。

名品:比较著名的雪利酒有布里斯特(干)、布里斯特(甜)、沙克(干、中甜)、柯夫巴罗米诺等。

### (三)马德拉酒(Madeira)

产地:马德拉酒产于葡萄牙领地马德拉岛。

历史:根据历史记载,1419年,葡萄牙水手吉奥·康克午·扎考发现马德拉岛。15世纪马德拉岛广泛种植甘蔗和葡萄。17世纪马德拉酒开始销往国外。1913年,马德拉葡萄酒公司成立,由威尔士与山华公司(Welsh & Cunha)和亨利克斯与凯马拉公司(Henriques & Camara)组建。经过数年的发展,又有数家酿酒公司参加。后来规模不断扩大,成立了马德拉酒酿酒协会。28年后,该协会更名为马德拉酿酒公司(Madeira Wine Company Lda,MWC)。1989年该公司采取了控股联营经营策略,投入大量资金,改进葡萄酒包装和扩大销售网络,使马德拉葡萄酒成为著名品牌。马德拉公司多年来进行了大量的投资,提高葡萄酒的质量标准,并在2000年完成了制酒设施的革新,从而为优质马德拉酒的生产和熟化提供了先进的设施。

特点:马德拉酒酒色金黄,味香浓、醇厚、甘润,是一种优质的甜食酒。

工艺:马德拉酒酿造方法是,在发酵后的葡萄汁上添加烈酒,然后放在50℃的高温室(Estufa)中贮存数月之久,这时马德拉会呈现出淡黄、暗褐色,并散发出马德拉酒的特有香味。

名品:

(1)弗得罗酒(Verdelho)

弗得罗酒以海拔 400 米至 600 米葡萄园葡萄为原料,酒液呈淡黄色,芳香,口味醇厚,半干略甜。

（2）玛尔姆塞酒（Malmsey）

玛尔姆塞酒以玛尔维西亚葡萄为原料,酒液呈棕黄色,甜型,香气悦人,口味醇厚,被称为世界上最佳葡萄酒之一,是吃甜点时理想的饮用酒。

（3）舍希尔酒（Sercial）

舍希尔酒以海拔 800 米葡萄园葡萄为原料,熟化期较短,干型,酒液呈淡黄色,味芳香,口味醇厚。

（4）伯亚尔酒（Bual）

伯亚尔酒以海拔 400 米以下葡萄园的白葡萄为原料,酒液呈棕黄色,半干型,气味芳香,口味醇厚,是吃甜点时饮用的理想酒。

### 三、利口酒

#### （一）利口酒概述

利口酒是一种以食用酒精和其他蒸馏酒为酒基,配以各种调香物质,并经过甜化处理的酒精饮料。利口酒也称为烈性甜酒。利口酒有多种风味,主要包括水果利口酒、植物利口酒、鸡蛋利口酒、奶油利口酒和薄荷利口酒。许多利口酒含有多种增香物质,如水果香、香草香。

#### （二）利口酒的生产工艺

1.蒸馏法

利口酒的蒸馏有两种方式,一种是将原料浸泡在烈酒中,然后一起蒸馏;另一种是将原料浸泡后取出原料,仅用浸泡过的汁液蒸馏。蒸馏出来的酒液再添加糖和色素。蒸馏法适用于以香草类、柑橘类的干皮原料所制的甜酒。

2.浸泡法

浸泡法是将原料浸泡在烈酒或加了糖的烈酒中,然后过滤取酒。适用于一些不能加热,或者加热后会变质的原料酿酒。

3.渗入法

渗入法是将天然的或合成的香料香精加入烈酒中,以增加酒的甜味和色泽。

#### （三）利口酒的特点

与其他酒相比,利口酒有几个显著的特征:利口酒以食糖和糖浆作为添加剂,餐后饮用;利口酒颜色娇美,气味芬芳,酒味甜蜜,不仅是极好的餐后酒,也是调制鸡尾酒最常用的辅助酒。

#### （四）名品

1.爱德维克（Advocaat）

荷兰蛋黄酒。用鸡蛋黄和白兰地制成。用玉米粉和酒精生产的仿制品在某些国家也仍有销售。

2.阿姆瑞托(Amaretto)

意大利杏仁酒。第一次生产是16世纪科莫湖(Como)附近的沙若诺(Saronno)。"方津杏仁(Amaretto Di Saronno)"最为杰出。

3.茴香利口酒(Anisette)

带有茴香和橙子味道的巴士帝型利口酒(Pastis)。意大利生产,以白兰地酒为主要原料,酒精度为25度。

4.班尼迪克丁(Benedictine DOM)

班尼迪克丁又称泵酒、当酒,是世界上最有名望的利口酒。1534年,该酒受到宫廷的喜爱,一时名气大噪。它以白兰地为酒基,用27种香料配制,两次蒸馏,两年陈酿而成。在其形状独特的酒瓶上标有大写字母DOM(Deo Optimo Maximo)中文意思是,献给至高无上的皇帝。饮用泵酒的流行做法是配上上等的白兰地,这就是"B&B"。

5.沙特勒兹

修道院酒。修道院酒与泵酒是两种最有名的餐后甜酒。它以修道院名称命名。该酒以白兰地酒为主要原料配以100多种植物香料制成,有黄色和绿色两种。黄色酒味较甜,酒精度为40度。绿色酒精度较高,约在50度以上,较干,辛辣,比黄色酒更芳香。

# 第三节 中外鸡尾酒

鸡尾酒一词由英文Cocktail翻译而来,实际上是一种配制酒,是一种由多种饮料混合制成的酒精饮料。

## 一、鸡尾酒的起源

鸡尾酒源于美国的说法是大家公认的,但至今还没有一个人能够准确地说出它的起源。因此它被披上了一层神秘的色彩,在民间还流传着许多传说。

### (一)传说之一

19世纪,在美国的哈德逊河畔住着一个叫克里福德的人,他开着一家小酒店。此人有三件事引以为豪,人称"克氏三绝":一是他有一只勇猛威武、器宇轩昂的大雄鸡,是斗鸡场上的"常胜将军";二是他的酒窖里藏有世界上最好的美酒;三是他的女儿艾思米莉是全镇最漂亮的女孩。镇上有一个叫哈普顿的男青年,是哈德逊河来往货船上的船员,每天晚上都来这个小酒店喝上一杯,日久天长,他和艾思米利双双坠入爱河。这个小伙子长得高大英俊,心地善良,工作踏实,老头子打心眼里喜欢,但总是捉弄他说:"小伙子,要想娶我的女儿,先赶紧努力当上船长。"小伙子很有毅力,在经过几年的努力之后,终于当上了船长。老头子非常高兴,在举行婚礼那天,他把自己酒窖里的陈年佳酿全部拿出来兑在了一起,又用自己心爱的雄鸡羽毛将它调混成了一种前所未有的绝佳美酒,并且在每个酒杯的边上都饰以一支雄鸡的鸡尾羽毛,然后为这对金童玉女干杯,大家高呼:"鸡尾万岁!"从此人们就称呼这种混合饮料为鸡尾酒。这种酒也被船员们传播到了世界各地。

### (二)传说之二

鸡尾酒源自美国独立战争末期一位移居美国的爱尔兰少女贝西。贝西在约克镇附近开了一家小客栈,当时有许多的海军军官和政府官员经常光顾这家客栈。贝西有一个邻居是"亲英派",家里养着许多鸡。在一次美法两国军官的聚会上,贝西用从邻居那里偷来的鸡为军官们准备了一顿丰盛的鸡宴。餐后大家都去酒吧饮酒助兴,骤然间军官们发现在每个酒杯上都插着一根"亲英派"邻居所养公鸡的羽毛,而且贝西正手持羽毛调制一种混合饮料,大家马上明白是怎么回事了。在举杯祝酒的时候,一位军官举杯高呼:"鸡尾万岁!"从此,凡是由贝西调制的或按贝西的调酒方法调制的这种酒,都被称作鸡尾酒而风行各地。

### (三)传说之三(中华鸡尾酒的源流)

我国古典文学名著《红楼梦》中记载了调制混合酒"合欢酒"的操作过程:"琼浆满泛玻璃盏,玉液浓斟琥珀杯。"用酒"乃以百花之蕊、万木之英,加以麟髓之旨、凤乳之曲"。这说明我国很早就有了鸡尾酒的雏形,只是当时没有很快地流行发展起来。

## 二、鸡尾酒分类

鸡尾酒名目繁多,目前世界上流行的就有上千种,但还在不断创新。鸡尾酒的分类方法也很多。

### (一)按调制风格分

1.欧洲式

欧洲式鸡尾酒以英式鸡尾酒为主,以短饮(Short Drink)为多,酒精含量较高,如马提尼、曼哈顿、士天架等。

2.美国式

美国式鸡尾酒以长饮(Long Drink)为多,通常酒精含量较少,如柯林斯、蛋诺、菲兹、宾取。

3.中国式

中国式鸡尾酒多用国产酒配制。

### (二)按原料品种分

(1)金酒类。

(2)白兰地类。

（3）朗姆酒类。

（4）威士忌类。

（5）伏特加类。

（6）特基拉类。

此外还有很多原料种类不同的鸡尾酒。

### （三）按饮用时间的来分

1.餐前鸡尾酒（Appetizer Cocktail）

餐前鸡尾酒以增加食欲为目的,酒的原料配有开胃酒或开胃果汁等,饮用时间在开胃菜上桌前。例如马提尼（Martini）、曼哈顿（Manhattan）和红玛玉（Blood Mary）。

2.俱乐部鸡尾酒（Club Cocktail）

俱乐部鸡尾酒在正餐时代替开胃菜或开胃汤饮用。酒的原料中常勾兑新鲜的鸡蛋清或鸡蛋黄,色泽美观、酒精度较高。例如三叶草俱乐部（Clover Club）、皇室俱乐部（Royal Clover Club）。

3.餐后鸡尾酒（After Dinner Cocktail）

餐后鸡尾酒是正餐后或主菜后饮用的有香甜味的鸡尾酒。酒中勾兑了可可利口酒、咖啡利口酒或带有消化功能的草药利口酒。例如亚历山大（Alexander）、B 和 B（B&B）、黑俄罗斯（Black Russian）。

4.夜餐鸡尾酒（Supper Cocktail）

夜餐饮用的鸡尾酒含酒精度较高。例如旁车（Side-Car）、睡前鸡尾酒（Night Cup Cocktail）。

5.喜庆鸡尾酒（Champagne Cocktail）

喜庆鸡尾酒多在喜庆宴会时饮用,以香槟酒为主要原料,勾兑少量烈性酒或利口酒制成。例如香槟曼哈顿（Champagne Manhattan）、阿玛丽佳那（Americano）。

### （四）按饮用方法和混合方法分

1.短饮类（Short Drinks）

短饮类鸡尾酒需要在短时间内饮尽,酒量约 60 毫升,3~4 口喝完,不加冰,10~20 分钟内不变味。其酒精浓度较高,适合餐前饮用。

2.长饮类（Long Drinks）

长饮鸡尾酒放 30 分钟也不会影响风味,加冰,用高脚杯,适合餐时或餐后饮用。

3.冷饮类（Cold Drinks）

冷饮类鸡尾酒温度控制在 5℃~6℃之间。

4.热饮类（Hot Drinks）

热饮类鸡尾酒温度控制在 60℃~80℃之间,如托他（Toddy）。

### 三、鸡尾酒的特点

（1）鸡尾酒是混合酒。鸡尾酒由两种或两种以上的非水饮料调和而成,其中至少有一种为含酒精饮料。

（2）花样繁多,调法各异。用于调酒的原料有很多类型,所用的配料也不相同。

（3）具有刺激性。鸡尾酒具有明显的刺激性,能使饮用者兴奋,因此具有一定的酒精浓度。

（4）能够增进食欲。鸡尾酒是增进食欲的滋润剂,饮用后,由于酒中含有的微量调味饮料如酸味、苦味等饮料的作用,能使饮用者的口味得到改善。

（5）口味优于单体组分。鸡尾酒有卓越的口味,而且这种口味优于单体组分。

（6）色泽优美。鸡尾酒具有细致、优雅、匀称、均一的色调。

（7）盛载考究。鸡尾酒式样新颖大方、颜色协调得体。用以盛载的酒杯及装饰品犹如锦上添花,使之更有魅力。

### 四、鸡尾酒的命名

鸡尾酒的命名五花八门,千奇百怪。有植物名、动物名、人名,从形容词到动词,从视觉到味觉等不胜枚举。常用的命名方式有以下几种。

（1）根据原料命名。鸡尾酒的名称包括饮品主要原料,如金汤尼等。

（2）根据颜色命名。鸡尾酒的名称以调制好的饮品的颜色命名,如红粉佳人等。

（3）根据味道命名。鸡尾酒的名称以其主要味道命名,如威士忌酸酒等。

（4）根据装饰特点命名。鸡尾酒的名称以其装饰特点命名,如马颈。很多饮料因装饰物的改变而改变名称。

（5）根据典故命名。鸡尾酒饮料很多具有特定的典故,名称也以典故命名。

### 五、鸡尾酒常用原料和调酒器具

#### （一）基酒

基酒首先应是一种烈性酒,它决定该鸡尾酒的性质和品种。在一般情况下,基酒是单一的烈酒,有时也可能允许两种或两种以上的烈酒作基酒。常用的基酒如外国的金酒、威士忌、白兰地、朗姆酒、伏特加和特基拉酒,也有的鸡尾酒用开胃酒、葡萄酒、餐后甜酒等做基酒,部分鸡尾酒不含酒的成分,纯用软饮料配制而成。中华鸡尾酒则以白酒为基酒。从这些不同型的基酒派生出数以万计的各种鸡尾酒配方。酒吧中用于调制鸡尾酒的基酒有两类,一是"供点基酒"(Call Liquor),即根据酒的牌名供客人点叫;二是"吧台基酒"(Bar Liquor),即根据鸡尾酒的配方由酒吧选定。

**（二）调和料**

（1）香甜酒。苦精（Bitter）、库拉索橙皮酒（Curacao）、可可酒（Gremede Cacao）、白薄荷酒（White Greme de Menther）、绿薄荷酒（Green Greme de Menther）、加利安奴（Galliano）等。

（2）柠檬汁和酸橙汁。高档酒吧一般都采用新鲜柠檬和酸橙自己榨汁，一般酒吧都使用冷冻汁。

（3）鸡蛋。有的使用蛋清，有的使用蛋黄，有的使用整个鸡蛋。

（4）糖。调酒时，主要使用糖粉（霜）、砂糖或糖水。

（5）石榴汁。

（6）炼乳。

**（三）附加料**

常用的附加料有：胡椒粉、盐、辣椒油、梅林酱油和番茄汁等。

**（四）装饰物**

鸡尾酒调好后，使用不同规格和形状的酒杯盛载，然后要给酒品作适当的点缀，以增加鸡尾酒的色彩和美感，通常使用的装饰物及装饰方法有以下几种。

（1）红绿樱桃——带柄放入杯内。可用牙签穿 1~3 枚，横放杯沿上，也可用牙签穿橙楔、橙皮、樱桃，使之红、黄、绿相间。

（2）红苹果——横或竖切成薄片挂于杯沿。

（3）草莓——带有两瓣绿叶的整个草莓插于杯沿上。

（4）西瓜——用特制小勺挖出红色西瓜肉，然后用牙签穿起一串（4~5 枚）横放杯沿上。

（5）橙皮——用特制小刀剥下橙皮（呈条状），然后挽结，放于杯内。

其他的如芹菜秆、芹菜叶、薄荷叶，无名指大小的洋葱、橄榄、小玩具伞以及玫瑰花瓣等都可做装饰物。

有些酒品需要使用糖粉或盐霜点缀杯沿，具体做法是：先用柠檬皮将杯口擦匀，扣杯口于糖粉或盐霜上转动一下，使湿润的杯沿蘸上糖粉或盐霜，再将调好的酒倒入杯中。

**（五）冰**

冰在调酒中起两个作用，即冰镇和稀释。可通过冰型的选择，摇震或搅拌的次数，来控制酒品的冰镇程度和稀释量。如果用错冰型（如：冰霜、碎冰、薄冰、冰块）或是不适当的调酒动作（搅动或摇震次数过多或过少），都会破坏酒品应有的特色。

**（六）鸡尾酒调酒器具**

1.调酒壶（Cocktail Shaker）

调酒壶一般用银、铬合金或不锈钢等金属材料制造，由壶盖、滤网及壶体组成，是放置冰块冷却鸡尾酒不可缺少的器皿。

2.调酒杯(Mixing Glass)

调酒杯别名酒吧杯(Bar Glass),也叫师傅杯,是一种比较厚的玻璃杯,杯壁上刻有刻度,用于搅匀鸡尾酒材料的容器。

3.调酒匙(Bar Spoon)

调酒匙又称酒吧长匙,它的柄很长,柄中间呈螺旋状,一般用不锈钢制成,用于搅拌鸡尾酒。

4.滤冰器(Strainer)

滤冰器通常用不锈钢制成。用调酒杯调酒时,用它过滤,以留住冰块。

5.冰桶(Ice Bucket)

冰桶用来盛放冰块。

6.冰夹(Ice Ton)

夹冰块的工具。

7.榨汁器(Squeezer)

榨柠檬等水果汁用的小型机器。

8.量酒杯(Jigger)

不锈钢制品,两用量衡杯,一端盛30毫升酒,另一端盛45毫升酒。

9.开瓶器(Bottle Opener)

用于开啤酒、汽水瓶盖的工具。

10.开瓶钻(Cork Screw)

用于开软木塞瓶盖的工具。

11.切刀和俎板(Knife & Cutting Board)

用于切水果和制作装饰品。

12.特色牙签(Tooch Picks)

用塑料制成,用于穿插各种水果点缀品。

13.宾取盆(Punch Bowl)

专门用于调制宾取鸡尾酒的容器。

14.吸管(Absorb Pipe)

吸饮料用。

## 六、鸡尾酒调制技巧

鸡尾酒的调制有两种方式,一是英式调酒;一是美式调酒,美式调酒又称为花式调酒。

### (一)英式调酒

1.调制方法

英式调酒常用的调制方法有四种,即摇和法、调和法、兑和法、搅和法。

（1）摇和法（Shaking）

调酒时，先在壶身内放入六成冰块，然后按鸡尾酒配方依次注入基酒和其他辅助材料，然后盖上滤冰盖和壶盖。一般使用小号、中号调酒壶用单手摇动。方法是：右手握壶，食指紧压壶盖，拇指和其他手指紧握壶身，斜向上下均匀摇动。向上高度不要超过头顶，当金属调酒壶外出现白霜即可。斟酒时，右手握壶，左手打开壶盖，让酒液通过滤冰盖的小孔流入载杯，至距杯口 1/8 杯深即可。若酒液较多，侧应使用大号调酒壶用双手摇动。方法是：用右手拇指紧压壶盖，左手沿壶身纵向伸直至壶底，持住壶身，双手紧握支撑住整个调酒壶，成推进姿势，在胸前向斜上方一高一低推进，充分摇混所有原料，当金属酒壶外出现白霜即可。倒酒时，左手握壶，右手打开壶盖倒酒。

调酒壶内，不能投入含气体的汽水类材料，对鸡蛋、奶油等不易混合的材料，要大力摇匀。

（2）调和法（Stirring）

调酒时，先在调酒杯内放入适量的冰块，然后依次放入所需的基酒和辅助材料。左手握杯，右手拿酒吧长匙，将长匙夹在中指和无名指间，拇指和食指握住长匙的上部，沿着调酒杯的内侧，顺时针方向迅速旋转搅动 10 秒钟，使酒均匀冷却。倒酒时，左手握杯，右手拿长匙挡住冰块，将酒滤入载杯。

（3）兑和法（Building）

把冰块和所需材料依次放入载杯内，用长匙斜向上下搅动一下（有的不需搅动，如彩虹鸡尾酒），使各种材料混合即可。

（4）搅和法（Blending）

搅和法是把酒水与碎冰块按配方要求放入电动搅拌机中，启动 10 秒钟后连冰块和酒水倒入酒杯中。

以上各种调酒法操作时手法要轻快敏捷，姿势要自然大方，给人以一种美的享受。

2.国际标准规定

（1）仪表

必须身着白衬衣、背心，打领结。调酒人员的形象不仅影响酒吧声誉，而且还影响客人的饮酒情趣。

（2）时间

调完一杯鸡尾酒规定时间为 1 分钟。吧台的实际操作中要求一位调酒师在 1 小时内能为客人提供 80~120 杯饮料。

（3）卫生

多数饮料是不需加热直接被客人饮用的，所以操作上的每个环节都应严格按卫生要求和标准进行。任何不良习惯都直接影响客人健康。

（4）姿势

动作熟练,姿势优美,不能有不雅的动作。

（5）杯具

所有的杯具与饮料要求一致,不能用错杯子。

（6）用料

要求所有原料准确,少用或错用主要原料会破坏饮品的标准味道。

（7）颜色

颜色深浅程度与饮料要求一致。

（8）味道

调出饮料的味道要正确,不能偏浓或偏淡。

（9）调法

调酒方法与饮料要求一致。

（10）程序

要依次按标准要求操作。

（11）装饰

装饰与饮料要求一致。

3.调制的一般步骤

鸡尾酒调制过程,大致可按以下步骤来进行。

（1）挑选酒杯。

（2）杯中放入所需冰块。

（3）确定调酒方法及盛酒容器(摇酒杯或酒杯)。

（4）量入所需基酒(基酒的数量与载杯容量有关)。

（5）量入少量的辅助成分。

（6）调制。

（7）装饰。

（8）服务。

4.调制的规定动作

（1）拿瓶

拿瓶是把酒瓶从酒柜或操作台上传到手中的过程。传瓶一般有左手传到右手或从下方传到上方两种情形。拿瓶的规定动作是用左手拿瓶颈部传到右手上。用右手拿住瓶的中部,或直接用右手从瓶的颈部上提至瓶中间部位。要求动作快、稳。

（2）示瓶

示瓶即把酒瓶展示给客人。示瓶的规定动作是用左手托住底部,用右手拿住瓶颈部,呈45度角,把商标面向客人。

拿瓶到示瓶是一个连贯的动作。

（3）开瓶

开瓶的规定动作是用右手拿住瓶身,左手中指逆时针方向向外拉酒瓶盖,用力得当时可一次拉开,并用左手虎口(即拇指和食指)夹起瓶盖。

（4）量杯

开瓶后立即用左手的中指和食指与无名指夹起量杯(根据需要选择量杯的大小),两臂略微抬起呈环抱状,把量杯放在靠近容器的正前上方约一寸处,量杯要安放端正。然后右手把酒倒入量杯,之后收瓶口,左手同时将酒倒进所用的容器中,用左手拇指顺时针方向将瓶盖盖好,然后放下量杯和酒瓶。

（5）握杯

老式杯、海波杯、可林杯等平底杯应握杯子下底部,切忌用手拿杯口。高脚杯拿细柄部,白兰地杯则应用手握住杯身,以手传热使其芳香溢出(指客人饮用时)。

（6）溜杯

溜杯指将酒杯冷却后用来盛酒。通常有以下几种情况。

冰箱冷却:将酒杯放在冰箱内冷却。

上霜机冷却:将酒杯放在上霜机内上霜。

加冰块冷却:加冰块在杯内使其冷却。

溜杯冷却:杯内加冰块使其快速旋转至冷却。

（7）温烫

指将酒杯烫热后用来盛饮料。

火烤:用蜡烛来烤杯,使其变热。

燃烧:将高酒精烈酒放入杯中燃烧,至酒杯发热。

水烫:用热水将杯烫热。

（8）搅拌

搅拌是混合饮料的方法之一。它是用吧勺在调酒杯或饮用杯中搅动使饮料混合。具体操作要求用左手握住杯底,右手按握毛笔姿势,使吧勺勺背靠杯边按顺时针方向快速旋转。搅动时有冰块转动声。搅动5大圈后,用滤冰器放在调酒杯口,迅速将调好的酒滤出。

（9）摇动

摇动是使用摇酒器来混合饮料的方法。具体操作形式有单手、双手两种。

单手摇动时握摇酒器右手食指接住壶盖,用拇指、中指、无名指夹住壶体两边,手心不与壶体接触。摇壶时,尽量使手腕用力。手臂在身体右侧自然上下摆动。要求是力量要大、速度快、有节奏、动作连贯。

双手摇动时左手中指接住壶底,拇指接住壶中间过滤盖处,其他手指自然伸开,右手拇指按壶盖,其余手指自然伸开固定壶身。壶头朝向自己,壶底朝外,并略向上方。摇壶时可在身体左上方或正前上方自然摆动。要求两臂略抬起,呈伸曲动作,手腕呈三角形摇动。

（10）上霜

上霜是指在杯口边蘸上糖粉或盐霜。具体要求是操作前要把酒杯晾干,用柠檬皮擦杯口边时要均匀,然后将酒杯倒扣在糖粉或盐霜上,蘸完后把多余的糖粉或盐霜掸去。

（11）调酒全部过程

短饮:

选杯——放入冰块——溜杯——选择调酒用具——传瓶——示瓶——开瓶——量酒——搅拌(或摇壶)——过滤——装饰——服务

长饮:

选杯——放入冰块——传瓶——示瓶——量酒——搅拌（或掺兑）——装饰——服务

5.色彩调制

鸡尾酒之所以如此具有魅力,与它那五彩斑斓的颜色是分不开的。色彩的配制在鸡尾酒的调制中至关重要。

（1）鸡尾酒原料的基本色

鸡尾酒是将基酒和各种辅料调配混合而成的。这些原料的不同颜色是构思鸡尾酒色彩的基础。

①糖浆

糖浆是鸡尾酒中常用的调色辅料,它的颜色有红色、浅红、黄色、绿色、白色等。较为常用的糖浆有红石榴糖浆(深红)、山楂糖浆(浅红)、香蕉糖浆(黄色)、西瓜糖浆(绿色)等。

②果汁

果汁具有水果的自然颜色,常见的有橙汁(橙色)、香蕉汁(黄色)、椰汁(白色)、西瓜汁(红色)、草莓汁(浅红色)、西红柿汁(粉红)等。

③利口酒

利口酒是鸡尾酒调制中不可缺少的辅料,它的颜色十分丰富,赤、橙、黄、绿、青、蓝、紫几乎全包括。有些同一品牌的利口酒就有几种不同颜色,如可可酒有白色、褐色,薄荷酒有绿色、白色;橙皮酒有蓝色、白色等。

④基酒

基酒除伏特加、金酒等少数几种无色烈酒外,大多数酒都有自身的颜色,这也是构成鸡尾酒色彩的基础。

（2）鸡尾酒颜色的调配

鸡尾酒颜色的调配须按色彩配比的规律调制。

①在调制彩虹酒时首先要使每层酒为等距离,以保持酒体形态的稳定;其次应注意色彩的搭配,如红配绿、黄配蓝,但白与黑是色明度差距极大的一对,不宜直接相配;暗色、深色的酒置于酒杯下部如红石榴汁,明亮或浅色的酒放在上部如白兰地、浓乳等,以保持酒的平衡。

②在调制有层色的部分海波饮料、果汁饮料时,应注意颜色的比例配备。一般来说暖色或纯色的诱惑力强,应占面积小一些,冷色或浊色面积可大一些。如特基拉日出。

③绝大部分鸡尾酒都是将几种不同颜色的原料进行混合调制出某种颜色。这就要求我们事先了解两种或两种以上的颜色混合后产生的新颜色。如黄与蓝混合成绿色,红与蓝混合成紫色,红与黄混合成橘色,绿色与蓝色混合成青绿色等。

在调制鸡尾酒时,应把握好不同颜色原料的用量。颜色原料用量过多则色深,量少则色浅,达不到预想的效果。如红粉佳人,主要用红石榴汁来调出粉红色的酒品效果,在标准容量鸡尾酒杯中一般用量为1吧匙,多于1吧匙,颜色为深红,少于1吧勺,颜色呈淡粉色,体现不出"红粉佳人"的魅力。

注意不同原料对颜色的作用。冰块在调制鸡尾酒时用量、时间长短直接影响到颜色的深浅。另外,冰块本身具有的透亮性,在古典杯中加冰块的饮品更具有光泽,更显晶莹透亮,如君度加冰、威士忌加冰、金巴利加冰、加拿大雾酒等。

乳、奶、蛋等均具有半透明的特点,且不易同饮品的颜色混合。调制中用这些原料时,奶起增白效果,蛋清增加泡沫,蛋黄增强口感,使调出的饮品呈朦胧状,增加饮品的诱惑力。如青草蜢、金色菲士等。

碳酸饮料对饮品颜色有稀释作用,配制饮品时,一般在各种原料成分中所占比重较大,酒品的颜色也较浅、味道较淡。

果汁原料因其所含色素的关系,本身具有颜色,应注意颜色的混合变化。如日月潭库勒、绿薄荷和橙汁一起搅拌,会呈草绿色。

(3)鸡尾酒的情调创造

酒吧是最讲究氛围的场所。鸡尾酒以不同色彩来传达不同的情感,创造特殊的酒吧情调。

红色鸡尾酒和混合饮料,表达一种幸福的热情、活力和热烈的情感。

白色饮品,给人纯洁、神圣、善良的感受。

黄色饮品,是辉煌、神圣的象征。

绿色饮品,使人联想起大自然,感到自己年轻、充满活力。

紫色饮品,给人高贵而庄重的感觉。

粉红色的饮品,传达浪漫、健康的情感。

蓝色饮品,既可给人以冷淡、伤感的联想,又能使人平静,同时也是希望的象征。

6.口味调配

鸡尾酒的味道是由具有各种天然香味的饮料调配出来的,而这些饮料的成分主要是芳香类物质,如醇类、脂类、醛类、酮类、烃类。鸡尾酒调出的味道一般都不过酸、过甜,是一种味道较为适中,能满足人们的各种口味需要的饮品。

(1)原料的基本味

酸味来自柠檬汁、青柠汁、西红柿汁等。

甜味来自糖、糖浆、蜂蜜、利口酒等。

苦味来自金巴利苦味酒、苦精及新鲜橙汁等。

辣味来自辛辣的烈酒,以及辣椒、胡椒等辣味调料。

咸味来自盐。

香味:酒及饮料中有各种香味,尤其是利口酒中有多数水果和植物香味。

(2)鸡尾酒口味调配

将不同味道的原料进行组合就会调制出具有不同类型风味和口感的鸡尾酒。

①酒香浓郁型

基酒占绝大多数比重,使酒体本味突出,配少量辅料增加香味,如马提尼、曼哈顿。这类酒含糖量少,口感甘冽。

②酸味圆润滋养型

以柠檬汁、西柠汁和利口酒、糖浆为配料,与烈酒配出的酸甜鸡尾酒香味浓郁,入口微酸,回味甘甜。这类酒在鸡尾酒中占有很大比重,酸甜味比例根据饮品及各地人们的口味不同,并不完全一样。

③绵柔香甜型

用乳、奶、蛋和具有特殊香味的利口酒调制而成的饮品。如白兰地亚历山大、金色菲士等。

④清凉爽口型

用碳酸饮料加冰与其他酒类配制的长饮。具有清凉解渴的功效。

⑤微苦香甜型

以金巴利或苦精为辅料调制出来的鸡尾酒,如亚美利加诺、尼格龙尼等。这类饮品入口虽苦,但持续时间短,回味香甜,并有清热的作用。

不同地区的人们对鸡尾酒口味的要求各不相同,在调制鸡尾酒时,应根据顾客的喜好来调配。欧美人不喜欢含糖或含糖高的饮品,调制鸡尾酒时,糖浆等甜物宜少放。东方人,如日本和我国港台顾客,他们喜欢甜口,可使饮品甜味略突出。对于有特殊口味要求的顾客可征求客人意见后调制。在调制鸡酒时,还应注意世界上各种鸡尾酒的流行口味。

(3)不同场合的鸡尾酒口味

鸡尾酒种类五花八门,应有尽有,但是某一特定的场合对鸡尾酒的品种、口味有特殊的要求。

①餐前鸡尾酒

餐前是指在餐厅正式用餐前或者是在宴会开始前提供的鸡尾酒。这类鸡尾酒要求酒精含量较高,具有酸味、辣味。如马提尼、吉姆莱特等。

②餐后鸡尾酒

餐后鸡尾酒指在正餐后饮用的鸡尾酒品,要求口味较甜,具有助消化和收胃功能。如黑俄罗斯等。

③休闲场合鸡尾酒

休闲场合鸡尾酒主要是游泳池旁、保龄球场、台球厅等场所提供的鸡尾酒。要求酒精含量低或者无酒精,以清凉,解渴的饮料为佳,一般为果汁混合饮料、碳酸混合饮料。

7.调制注意事项

在鸡尾酒调制过程中,应注意以下基本原则。

第一,调酒人员须作好调酒前的各项准备工作。

第二,使用正确的调酒工具。调酒壶、调酒杯、酒杯不可混用代用。

第三,严格遵守配方,必须使用量杯。流行的著名配方大都经过长期实践才制定出来,用量不准确会改变混合后酒品的应有风格。

第四,调酒所用冰块必须是新鲜的。因为新鲜的冰块质地坚硬,不易融化。

第五,使用冰块要遵照配方。冰块、碎冰、冰霜不可混淆。调酒壶装冰时不宜装得过多过满。

第六,调酒时如需用糖,尽量使用糖饴、糖浆、糖水,少用糖块、砂糖,因为糖块和砂糖不溶于酒精或很难溶于某些果汁中。制作糖浆时,糖粉与水的比例(重量)为3:1。

第七,绝大多数鸡尾酒要现喝现调,调好之后不可放置太久,否则将失去其应有的品味。

第八,调酒用的材料要新鲜,特别是奶、蛋、果汁等。

第九,调制热饮时,酒温不可超过78℃,因为酒精的蒸发点是78℃。

第十,下料程序要遵循先辅料,后主料的原则,以避免在调制过程中出了什么差错,造成损失。

第十一,在使用玻璃调酒杯时,如果当时室温较高,使用前应先将冷水倒入杯中,然后加入冰块,使用前将冰水倒掉,以避免因冰块直接进入调酒杯,产生骤热骤冷的变化而使玻璃杯炸裂。

第十二,倒酒时,杯内的酒不可装得太满,杯口应留1/8到1/4的空隙,太满时宾客难以饮用,太少了又显得难堪。

第十三,水果如果事先用热水浸泡过,在压榨过程中,会多出1/4的汁。

第十四,酒杯降温和加霜,目的是使鸡尾酒保持清新爽口,所用的酒杯须贮藏在冷藏柜中降温。如果冷藏柜容量不足,则可在调制前先把碎冰放进杯子或把杯子埋入碎冰使之降温。酒杯加霜是指把酒杯较长时间地置于冷藏柜中,或埋入碎冰内,或杯内加冰,取出时,由于冷凝作用,杯身上出现一层霜雾,给人以极冷的感觉,适用于某些类的鸡尾酒。

第十五,"On the Rocks"是指杯中预先放入冰块,将酒淋在冰块上饮用。"Straightup"是指不加冰。"追水"是指为稀释高酒精度的酒,而追加饮用水。

第十六,调配制作完毕之后,一定要将瓶子盖紧并复归原位。

### (二)美式调酒(花式调酒)

#### 1.调酒概述

花式调酒起源于美国,现风靡于世界各地。其特点是在正统的英式调酒过程中加入一些花式调酒动作,以及魔幻般的互动游戏,起到活跃酒吧气氛、提高娱乐性、与客人拉近关系的作用。

美式酒吧的吧台和英式酒吧的吧台在构造上有所不同,调酒的方法也相对要轻松随意,美式吧台主要的构造原则是能以最快的速度为客人提供高质量的酒水,以及能够在吧台中任何地方服务客人进行花式调酒。

花式调酒是当今世界上非常流行的调酒方式,花式调酒师在调酒的过程中融入了个性,可运用酒瓶、调酒壶、酒杯等调酒用具表演令人赏心悦目的调酒动作,从而达到吸引客人、愉悦客人、增加调酒师个人魅力的目的,还能更好地与客人沟通,促销酒水等。此外,也会将整个调酒过程变得轻松随意、富有观赏性。

#### 2.调酒的要求

花式调酒师是以其花式调酒本领和表演能力来吸引消费者的。

(1)花式调酒师应熟练运用各种花式调酒用具。花式调酒特有的调酒用具有酒嘴、美式调酒壶、果汁桶等,这不但是调酒所需要的工具,还是花式调酒师在工作中轻松自如地表演的道具。

(2)花式调酒师不仅要掌握多种基本调酒技法,还要在学习过程中掌握怎样用酒嘴控制酒水的标准用量,即自由式倒酒,以及如何在最短的时间调制尽可能多的饮料等。

(3)每位花式调酒师都要懂得如何展现个人表演风格。花式调酒师要求开朗健谈,良好的沟通能使调酒师创造恰当的谈话氛围。

(4)花式调酒要不断探索、创新出高质量的酒水和新奇的花式动作。调酒师们在练习过程中,要充分发挥想象力,不断创新并提高动作技巧。

#### 3.调酒的内容

花式调酒除了要求调酒师不但能够调制出可口的鸡尾酒,还要求他能在消费者的注视下表演优雅的调酒动作,更好地展示调酒技巧。

（1）乐感

调酒师在表演中经常会伴随着各式各样的音乐,所以调酒师的花式动作要与音乐的节奏配合。一次完美的调酒表演经常可以在音乐中营造出良好的气氛。

（2）舞蹈

漂亮自如的动作能给客人满意的感觉和美的享受。舞蹈可以使调酒师身体的协调性保持良好状态,使花式调酒表演更加具有观赏性。

（3）动作

使人眼花缭乱的动作是花式调酒的重点所在,调酒师应为每一个动作编排出适合自己个性的花式动作。

（4）心理素质

在众多客人的注视下表演,必然要求花式调酒师具有良好的心理素质。花式调酒师在表演过程中,只能做自己有把握的动作,并且不要让偶尔的失手影响了后面的表演。

4.调酒常用动作

（1）花式倒酒

右手握住瓶颈,与胸同高;将瓶子从身体的右侧抛起翻转 1 周,右手接住瓶颈部,酒嘴朝下,把酒液倒入另一只手拿的调酒壶中。

（2）手背立瓶

用右手的拇指、食指、中指捏住瓶颈,手指发力向上提酒瓶,再让瓶身在空中垂直落下,将手伸平、手背向上,让瓶底朝下直立停在手背上。

（3）后抛前接

右手握瓶向身后抛瓶,瓶子抛出的同时右手手腕向上勾瓶发力,使瓶从右肩上方飞向身前,右手迅速在身前接往瓶颈。

（4）右抛左接

右手握瓶颈,与胸同高,向左手抛瓶,瓶抛出后旋转两周,左手接住瓶颈。

5.调酒动作要求

花式调酒通过表演动作串联调酒过程,难度远远大于英式调酒,因此在制作中应注意以下几点。

速度:调酒师要在调酒过程中提高鸡尾酒制作的速度。

组织:加强调酒与表演动作融为一体的组织能力。

精确:确保用酒嘴倒酒的精确性。

6.调酒的技法

（1）直调法就是将酒液直接倒入杯中混合即可。在英式调酒中被称为兑和法。

（2）漂浮、添加法就是将一种酒液加到已混合的酒液上,产生向上渗透的效果。在英式调酒中被称为兑和法。

（3）果汁机搅拌法就是把所需酒液连同碎冰一起加入搅拌机中，按配方要求的速度搅拌。在英式调酒中被称为搅和法。

（4）摇动和过滤法就是将所需酒液连同冰块放入波士顿摇酒壶中快速摇动后滤入酒杯。在英式调酒中被称为摇荡法。

（5）混合法就是把酒液按比例倒入波士顿摇酒壶，可根据配方加入冰块，把摇酒壶放在搅拌轴下，打开开关，搅拌 8~10 秒，把混合好的饮料倒入酒杯。

（6）搅动和过滤法就是将所需酒液连同冰块放入波士顿摇酒壶，搅动后滤入酒杯。在英式调酒中称为调和法。

（7）捣棒挤压法，在杯中用捣棒将水果粒通过挤压的方式压成糊状，然后将摇妥或搅拌好的酒液倒入其中。

（8）层加法就是按照各种酒品糖分比重不同，按配方顺序依次倒入杯中，使其层次分明。每种酒液是直接倒在另一种酒液上，不加搅动。在英式调酒中被称为兑和法。

7.调酒注意事项

（1）安全性，即安全第一。注意在调酒过程中保护自己和怎样不去伤害到客人。

（2）表演性，在表演前使用专业的练习瓶练习要表演的动作，达到非常熟练的程度。同时，还要发挥想象力，用一些俏皮的语言和表情提高表演观赏性、酒水质量和服务。因为表演也是为客人提供的一种服务，所以要注意在表演中坚持鸡尾酒制作标准，不要让花式表演影响到所要调制的鸡尾酒质量。

**本章小结**

　　配制酒是以各种酿造酒、蒸馏酒或食用酒精作为基酒与酒精或非酒精物质（包括液体、固体、气体）进行勾兑、浸泡、混合调制而成的酒，又可称为混合酒。配制酒的种类繁多，风格各异，酒度也有高有低，著名产品主要集中在欧洲，以法国，意大利和荷兰产的最为著名。

　　配制酒主要包括开胃酒、甜食酒、利口酒、鸡尾酒。开胃酒多用于正式宴请或宴会，在欧美比较流行。甜食酒是欧美人吃甜点时饮用的酒。利口酒是在餐后饮用的香甜酒。

　　鸡尾酒是由两种或两种以上的酒或将酒掺兑果汁配合而成的一种饮品。具体地说鸡尾酒是由基本成分（烈酒）、添加成分（利口酒和其他辅料）、香料、添色剂及特别调味用品按一定分量配制而成的一种混合饮品。鸡尾酒既能刺激食欲，又能使人兴奋，创造热烈的气氛，是最美的饮料,具有卓绝的口味。鸡尾酒非常讲究色、香、味、形兼备,故又称艺术酒。鸡尾酒可根据功能、特点、主要原料、制作工艺等分类,其常用的命名法有以制作原料命名、以基酒命名、以口味特点命名、以人物命名、以风景命名等。鸡尾酒现在已成为一种时尚的饮料。

**思考与练习**

1.开胃酒、甜食酒、利口酒的饮用方法。

2.鸡尾酒调制步骤及操作规范。

3.鸡尾酒口味调制。

4.鸡尾酒色彩调制。

5.鸡尾酒情调调制。

6.英式调酒和花式调酒的区别。

7.常见鸡尾酒调制。

8.如何合理饮用药酒?

**知识卡**

**1.利口酒的饮用**

纯饮利口酒可用利口酒杯;加冰块可用古典杯或葡萄酒杯;加苏打水或果汁饮料时,用果汁杯或高身杯。利口酒主要在餐后饮用,能够起帮助消化的作用。利口酒一般要求冰镇,香味越甜,甜度越大的酒品越适合在低温下饮用,少部分利口酒可在常温下饮用或加冰块饮用。

利口酒的标准用量为 30 毫升。

利口酒开瓶后仍可继续存放,但长时间贮存有损品质。

利口酒瓶竖立放置,常温或低温下避光保存。

**2.波特酒的保存方法**

波特酒的酒精含量和糖含量高,最好是在天气比较凉爽或比较冷的时候饮用。在打开一瓶陈酿的波特酒之前,应让瓶子直立 3~5 天,以使葡萄酒的沉淀物沉到瓶底。开瓶后至少要放置 1~2 个小时才可以饮用,以释放任何"变质"的气味或在塞子下可能产生的气体。波特酒无须冷藏,最好是在地窖温度下饮用。

与普通的认识相反,波特酒开瓶后寿命很短,必须在数周内饮用完。陈酿波特酒在开瓶后 8~24 小时之内就会变质。

# 附 录

## 附录一:饮食服务业职业道德

饮食服务业的职业道德,是饮食服务业的工作者在饮食服务业的各种活动中,必须具有的观念、情操、品德,以及必须遵循的行为准则和规范的总和。饮食服务业职业道德体现了饮食服务业的特征。

### (一)忠于职守,爱岗敬业

俗话说"干一行,爱一行",其意思就是,无论干什么工作,无论从事什么职业,都应该满腔热情地投入进去,不能心猿意马,敷衍了事。忠于职守、爱岗敬业不仅是饮食服务业对从业者的职业道德要求,也是任何一个行业对从业者的职业道德要求。

试想,如果一个餐饮企业大部分员工(包括经理人员)甚至所有员工都不忠于职守,不爱岗敬业,那么这个企业会是什么样呢? 推而广之,整个饮食服务业又会是什么样呢? 实际上,凡是经营比较好的餐饮企业,其员工绝大部分是"忠于职守,爱岗敬业"的。

### (二)讲究质量,注重信誉

在这个注重品牌经营的年代,质量意味着生命,信誉意味着发展。不讲质量和信誉,仅靠欺骗和吹嘘的餐饮企业是存活不了多长时间的,更谈不上企业的发展。吹嘘性的广告和宣传,可以换来暂时的生意兴隆,但要真正赢得消费者的心,使企业可持续发展只有为消费者提供高质量的产品和实质性的利益,才是根本。

质量和信誉,不是来自于企业的吹嘘和欺骗。而是来自于企业对质量和信誉的追求,来自于每一位员工认认真真的工作态度和踏踏实实的工作实践。因此,餐饮企业中的每一位员工都有责任保持产品、服务和环境的质量,有责任维护企业的信誉和形象。

### (三)尊师爱徒,团结协作

餐饮业是最古老的一个行业。烹调技艺是靠师带徒的形式代代相传下来的,直到现在为止,在中国的许多餐饮企业还保持着这种传统习惯。因此,尊师爱徒成了餐饮服务业独特的职业道德要求。

尊师爱徒,不仅是烹调技艺传授的要求,也是企业组织内集体劳动的要求。

"尊师爱徒,团结协作"的职业道德要求,对于劳动密集型的餐饮企业而言是至关重要的,它不仅关系到企业有无良好的职业道德风尚,还关系到企业的生产经营效率,关系到企业的产品质量与服务质量。

### (四)积极进取,开拓创新

在这个日新月异、竞争激烈的年代里,无论对于个人还是企业,没有进取和创新精神就意味着慢性自杀和面临失败。

市场经济创造竞争,要求竞争,鼓励竞争;缺乏竞争观念和竞争手段的餐饮企业必将被市场所淘汰。"积极进取,开拓创新"是餐饮企业参与竞争的唯一出路。优胜劣汰对于企业和个人而言,是亘古不变的自然法则。因此,无论是餐饮企业,还是餐饮业从业者,都应当始终保持一种"积极进取,开拓创新"的精神。

### (五)遵纪守法,讲究公德

国有国法,家有家规,企业有企业的规章制度。不同形式的社会组织,都通过某种形式的法规来维护各自的正常秩序。社会组织内的所有人都必须遵守法规,否则就会受到惩罚。公德是指社会发展过程中逐渐形成的公共道德,一般而言,包括讲究文明礼貌、遵守公共秩序、保护生态环境、维护公共治安、尊老爱幼、尊敬师长等。

"遵纪守法,讲究公德"是对餐饮服务业从业者最起码、最一般的要求。餐饮企业的员工首先是社会的一员、国家的一员,因此应当首先学习法律知识,培养法律意识和公德意识,遵守国家法律,讲究公共道德。不讲公德、不遵守国家法规的人是很难遵守企业规章制度的。

# 附录二:饮食习俗

## 一、中国各地区的饮食习俗

### (一)东北地区

黑龙江、吉林、辽宁三省地处我国的东北部,气候寒冷,当地人们的口味以咸辣为主,并爱喝白酒,以祛风寒。

东北人主食多吃杂粮,除大米、白面、小米、玉米、高粱米等外,还喜欢吃有豆类的米饭。副食品种很多,猪肉消耗量较大,"猪肉炖粉条"是东北的特色菜肴。大酱、酱制品、酸菜、腌菜是东北地区的重要佐餐食品。豆腐、冻豆腐也是不可缺少的副食品。东北地区民间烹制方法除炖、炒、熬、蒸和火锅外,还喜欢用拌、蘸食法。概括地说,东北人一般喜欢吃肉食、野味,嗜好肥浓腥膻,重油偏咸。

### (二)冀鲁地区

河北、山东地区气候干燥、寒冷,盛产小米、小麦、赤豆、黄豆等杂粮,主食以面食为主,其中以饺子为最,对菜肴的要求一般为口味较重、卤汁浓、有菜有汤,对大葱、大蒜有特别的偏好。

山东人的食俗以济南、胶东两地为代表。济南菜以汤菜最为著名,菜肴讲究经济实惠,口味偏重于清香鲜嫩。爆菜是山东的代表菜式,如"油爆双脆"、"爆肚头"、"爆鸡丁"等。济南的"糖醋黄河鲤鱼"被誉为齐鲁名馔,"九转大肠"是济南菜的特色佳肴。

河北人以稀饭、馒头为日常主食,而外出的人返回家中要吃面条,俗话说"上马饺子下马面",取"长久相聚,不要分离"之意。他们对宴席上的礼节及座位很有讲究。

**（三）陕甘宁晋地区**

陕西、甘肃、宁夏、山西,位于我国的黄土高原,主要粮食作物是小麦、谷子、玉米等。当地居民以面食为主,特别是山西的面条、陕西的烙饼最为出名,有"一面百吃"和"烙饼像锅盖"之说。山西老陈醋闻名全国,它能杀菌消毒,帮助消化,增进食欲,深受当地人的欢迎,所以山西人都是"无酸不下饭"。陕甘宁地区除了酸以外,还喜食带辣味的菜肴,当地人把红辣椒粉用沸油熬成油辣子,几乎每日必食,形成了酸辣的口味特点。此外,这个地区的畜牧业比较发达,以羊最多,所以人们还爱吃羊肉。

**（四）湘赣地区**

位于长江中游的湖南、江西两省河网交织,湖塘众多,土地肥沃,素有"鱼米之乡"之称。粮食作物以水稻为主,产量占湘、赣两省粮食总产量的80%以上。当地人以大米、糯米为主食,偶尔也吃面食,但只是为调剂口味和作点心。湖南、江西是辣椒的主要产地之一,鲜辣椒晒成辣椒干,用以调味,开胃增食,御寒祛湿,是当地人的主要调味品之一。所以食辣,成为当地人的一种普遍爱好,一日三餐,餐餐有辣椒。湘、赣居民还爱在菜里放豆豉以助味,并且较喜欢吃豆腐和瘦肉。另外,此地区是我国主要的淡水养殖区之一,盛产鱼虾,因而河鲜类的佳肴较多。

**（五）江浙地区**

江苏、浙江地区位于长江下游的江南水乡,平原辽阔,水网密布,土地肥沃,气候温和,对农作物的生长极为有利。主要粮食作物是水稻,当地人以米饭为主食,有时也吃一些面食以调剂口味。

江、浙地区人们的口味特点基本上是清淡和酸、甜、咸、辣适中。相比之下,江苏的苏州、无锡地区口味偏甜;而浙江的宁波、绍兴地区,由于地处沿海,有丰富的水产,风干腌制的海味较多,所以口味偏咸,且咸中带鲜。此外,江、浙地区人们口味的另一个特点是适应性较强,乐于接受一些与本地口味、原料、烹饪方法不同的菜肴。江河中以鲥鱼、刀鱼、鳜鱼、鲫鱼、青鱼、草鱼等为多,阳澄湖大蟹驰名全国。东海还有黄鱼、鳗鱼等,一年四季鲜鱼不断。由于气候温和、土地湿润,为蔬菜生长创造了条件,春、夏、秋、冬蔬菜常有,所以当地居民对新鲜的蔬菜和鱼类有着普遍的爱好,季节性选食也很明显。

### (六)闽粤地区

位于我国南疆地区的福建、广东两省气候温暖湿润,绝大部分地区高温多雨,夏长无冬,极有利于水稻的生长,是我国主要稻米产区之一。两省居民均以米饭为主食,早晚两餐爱吃稀饭。福建人除了米饭以外,还有吃"线面"的爱好。这种"线面"是福建的特色食品,其面细如棉线,颇为爽口。由于闽、粤地区冬暖夏长,平均气温较高,人们逐渐形成了喜爱清淡的口味特色。一般喜食生脆爽口的菜肴,不爱食用油腻、辛辣或炖得很烂的菜肴。该地区的海洋捕捞,淡水、海水养殖均较发达,因而当地人对河鱼、海鲜都很喜爱。除此之外,还爱吃野味,特别是广东人,蛇、猫等无不食之。他们还有饮茶的习惯,早上起来以后先喝茶,饭前饭后也要喝茶,喝茶成为一种普遍的嗜好。

### (七)四川地区

四川省位于长江上游,东部为四川盆地,西部为川西高原,土地肥沃,粮食作物以水稻为主,稻米年产量居全国第一。其他有小麦、玉米、红苕、豆类、荞麦、洋芋等,主要分布在东部盆地。四川人一般爱吃米饭,也食面条,"担担面"是四川人爱吃的佳点。这里具有终年温暖、霜雪极少、湿度大、云雾多、日照少的特点。西部高原气候严寒,有大片沼泽地,所以一年四季大部分时间细雨绵绵,空气潮湿。这种气候,再加上四川是辣椒、花椒的主要产地,所以四川人大多数嗜好麻辣。这不仅能增加食欲,而且还能祛除胃中寒湿,发汗驱寒,避瘴气,健脾胃,促进血液循环。四川素有"天府之国"的美誉,气候温和,物产丰富,河网交织,沃野千里,是农、林、牧、副、渔综合发展的主要地区。蔬菜、鱼类、家禽以及银耳、竹荪等产量大、品类繁多。相比之下,四川人较为爱好鱼、肉等荤菜。另外,举国闻名的"泡菜"是四川地区家家常备之物,它红黄绿白相间,是开胃、醒酒、解腻的佳品。

### (八)安徽地区

安徽省地处华东腹地,兼跨长江、淮河流域,主要粮食作物为稻米和小麦。当地人逐渐形成了米食、面食兼爱的主食特点。淮南淡水渔业较为发达,食鱼是人们的一种普遍偏好。安徽人在冬天爱吃牛、羊肉,春秋季爱吃猪肉,其次还食狗肉,并有吃饭爱喝汤的习惯。安徽人在口味上习惯于甜咸适中,并稍带辣,对饮食的适应性强,与江苏、浙江地区的口味相似。安徽还以酿酒而闻名,古井贡酒是享有盛誉的名酒,所以当地男子大多有爱喝白酒的嗜好。

### (九)港澳台地区

港、澳地区的饮食习惯与广东相似,早晨有饮茶、食烧卖、吃点心的习惯,午、晚餐喜食粤菜,特别喜爱广东出产的副食品。他们喜欢口味清淡、香脆的菜肴,喜欢吃海鲜和野味、绿叶蔬菜,特别喜欢吃虾和瘦肉。烤炸之类的鸡鸭也比较喜欢。他们喜欢啤酒、可乐和橘子水,喜欢各类水果。台湾地区的饮食习惯则与福建省相似,口味清淡,重酸甜。他们喜食海鲜和禽畜内脏、各类蔬菜和水果,喜欢饮啤酒和乌龙茶。

## 二、中国主要少数民族的饮食习俗

### (一)回族

回族人口在少数民族中仅次于壮族,而且分布较广。其主要分布在宁夏回族自治区。其他分布较多的地区是甘肃、河南、青海、新疆、云南、山东等省、自治区。回族的三大传统节日是开斋节、古尔邦节和圣纪节。信奉伊斯兰教。

在饮食方面,北方的回族以面食为主,主食有馍馍、包子、饺子、馄饨、面条;而南方的回族则食米饭。肉食以牛、羊、鸡为主,食有鳞的鱼。蔬菜大部分都爱食用。在口味爱好上基本与居住地区的居民相同。回族喜欢喝茶,居住在华北地区的喜欢喝茉莉花茶,西北地区的爱喝砖茶,西南地区的则以喝红茶和花茶为主,东南地区的多饮清茶。信仰伊斯兰教的回民忌食很严格,不吃猪肉、狗肉、驴肉、骡肉和自死的动物,不吃动物的血,不吃非回民屠宰的牲畜,非清真店制作的点心和罐头等也不食用。回族人十分热情好客,喜欢洁净卫生,尊老爱幼,善于应酬。油香、馓子、盖碗茶是他们日常用来接待来自各方客人的必备食品。回族的素食以清、净、香、甜、雅而著称。

### (二)维吾尔族

“维吾尔”是团结和联合的意思,这个古老的民族主要聚居在我国西北新疆维吾尔自治区,信仰伊斯兰教。其主要节日是肉孜节与古尔邦节。

维吾尔族长期以来以自己的辛勤劳动开发了自己的乡土,农业生产发展很快,主要种植小麦、稻米、棉花、玉米、高粱等作物。这里地理条件得天独厚,是远近闻名的“瓜果之乡”,葡萄、哈密瓜、香梨、苹果等都享有盛誉。除此之外,畜牧业也很发达,有伊犁马、塔城牛和新疆细毛羊,都闻名全国。

维吾尔族的主食有馕(用玉米粉或小麦粉制成的圆形烤饼,有时还要加上肉、蛋和奶油)、帕罗(用羊肉、清油、胡萝卜、葡萄干、葱和大米做成的食品,即手抓饭)、包子、馄饨、面条、玉米粥等。副食有羊、牛、鸡肉以及各种蔬菜。炒菜必须加肉,纯素菜极少,有“无肉不成菜”的习惯。每日三餐,一般来说,早餐吃馕,喝奶茶;午餐吃各类主食,并以副食助餐;晚餐和早餐相似,有时也吃副食。饭前饭后必须洗手,吃抓饭时,预先还要剪指甲。饮料方面一般喜欢各种奶类和奶茶(砖茶熬开后加牛奶)或清茶,还爱喝葡萄酒,而且酒量颇大。维吾尔族忌食严格,禁吃猪肉、狗肉、驴肉、骆驼肉和鸽子肉,在南疆还禁食马肉。另外,不吃青菜、芹菜、豆腐和虾,炒菜时忌用酱油。

### （三）藏族

藏族是一个历史悠久的民族,主要分布在西藏自治区以及四川、青海、甘肃和云南等省的部分地区。藏族人多从事农业和畜牧业。藏族多信奉喇嘛教,每天早晨起床后及饭前念经,最忌讳别人用手抚摸佛像、经书、念珠和护身符等圣物,认为这是触犯禁规,对人畜不利。

藏民的主食是"糌粑",即用炒熟的青稞或豌豆磨成的炒面,每日三到四餐。牧民的食物一般以牛、羊肉和奶制品为主,农业区的藏民也吃大米、蔬菜和面食。早点一般是酥油茶、点心和糌粑;午饭喜欢吃"哲色"、肉包子、馅饼;晚饭爱吃手扒羊肉、面条、猫耳朵、片儿汤等。藏民吃菜并不要求花样多,但质量要精。就餐时餐具也很简单,平时仅一把小刀、一只木碗,吃饭还要求食不满口,咬不出声,喝不作响,拣食不越盘等。

藏民喜爱的饮料有酥油茶、青稞酒以及各种奶茶、奶酒等,特别是酥油茶,每天必饮。藏民还有吸烟的嗜好,主要是鼻烟,也有吸卷烟和旱烟的。藏民一般不吃鱼、虾、蟹等水产品和海味,忌食驴、骡、狗等肉类,部分地区的藏民(如昌都、甘肃南部、青海部分地区)不吃鸡和鸡蛋。

### （四）蒙古族

蒙古族是一个勤奋勇敢的民族,主要聚居在内蒙古自治区内,其余的分布在辽宁、吉林、黑龙江、甘肃、青海等省以及新疆维吾尔自治区等地。蒙古族世世代代生活在我国北部的大草原上,大部分从事畜牧业,也有一些经营农业或半农半牧。蒙古族有一年一度的"那达慕"盛会,非常热闹和隆重。

蒙古族人的饮食,牧区以肉食为主,其中主要是牛、羊肉,也吃猪肉、鹿肉和黄羊肉等。烤肉、肉干、手抓肉均为家常食品,其中以手抓肉最为著名,四季都可食用,而烤全羊则是宴请远方宾客的最佳食品。饮料一般有马奶、牛奶、羊奶、奶子酒等乳制品,也吃一些蔬菜。农业区则以粮食为主,有米饭、馒头、面条、饺子、炒面等,比较喜爱食用一些肉类制品、乳制品和多种蔬菜。蒙古族人还有饮酒的爱好,夏季爱饮马奶酒,平时习惯饮"泡子"(用小米酿成)、各种白酒和烈性酒,酒量较大,在招待客人时更是开怀畅饮。牧区的蒙民一般不食各种鱼类、鸡、鸭、虾、蟹和动物内脏等,但居住在农业区,尤其是汉民较多地区的蒙民,偶尔食用一些。

### （五）朝鲜族

朝鲜族主要分布在延边朝鲜族自治州及长白山一带,还有一部分分布在辽宁、黑龙江等省。朝鲜族是从19世纪中叶由邻国朝鲜陆续迁入我国的,所以在饮食习惯、生活特点等方面,很大部分保留了自己的特点。米饭是朝鲜族人的主食,还有打糕、片糕、冷面和苏叶饼等,荤菜喜欢狗肉、猪精肉、鸡和多种海味,特别喜欢狗肉。素菜则爱吃黄豆芽、卷心菜、粉丝、萝卜、菠菜和洋葱等。泡菜和汤是不可缺少的食物,一日三餐几乎顿顿不离口。在调味品上爱用辣椒、芝麻油、胡椒粉、葱、姜、蒜等;口味喜辣,偏好有香、辣、蒜味的菜肴。朝鲜族人一般不吃稀饭,不喜欢吃鸭、羊肉、肥猪肉和河鱼。不喜欢在热菜里放醋,也不喜爱放糖和花椒过多及过于油腻的菜。在饮料方面,一般爱喝花茶,还爱喝豆浆,饭前饭后还有喝冷开水的习惯,男子普遍爱喝酒。

### 三、主要客源国的礼仪食俗简介

#### (一)日本

日本位于亚洲东部的太平洋上,居民多为大和族,通用日语,大多数日本人信奉神道和佛教。

日本的节日,最主要的是新年(按照公历,由头年12月27日至翌年1月3日),是全国公众假期。另外,日本还有许多民俗节日,如成人节、维祭、春分、樱花节、天皇诞辰日、宪法纪念日、儿童节、七夕、敬老节、体育节、文化节、勤劳感谢节、高山节等。日本人注重礼节,见面一般都互致问候,脱帽鞠躬,表示敬意。

日本人的饮食,有日本国固有的"日本料理",也有从中国传过去的"中国料理"和从西欧传过去的"西洋料理"。"日本料理"的主食是米饭,副食主要是鲜鱼和蔬菜。其特点是不用油或很少用油。烹调方法一般是火烤或水煮。火烤的主要是鲜鱼和咸鱼,水煮的有豆类和鱼,放酱油和糖等调料。

日本人的饮食习惯与中国有许多相似之处。他们对中国的广东菜、北京菜、淮扬菜和不很辣的川菜都很喜欢。口味喜欢清淡、不油腻、鲜而甜,爱吃鱼,如蒸鱼、烤鱼、炸鱼片等,但都要把骨刺去掉。他们还有吃生鱼片的习惯。生鱼片在日本叫"刺身",它是用非常新鲜的鲭鱼、鲈鱼、金枪鱼、沙丁鱼等原料制成的。吃生鱼片时要蘸酱油,酱油中一定要放辣根末,以去腥杀菌。

#### (二)泰国

泰国旧称暹罗,地处亚热带,90%以上的居民信奉佛教,男子成年必须经过三个月至一年的僧侣生活。泰国人很讲礼貌,晚辈对长辈处处表示尊敬,在泰语中敬语用得特别多。对人尊敬往往以双手在胸前合掌来表示。

泰国人的主食是稻米,副食主要是鱼和蔬菜。早上喜欢吃西餐,如烤面包、黄油、果酱、咖啡、牛奶、煎鸡蛋及中餐的油条、豆浆等;午餐和晚餐爱吃中餐。口味要求清淡、味鲜,忌油腻,烹制菜肴爱用辣椒、柠檬、鱼露和味精,一般不用糖。他们爱吃中国菜中的广东菜和四川菜,特别爱吃辣椒,且越辣越好。他们最喜欢的民族风味是"咖喱饭",它是用大米、肉片(或鱼片)和青菜调以辣酱油做成的。泰国人特别喜欢喝啤酒和冰茶,也爱喝白兰地兑苏打水。在喝咖啡和红茶时,爱佐以小蛋糕和干点心;饭后有吃水果的习惯,如苹果、鸭梨等,但不爱吃香蕉。泰国人不喜欢酱油,不爱吃狗肉、野味、红烧的菜肴和放糖的菜肴,忌食牛肉。

### （三）印度

印度是南亚最大的国家，不仅人口众多，而且教派也很繁多，有印度教、基督教、佛教、伊斯兰教等。印度人讲究礼节礼貌，尊重长者。印度的主要节日有洒红节（也称泼水节或春节）、十胜节、灯节、蛇节等。

印度东部和西南部以大米为主食；北部和西部则以"恰派提"（Chapatis，一种用面粉烤制的面包状的食物）为主食；再往西，人们以印度饼（用面粉、砂糖、盐、蛋、牛奶和酥油调成，发酵后烤制，与中国新疆维吾尔族的"馕"比较类似，在中国被称为"抛饼"）为主食。印度人的口味特点是人人都喜欢吃辣，爱吃咖喱，几乎所有的菜都用咖喱作调料，如咖喱菜花、咖喱牛肉、咖喱鸡等。此外，还用藏红花、郁金香、芒果酱、红辣椒、洋葱、豆蔻、黑胡椒、丁香、肉豆蔻、酸奶等作调料，而没有酱油之类的作料。印度人特别爱吃油爆、炸、烤的食物，也喜欢吃炖咖喱鸡、藏红花饭、酸奶拌饭。对中国的某些菜，如香口味的菜肴比较喜欢，对中、西菜的汤则不太感兴趣。蔬菜多用茄子、豆类、花菜、洋葱、西红柿，尤其爱吃马铃薯，不吃蘑菇、笋、木耳、面筋、素什锦之类的食物。

印度菜的差别很大，这种差异主要是受多种宗教的影响。因此，饮食习俗也各不相同。例如，约占总人口82%的印度教徒和锡克教徒忌食牛肉，但吃猪肉，喜欢吃羊肉和家禽肉。印度教的上层人物为素食者，不仅不吃任何肉类，甚至连仿生素食品也不吃。所以，在接待他们时，不要用素料做成荤菜形状，也不要用豆面捏制成鸡、鸭、鸟、鱼的形象。

### （四）新加坡

新加坡是世界第二大海港，是享誉世界的"花园城市"。新加坡由新加坡岛及其附近54个小岛组成，为多元种族社会。在全国人口中，华人占76.4%，马来人占14.7%。新加坡的传统节日为食品节（每年4月17日）。每当节日来临，所有的食品店都要制作精美的食品以迎接节日；新加坡人无论贫富，根据各自经济能力购买特制点心或廉价食品，合家团聚或邀聚亲朋好友以示庆贺。

新加坡人以米饭和包子为主食，不爱吃馒头。中上层人士早餐多吃西餐，下午习惯吃点心。喜欢鱼、虾类食品，喜欢煎、炸、炒制的菜肴。新加坡人大都喜欢吃广东菜。信佛教、印度教者喜欢吃咖喱类菜，但不吃牛肉。水果方面爱吃桃子、荔枝、凤梨等。在新加坡的印度人和马来人吃饭用右手，注意不要用左手递东西给他们。

在新加坡忌讳说"恭喜发财"，认为"发财"含有"横财"之意，而"横财"就是不义之财。因此祝愿对方"发财"，被认为是挑逗、煽动他人去损人利己，危害社会。

### （五）印度尼西亚

印度尼西亚有"千岛之国"之称。该国88%的居民信奉伊斯兰教，少部分居民信奉基督教、印度教、佛教等。印尼的节日有元旦、青年节（又称英雄节）等。

印度尼西亚人以米饭为主食，副食品有鱼、虾、鸡、鸭、鸡蛋、肉、海味、蔬菜等。

不吃带骨、带汁的菜肴及鱼肚。另外，由于印尼人多信奉伊斯兰教，所以忌食猪肉。爱用咖喱、胡椒、辣椒、虾酱作调味料。印度尼西亚人爱吃中国菜中的四川菜、淮扬菜，不吃广东菜，喜欢烤、炸、爆、炒类清淡带辣味的菜肴。早餐一般喜吃西餐，如三明治、烤面包、黄油、咖啡、牛奶、煮鸡蛋等；午晚餐吃中餐，上层人士一日三餐吃欧式西餐。爱饮红茶、葡萄酒、香槟酒、汽水等，一般很少饮烈性酒。爱吃的菜肴有香酥鸭、辣子鸡丁、虾酱牛肉、咖喱牛肉、咖喱羊肉、酥炸胗肝、炸大虾、干烧鱼、红焖羊肉、青椒肉片、宫保鸡丁、锅烧全鸭、香酥百合鸡等。

### （六）英国

英国人大多信奉基督教新教。英国的主要节日为新年、圣诞节、复活节等。英国人的特点是冷静、矜持，普遍有一种绅士风度，注重个人仪表，讲究礼节礼貌，在各种场合都奉行"女士优先"的原则。

英国人主要吃西餐，但也喜欢吃中餐。英国菜的特点是油少而清淡，量少而精细，讲究花样，注重色、香、味、形。其口味喜欢清淡、嫩滑、焦香。烹调方法主要有煮、烩、蒸、烤、焖等。英国人的菜肴尤以煮带汤水的菜较多，也喜欢烧、烤、煎、炸牛肉，对羊肉、鸡、鸭、野味、蛋等也很感兴趣，讲究调味品，如胡椒粉、芥末粉、酱油等，尤其爱吃浓汤、火腿，还有面包、吐司和冰激凌等。烹制菜肴不用酒，烤类食物配有苹果沙司。

在酒水方面，英国人爱喝啤酒、葡萄酒和威士忌等烈性酒，他们不劝酒，认为喝醉酒是失态、无礼之举。在饮料方面，他们除了爱喝咖啡外，尤其喜欢喝红茶，有人竟到了面包可以不吃，茶却不可不喝的程度，每天都有雷打不动的饮上午茶（上午10:00左右）和下午茶（3:30~4:00左右）时间。而且英国人喝红茶时通常要加入牛奶、糖及柠檬汁等。在斋戒日和星期五，英国人正餐一律吃炸鱼，不食肉，这是因为耶稣的受难日是复活节前的那个星期五。

### （七）法国

法国是世界闻名的"奶酪之国"，其首都巴黎享有世界"花都"之美誉。90%的法国人信奉天主教，少数人信仰基督教和伊斯兰教。法国的主要节日有元旦、圣诞节和复活节等。法国人性格爽朗而热情，喜欢讲话，非常乐观，讲话时喜欢用手势来加强自己的意思。

法国菜世界闻名，其主要特点是选料广泛，用料新鲜，烹调讲究，装饰美观，花色品种繁多，用酒较多。法国人口味喜欢肥浓味厚，鲜嫩味美；喜食较生一点的菜肴（一般烧到七八成，甚至三四成熟就吃），一般不食辣。副食爱吃各种肉类，特别是鲜嫩的牛肉、鸡、鸭和海鲜（如鱼、虾、牡蛎等）。他们也爱吃新鲜的蔬菜，对竹笋、蘑菇特别喜欢。其做菜的配料多为大蒜头、丁香、香草、百合、洋葱、芹菜、胡萝卜等。最爱吃的菜是蜗牛和牛蛙腿，最名贵的菜是鹅肝，喜欢水果（如香蕉、橘子、西瓜等）和酥油点心。法国人爱吃中国的广东菜、淮扬菜及不辣的四川菜。不喜欢吃生蔬菜,也不吃无鳞的鱼、海参、鱿鱼、海蟹、鸡血、猪血及以动物内脏等为原料制成的菜肴。

法国的干鲜奶酪世界闻名,其品种多达 350 余种。它们是法国人午晚餐桌上必不可少的食品。面包也吃得很多。另外,法国的酒类繁多,味道醇厚,酿造精良,葡萄酒产量居世界第二,有多种优质品牌的葡萄酒,白兰地、香槟酒更是享誉全世界。法国人有饮酒冠军之称。法国人家家餐桌上都有葡萄酒,各人自选饮料,并无劝酒的习惯。在中国旅游时,法国人喜欢比较简单的就餐方式,早餐用西餐,午、晚餐则爱用中餐。

### (八) 意大利

意大利人 90% 以上信奉天主教,其主要节日为情人节(也称圣瓦伦丁节)、狂欢节、圣诞节、复活节等。

意大利菜的突出特点是原料讲究,口味较重,味浓,香烂,烹调方法以炒、煎、炸、红烩、白烩为主,很少用烧烤。意大利人普遍喜欢吃通心粉、馄饨、饺子、面疙瘩、葱卷等面食及各种烩、炒的米饭,如西红柿浓汁拌上虾、贝的烩饭,而且习惯第一道就上面食或炒饭。副食爱吃牛肉、羊肉、精猪肉和鸡、鸭、鱼、虾等。习惯吃六七成熟的菜。饭后要吃水果,如葡萄、苹果、橄榄等。吃饭时离不开水和饮料。意大利人爱吃法式西餐及中国菜(如炒面、炸茄盒、腰果鸡丁、清蒸鱼、通心粉素菜汤、煎馄饨、什锦铁扒菠菜、咕噜肉等),不吃海参、海蜇、肥肉、动物内脏、豆腐等。意大利薄饼是当今世界流行的方便食品中的佼佼者。它的来历与中国的"叫花鸡"极为相似。

### (九) 德国

德国居民中基督教徒占 48.9%,天主教徒占 44.7%。德国在世界上享有"啤酒之国"的美誉。德国的节日主要有元旦、狂欢节、啤酒节、阿尔卑斯角笛节等。

德国人的特点是勤勉、矜持、有朝气、守纪律、好清洁、爱音乐。他们很讲究服装的整洁,要穿戴得整整齐齐才出门,同时也很讲究房内的摆设和卫生,特别是厨房、洗涤间的卫生。因此,他们对餐厅和服务人员的衣着也要求清洁、整齐,对餐具和食品的卫生要求也很高。

德国人对吃是不太讲究的,早餐相当简单,一般只是吃面包、喝咖啡而已,有时再加上些切成薄片的灌肠和火腿。午餐和晚餐经常也是一碗汤和一道菜。相对来说,比较重视午餐,午餐是一天的主餐。德国人对中国菜很感兴趣。烹调喜欢多用油,口味偏酸甜,不喜欢吃过辣的食物。晚餐一般吃冷餐,并喜欢关掉电灯,只点几根小蜡烛,在幽淡的烛光里进餐饮酒。德国人比较讲究餐具和喝饮料的规矩,吃饭时先喝啤酒,后喝葡萄酒。还喜食蛋糕、甜点心和各种水果。

德国人的主食是土豆,如煮土豆、炸土豆条、土豆泥和土豆团子等,有时也用大米或面条作为主食,更多的是用肉类食品作为主食。肉类食品以牛肉和猪肉为主,此外还有鸡、鸭等,但不爱吃羊肉。肉类的烹调方法有红烧、煎、煮、清蒸和制汤等。他们还爱吃野味、家禽、各种水果(如桃、梨、橘子等)和新鲜蔬菜,也爱吃豆芽菜、蘑菇、豆腐等菜。他们对中国的拔丝类菜肴很感兴趣,泡菜也很对他们的胃口。除了北部沿海地区外,大多数人不爱吃鱼类食品。另外,德国人不吃带骨的肉食,如鸡腿、鸡翅、鸡爪、排骨等,也不吃海参、蹄筋和动物内脏。啤酒是他们的主要饮料,在德国有世界闻名的"慕尼黑啤酒节"。

### (十) 俄罗斯

俄罗斯人豪爽大方,热情好客,不掩饰感情。俄罗斯人的口味特点与我国的哈尔滨人比较接近,菜肴的口味较重,油水较足,喜欢酸、甜、咸和微辣。

"俄国大菜"久负盛名,享誉世界,不仅色美味鲜,品种繁多,而且烹调方法也与众不同,如焖、煮、烩、烤、炸、煎等。调味品特别爱用酸奶油,甚至连沙司和某些点心也加上一点。酸奶油不仅味酸、多脂肪,而且富有营养,能增进食欲,还可以帮助上色。所以,许多肉类一般都要抹上一些酸奶油进行烤制。黄油用得也比较多,许多菜肴烹制完成后,都要浇上一些黄油。俄罗斯人以面包为主食,爱吃带酸味的食品,菜汤、黑面包、牛奶都要吃酸的。口味一般较咸,较油腻。副食通常是肉类、鱼类、禽蛋和蔬菜(如青菜、黄瓜、西红柿、土豆、萝卜、洋葱、生菜等),肉类以牛、羊肉为主,猪肉次之。黑麦面包、黄油、酸牛奶、酸奶渣、酸黄瓜、酸白菜、咸鱼等都是他们喜爱的食品。还喜欢生吃腌鱼片和腌肥肉片,特别爱吃鱼子酱,一般不吃比目鱼、海蜇、海参、木耳等。(哈萨克人忌吃整鱼,也不吃海味、猪肉、鱼、虾、鸡蛋等等。)俄罗斯人爱喝伏特加酒,而且大多数人酒量很大。啤酒常常作为午餐和晚餐的饮料,以酒代水。喝红茶要加糖和柠檬,不喜欢喝绿茶,也不喜欢喝葡萄酒和柠檬汽水。一般都喜欢喝酸牛奶,还喜欢吃烩苹果,主要是吃汁水。

### (十一) 美国

美利坚合众国是一个联邦制的国家,信奉基督教、天主教者占人口一半以上,还有少数人信奉犹太教及东正教。国花为玫瑰花。主要节日有圣诞节、感恩节、父亲节、母亲节等。美国人性格比较浪漫,他们不保守,喜新奇,自由平等的观念很强。

美国人的口味特点是喜欢清淡、鲜嫩、爽口、微辣、稍酸、咸中带甜,多数吃西餐,一般也爱吃中国的广东菜。由于美国菜是从英国菜演变过来的,所以在烹调方法上大致和英国菜相同。不过铁排一类的菜更为普遍,如铁排牛肉、羊肉,铁排各类家禽等。在素菜方面,他们喜欢吃青豆、菜心、豆苗、刀豆、西兰花、扁豆、蒜苗、油菜菜心和蘑菇之类。菜肴中常用水果作配料,如菠萝焖火腿、苹果烤鹅、鸭、紫葡萄焖野味等。另外,还偏爱火腿和牛蛙。在烹调方法上他们注重煎、炒、炸,一般不在厨房用调料,而把酱油、醋、盐、味精、胡椒面、辣椒糊等放在餐桌上自行调味。他们对所有带骨的肉类都要尽量剔去骨头,如鸡鸭要去骨,鱼要斩头去尾,剔除骨刺,虾要剥壳,蟹要去壳等。他们喜爱的食品有:糖醋鱼、咕噜肉、炸牛肉、炸牛排、羊肉、炸猪排、炸鸡、炸仔鸡、各种水果汁和糖油煎饼夹火腿、椒盐小面包、烤面包等。在冷菜中,多数是用色拉油、沙司作调料。还喜欢吃我国北方的甜面酱,南方的蚝油、海鲜酱等。

美国人重视食品的营养和卫生,讲究食品质量,特别重视早餐的质量。常吃的食品有奶制品、熏肉、鸡蛋、椒盐面包和各种果子汁。

美国人不爱喝茶,即使喝也只喝红茶,并爱放牛奶和糖;爱喝冰矿泉水、可口可乐、啤酒、威士忌、白兰地、香槟酒等,也爱喝中国的葡萄酒、桂花陈酒。

### (十二)加拿大

加拿大有"枫叶之国"的美称,其居民主要信奉天主教和基督教。

加拿大人习惯吃英、美式西餐。早晨吃西餐,如牛奶、麦片粥、玉米片粥、烤面包等。午餐、晚餐也吃中国菜,尤其爱吃广东菜。喜欢喝各种水果汁,如西红柿汁、菠萝汁、柚子汁以及可口可乐、啤酒等。口味偏重甜酸,喜欢清淡的食品。菜肴中很少用调料,而习惯把调味品放在餐桌上自行添加。他们爱吃炸鱼虾、炸牛排、炸羊排、鸡、鸭、糖醋鱼、咕噜肉等。晚餐爱喝清汤(加放豆、小萝卜等),点心喜欢吃苹果排、香桃排等。一般不用蒜味、酸辣叶的调味品。还爱吃沙丁鱼和野味。他们忌食各种动物内脏,也不爱吃肥肉。

### (十三)埃及

埃及人大多数信奉伊斯兰教,科普特人则信奉基督教。

埃及人以"耶素"(不发酵的面饼)为主食,喜食牛肉、羊肉、鸡、鸭鸡蛋等。蔬菜爱吃豌豆、洋葱、萝卜、茄子、西红柿、卷心菜、南瓜、土豆等。口味要求清淡、甜、香,不油腻,喜爱甜食及中国的川菜,上层人士多吃英式西餐。喜欢喝红茶和咖啡,根据伊斯兰教规,禁忌饮酒。忌食猪肉、狗肉、海味、虾、蟹和各种动物内脏(肝除外),以及甲鱼、鳝鱼等奇形怪状的鱼类。喜食的食物有串烤羊肉、烤全羊、"考斯考斯"(用核桃仁、杏仁、橄榄、葡萄干、甘蔗汁、石榴汁、柠檬汁等做成的糯米团)或油炸的馅饼。

### (十四)澳大利亚

澳大利亚居民多信奉基督教,少数居民信奉犹太教、伊斯兰教和佛教。该国的主要节日有圣诞节、南太平洋艺术节。澳大利亚人饮食以英式西餐为主,口味清淡、不油腻,不喜欢辣味菜肴,少数人不喜欢酸味食品。烹调方法以烤、焖、烩、炸为主。就餐时喜欢自己选用调料。食品丰盛、量大,对动物蛋白需要量也大,爱喝牛奶,爱吃牛肉、羊肉、精猪肉、鸡、鸭、鱼、鸡蛋、乳制品和新鲜蔬菜。喜爱的菜肴有炒里西、脆皮鸡、油爆虾、糖醋鱼等,还爱吃中国的什锦炒饭。爱喝咖啡,喜吃水果。

# 附录三:鸡尾酒调制实例

## 一、英式鸡尾酒调制

### (一)以金酒为基酒

**1.马提尼(干)(Dry Martini)**

基酒:42 毫升金酒。

辅料:4 滴干味美思酒。

制法:用调和滤冰法,把基酒和辅料倒入鸡尾酒杯中,用酒签穿橄榄装饰。

**2.马提尼(甜)(Sweet Martini)**

基酒:42 毫升金酒。

辅料:14 毫升甜味美思酒。

制法:用调和滤冰法,把基酒和辅料倒入鸡尾酒杯中,用酒签穿红樱桃装饰。

**3.红粉佳人(Pink Lady)**

基酒:28 毫升金酒。

辅料:14 毫升柠檬汁。

   8.4 毫升红石榴糖浆。

   8.4 毫升君度酒。

   半个鸡蛋清。

制法:用调和滤冰法,把基酒和辅料倒入鸡尾酒杯中,用樱桃挂杯装饰。

**4.吉普生(Gilson)**

基酒:42 毫升金酒。

辅料:2 滴干味美思酒。

制法:用调和滤冰法,把基酒和辅料倒入鸡尾酒杯中,切一柠檬片,扭曲垂入酒中,酒签穿小洋葱装饰。

### (二)以威士忌为基酒

**1.干曼哈顿(Dry Manhattan)**

基酒:28 毫升美国威士忌。

辅料:21 毫升干味美思酒。

制法:用调和滤冰法,把基酒和辅料倒入鸡尾酒杯中,用酒签穿橄榄装饰。

**2.甜曼哈顿(Sweet Manhattan)**

基酒:28 毫升美国威士忌。

辅料:21 毫升甜味美思酒。

   3 滴安哥斯特拉比特酒。

制法:用调和滤冰法,把基酒和辅料倒入鸡尾酒杯中,用酒签穿樱桃装饰。

3.酸威士忌(Whiskey Sour)

基酒:28 毫升美国威士忌。

辅料:28 毫升柠檬汁。

　　　19.6 毫升白糖浆。

制法:用调和滤冰法,把基酒和辅料倒入鸡尾酒杯中,用樱桃挂杯装饰。

**(三)以白兰地为基酒**

白兰地奶露(Brandy Egg Nogg)

基酒:28 毫升白兰地。

辅料:112 毫升鲜牛奶。

　　　14 毫升白糖浆。

　　　一只鸡蛋。

制法:用搅和法,先将半杯碎冰加在搅拌机里,然后将白兰地和辅料放进去,搅拌 10 秒钟后倒入柯林杯中,在酒液面上撒豆蔻粉。

**(四)以朗姆酒为基酒**

自由古巴(Cuba Libre)

基酒:28 毫升白朗姆酒。

制法:用调和法,先倒入基酒,挤一片青柠檬角汁,并把青柠檬放入柯林杯中,斟满可口可乐,加吸管,不加其他装饰。

**(五)以伏特加为基酒**

1.黑俄罗斯(Blark Russian)

基酒:28 毫升伏特加酒。

辅料:21 毫升甘露咖啡酒。

制法:用兑和法,先把冰块放入平底杯中,倒入基酒和辅料,然后装饰。(白俄罗斯鸡尾酒只在以上配方加 28 毫升淡奶。)

2.血玛丽(Bloody Mary)

基酒:28 毫升伏特加酒。

辅料:112 毫升番茄汁。

制法:用调和法,先倒入基酒和辅料,挤一片柠檬角汁,并把柠檬角放入平底杯中(有的也用果汁杯),加盐、胡椒粉、几滴李派林急汁和一滴辣椒油,面上撒西芹和盐,用西芹菜棒和柠檬片挂环装饰。

3.螺丝批(Screwdriver)

基酒:28 毫升伏特加酒。

辅料:112 毫升橙汁。

制法:用调和法,把基酒和辅料倒入平底杯,加橙角、樱桃装饰。

**（六）其他**

**1.天使之吻（Angel Kiss）**

基酒：21毫升甘露酒。

辅料：5.6毫升淡奶。

制法：用兑和法，把基酒倒入餐后甜酒杯中，再把淡奶轻轻倒入，不需搅拌，用酒签穿红樱桃放在杯沿装饰。

**2.雪球（Snow Ball）**

基酒：42毫升鸡蛋白兰地。

制法：用调和法，把基酒倒入柯林杯，再倒入85％的雪碧汽水，加樱桃装饰。

**3.红眼（Red Eyes）**

基酒：224毫升生啤酒。

辅料：56毫升番茄汁。

制法：用调和法，将基酒和辅料倒入啤酒杯中，不加装饰。

**4.姗蒂（Shandy〈Tops〉）**

基酒：140毫升生啤酒。

辅料：140毫升雪碧汽水。

制法：用兑和法，把基酒和辅料倒入啤酒杯中，不加装饰。

**5.枪手（Guner）**

基酒：98毫升羌啤。

辅料：98毫升干羌水。

制法：用调和法，先把3块冰放入柯林杯，滴3滴安哥斯特拉比特酒，然后放入基酒和干羌水，最后把扭曲的柠檬皮垂入酒液，橙角、樱桃卡在杯沿装饰。

**6.什锦果宾治（Fruit Punch）**

材料：84毫升橙汁。

　　　84毫升菠萝汁。

　　　28毫升柠檬汁。

　　　14毫升红石榴糖水。

制法：用调和法，先把材料按分量倒入柯林杯中，加满雪碧汽水，把橙角、樱桃卡在杯沿装饰。

**7.薄荷宾治（Mint Punch）**

基酒：28毫升绿薄荷酒。

辅料：56毫升橙汁。

　　　56毫升菠萝汁。

制法：用调和法，把基酒、辅料倒入柯林杯中，最后把橙角、樱桃卡在杯沿，薄荷叶斜放杯中装饰。

8.波斯猫(Pussy Foot)

材料:84 毫升橙汁。

56 毫升菠萝汁。

9 毫升红石榴糖水。

56 毫升雪碧汽水。

一只鸡蛋。

制法:用搅拌法,把材料加碎冰全部放入搅拌机搅拌,倒入柯林杯中,加橙角、樱桃装饰。

## 二、美式鸡尾酒调制

### (一)好莱坞之夜(Hollywood Night)

材料:45 毫升椰味甜酒(Malibu)。

15 毫升蜜瓜甜酒(Melon Liqueur)。

15 毫升菠萝汁(Pineapple Juice)。

1 片柠檬(Lemon)。

1 个樱桃(Cherry)。

调配:将上述材料(除柠檬、樱桃外)倒入加有冰块的摇酒壶内,摇妥后滤入鸡尾酒杯中,以柠檬片及樱桃装饰。

提示:口味甜,酒精度约为 15 度。

### (二)海岸冰茶(Long Beach Ice Tea)

材料:15 毫升金酒(Dry Gin)。

15 毫升伏特加酒(Vodka)。

15 毫升淡制朗姆酒(Light Rum)。

15 毫升橙皮甜酒(Triple Sec)。

60 毫升酸甜汁(Sweet & Sour Mix)。

适量蔓越梅汁(Cranberry Juice)。

少许橙片(Orange)。

调配:将上述材料(除蔓越梅汁、橙片外)倒入加有冰块的摇酒壶内,摇妥后直接倒入飓风杯并注满蔓越梅汁,配吸管,以橙片装饰。

提示:口味微甜,酒精度约为 23 度。

### (三)柠檬滴(Lemon Drop)

材料:30 毫升伏特加酒(Vodka)。

15 毫升橙皮甜酒(Triple Sec)。

10 毫升柠檬汁(Lemon Juice)。

8 毫升糖水(Sugar Syrup)。

调配:将上述材料倒入加有冰块的摇酒壶内,摇妥后滤入古典杯中。

提示:口味甜,酒精度约为 25 度。

### (四)蜜瓜球(Melon Ball)

材料:25 毫升伏特加酒(Vodka)。

　　　15 毫升蜜瓜甜酒(Melon Liqueur)。

　　　1 片柠檬(Lemon)。

　　　1 个樱桃(Cherry)。

调配:将上述材料(除樱桃、柠檬外)倒入加有冰块的摇酒壶内,摇妥后滤入鸡尾酒杯中,以樱桃及柠檬片装饰。

提示:口味甜,酒精度约为 30 度。

### (五)蓝色电波(Electric Lemonade)

材料:30 毫升伏特加酒(Vodka)。

　　　15 毫升蓝色橙酒(Blue Curacao)。

　　　60 毫升酸甜汁(Sweet & Sour Mix)。

　　　适量雪碧(Sprite)。

　　　少许柠檬(Lemon)。

调配:将上述材料(除雪碧、柠檬外)倒入加有冰块的摇酒壶内,摇妥后滤入加有冰块的特饮杯中再注满雪碧,配吸管,以柠檬装饰。

提示:口味甜,酒精度约为 18 度。

### (六)夏威夷火山(Hawaiian Volcano)

材料:25 毫升金富丽娇(Southen Comfort)。

　　　25 毫升杏仁甜酒(Amaretto)。

　　　15 毫升伏特加酒(Vodka)。

　　　40 毫升菠萝汁(Pineapple Juice)。

　　　40 毫升橙汁(Orange Juice)。

　　　25 毫升柠檬汁(Lemon Juice)。

　　　25 毫升红石榴糖浆(Grenadine Syrup)。

　　　少许橙子(Orange)。

　　　1 个樱桃(Cherry)。

调配:将上述材料(除橙片、樱桃外)倒入加有冰块的摇酒壶内,摇妥后滤入加有冰块的海柏杯中,以橙片及樱桃装饰。

提示:口味甜,酒精度约为 25 度。

### (七)水果总动员(June Bug)

材料:30 毫升蜜瓜甜酒(Melon Liqueur)。

　　　15 毫升椰子甜酒(Coconut Liqueur)。

60 毫升香蕉甜酒(Banana Liqueur)。

60 毫升菠萝汁(Pineapple Juice)。

调配:将上述材料倒入加有冰块的摇酒壶内,摇妥后滤入鸡尾酒杯中。

提示:口味甜,酒精度约为 17 度。

### (八)海角天涯(Ends of the World)

材料:45 毫升伏特加酒(Vodka)。

90 毫升蔓越梅汁(Cranberry Juice)。

适量苏打水(Soda Water)。

1 片柠檬(Lemon) 。

调配:将伏特加酒、蔓越梅汁倒入加有冰块的古典杯,注满苏打水,以柠檬片装饰。

提示:口味微甜,酒精度约为 16 度。

### (九)媚态宾治(Mai Tai Punch)

材料:15 毫升白朗姆酒(White Rum)。

25 毫升橙皮甜酒(Triple Sec)。

30 毫升青柠汁(Lime Jucie)。

30 毫升菠萝汁(Pineapple Juice)。

30 毫升红石榴糖浆(Grenadine Syrup)。

15 毫升糖水(Sugar Syrup)。

少许橙片(Orange) 。

1 个樱桃(Cherry)。

调配:将上述材料(除橙片、樱桃外)倒入加有冰块的摇酒壶内,摇妥后滤入加冰块的海柏杯中,配吸管,以橙片及樱桃装饰。

提示:口味微甜,酒精度约为 28 度。

### (十)夕照裸影(Sunset Strip)

材料:15 毫升伏特加酒(Vodka)。

15 毫升白朗姆酒(White Rum)。

15 毫升金酒(Gin)。

15 毫升橙皮甜酒(Triple Sec)。

45 毫升菠萝汁(Pineapple Juice)。

30 毫升雪碧(Sprite)。

15 毫升红石榴糖浆(Grenadine Syrup)。

1 片柠檬(Lemon)。

调配:将伏特加酒、白朗姆酒、金酒、橙皮甜酒和菠萝汁倒入加有冰块的摇酒壶内,摇妥后倒入啤酒杯,然后先倒入雪碧,最后倒入红石榴糖浆,以柠檬片装饰。

提示:口味甜,酒精度约为 28 度。

**(十一)桃色缤纷(Peach Crush)**

材料:40 毫升蜜桃甜酒(Peach Liqueur)。

　　　60 毫升酸甜汁(Sweet&Sour Mix)。

　　　60 毫升蔓越梅汁(Cranberry Juice)。

　　　少许橙片(Orange)。

　　　1 个樱桃(Cherry)。

调配:将上述材料(除橙片、樱桃外)倒入加有冰块的摇酒壶内,摇妥后滤入加冰块的海柏杯中,配吸管,以橙片及樱桃装饰。

提示:口味甜,酒精度约为 10 度。

**(十二)蓝色情调(Turquoise Blue)**

材料:30 毫升白朗姆酒(White Rum)。

　　　15 毫升蓝色橙酒(Blue Curacao)。

　　　15 毫升橙皮甜酒(Triple Sec)。

　　　60 毫升菠萝汁(Pineapple Juice)。

　　　少许橙片(Orange)。

　　　1 个樱桃(Cherry)。

调配:将上述材料(除橙片、樱桃外)倒入加有冰块的摇酒壶内,摇妥后滤入飓风杯中,配吸管,以橙片及樱桃装饰。

提示:口味甜,酒精度约为 26 度。

**(十三)惊涛骇浪(Hurrican)**

材料:45 毫升白朗姆酒(White Rum)。

　　　15 毫升橙皮甜酒(Triple Sec)。

　　　60 毫升菠萝汁(Pineapple Juice)。

　　　30 毫升橙汁(Pineapple Juice)。

　　　15 毫升红石榴糖浆 (Grenadine Syrup)。

　　　1 个樱桃(Cherry)。

调配:将白朗姆酒、橙皮甜酒、菠萝汁倒入加有冰块的摇酒壶内,摇妥后倒入海柏杯,最后轻轻倒入橙汁漂浮在上面,放入樱桃装饰。

提示:口味甜,酒精度约为 20 度。

**(十四)哈瓦那之光(Lighs of Havana)**

材料:30 毫升马利宝(Malibu)。

　　　25 毫升蜜瓜甜酒(Melon Liqueur)。

　　　45 毫升橙汁(Orange Juice)。

　　　45 毫升菠萝汁(Pineapple Juice)。

　　适量苏打水(Soda Water)。

　　调配:将上述材料(除苏打水外)倒入加有冰块的摇酒壶内,摇妥后滤入海柏杯,最后注满苏打水。

　　提示:口味甜,酒精度约为 20 度。

### (十五)龙舌兰日出(Tequila Sunrise)

　　材料:35 毫升特基拉酒(Tequila)。

　　　　　100 毫升橙汁(Orange Juice)。

　　　　　15 毫升红石榴糖浆 (Grenadine Syrup)。

　　调配:将特基拉酒与橙汁倒入加有冰块的摇酒壶内,摇妥后滤入特饮杯,最后加入红石榴糖浆,配搅拌棒即可。

　　提示:口味甜,酒精度约为 5 度,色彩由杯底的暗红逐渐过渡到橘黄,犹如日出。

# 主要参考书目

［1］郭志鹏主编.烹饪基础知识.北京：中国物资出版社,2006.

［2］罗林枫主编.烹饪知识.大连：东北财经大学出版社,1997.

［3］黄勤忠主编.烹饪知识.大连：东北财经大学出版社,2000.

［4］刘晓芬主编.烹饪基础知识.北京：旅游教育出版社,2002.

［5］吕新河主编.中式烹饪.北京：旅游教育出版社,2002.

［6］孙在荣主编.西式烹饪.北京：旅游教育出版社,2002.

［7］邵万宽主编.中式面点.北京：旅游教育出版社,2002.

［8］陆理民主编.西式面点.北京：旅游教育出版社,2002.

［9］张社昌主编.菜肴创新技法与实例.成都：四川出版集团,2005.

［10］尹敏编著.外菜系知识.成都：四川大学出版社,2003.

［11］林小岗主编.面点工艺.北京：中国轻工业出版社,2006.

［12］王天佑著.西餐概述.北京：旅游教育出版社,2000.

［13］肖崇俊编著.现代中式快餐制作.北京：中国轻工业出版社,2006.

［14］邵万宽编.现代烹饪与厨艺秘笈.北京：中国轻工业出版社,2006.

［15］朱涌松编著.餐厅厨房管理细节.北京：中国宇航出版社,2006.

［16］任百尊主编.中国食经.上海：上海文化出版社,1999.

［17］王晓晓编著.酒水知识与操作服务教程.沈阳：辽宁科学技术出版社,2003.

［18］高富良主编.菜点酒水知识.北京：高等教育出版社,2003.

［19］鲍伯·里宾斯基,凯西·里宾斯基著.专业酒水.大连：大连理工大学出版社,2002.

［20］陈尧帝著.新调酒手册.广州：南方日报出版社,2002.

［21］国家旅游局人事劳动教育司编.调酒.北京：高等教育出版社,1999.

［22］王文君编.酒水知识与酒吧经营管理.北京：中国旅游出版社,2004.

［23］中国轻工业出版社编.初级茶艺.北京：中国轻工业出版社,2006.

［24］王天佑编著.酒水经营与管理.北京：旅游教育出版社,2004.

［25］聂明林,杨啸涛主编.饭店酒水知识与酒吧管理.重庆：重庆大学出版社,1998.

［26］北京培研国际教育有限公司编.花式调酒.北京：中国轻工业出版社,2006.

［27］高等教育出版社编.茶艺概论.北京:高等教育出版社,2001.

［28］柴齐彤著.实用茶艺.北京:华龄出版社,2006.

［29］田芙蓉编.酒水服务与酒吧管理.昆明:云南大学出版社,2004.

［30］李丽主编.西餐与调酒操作实务.北京:清华大学出版社,2006.

［31］劳动和社会保障部教材办公室编.中式烹调师.北京:中国劳动和社会保障出版社,2005.

［32］李爱东编.饮酒与解酒.郑州:中原农民出版社,2005.

［33］萧晴编.喝茶.北京:中国市场出版社,2006.

［34］赵怀信编.烹调小诀窍.长春:吉林科学技术出版社,2005.

［35］解秸萍编.药膳滋补养生.重庆:重庆出版集团,2007.

［36］徐宝良编.点菜师操作手册.北京:中国宇航出版社,2007.

［37］谢定源编.中国名菜.北京:中国轻工业出版社,2005.

［38］于观亭编.营养茶膳.北京:中国农民出版社,2006.

［39］郑万春编.咖啡的历史.哈尔滨:哈尔滨出版社,2007.

［40］杨杰编.餐饮概述.北京:清华大学出版社,2010.

责任编辑:李荣强

**图书在版编目(CIP)数据**

菜点酒水知识/贺正柏主编.—北京:旅游教育出版社,2007.8(2019.1)
ISBN 978-7-5637-1535-0

Ⅰ.①菜…　Ⅱ.①贺…　Ⅲ.①饮食—文化—世界　Ⅳ.TS971

中国版本图书馆 CIP 数据核字(2007)第 123922 号

菜点酒水知识
**(第4版)**

贺正柏　主编

| | |
|---|---|
| 出版单位 | 旅游教育出版社 |
| 地　址 | 北京市朝阳区定福庄南里 1 号 |
| 邮　编 | 100024 |
| 发行电话 | (010)65778403 65728372 65767462(传真) |
| 本社网址 | www.tepcb.com |
| E-mail | tepfx@ 163.com |
| 印刷单位 | 北京柏力行彩印有限公司 |
| 经销单位 | 新华书店 |
| 开　本 | 720 毫米×960 毫米　1/16 |
| 印　张 | 19.5 |
| 字　数 | 315 千字 |
| 版　次 | 2017 年 7 月第 4 版 |
| 印　次 | 2019 年 1 月第 2 次印刷 |
| 定　价 | 32.00 元 |

(图书如有装订差错请与发行部联系)